国产嵌入式操作系统丛书

中国移动物联网操作系统 OneOS 开发系列丛书

OneOS 内核基础入门

张英辉　　李　蒙　　刘　军　　许　睿　编著

北京航空航天大学出版社

内 容 简 介

本书是中国移动物联网操作系统 OneOS 开发系列丛书之一，侧重于内核实现原理和内核应用。全书包含 21 章，详细介绍 OneOS 内核的相关知识，包括 OneOS 框架及其 OneOS 核心技术——构建工程、任务管理和任务调度、系统配置、时间管理、队列、信号量、定时器、事件以及内存管理等。所有源码都配有详细的注释，且经过严格的审核测试，同时，本书配有大量的图例，对于想要深入学习 RTOS 类系统原理的人来说是一个不错的选择。

配套资料包括书中所有例程的源码及相关视频教程等，读者可以免费在 https://os. iot. 10086. cn/下载。

本书适合那些想要学习 OneOS 的初学者，也可作为高等院校计算机、电子技术、自动化、嵌入式等相关专业的教材。

图书在版编目(CIP)数据

OneOS 内核基础入门 / 张英辉等编著. -- 北京 : 北京航空航天大学出版社，2022.4

ISBN 978-7-5124-3759-3

Ⅰ. ①O… Ⅱ. ①张… Ⅲ. ①物联网—操作系统 Ⅳ. ①TP393.4②TP18

中国版本图书馆 CIP 数据核字(2022)第 048310 号

OneOS 内核基础入门

张英辉　李　蒙　刘　军　许　睿　编著

责任编辑　董立娟

*

北京航空航天大学出版社出版发行

北京市海淀区学院路 37 号(邮编 100191)　http://www.buaapress.com.cn

发行部电话:(010)82317024　传真:(010)82328026

读者信箱: emsbook@buaacm.com.cn　邮购电话:(010)82316936

三河市华骏印务包装有限公司印装　各地书店经销

*

开本:710×1 000　1/16　印张:26.25　字数:559 千字

2022 年 4 月第 1 版　2022 年 4 月第 1 次印刷　印数:2 000 册

ISBN 978-7-5124-3759-3　定价:89.00 元

若本书有倒页、脱页、缺页等印装质量问题，请与本社发行部联系调换。联系电话:(010)82317024

序　言

在智能手机领域，Android 和 iOS 操作系统已经占据主导地位，在海量的物联网设备中还没有统一的操作系统。这样的情况导致物联网软件研发成本高，迭代慢，生态闭塞。同时，私有化的物联网软件平台已经成为促使物联网产业碎片化，并制约物联网发展的重要因素之一。2014 年，市场上开始有了物联网操作系统。同时，传统的嵌入式操作系统转向为物联网应用提供端到端的解决方案，比如国际上的 ARM Mbed OS，Amazon FreeRTOS，QNX，国内的 RT-Thread、华为鸿蒙 OS。

伴随人工智能快速发展，操作系统在智能系统中发挥的作用与日俱增。应对日益复杂和不确定的外部环境，国产智能系统更离不开国产操作系统，工业物联网和智能制造对国产操作系统需求强劲，这些领域要求操作系统满足高可靠、硬实时和强安全的指标。

中国移动 OneOS 是国产物联网操作系统的“新秀”，先后推出了 OneOS 1.0 以及最新的 OneOS 2.0 版本。在产业上，OneOS 与百余家行业、客户合作，产品已经在智能表计、智慧交通、智能穿戴、智能家居、工控和信创等应用场景落地。在安全技术上，OneOS 2.0 获得了 PSA L1 认证，支持国密算法和 DTLS 1.3，提供了 EAL4＋级的安全保障，并通过了功能安全 IEC61508 认证。

为了让广大读者能更深入地了解 OneOS 操作系统，中国移动倾力推出了“中国移动物联网操作系统 OneOS 开发系列丛书”。该系列丛书包括两本，分别为《OneOS 内核基础入门》及《OneOS 开发进阶》。前者侧重于内核实现原理和内核应用，后者侧重于驱动及组件应用模块的实现。之前没有接触过 RTOS 的实时内核的读者，建议先学习完《OneOS 内核基础入门》再学习《OneOS 开发进阶》。因为两本书的内容上是承上启下的关系，组件部分是构建于内核和驱动之上的。为了加深读者对知识的掌握，丛书还配套相应的视频教程、文档教程、各例程的源码及相关参考资料。

通过阅读本丛书，读者不仅能够掌握 OneOS 应用开发的基本流程和方法，同时也能够对嵌入式实时操作系统底层架构和原理有更深入的理解。我相信本丛书将会为 OneOS 物联网操作系统的推广应用提供重要的技术支撑，会吸引更多的开发者加入 OneOS 开源社区，会为构建中国物联网开源软件的生态系统增光添彩。

何小庆

2022 年 3 月 9 日

前 言

为什么选择 OneOS

早期的嵌入式开发通常是在裸机环境下进行的，俗称“裸奔”。裸机开发的方式一般将程序分为两个部分：前台系统和后台系统，这样的程序一般由一个大循环和若干个中断组成，大循环负责完成后台系统，中断则负责完成前台系统。在后台系统中，所有的程序都是顺序执行的，这种按照顺序执行的程序毫无实时性可言。随着嵌入式设备网络化、功能需求复杂化的趋势，“裸奔”的实现方式已经不能很好满足产品需求，而且开发难度也成倍增加，于是引入了实时操作系统，实时操作系统可以实现对多任务的实时管理。另一方面，微处理器的性能不断提升，硬件资源更加丰富，这为操作系统的稳定运行提供了必要的基础条件。

目前市面上有众多的 RTOS(实时操作系统)，主流的 RTOS 大概有十几款，为什么要选择中国移动 OneOS 呢？其一，OneOS 是一款低成本、功能强大的物联网操作系统，支持众多的芯片架构，和多家主流芯片厂商有合作，如 ST、NXP、华大、兆易等，支持超百款模组，可以满足 OpenCPU 模式开发需求。其二，OneOS 提供了一套 Cube 开发工具，以图形化的界面来配置，直观而且方便，极大节约了开发者的时间，避免了移植带来的诸多问题。其三，OneOS 提供了丰富的组件，如具有互联互通、端云融合、远程升级、室内外定位、低功耗控制等功能组件，并且通过 CMS 云端服务提供更多维度的应用组件。其四，OneOS 具有高安全性，提供云、网、端全面的安全保障，并获得 PSA L1、CCRC EAL4＋等顶级安全认证。

中国移动物联网操作系统 OneOS 开发系列丛书

本系列丛书包括两本，分别为《OneOS 内核基础入门》及《OneOS 开发进阶》。

《OneOS 内核基础入门》共分 21 章，详细介绍 OneOS 内核的相关知识，包括 OneOS 框架以及其 OneOS 核心技术——构建工程、任务管理和任务调度、系统配置、时间管理、队列、信号量、定时器、事件以及内存管理等。同时，该书配有大量的图例，对于想要深入学习 RTOS 类系统原理的人来说是一个不错的选择。

《OneOS 开发进阶》一书分为驱动、组件和异核通信 3 篇，针对 STM32F103 芯片，实现 IIC、SPI 等多种驱动机制及 MQTT、CoAP 等网络协议组件；针对 STM32MP157 目标芯片，实现 MQTT、CoAP 等网络协议组件，并利用双核异构的特性，构建主处理器对协处理器生命周期管理以及核间通信机制。本书侧重于驱动及组件应用，如果之前没接触过 RTOS 的实时内核，建议先学习完《OneOS 内核基础入门》再来学习本书的内容。

本书内容特色

本书的内容可以分为 3 篇，第一篇为基础篇（包括第 1、2 章），先带领读者认识 OneOS，然后搭建开发环境，再使用 OneOS-Cube 工具快速构建出一个工程。第二篇为内核基础篇（包括第 3～11 章），分别讲解了 OneOS 的自动初始化机制、OneOS 的中断、OneOS 任务管理和调度、OneOS 的链表以及 OneOS 时间管理等基础内容。第 3 篇为通信机制篇（包括第 12～21 章），分别介绍了 IPC 通信和内存管理。OneOS 的内核层主要负责对多任务的管理和调度、提供时钟管理和内存管理等，并提供丰富的 IPC 通信策略。

本书是以 OneOS-V2.0.1 官方源码为蓝本进行编写的，OneOS 支持开源路线，不断优化内核，不断增加硬件适配和丰富应用组件，新版本的源码也会相继推出，但是新版本与旧版本之间已有的功能差别不大，所以，推荐读者下载最新的源码来学习。针对资源受限的 MCU，中国移动还推出了 OneOS Lite 版本，满足绝大多数片上资源紧张的情况。如果已掌握了旧版本源码的使用，那么再使用 OneOS Lite 版本就显得轻车熟路、驾轻就熟了。

本书学习指南

实时操作系统的最大特色就是实时性，通常包括实时内核和其他高级服务，而实时内核为上层应用服务的构建和开发提供了必要的支持。没有接触过 RTOS 以及想入门 RTOS 的读者，建议先从其内核部分开始学习，因为大多数 RTOS 的内核部分是相通的，如果掌握了其中一款，举一反三，其他内核也都类似。如果之前接触过其他 RTOS，那么本书可以只关注 RTOS 的内核源码实现以及 API 的使用，因为不同 RTOS 的区别就是内核源码的实现方式以及封装的 API。

配套资料与互动方式

书中使用的开发板为万耦天工系列或正点原子精英款，读者可以通过 OneOS 官方活动购买，也可以到正点原子网店（网址 https://openedv.taobao.com）购买。当然，如果读者有 OneOS 适配过的开发板，那么也可以按照本书内容参考学习。注意，OneOS 适配过的开发板型号可到 OneOS 官网（网址 https://os.iot.10086.cn/）查询。

本书配套资料包括视频教程、文档教程、各例程的源码及相关参考资料，读者可在 OneOS 官方网址（网址为 https://os.iot.10086.cn/）免费下载。

学习过程中如有任何问题，读者都可以到 OneOS 社区进行交流：https://os.iot.10086.cn/forum/consumer/。

编 者

2022 年 3 月

目 录

基础篇

第 1 章 OneOS 简介 …… 2

1.1 初识 OneOS …… 2

1.1.1 什么是 OneOS …… 2

1.1.2 为什么选择 OneOS …… 5

1.1.3 OneOS 特点 …… 6

1.2 磨刀不误砍柴工 …… 7

1.2.1 资料查找 …… 7

1.2.2 Cortex-M 架构资料 …… 8

1.3 OneOS 源码初探 …… 8

1.3.1 OneOS 源码下载 …… 8

1.3.2 OneOS 文件预览 …… 8

第 2 章 OneOS 搭建开发环境 …… 11

2.1 OneOS-Cube 介绍 …… 11

2.2 构造项目工程 …… 12

内核基础篇

第 3 章 OneOS 自动初始化机制 …… 16

3.1 OneOS 自动初始化机制意义 …… 16

3.2 OneOS 自动初始化机制原理 …… 17

第 4 章　OneOS 中断和临界段详解 …… 22

4.1　Cortex-M 和 OneOS 中断 …… 22

4.1.1　Cortex-M 中断 …… 22

4.1.2　Cortex-M 中断管理 …… 22

4.1.3　Cortex-M 优先级分组定义 …… 24

4.1.4　Cortex-M 优先级设置 …… 26

4.1.5　Cortex-M 用于中断屏蔽的特殊寄存器 …… 27

4.2　OneOS 中断实验 …… 28

4.2.1　功能设计 …… 28

4.2.2　软件设计 …… 30

4.2.3　下载验证 …… 32

第 5 章　OneOS 任务基础知识 …… 33

5.1　什么是多任务系统 …… 33

5.2　任务调度管理实现 …… 35

5.2.1　任务管理 …… 35

5.2.2　任务状态 …… 36

5.2.3　任务优先级 …… 38

5.2.4　任务实现 …… 38

5.2.5　任务控制块 …… 39

5.2.6　任务堆栈 …… 40

第 6 章　OneOS 任务相关 API 函数 …… 42

6.1　任务创建和删除 API 函数 …… 42

6.2　动态创建与删除任务实验 …… 44

6.2.1　功能设计 …… 44

6.2.2　软件设计 …… 45

6.2.3　下载验证 …… 47

6.3　静态创建与删除任务实验 …… 48

6.3.1　功能设计 …… 48

6.3.2　软件设计 …… 48

6.3.3　下载验证 …… 50

6.4　任务挂起和恢复 API 函数 …… 50

6.5　挂起和恢复任务实验 …… 51

6.5.1　功能设计 …… 51

6.5.2　软件设计 …… 52

6.5.3　下载验证…… 55

第7章　其他API函数 …… 56

7.1　任务相关的API函数 …… 56

7.1.1　概　述…… 56

7.1.2　任务相关API函数详解 …… 57

7.2　任务状态查询API函数实验 …… 66

7.2.1　功能设计…… 66

7.2.2　软件设计…… 66

7.2.3　下载验证…… 69

7.3　时间片调度…… 69

7.4　OneOS时间片调度实验 …… 72

7.4.1　功能设计…… 72

7.4.2　软件设计…… 72

7.4.3　下载验证…… 74

第8章　OneOS单项链表和双向链表 …… 76

8.1　链　表…… 76

8.2　单向链表…… 76

8.2.1　单向链表的简介…… 76

8.2.2　单向链表的初始化…… 77

8.2.3　单向链表的链表项插入…… 78

8.2.4　单向链表的链表项尾部插入…… 79

8.2.5　单向链表的链表项删除…… 80

8.2.6　单向链表的遍历…… 81

8.2.7　其他单向链表API函数 …… 81

8.3　双向链表…… 86

8.3.1　双向链表的简介…… 86

8.3.2　双向链表的初始化…… 86

8.3.3　双向链表的链表项插入…… 87

8.3.4　双向链表的链表项尾部插入…… 88

8.3.5　双向链表的链表项删除…… 89

8.3.6　双向链表的遍历…… 90

8.3.7　其他双向链表API函数 …… 91

8.4　单向链表实验…… 97

8.4.1　功能设计…… 97

8.4.2 软件设计…… 97
8.4.3 下载验证 …… 101
8.5 双向链表实验 …… 101
8.5.1 功能设计 …… 101
8.5.2 软件设计 …… 102
8.5.3 下载验证 …… 105

第 9 章 任务调度原理详解…… 106

9.1 任务调度开始过程分析 …… 106
9.1.1 任务调度器初始化分析 …… 106
9.1.2 启动第一个任务 …… 107
9.1.3 查找下一个要运行的任务 …… 113
9.1.4 系统任务详解 …… 115
9.2 任务创建过程分析 …… 118
9.3 任务删除过程分析 …… 124
9.4 任务挂起过程分析 …… 126
9.5 任务恢复过程分析 …… 129

第 10 章 OneOS 系统内核控制函数 …… 131

10.1 内核控制函数预览…… 131
10.2 内核控制函数详解…… 132

第 11 章 OneOS 时间管理 …… 140

11.1 OneOS 延时函数 …… 140
11.1.1 函数 os_task_tsleep() …… 140
11.1.2 函数 os_task_msleep()…… 141
11.2 OneOS 系统时钟节拍 …… 142
11.3 任务睡眠时间处理…… 145

通信机制篇

第 12 章 OneOS 信号量 …… 149

12.1 信号量简介…… 149
12.2 信号量原理详解…… 150
12.2.1 信号量结构体…… 152
12.2.2 创建信号量…… 153
12.2.3 信号量创建过程分析…… 153

12.2.4　释放信号量…… 156
12.2.5　获取信号量…… 157
12.2.6　信号量其他 API 函数 …… 159
12.2.7　信号量配置…… 160
12.3　信号量操作实验…… 161
12.3.1　功能设计…… 161
12.3.2　软件设计…… 161
12.3.3　下载验证…… 163
12.4　优先级翻转…… 163
12.5　优先级翻转实验…… 165
12.5.1　功能设计…… 165
12.5.2　软件设计…… 165
12.5.3　下载验证…… 168
第 13 章　OneOS 互斥锁 …… 170
13.1　互斥锁…… 170
13.1.1　互斥锁结构体…… 173
13.1.2　互斥锁创建与初始化…… 174
13.1.3　互斥锁创建过程分析…… 175
13.1.4　释放互斥锁…… 177
13.1.5　获取互斥锁…… 180
13.1.6　互斥锁其他 API 函数 …… 183
13.1.7　互斥锁配置…… 185
13.2　互斥锁操作实验…… 185
13.2.1　功能设计…… 185
13.2.2　软件设计…… 185
13.2.3　下载验证…… 188
第 14 章　OneOS 消息队列 …… 190
14.1　消息队列与 API 函数 …… 190
14.1.1　消息队列简介…… 190
14.1.2　消息队列结构体…… 194
14.1.3　消息队列创建…… 195
14.1.4　向消息队列发送消息…… 200
14.1.5　从消息队列读取消息…… 205
14.1.6　消息队列其他 API 函数 …… 210

14.1.7 消息队列配置…… 213
14.2 消息队列操作实验…… 213
14.2.1 功能设计…… 213
14.2.2 软件设计…… 213
14.2.3 下载验证…… 216
第 15 章 OneOS 工作队列 …… 217
15.1 工作队列…… 217
15.1.1 工作队列实现过程…… 217
15.1.2 工作队列结构体…… 218
15.1.3 工作队列的创建与初始化…… 218
15.1.4 工作队列的提交…… 225
15.1.5 工作队列的取消…… 229
15.1.6 工作队列配置…… 232
15.2 工作队列实验…… 233
15.2.1 功能设计…… 233
15.2.2 软件设计…… 233
15.2.3 下载验证…… 236
第 16 章 OneOS 自旋锁 …… 237
16.1 自旋锁…… 237
16.2 自旋锁原理…… 237
16.2.1 自旋锁创建…… 238
16.2.2 获取自旋锁…… 239
16.2.3 释放自旋锁…… 240
16.2.4 自旋锁配置选项…… 242
16.3 OneOS 自旋锁实验 …… 242
16.3.1 功能设计…… 242
16.3.2 软件设计…… 242
16.3.3 下载验证…… 244
第 17 章 OneOS 事件 …… 245
17.1 事 件…… 245
17.1.1 事件原理…… 246
17.1.2 创建事件…… 248
17.1.3 发送事件…… 251
17.1.4 接收事件…… 253

17.1.5 事件其他 API 函数 …… 256
17.1.6 事件配置选项 …… 257
17.2 OneOS 事件实验 …… 258
17.2.1 功能设计 …… 258
17.2.2 软件设计 …… 258
17.2.3 下载验证 …… 260

第 18 章 OneOS 定时器 …… 261

18.1 定时器简介 …… 261
18.1.1 单次定时器和周期定时器 …… 261
18.1.2 定时器原理详解 …… 262
18.1.3 定时器结构体详解 …… 263
18.1.4 创建定时器 …… 263
18.1.5 启动定时器 …… 266
18.1.6 停止定时器 …… 266
18.1.7 删除定时器 …… 267
18.1.8 定时器其他 API 函数详解 …… 267
18.1.9 定时器配置 …… 269
18.2 OneOS 定时器实验 …… 269
18.2.1 功能设计 …… 269
18.2.2 软件设计 …… 270
18.2.3 下载验证 …… 272

第 19 章 OneOS 原子操作 …… 273

19.1 原子操作 …… 273
19.2 原子操作 API 函数 …… 276
19.3 原子操作实验 …… 291
19.3.1 功能设计 …… 291
19.3.2 软件设计 …… 291
19.3.3 下载验证 …… 293

第 20 章 OneOS 邮箱 …… 294

20.1 邮箱简介 …… 294
20.2 邮箱 API 函数 …… 297
20.2.1 邮箱创建 …… 297
20.2.2 邮箱发送 …… 301
20.2.3 邮箱接收 …… 303

20.2.4 邮箱其他 API 函数 …… 306
20.2.5 邮箱配置选项 …… 309
20.3 邮箱实验 …… 310
20.3.1 功能设计 …… 310
20.3.2 软件设计 …… 310
20.3.3 下载验证 …… 312

内核管理篇

第 21 章 OneOS 内存管理 …… 314
21.1 内存堆管理 …… 314
21.2 First-fit 内存堆管理算法 …… 317
21.3 First-fit 内存堆管理算法函数 …… 322
21.4 Buddy 内存堆管理算法 …… 338
21.5 Buddy 内存堆管理算法函数 …… 341
21.6 OneOS 内存堆 …… 357
21.7 内存池管理 …… 376
21.8 内存池管理函数 …… 378
21.9 内存堆管理实验 …… 389
21.9.1 功能设计 …… 389
21.9.2 软件设计 …… 390
21.9.3 下载验证 …… 392
21.10 内存池管理实验 …… 393
21.10.1 功能设计 …… 393
21.10.2 软件设计 …… 393
21.10.3 下载验证 …… 396
附录 万耦天工 STM32F103 开发板 …… 397
参考文献 …… 404

基 础 篇

第 1 章　OneOS 简介

第 2 章　OneOS 搭建开发环境

第 1 章

OneOS 简介

进入嵌入式领域时，往往单片机编程都是裸机编程，没有加入任何的操作系统，其整个系统是一个大循环执行程序。随着产品的功能越来越多，裸机系统已经不能够满足产品需求，所以引入了 RTOS(Real Time Operating System，实时操作系实时操作系统)。OneOS 操作系统初衷就是减少开发人员的开发时间以及降低开发难度，也是中国移动针对物联网领域推出的一款轻量级操作系统。

本章分为如下几部分：

1.1　初识 OneOS

1.2　磨刀不误砍柴工

1.3　OneOS 源码初探

1.1　初识 OneOS

1.1.1　什么是 OneOS

OneOS 是中国移动针对物联网领域推出的轻量级操作系统，具有可裁减、跨平台、低功耗、高安全等特点，支持 ARM Cortex-A 和 Cortex-M、MIPS、RISC-V 等主流芯片架构，兼容 POSIX、CMSIS 等标准接口，支持 MicroPython 语言开发，提供了图形化开发工具，能够有效提升开发效率并降低开发成本，可以帮助用户开发稳定可靠、安全易用的物联网应用。

OneOS 操作系统针对物联网应用的硬件碎片化、网络多样化、接入复杂化以及安全等问题，具有如下特性：

- 支持跨芯片平台，模块化设计、易裁减、易扩展、高度可伸缩特性可解决硬件碎片化；
- 提供互联互通组件，丰富的网络制式、支持 5G 切片特性可应对网络多样化；
- 提供端云融合组件，简化接入并在云端流程，提升应用开发效率，加速行业产品孵化；
- 提供安全性设计架构，增强物联网应用可靠性。
- 对外设驱动进行模块化设计，易于操作与使用。

内核是操作系统最核心也最重要的部分，OneOS 内核总体采用可抢占式的、实时的轻量级内核的方式设计，主要包含任务管理和调度、任务同步和通信、内存管理、定时器、时钟管理、工作多队列等模块。图 1.1 展示了 OneOS 内核在软件架构中的位置和基本架构，可见，内核处于组件层之下、HAL 层之上。

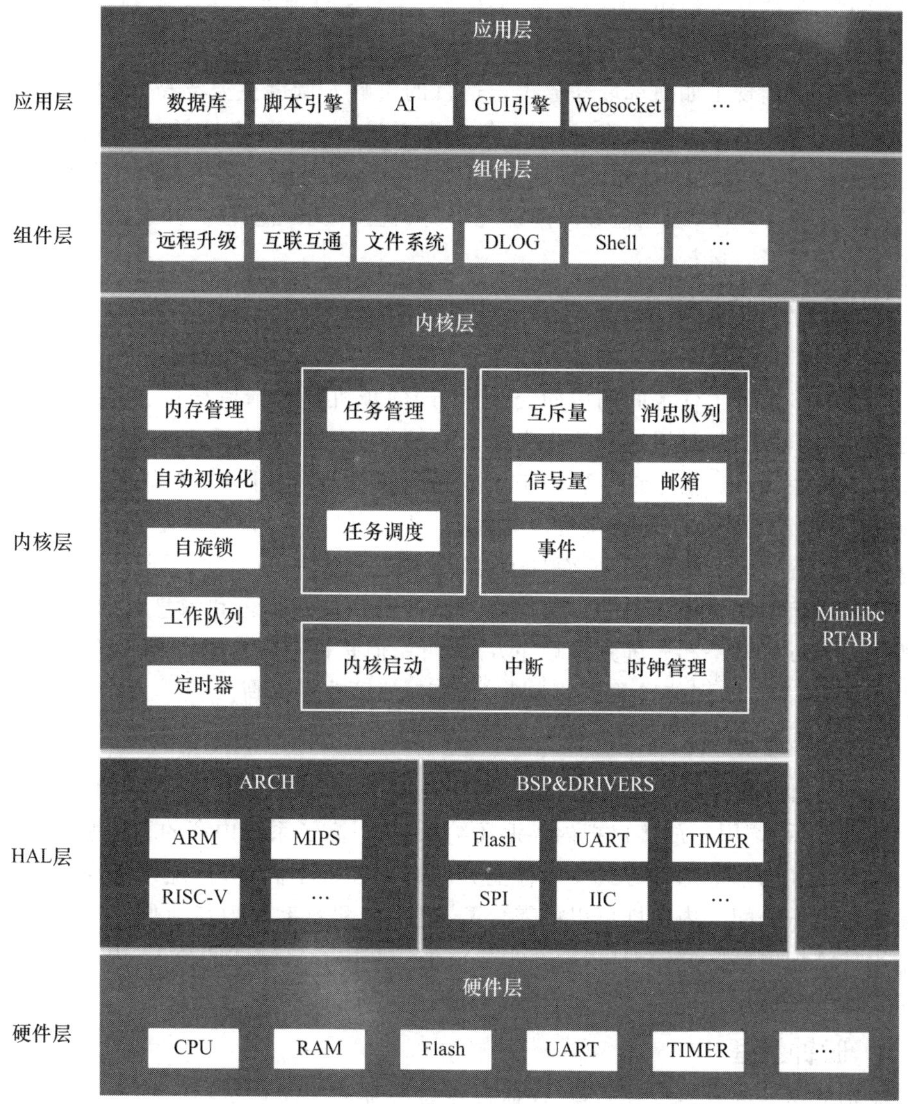

图 1.1　内核在软件架构中的位置和基本结构

下面是对内核几个重要模块的简介。

1. 任务管理及调度

任务是软件系统中运行实体的基本单位，也是内核管理和调度的最小单位。

任务管理实现了对任务的创建、销毁、阻塞、睡眠、挂起、唤醒、状态迁移、资源回收等基本功能。这些功能通过队列的方式实现，涉及的队列有任务资源队列、任务资源回收队列、就绪队列、睡眠队列、阻塞队列。例如，基于任务资源队列管理创建成功还未被销毁的任务，基于就绪队列管理处于就绪态可以投入运行的任务，基于阻塞队列管理正在等待某种资源（如信号量）的任务，任务数量理论上不做限制，但是受限于硬件本身的 RAM 资源。

任务调度实现了如何选取任务投入运行的策略。调度主要支持 2 种方式，第一种是基于优先级的抢占式调度，即当有优先级更高的任务就绪时，就会抢占当前任务并运行更高优先级任务，优先级数值越小，优先级级别越高。第 2 种是相同优先级任务的时间片轮转调度，即当任务时间片耗尽时，就会退出当前任务并选取另一个相同优先级的任务投入运行。

2. 任务同步与通信

任务同步与通信是内核的基本功能。

任务同步实现了任务间的协同交替运行，同步机制包括信号量、互斥锁、事件 3 种方式。同步机制都可以选择按优先级方式等待和先进先出顺序方式等待，但是也有不同的应用场景。信号量主要用于任务间的同步，而且可以实现任务和中断之间的同步；互斥锁主要用于对共享资源的保护，并且可以解决优先级翻转问题；事件可以支持任务等待多个事件场景，而且也可以实现任务和中断之间的同步。

任务通信实现了任务间的数据传递。通信机制包括邮箱和消息队列，都可以选择按优先级方式等待和先进先出顺序方式等待，但是也有各自的特点；邮箱传递数据的大小固定，消息队列传递数据的大小不固定，邮箱效率更高。

3. 内存管理

内存管理实现了内存的分配和释放，任务需要内存时则调用分配接口得到内存；使用完内存后，调用释放接口把内存返还给系统，提高了系统内存的利用率。内存管理有内存池和内存堆两种方式。内存池分配的内存大小固定，分配效率高，碎片少，但是无法按需分配。内存堆可以按需分配，但是分配效率比内存池低，碎片更多；内存堆支持添加内存区域，并且内存至少要添加一个内存区域才能分配；内存堆支持选择指定的管理算法，目前有 firstfit 和 buddy 两种算法。

4. 时钟管理

时钟节拍是操作系统的心跳，任何操作系统都需要时钟节拍。时钟节拍是基于硬件定时器实现的，定时器的周期性中断到来时，就会处理一些和时间有关的事情，比如系统时钟计数、任务睡眠时间处理、任务的时间片轮转调度、定时器处理等。

5. 定时器

定时器提供了延迟一段时间执行某个用户操作的接口，分为 2 种，第一种是单次性定时器，即触发一次后停止；第 2 种是周期性定时器，即周期性地循环触发，需要手动停止。目前内核只提供软件定时器,回调函数运行在任务上下文,不支持硬件定时器;如果要使用硬件定时器,需要调用 BSP 相关接口。

6. 工作队列

工作队列提供了执行某个用户工作的接口,如果用户想执行某个工作,可以向工作队列提交工作,并且可以设置延时执行和不延时执行。如果想执行某个简单的或者不需要循环处理的操作,选择工作队列比较合适,不需要创建单独的任务。内核提供的工作队列有 2 种接口,第 1 种接口,用户可以创建自己的工作队列,自行决定栈大小和任务优先级,然后把需要的工作项提交到工作队列上;第 2 种接口,用户不用创建工作队列,而是直接把工作项提交到系统创建的工作队列上。

1.1.2 为什么选择 OneOS

市面上的操作系统种类繁多,如 μC/OS-II、μC/OS-III、FreeRTOS 等,它们具有相同的特征,如手动移植、在 xx_config. h 文件配置裁减等特征,使用时必须了解它们的原理才能移植成功,不然会出现很多难以解决的问题,消耗开发者的时间。而 OneOS 为了减少开发者的时间、避免移植带来的诸多问题,所以工程环境搭建时使用 OneOS-Cube 软件选择主控芯片等配置,最后自动生成工程。OneOS-Cube 是针对物联网操作系统 OneOS 开发的一套 Windows 辅助开发环境。它以开源编译构造工具为基础,以简单易用为设计宗旨,尽可能地缩短普通用户的工具学习时间。通过简单的几条命令,用户即可完成系统配置、代码编译、第三方集成开发环境(如 Keil 等)工程生成等任务。注意,OneOS-Cube 是独立于 OneOS 源码之外的,为 OneOS 服务的开发套件。它独立于 OneOS 的源码管理,二者之间不存在路径依赖关系。

OneOS、μC/OS-III、FreeRTOS 之间的特性比较如表 1.1 所列。可见,OneOS 系统配置、编译以及生成工程都离不开 OneOS-Cube 软件,OneOS 依赖于 OneOS-Cube 软件配置,当然不存在路径依赖。简单来说,OneOS-Cube 软件可以放到其他路径保存,并不需要放置在 OneOS 工程路径中。

表 1.1 OneOS、μC/OS-III 和 FreeRTOS 特性列表对比

特 性	OneOS	μC/OS-III	FreeRTOS
源代码	√	√	√
可剥夺型任务调度	√	√	√
最大任务数目	无限制	无限制	无限制
优先级相同的任务数目	无限制	无限制	无限制
时间片轮转调度	√	√	√
信号量	√	√	√

续表 1.1

特　性	OneOS	μC/OS-III	FreeRTOS
互斥锁	√	√	√
事件	√	√	√
消息邮箱	√	×	×
消息队列	√	√	√
原子操作	√	×	×
定时器	√	√	√
裁减文件配置	OneOS-Cube 配置	手动配置	手动配置
环境搭建	OneOS-Cube 生成	手动移植	手动移植
组件搭建	OneOS-Cube 配置	手动移植	手动移植

注意：OneOS-Cube 和 OneOS 源码路径不允许存在中文路径。

1.1.3 OneOS 特点

OneOS 是一个可裁减的小型 RTOS 系统，不但性能强大，而且占用内存少，如图 1.2 所示。

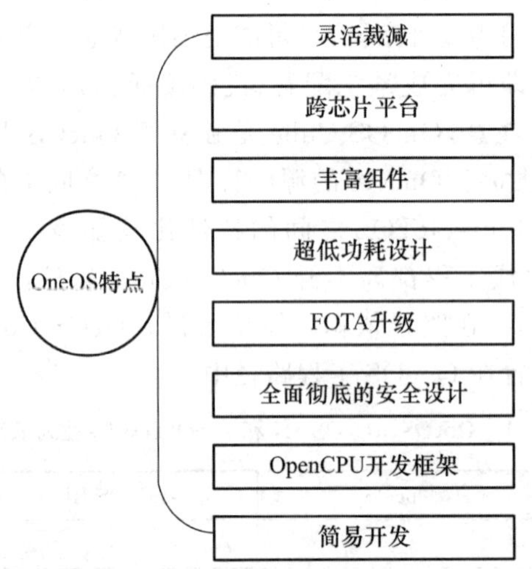

图 1.2　OneOS 特点

(1) 灵活裁减

抢占式的实时多任务 RTOS 内核，支持多任务处理、软件定时器、信号量、互斥锁、消息队列、邮箱和实时调度等特性；RAM 和 ROM 资源占用极少；可灵活裁减，搭配丰富组件，适应不同客户需求。

(2) 跨芯片平台

应用程序可无缝移植，大幅提高软件复用率。支持的主流芯片架构有 ARM Cortex-A 和 Cortex-M、MIPS、RISC-V 等。支持几乎所有的 MCU 和主流的 NB-IOT、4G、WiFi、蓝牙通信芯片。

(3) 丰富组件

提供丰富的组件功能，如互联互通、云端融合、远程升级、室内外定位、低功耗控制等。同时，提供开放的第三方组件管理工具，支持添加各类第三方组件，以便扩展系统功能。

(4) 超低功耗设计

支持 MCU 和外围设备的功耗管理，用户可以根据业务场景选择相应低功耗方案，系统会自动采用相应功耗控制策略进行休眠和调频调压，有效降低设备整体功耗。

(5) FOTA 升级

提供免费的 FOTA 升级服务，支持加密、防篡改、断点续传等功能；同时，支持智能还原和回溯机制，拥有完善的版本管理和灵活的升级策略配置机制。

(6) 全面彻底的安全设计

针对物联网设备资源受限、海量连接、网络异构等特点，参考《GB/T 36951—2018 信息安全技术：物联网感知终端应用安全技术要求》等规范，在系统安全、通信安全、数据安全等方面提供多维度安全防护能力。

(7) OpenCPU 开发框架

支持通信 SoC 芯片 OpenCPU 开发模式，为开发者带来屏蔽复杂通信芯片差异的高效开发方式，提供统一开发体验。同时，在同样的业务功能下，减少了设备额外 MCU 开销和存储器的使用，大幅降低设备成本。

(8) 简易开发

一站式开发工具 OneOS Studio 可用于对内核和组件的功能进行配置，支持组件自由裁减，让系统按需进行积木式构建；同时，可帮助用户跟踪调试，快速定位问题。

1.2 磨刀不误砍柴工

1.2.1 资料查找

不管学习什么，都必须查找相关的资料，这样不仅让开发人员少走知识弯路，而且有利于开发人员更好地掌握技巧。OneOS 是一款国内现有的操作系统之一，开发人员可以在 OneOS 官方网址查找相关资料，网址为 https://os.iot.10086.cn/v2/doc/homePage；也可以在 OneOS 社区论坛提问题或者在论坛中发表见解或者解决方案，或在 OneOS 学院查看 OneOS 的视频讲解等。

1.2.2 Cortex-M 架构资料

后面学习 OneOS 任务切换的时候需要我们了解 Cortex-M 内核架构的相关知识，读者可以参考 ARM 官网，或者参考中文翻译版——《ARM Cortex-M3 与 Cortex-M4 权威指南(第 3 版)》(Joseph Yiu 著，吴常玉、曹孟娟、王丽红译，清华大学出版社)。

后面的学习中涉及 Cortex-M 架构的知识均参考这本书，简称这本书为《权威指南》。注意，宋岩翻译的《ARM Cortex-M3 权威指南》虽然也是 Joseph Yiu 编著的，但只是针对 Cortex-M3，M4 添加的新功能没有讲解，尤其是 FPU 部分。

1.3 OneOS 源码初探

1.3.1 OneOS 源码下载

OneOS 源码可以在 OneOS 官网下载 https://os.iot.10086.cn/。OneOS 依靠 OneOS-Cube 软件完成工程生成、系统配置和工程编译等操作，OneOS-Cube 软件的下载地址和 OneOS 源码地址一致，下载界面如图 1.3 所示。

图 1.3 OneOS-Cube 软件下载

1.3.2 OneOS 文件预览

将 OneOS 源码包解压并进入 OneOS 操作系统代码根目录下，可以看到有多个文件夹和文件，如图 1.4 所示。图中各个文件作用如下所示。

1) arch 文件

该文件主要存放 MCU 等各种主控芯片架构的相关代码。

2) commom 文件

该文件主要存放一些通用的、没有具体业务指向的程序代码，所有模块都可以使用，不通过编译选项控制是否编译，采用默认编译进工程的方式。

名称	类型	大小
arch	文件夹	
common	文件夹	
components	文件夹	
docs	文件夹	
drivers	文件夹	
kernel	文件夹	
libc	文件夹	
osal	文件夹	
user	文件夹	
scripts	文件夹	
thirdparty	文件夹	
demos	文件夹	
templates	文件夹	
out	文件夹	
projects	文件夹	
.gitignore	文本文档	1 KB
Kconfig	文件	2 KB
LICENSE	文件	12 KB
README.md	Markdown File	0 KB
SConscript	文件	1 KB

图 1.4　OneOS 源码文件

3）components 文件

该文件主要存放组件代码，根据 OneOS-Cube 对组件裁减。

4）docs 文件

该文件存放 OneOS 官方文档、代码规范以及编程指南。

5）drivers 文件

该文件主要存放驱动的抽象层代码和具体外设的驱动代码。

6）kernel 文件

该文件存放内核代码，如任务管理及调度、任务间同步以及通信、内存管理等代码。

7）libc 文件

该文件存放 Libc 库部分硬件相关接口的底层适配。

8）osal 文件

该文件是 OneOS 操作系统接口抽象层文件，支持 Posix 接口、CMSIS 接口、RT-Thread 接口等。

9）project 文件

该文件存放 OneOS-Cube 生成的工程。

10）scripts 文件

该文件存放 OneOS-Cube 工具在编译构造时所需要的脚本文件。

11）templates 文件

该文件存放各种开发板的示例工程。

12）thirdparty 文件

该文件存放第三方开源社区或第三方厂家的程序，包括组件、工具、协议实现或对接平台的代码等。

第 2 章

OneOS 搭建开发环境

上一章已经初步了解 OneOS 基本知识以及源码文件的架构，本章就正式踏上 OneOS 的学习之旅。学习之前可采用万耦天工系列或正点原子精英开发板搭载 OneOS 开发环境。

本章内容包括：

2.1 OneOS-Cube 介绍

2.2 构造项目工程

2.1 OneOS-Cube 介绍

OneOS-Cube 是 OneOS 操作系统基于命令行的开发工具，提供系统配置、项目编译构造、包贡献下载等功能。在实际开发中，如果工程需要配置组件、使能/失能外设和 OneOS 的裁减文件 oneos_config.h 配置等操作，都离不开 OneOS-Cube 软件。

简单来说，OneOS 工程系统配置、编译以及编写代码等，是由以下 3 个软件组成：

- STM32CubeMX：主要配置外设驱动配置，如 ADC 配置等外设配置。
- OneOS-Cube：构造项目、系统配置、项目编译。
- Keil：主要作用是编写代码以及下载代码。

下面介绍 OneOS-Cube 工具安装。

首先下载 OneOS-Cube1.3.3 版本工具，注意，这个工具包解压时不能放到中文路径目录下。

双击 one-os-cube/components/cmder/OneOS-Cube.exe 打开工具时，命令行工具的工作目录为当前 OneOS-Cube.exe 目录；为了配置和编译实际项目工程，需要切换到工程目录下。为了简化操作，可以把 OneOS-Cube 工具界面的操作加到右键功能中，这样可以在项目工程中直接打开 OneOS-Cube 工具。

添加右键打开功能步骤如下：

① 以管理员身份运行“one-os-cube/_添加右键菜单@以管理员身份运行.bat”，如图 2.1 所示。

② 在任意的路径右击，在弹出的级联菜单中选择 OneOS-Cube 选项，如图 2.2

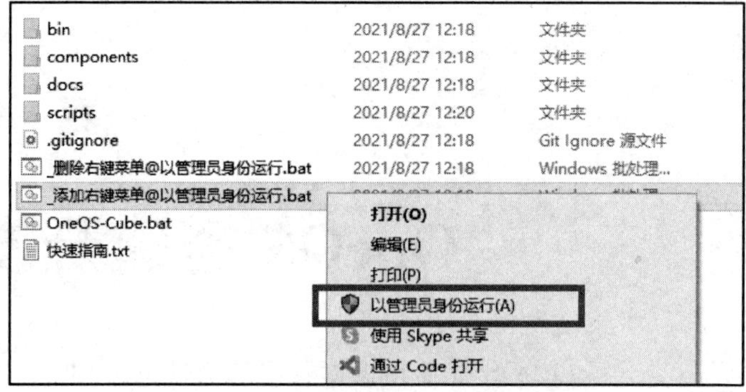

图 2.1　以管理员身份运行软件

所示。

图 2.2　添加 OneOS-Cube 右键功能

2.2　构造项目工程

构造项目工程须由 OneOS-Cube 和 OneOS 源码配合才能完成创建，步骤如下所示：

① 打开 OneOS 源码，进入 projects 目录下，如图 2.3 所示。

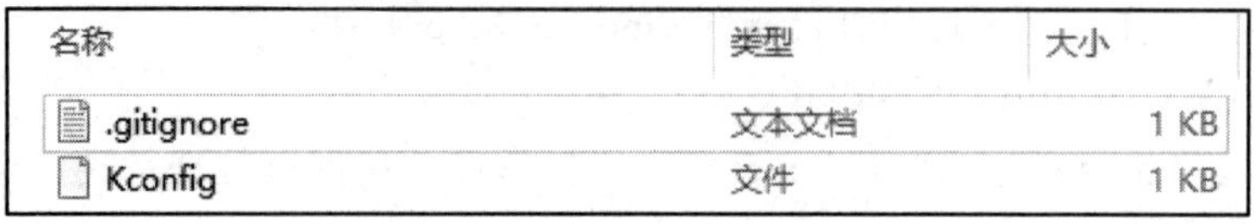

名称	类型	大小
.gitignore	文本文档	1 KB
Kconfig	文件	1 KB

图 2.3　OneOS/projects 文件夹

② 在图 2.3 中右击并选择 OneOS-Cube，则在当前目录打开 OneOS-Cube，如图 2.4 所示。从图 2.4 可知，通过此方法打开 OneOS-Cube 软件会自动定位到当前目录。

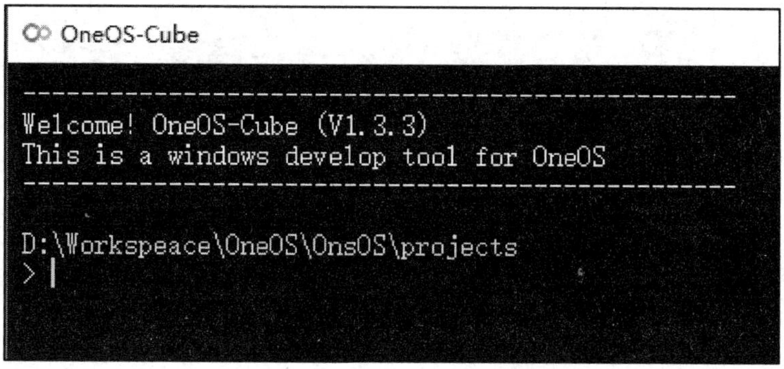

```
OneOS-Cube
--------------------------------------------------------
Welcome! OneOS-Cube (V1.3.3)
This is a windows develop tool for OneOS
--------------------------------------------------------

D:\Workspeace\OneOS\OnsOS\projects
>|
```

图 2.4 打开 OneOS-Cube 软件

③ 在 OneOS-Cube 软件界面输入 project.bat 并回车，如图 2.5 所示。

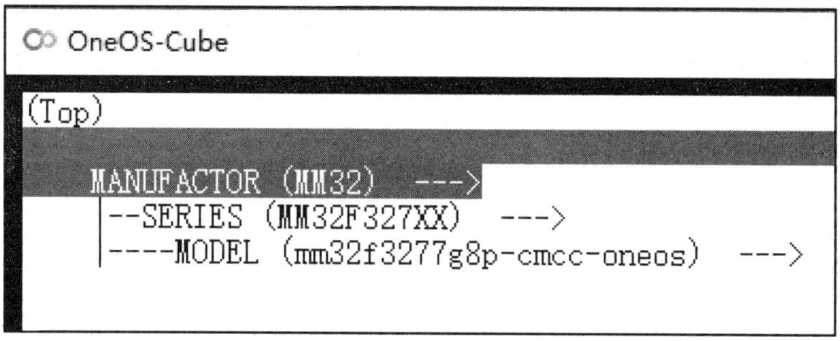

```
OneOS-Cube
(Top)

    MANUFACTOR (MM32)  --->
      |--SERIES (MM32F327XX)  --->
      |----MODEL (mm32f3277g8p-cmcc-oneos)  --->
```

图 2.5 进入构建项目工程界面

④ 选择需要构造的项目工程，由于本书使用的是正点原子精英开发板，所以选择 STM32，如图 2.6 所示。

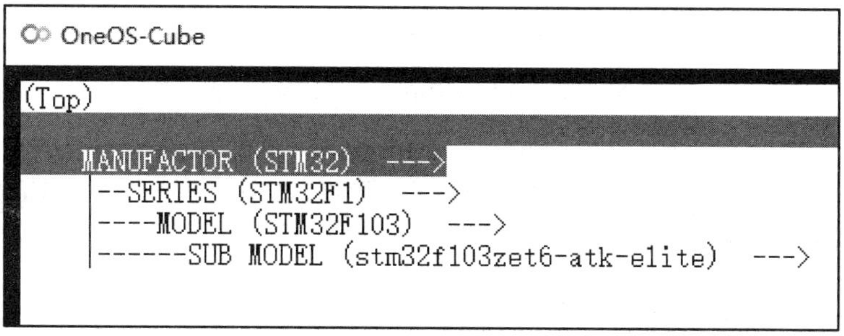

```
OneOS-Cube
(Top)

    MANUFACTOR (STM32)  --->
      |--SERIES (STM32F1)  --->
      |----MODEL (STM32F103)  --->
      |------SUB MODEL (stm32f103zet6-atk-elite)  --->
```

图 2.6 选择构建项目工程

⑤ 按下键 S，然后按回车键保存配置，最后按 ESC 退出配置界面，则 OneOS_

Cube 软件会自动生成配置文件和工程，如图 2.7 所示。

图 2.7　构建项目工程成功

⑥ 经过以上步骤，如果构造项目工程成功，则会在 OneOS/projects 目录下生成多个文件和一个项目工程，如图 2.8 所示。

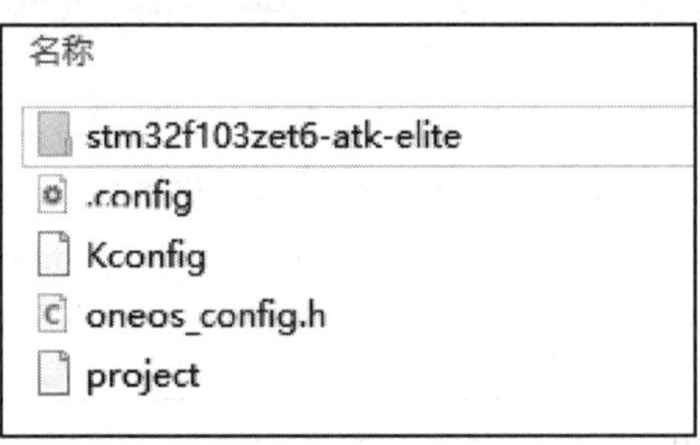

图 2.8　构造项目工程成功

⑦ 最后，使用 Keil MDK 打开 stm32f103zet6-atk-elite 文件夹里面的 project.uvprojx 项目，编译下载到精英开发板中，可以发现，精英开发板上的 LED0 和 LED1 不断交替闪烁，这样构建工程就完成了。

内核基础篇

第 3 章　OneOS 自动初始化机制

第 4 章　OneOS 中断和临界段详解

第 5 章　OneOS 任务基础知识

第 6 章　OneOS 任务相关 API 函数

第 7 章　其他 API 函数

第 8 章　OneOS 单项链表和双向链表

第 9 章　任务调度原理详解

第 10 章　OneOS 系统内核控制函数

第 11 章　OneOS 时间管理

第3章

OneOS 自动初始化机制

OneOS 支持自动初始化机制。自动初始化机制是指初始化函数不需要被显式调用，通俗来说初始化函数自动执行被 OS_INIT_EXPORT 修饰的函数，其中的数字越小，优先级越高，越先被执行；自动初始化只需要在函数定义处通过宏定义的方式进行声明，就会在系统启动过程中被执行。

本章分为如下几部分：

3.1　OneOS 自动初始化机制意义

3.2　OneOS 自动初始化机制原理

3.1　OneOS 自动初始化机制意义

如果一个函数定义了自动初始化，那么该函数就会在系统启动过程被调用。自动初始化机制主要是为了避免多个初始化函数放置在 main 函数，从而导致代码篇幅过长。例如，进行传统裸机开发过程中，在进行多个外设驱动初始化时，必须在 main 函数中调用初始化函数，源码如下所示：

```
int main(void)
{
    led_init();                                  /* 初始化 LED */
    lcd_init();                                  /* 初始化 LCD */
    remote_init();                               /* 红外接收初始化 */
    /* …………多个外设初始化…………  */
    while (1);
}
```

可见，如果外设初始化函数很多，那么会导致 main 函数的篇幅过长。

如果使用自动初始化机制来处理外设的初始化函数，那么很方便管理，并不需要特地放置在执行代码段中；因为这些初始化函数会形成一张初始化函数表，在系统启动过程中会遍历该表，并调用表中的指针指向的函数，从而达到自动初始化的目的。

3.2 OneOS 自动初始化机制原理

讲解自动初始化原理之前应了解 OneOS 的内核启动流程图，如图 3.1 所示。

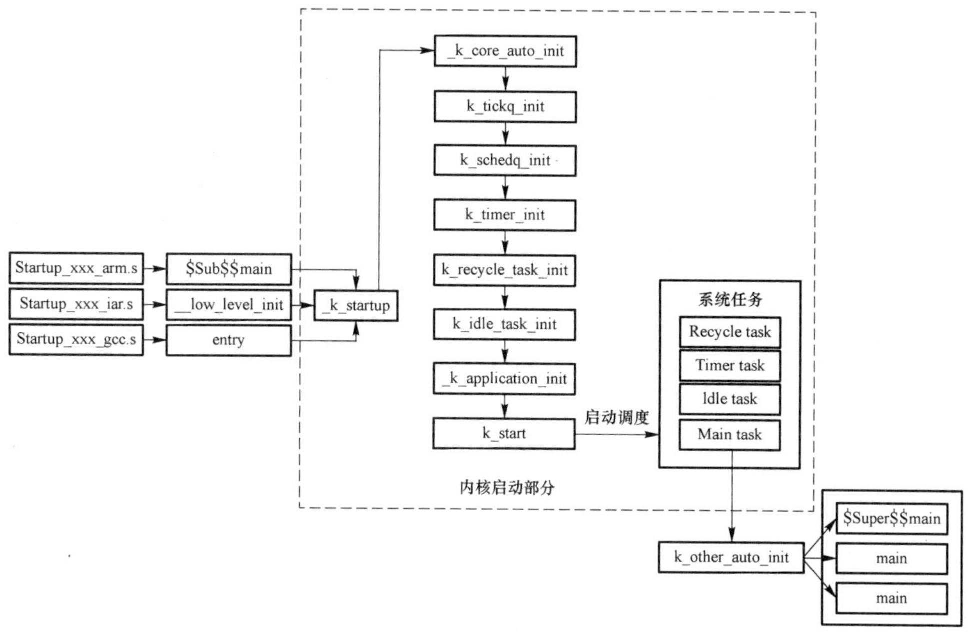

图 3.1 OneOS 内核启动流程

可见，内核启动主要有下面几个步骤：

① 启动初始化_k_startup()。

② 调用_k_core_auto_init()函数依次执行自动化宏 OS_CORE_INIT(fn, sublevel)注册的函数，初始化最基本的硬件资源，为内核运行铺垫好环境。

③ 初始化内核各模块，如 tick 队列、调度器、定时器等。

④ 创建 recycle、idle、timer、main 系统任务。

⑤ 启动调度器，最后会运行 main 任务。main 任务调用_k_other_auto_init()函数依次执行其他自动化宏注册的函数，最后调用 main 函数进入用户程序入口。

从图 3.1 可知，OneOS 的自动初始化分别在_k_core_auto_init()函数和_k_other_auto_init()函数执行。注意：这两个函数在 os_startup.c 文件定义，源码如下所示：

```
static os_err_t _k_core_auto_init(void)
{
    const os_init_fn_t *fn_ptr_core_init_start;   /* 内核地址开始指针 */
    const os_init_fn_t *fn_ptr_core_init_end;     /* 内核地址结束指针 */
    const os_init_fn_t *fn_ptr;                   /* 地址当前指向的指针 */
```

```
    os_err_t             ret;
    /* 取_os_call_os_core_init_start 地址 */
    fn_ptr_core_init_start = &_os_call_os_core_init_start + 1;
    /* 取_os_call_os_postcore_init_start 地址 */
    fn_ptr_core_init_end = &_os_call_os_postcore_init_start - 1;

    for (fn_ptr = fn_ptr_core_init_start;
        fn_ptr <= fn_ptr_core_init_end;
        fn_ptr++)
    {
        ret = (*fn_ptr)();  /* 调用该地址的函数 */
        if (ret != OS_EOK)
        {
            return ret;
        }
    }

    return OS_EOK;
}

static os_err_t _k_other_auto_init(void)
{
    const os_init_fn_t *fn_ptr_other_init_start;  /* 其他初始化地址开始指针 */
    const os_init_fn_t *fn_ptr_other_init_end;    /* 其他初始化地址结束指针 */
    const os_init_fn_t *fn_ptr;                    /* 地址当前指向的指针 */
    os_err_t             ret;
    /* 取_os_call_os_postcore_init_start 地址 */
    fn_ptr_other_init_start = &_os_call_os_postcore_init_start + 1;
    /* 取_os_call_os_init_end 地址 */
    fn_ptr_other_init_end = &_os_call_os_init_end - 1;

    for (fn_ptr = fn_ptr_other_init_start; /* fn_ptr 等于开始地址指针 */
        fn_ptr <= fn_ptr_other_init_end; /* fn_ptr 小于结束地址 */
        fn_ptr++)                          /* fn_ptr 偏移 */
    {
        ret = (*fn_ptr)(); /* 执行地址对应的函数 */
        if (ret != OS_EOK)
        {
            return ret;
        }
    }

    return OS_EOK;
}
```

第一个是内核自动初始化函数，第二个是其他自动初始化函数，如组件、环境、设备等初始化。从上述源码可知，_k_core_auto_init()函数和_k_other_auto_init()函数实现的原理类似，区别是遍历地址不同；os_init_fn_t 为函数指针类型，fn_ptr 指针指向遍历的开始地址然后进行遍历，最后(*fn_ptr)()获取地址的值，如图 3.2 所示。

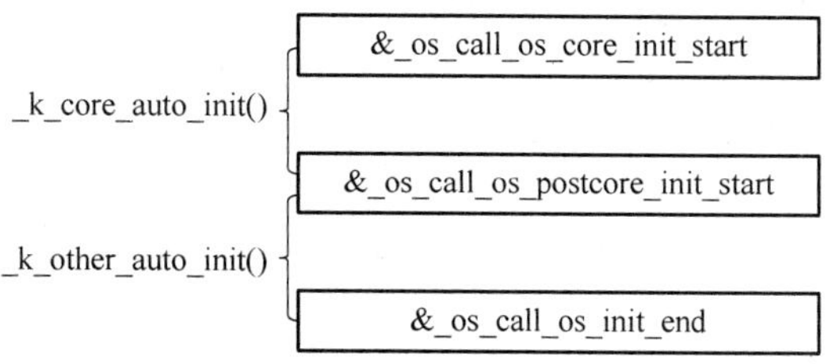

图 3.2 _k_core_auto_init()函数和_k_other_auto_init()函数遍历的地址

&_os_call_os_core_init_start、&_os_call_os_postcore_init_start 和 &_os_call_os_init_end 地址都与这 3 个函数 os_core_init_start()、os_postcore_init_start()和 os_init_end()相关联，如以下源码所示：

```
static os_int32_t os_core_init_start(void)          /* 内核初始化 */
{
    return 0;
}
OS_INIT_EXPORT(os_core_init_start, "1.", "");

static os_int32_t os_postcore_init_start(void)      /* 其他初始化 */
{
    return 0;
}
OS_INIT_EXPORT(os_postcore_init_start, "1.end", "");

static int os_init_end(void)                         /* 初始化结束函数 */
{
    return 0;
}
OS_INIT_EXPORT(os_init_end, "7.end", "");
```

上述函数都在 os_startup.c 文件定义，这里重点关注 OS_INIT_EXPORT()宏定义声明。该宏定义在 os_stddef.h 文件定义，如以下源码所示：

```
#define OS_SECTION(x)                  __attribute__((section(x)))
typedef os_err_t (*os_init_fn_t)(void);
#define OS_INIT_EXPORT(fn, level, sublevel) \
    OS_USED const os_init_fn_t  _os_call_##fn\
    OS_SECTION(".init_call." level sublevel) = fn
```

下面以宏定义 OS_INIT_EXPORT(os_core_init_start, "1.", "")为例，注意，os_postcore_init_start()、os_init_end()与其操作类似。

① 上述源码中 os_init_fn_t 为函数指针类型。

② ##为 C 语言的连接符，所以可得到_os_call_os_core_init_start 指针，而这个指针指向 fn(fn 就是 os_core_init_start()函数地址)。

③ OS_SECTION(x)为宏定义，表示编译时把某个函数或者数据放到 x 数据段中。

④ x 数据段为".init_call.1"，而 _os_call_os_core_init_start 指针放入 x 的数据段，该数据段存储指向各个初始化函数的指针。

同理，_os_call_os_postcore_init_start，_os_call_os_init_end 符号用于定位段的起始函数和结束函数，如图 3.3 所示。

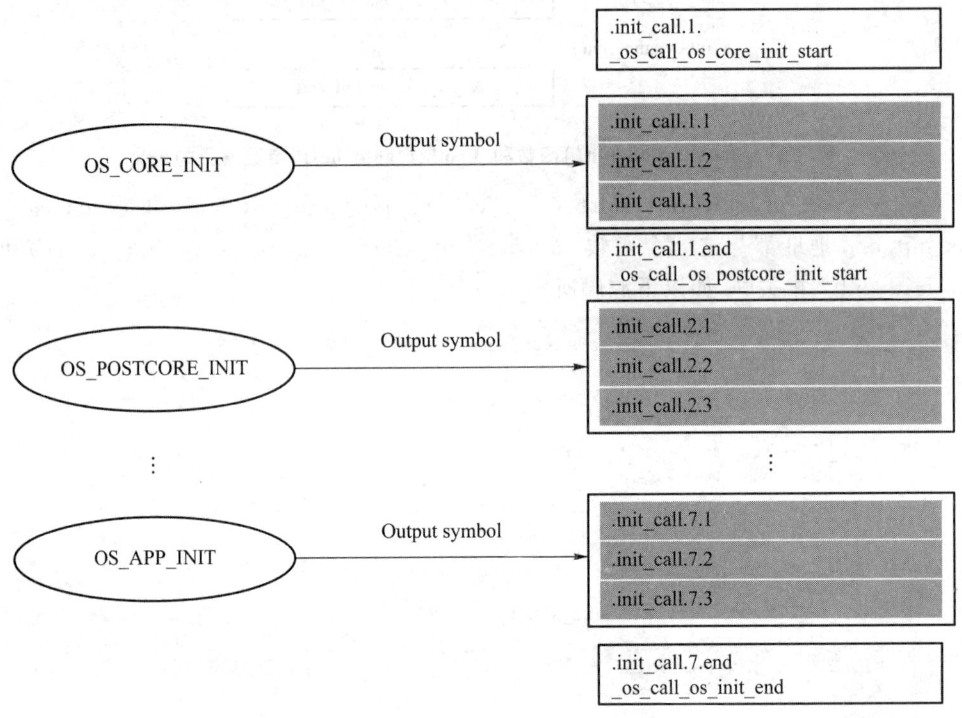

图 3.3 初始化宏对应的段结构

如图 3.3 所示，对于 OneOS 初始化宏对应的段结构，OneOS 的自动初始化宏定义分为 7 个等级，每等级分为 3 个优先级，数字越小，越先被执行。OneOS 用来实现自动初始化功能的宏接口定义详细描述如表 3.1 所列。

表 3.1 自动初始化宏接口描述

等 级	宏接口	描 述
1	OS_CORE_INIT(fn, sublevel)	硬件自动初始化，运行在操作系统内核启动之前
2	OS_POSTCORE_INIT(fn, sublevel)	硬件自动初始化，运行在操作系统内核启动之后
3	OS_PREV_INIT(fn, sublevel)	主要用于纯软件且没有太多依赖的初始化
4	OS_DEVICE_INIT(fn, sublevel)	设备驱动级自动初始化
5	OS_CMPOENT_INIT(fn, sublevel)	组件级自动初始化
6	OS_ENV_INIT(fn, sublevel)	环境级自动初始化
7	OS_APP_INIT(fn, sublevel)	应用程序级自动初始化

上述的宏定义是 OneOS 提供给用户初始化函数的，那么这些宏定义间接调用 OS_INIT_EXPORT()，如以下源码所示：

```
#define OS_INIT_SUBLEVEL_HIGH                "1"
#define OS_INIT_SUBLEVEL_MIDDLE              "2"
#define OS_INIT_SUBLEVEL_LOW                 "3"
/* 应该在内核启动之前调用核心初始化例程(内核启动所需的硬件初始化) */
#define OS_CORE_INIT(fn, sublevel)           OS_INIT_EXPORT(fn, "1.", sublevel)
/* ostcore /prev/device/component/env/app init 例程将在 main()函数之前调用 */
/* 内核启动后的硬件初始化 */
#define OS_POSTCORE_INIT(fn, sublevel)       OS_INIT_EXPORT(fn, "2.", sublevel)
/* 软件初始化 */
#define OS_PREV_INIT(fn, sublevel)           OS_INIT_EXPORT(fn, "3.", sublevel)
/* 设备初始化 */
#define OS_DEVICE_INIT(fn, sublevel)         OS_INIT_EXPORT(fn, "4.", sublevel)
/* 组件初始化(vfs, lwip,…) */
#define OS_CMPOENT_INIT(fn, sublevel)        OS_INIT_EXPORT(fn, "5.", sublevel)
/* 环境初始化(挂载磁盘,…) */
#define OS_ENV_INIT(fn, sublevel)            OS_INIT_EXPORT(fn, "6.", sublevel)
/* 应用程序初始化 */
#define OS_APP_INIT(fn, sublevel)            OS_INIT_EXPORT(fn, "7.", sublevel)
```

从上述源码可知，这些宏定义间接调用宏 OS_INIT_EXPORT()且区别为不同的等级，fn 为存入的函数，而 sublevel 为优先级。注意，优先级只能设置 1、2、3，可以参考 OS_INIT_SUBLEVEL_HIGH 等宏定义声明。

第 4 章

OneOS 中断和临界段详解

OneOS 的中断配置是一个很重要的内容，需要根据使用的 MCU 来具体配置。这需要读者了解 MCU 架构中有关中断的知识，本章结合 Cortex-M 的 NVIC 来讲解 STM32 平台下的 OneOS 中断配置。

本章分为如下几部分：

4.1 Cortex-M 和 OneOS 中断

4.2 OneOS 中断实验

4.1 Cortex-M 和 OneOS 中断

4.1.1 Cortex-M 中断

中断是微控制器一个很常见的特性，由硬件产生。当中断产生以后，CPU 就会中断当前的流程转而去处理中断服务，Cortex-M 内核的 MCU 提供了一个用于中断管理的嵌套向量中断控制器(NVIC)。

Cotex-M 的 NVIC 最多支持 240 个 IRQ(中断请求)、一个不可屏蔽中断(NMI)、一个 Systick(滴答定时器)定时器中断和多个系统异常。

4.1.2 Cortex-M 中断管理

Cortex-M 处理器有多个用于管理中断和异常的可编程寄存器，这些寄存器大多数都在 NVIC 和系统控制块(SCB)中，CMSIS 将这些寄存器定义为结构体。以 STM32F103 为例，打开 core_cm3.h，有两个结构体，NVIC_Type 和 SCB_Type，如下：

```
typedef struct
{
  __IOMuint32_t ISER[8U];       /* Offset: 0x000 (R/W)中断设置使能寄存器 */
uint32_t RESERVED0[24U];
  __IOMuint32_t ICER[8U];       /* Offset: 0x080 (R/W)中断清除使能寄存器 */
uint32_t RSERVED1[24U];
  __IOMuint32_t ISPR[8U];       /* Offset: 0x100 (R/W)中断设置挂起寄存器 */
uint32_t RESERVED2[24U];
  __IOMuint32_t ICPR[8U];      /* Offset: 0x180 (R/W)中断清除挂起寄存器 */
```

```
uint32_t RESERVED3[24U];
  __IOMuint32_t IABR[8U];  /* Offset: 0x200 (R/W)中断活动位寄存器 */
uint32_t RESERVED4[56U];
  __IOMuint8_t  IP[240U]; /* Offset: 0x300 (R/W)中断优先寄存器(8 位宽) */
uint32_t RESERVED5[644U];
  __OMuint32_t STIR;      /* Offset: 0xE00 ( /W)软件触发中断寄存器 */
} NVIC_Type;

/*
  访问系统控制块(SCB)的结构类型
 */
typedef struct
{
  __IM  uint32_t      CPUID;
  __IOM uint32_t      ICSR;
  __IOM uint32_t      VTOR;
  __IOM uint32_t      AIRCR;
  __IOM uint32_t      SCR;
  __IOM uint32_t      CCR;
  __IOM uint8_t       SHP[12U];
  __IOM uint32_t      SHCSR;
  __IOM uint32_t      CFSR;
  __IOM uint32_t      HFSR;
  __IOM uint32_t      DFSR;
  __IOM uint32_t      MMFAR;
  __IOM uint32_t      BFAR;
  __IOM uint32_t      AFSR;
  __IM  uint32_t      PFR[2U];
  __IM  uint32_t      DFR;
  __IM  uint32_t      ADR;
  __IM  uint32_t      MMFR[4U];
  __IM  uint32_t      ISAR[5U];
        uint32_t      RESERVED0[5U];
  __IOM uint32_t      CPACR;
} SCB_Type;
```

NVIC 和 SCB 都位于系统控制空间(SCS)内,SCS 的地址从 0XE000E000 开始。SCB 和 NVIC 的地址也在 core_cm3.h 中有定义,如下:

```
/* 系统控制空间基地地址 */
#define SCS_BASE       (0xE000E000)

/* NVIC 基地址 */
#define NVIC_BASE      (SCS_BASE +   0x0100)
/* 系统控制块基地地址 */
#define SCB_BASE       (SCS_BASE +   0x0D00)

#define SCB            ((SCB_Type *      ) SCB_BASE)   /* SCB configuration struct */
#define NVIC           ((NVIC_Type *     ) NVIC_BASE ) /* NVIC configuration struct */
```

这里重点关心 3 个中断屏蔽寄存器，即 PRIMASK、FAULTMASK 和 BASEPRI，后面会详细讲解。

4.1.3 Cortex-M 优先级分组定义

多个中断来临时处理器应该响应哪一个中断是由中断的优先级来决定的，高优先级的中断（优先级编号小）肯定首先得到响应，而且高优先级的中断可以抢占低优先级的中断，这个就是中断嵌套。Cortex-M 处理器的有些中断是具有固定优先级的，比如复位、NMI、HardFault，这些中断的优先级都是负数，优先级也是最高的。

Cortex-M 处理器有 3 个固定优先级和 256 个可编程的优先级，最多有 128 个抢占等级，而实际的优先级数量是由芯片厂商来决定的。但是，绝大多数的芯片都会精简设计，因此实际上支持的优先级数会更少，如 8 级、16 级、32 级等，比如 STM32 就只有 16 级优先级。设计芯片时会裁掉表达优先级的几个低端有效位，以减少优先级数，所以不管用多少位来表达优先级，都是 MSB 对齐的。图 4.1 就是使用 3 位来表达优先级。

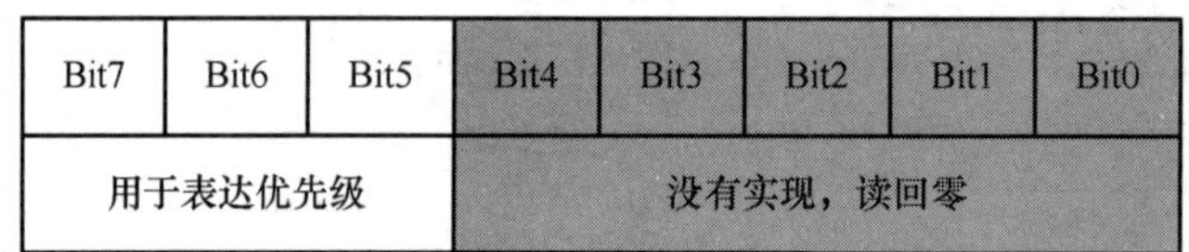

图 4.1　使用 3 位表达优先级

在图 4.1 中，Bit0～Bit4 没有实现，所以读它们总是返回零，写入它们则会忽略写入的值。因此，对于 3 个位的情况，可是使用的优先级就是 8 个：0X00（最高优先级）、0X20、0X40、0X60、0X80、0XA0、0XC0 和 0XE0。注意，这是芯片厂商决定的，比如 STM32 选择了 4 位作为优先级。

有读者可能会问，优先级配置寄存器是 8 位宽的，为什么却只有 128 个抢占等级？8 位不应该是 256 个抢占等级吗？为了使抢占机能变得更可控，Cortex-M 处理器还把 256 个优先级按位分为高低两段：抢占优先级（分组优先级）和亚优先级（子优先级）。NVIC 中有一个寄存器是“应用程序中断及复位控制寄存器（AIRCR）”，AIRCR 寄存器里面有个位段名为“优先级组”，如表 4.1 所列。

表 4.1　AIRCR 寄存器

位　段	名　称	类　型	复位值	描　述
[31：16]	VECTKEY	RW	—	访问钥匙：任何对该寄存器的写操作都必须同时把 0X05FA 写入此段，否则写操作被忽略。如读取此半字，则读回值为 0XFA05

续表 4.1

位　段	名　称	类　型	复位值	描　述
15	ENDIANESS	R	—	指示端设置:1==大端(BE8),0==小端,此值是在复位时确定的,不能更改
[10:8]	PRIGROUP	R/W	0	优先级分组
2	SYSRESETREQ	W	—	请求芯片控制逻辑产生一次复位
1	VECTCLRACTIVE	W	—	清零所有异常的活动状态信息,通常只在调试时用,或者在 OS 从错误中恢复时用
0	VECTRESET	W	—	复位微控制器内核(调试逻辑除外),但此复位不影响芯片上在内核以外的电路

表 4.2 中 PRIGROUP 就是优先级分组,它把优先级分为两个位段:MSB 所在的位段(左边的)对应抢占优先级,LSB 所在的位段(右边的)对应亚优先级,如表 4.2 所列。

表 4.2　抢占优先级和亚优先级的表达,位数与分组位置的关系

分组位置	表达抢占优先级的位段	表达亚优先级的位段
0(默认)	[7:1]	[0:0]
1	[7:2]	[1:0]
2	[7:3]	[2:0]
3	[7:4]	[3:0]
4	[7:5]	[4:0]
5	[7:6]	[5:0]
6	[7:7]	[6:0]
7	无	[7:0]

再看一下 STM32 的优先级分组情况,前面说 STM32 使用了 4 位,因此最多有 5 组优先级分组设置,这 5 个分组在 msic.h 中有定义,如下:

```
/*抢占优先级为 0,4 位为亚级优先级 */
#defineNVIC_PRIORITYGROUP_0                0x00000007U
/*1 位为抢占优先级,3 位为亚级优先级 */
#define NVIC_PRIORITYGROUP_1               0x00000006U
/*2 位为抢占优先级,2 位为亚级优先级 */
#define NVIC_PRIORITYGROUP_2               0x00000005U
/*3 位为抢占优先级,1 位为亚级优先级 */
#define NVIC_PRIORITYGROUP_3               0x00000004U
/*4 位为抢占优先级,0 位为亚级优先级 */
#define NVIC_PRIORITYGROUP_4               0x00000003U
```

可以看出，STM32 有 5 个分组，但是一定要注意，STM32 中定义的分组 0 对应的值是 7，OneOS 工程默认为组 4。

4.1.4 Cortex-M 优先级设置

每个外部中断都有一个对应的优先级寄存器，每个寄存器占 8 位，因此最大宽度是 8 位，但是最小为 3 位。4 个相邻的优先级寄存器拼成一个 32 位寄存器。如前所述，根据优先级组的设置，优先级又可以分为高、低两个位段，分别抢占优先级和亚优先级。OneOS 默认设置为组 4，所以就只有抢占优先级了。优先级寄存器都可以按字节访问，当然也可以按半字节来访问，有意义的优先级寄存器数目由芯片厂商来实现，如表 4.3 和 4.4 所列。

表 4.3 中断优先级寄存器阵列(地址:0xE000_E400～0xE000_E4EF)

名　称	类　型	地　址	复位值	描　述
PRI_0	R/W	0xE000_E400	0(8 位)	外中断 #0 的优先级
PRI_1	R/W	0xE000_E401	0(8 位)	外中断 #1 的优先级
⋮	⋮	⋮	⋮	⋮
PRI_239	R/W	0xE000_E4EF	0(8 位)	外中断 #239 的优先级

表 4.4 系统异常优先级阵列(地址:0XE000_ED20～0xE000_ED23)

名　称	类　型	地　址	复位值	描　述
PRI_4		0xE000_ED18		存储管理 fault 的优先级
PRI_5		0xE000_ED19		总线 fault 的优先级
PRI_6		0xE000_ED1A		用法 fault 的优先级
—	—	0xE000_ED1B	—	—
—	—	0xE000_ED1C	—	—
—	—	0xE000_ED1D	—	—
—	—	0xE000_ED1E	—	—
PRI_11		0xE000_ED1F		SVC 优先级
PRI_12		0xE000_ED20		调试监视器的优先级
—	—	0xE000_ED21	—	—
PRI_14		0xE000_ED22		PendSV 的优先级
PRI_15		0xE000_ED23		SysTick 的优先级

4 个相邻的寄存器可以拼成一个 32 位的寄存器，因此地址为 0xE000_ED20～0xE000_ED23 的 4 个寄存器就可以拼接成一个地址为 0xE000_ED20 的 32 位寄存器，这一点很重要。因为 OneOS 在设置 PendSV 和 SysTick 的中断优先级时都是直

接操作地址 0xE000_ED20 的。

4.1.5 Cortex-M 用于中断屏蔽的特殊寄存器

4.1.2 小节中说过，需要重点关注 PRIMASK、FAULTMASK 和 BASEPRI 这 3 个寄存器，本小节就来学习这 3 个寄存器作用于实现，如表 4.5 所列。

表 4.5 中断屏蔽特殊寄存器

中断屏蔽特殊寄存器	描 述
PRIMASK	禁止除 NMI 和 HardFalut 外的所有异常和中断
FAULTMASK	禁止除 NMI 外的所有异常和中断
BASEPRI	只屏蔽优先级低于某一个阈值的中断

可见，Cortex-M 中断屏蔽特殊寄存器有 3 个，OneOS 是操作 PRIMASK 特殊寄存器来关闭或者打开中断的。在 OneOS 源码中，找到 arch_interrupt. h 文件可以发现，OneOS 函数 os_irq_lock()、os_irq_unlock()等都是操作中断屏蔽特殊寄存器 PRIMASK 的，如以下源码所示：

```
__asm os_ubase_t os_irq_lock(void)
{
    MRS     R0, PRIMASK     /* 读取 PRIMASK 寄存器值到 R0 寄存器中 */
    CPSID   I               /* 禁止除 NMI 和 HardFalut 外的所有异常和中断 */
    BX      LR              /* 跳转到 lr 中存放的地址处,LR:连接寄存器 */
}
__asmvoid os_irq_unlock(os_ubase_t irq_save)
{
    MSR     PRIMASK, R0         /* 把 R0 寄存器值写入 PRIMASK 寄存器中 */
    BX      LR                  /* 跳转到 lr 中存放的地址处,LR:连接寄存器 */
}
__asmvoid os_irq_disable(void)
{
    CPSID   I                   /* 清除 PRIMASK(禁止中断) */
}
__asmvoid os_irq_enable(void)
{
    CPSIE   I                   /* 设置 PRIMASK(使能中断) */
}
```

上述源码中，函数 os_irq_lock()和 os_irq_unlock()使用了 MRS 和 MSR 指令，如以下所示：

- MRS 指令：对状态寄存器 CPSR 和 SPSR 进行读操作。通过读 CPSR 可以获得当前处理器的工作状态。读 SPSR 寄存器可以获得进入异常前的处理器状态(因为只有异常模式下有 SPSR 寄存器)。
- MSR 指令：对状态寄存器 CPSR 和 SPSR 进行写操作。与 MRS 配合使用，可以实现对 CPSR 或 SPSR 寄存器的"读-修改-写"操作，可以切换处理器模式、或者允许/禁止 IRQ/FIQ 中断等。

os_irq_lock()函数首先调用汇编 MRS 指令读取 PRIMASK 特殊寄存器，并保存在 R0 寄存器中。注意：默认情况下 PRIMASK 是为 0 的值，所以 R0 寄存器的值等于 0。最后，调用 CPSID 指令屏蔽了所有中断(除 NMI 及复位中断，还有硬件中断)。

os_irq_unlock()函数调用汇编 MSR 指令把 R0 寄存器的值写入 PRIMASK 特殊寄存器中，简单来说，R0 寄存器的值为 0，写入到 PRIMASK 特殊寄存器实现使能中断。

4.2 OneOS 中断实验

4.2.1 功能设计

1. 例程功能

当一个变量访问共享资源缓冲区时，发生任务调度，那么该变量有可能不能访问到共享资源缓冲区。为了解决这个文件，可以使用 os_irq_lock()和 os_irq_unlock()函数来访问共享资源区。注意：这两个函数相辅相成的，缺一不可，且这两个函数之间不能发生任务调度，也就是说不能调用发生任务调度的函数，否则系统会提示错误并卡死。

本实验设计两个任务：irq1_task、irq2_task，功能如表 4.6 所列。

表 4.6 各个任务实现的功能描述

任 务	任务功能
irq1_task	保护共享资源 share_resource
Irq2_task	保护共享资源 share_resource

2. 实验步骤

该实验工程可参考 demos/atk_driver/rtos_test/01_irq_test 文件夹，使用方法(注意，本书所有实验例程的使用方法都类似，在以后的实验中，读者按照此方法进行实验)如下所示：

① 将实验工程文件夹中的. config 和 oneos_config. h 文件复制到工程文件夹(OneOS/projects/ stm32f103zet6-atk-elite)，这两个文件是与实验相关的 OneOS 配置文件。

② 将 atk_lcd 文件夹和 atk_key 文件夹(没有则无须复制)中的文件复制添加到 main. c 的同级目录(即 OneOS/projects/ stm32f103zet6-atk-elite/application)下，这两个文件夹下的文件是针对正点原子精英开发板提供的按键和 LCD 驱动程序的。注意，针对不同实验例程的需求，有些实验工程文件夹下会没有按键或 LCD 的驱动。复制好后的 application 文件夹如图 4.2 所示。

名称	修改日期	类型	大小
atk_key.c	2021/8/19 12:35	C 源文件	3 KB
atk_key.h	2021/8/19 12:35	C Header 源文件	2 KB
atk_lcd.c	2021/8/19 14:35	C 源文件	30 KB
atk_lcd.h	2021/8/19 12:42	C Header 源文件	9 KB
atk_lcd_ex.c	2021/8/19 12:05	C 源文件	38 KB
lcdfont.h	2021/8/19 12:15	C Header 源文件	67 KB
main.c	2021/8/27 18:17	C 源文件	5 KB
SConscript	2021/6/16 16:54	文件	1 KB

图 4.2　application 文件夹(供参考,以实际为准)

③ 接下来就可以构建工程了。回到工程目录(OneOS/projects/stm32f103zet6-atk-elite),在文件夹空白处右击并打开 OneOS-Cube 软件,输入命令“scons --ide=mdk5”并回车,接下来 OneOS-Cube 软件就会根据步骤①中的配置文件构建工程。

④ 工程成功构建好后,使用 Keil MDK 打开项目目录下的 project. uvprojx 工程文件。从图 4.3 中可以看到,OneOS-Cube 已经自动将按键和 LCD 的驱动代码添加到 application 组中了,但是文件 atk_lcd_ex. c 是不需要被添加到工程中的,因此需要将其从 application 组中移除。接着再添加按键和 LCD 驱动代码的头文件路径,如图 4.4 所示。

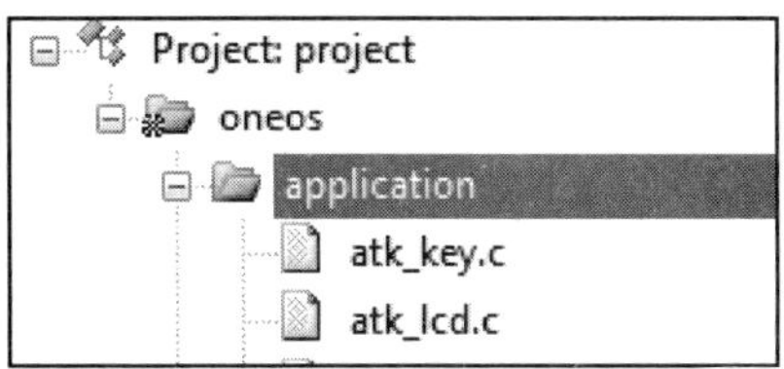

图 4.3　工程的 application 组(供参考,以实际为准)

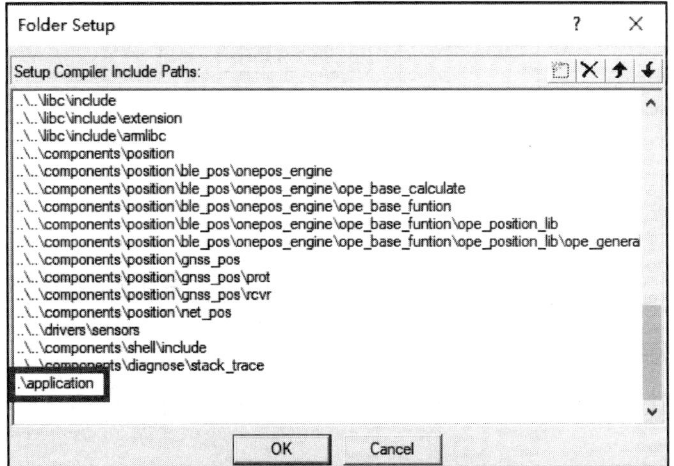

图 4.4　添加头文件路径

⑤ 用实验工程文件夹的 irq_test. c([实验名]. c)中的内容替换 main. c(OneOS/ projects/ stm32f103zet6-atk-elite/application/main. c)文件中的内容。

⑥ 最后编译工程并烧录程序到开发板上,观察实验现象。

特别注意:以上是一个通用的例程使用方法,实际上不同例程文件会稍有差异,如本实验例程就没有用到 atk_key 文件夹及其相关文件,凡是没有的就可以不用复制。本例程工程最终效果如图 4.5 所示。

4.2.2 软件设计

1. 程序流程图

根据上述例程功能分析可以得到流程图,如图 4.6 所示。

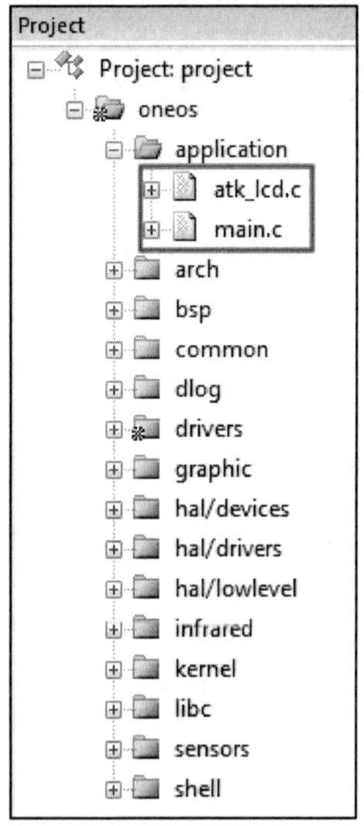

图 4.5 本例程(中断实验)最终效果

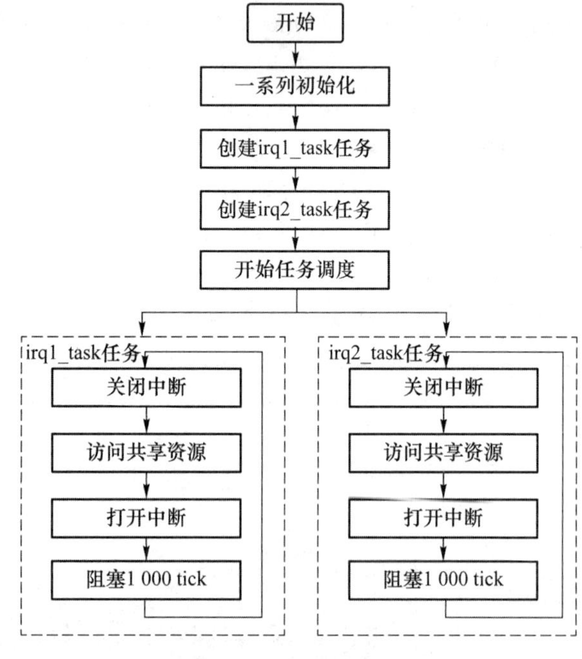

图 4.6 中断测试实验流程图

2. 程序解析

OneOS 程序主要在 main 函数中定义,首先设置任务的相关堆栈、句柄和优先级等信息。

(1) 设置任务参数

```
/* IRQ_TASK 任务 配置
 * 包括: 任务句柄 任务优先级 堆栈大小 创建任务
```

```
 */
#define IRQ1_TASK_PRIO     3               /* 任务优先级 */
#define IRQ1_STK_SIZE      512             /* 任务堆栈大小 */
os_task_t * IRQ1_Handler;                  /* 任务控制块 */
void irq1_task(void * parameter);          /* 任务函数 */
/* IRQ2_TASK 任务 配置
 * 包括：任务句柄 任务优先级 堆栈大小 创建任务
 */
#define IRQ2_TASK_PRIO     5               /* 任务优先级 */
#define IRQ2_STK_SIZE      512             /* 任务堆栈大小 */
os_task_t * IRQ2_Handler;                  /* 任务控制块 */
void irq2_task(void * parameter);          /* 任务函数 */
```

上述源码表示定义两个任务参数，分别为优先级、堆栈等信息。

(2) 任务实现

```
/**
 * @brief       irq1_task
 * @param       parameter : 传入参数(未用到)
 * @retval      无
 */
static void irq1_task(void * parameter)
{
    parameter = parameter;
    os_ubase_t os_level_1 = 0;
    os_uint8_t task1_str[] = {"First task Running!"};
    lcd_show_string(30, 10, 240, 16, 16, "STM32", RED);
    lcd_show_string(30, 30, 240, 16, 16, "os_irp test", RED);
    lcd_show_string(30, 50, 240, 16, 16, "ATOM@ALIENTEK", RED);
    while (1)
    {
        os_level_1 = os_irq_lock();
        /* 向共享资源区复制数据 */
        memcpy(share_resource, task1_str, sizeof(task1_str));
        /* 串口输出共享资源区数据 */
        os_kprintf("%s\r\n", share_resource);
        os_irq_unlock(os_level_1);
        os_task_msleep(1000);
    }
}
/**
 * @brief       irq2_task
 * @param       parameter : 传入参数(未用到)
 * @retval      无
 */
static void irq2_task(void * parameter)
{
    parameter = parameter;
    os_ubase_t os_level_2 = 0;
```

```
    os_uint8_t task2_str[] = {"Second task Running!"};

    while (1)
    {
        os_level_2 = os_irq_lock();
        /* 向共享资源区复制数据 */
        memcpy(share_resource, task2_str, sizeof(task2_str));
        /* 串口输出共享资源区数据 */
        os_kprintf("%s\r\n", share_resource);
        os_irq_unlock(os_level_2);
        os_task_msleep(1000);
    }
}
```

上述源码表示分别调用函数 os_irq_lock()关闭中断，然后访问共享资源区，最后调用 os_irq_unlock()函数开启中断。其中，函数 os_irq_lock()会返回关闭中断前的状态，函数 os_irq_unlock()可以传入要设置的中断状态。

4.2.3 下载验证

编译并下载代码到开发板中，打开串口调试助手，如图 4.7 所示。

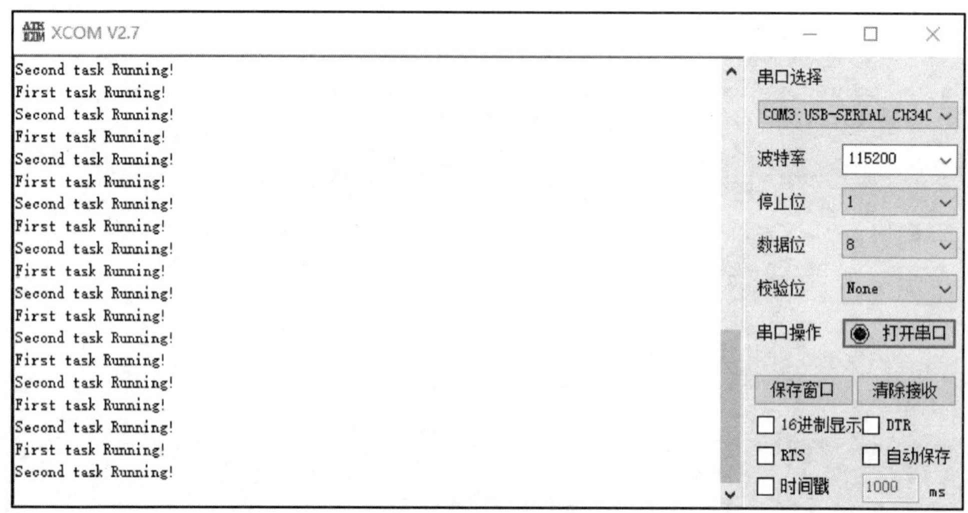

图 4.7　访问共享资源区

第 5 章

OneOS 任务基础知识

RTOS 系统的核心就是任务管理，OneOS 操作系统也不例外。大多数学习 RTOS 系统的工程师就是为了使用其多任务处理功能，初学 RTOS 系统首先必须掌握的也是任务的创建、删除、挂起和恢复等操作，由此可见任务管理的重要性。由于任务相关的知识很多，所以接下来将用几章的内容来讲解 OneOS 的任务。本章先学习 OneOS 任务的基础知识，这是后面学习的基础。

本章分为如下几部分：

5.1　什么是多任务系统

5.2　任务调度管理实现

5.1　什么是多任务系统

以前使用 51、AVR、STM32 单片机等裸机（未使用系统）的时候一般都是在 main 函数里面用 while(1)做一个大循环来完成所有的处理，即应用程序是一个无限的循环，循环中调用相应的函数完成所需的处理。有时候也需要中断来完成一些操作。相对于多任务系统而言，这个就是单任务系统，也称作前后台系统。中断服务函数作为前台程序，大循环 while(1)作为后台程序，如图 5.1 所示。

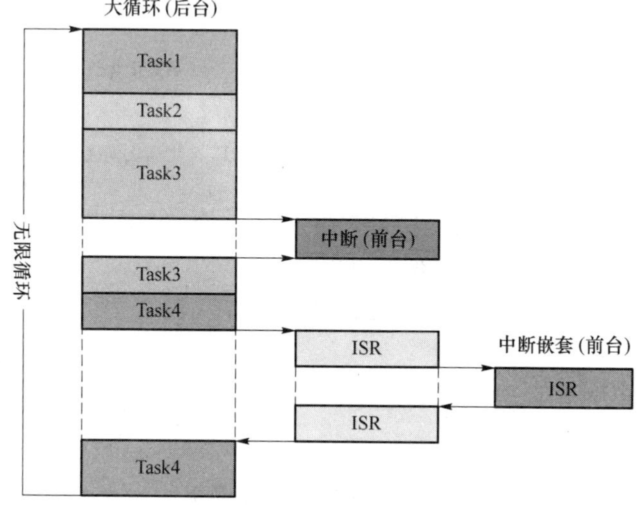

图 5.1　前后台系统

前后台系统的实时性差，其各个任务（应用程序）都是排队等着轮流执行；不管这个程序有多紧急，没轮到就只能等着。相当于所有任务（应用程序）的优先级都是一样的。但是前后台系统简单，资源消耗也少。在稍微大一点的嵌入式应用中，前后台系统就明显力不从心了，此时就需要多任务系统“出马”了。

首先需要知道在操作系统的角度，任务是什么？比如在一个系统上，一部分程序负责收集数据，一部分程序负责处理数据，这两部分相互独立运行，并且会分时占用CPU交替运行。事实上，系统会存在很多这样的程序片段，这些程序片段就可以被抽象为任务。任务是操作系统中最小的运行单位，也是最基本的调度单位，而系统把每个任务都抽象为任务控制块，通过任务控制块对任务进行管理。任务调度就是如何选取任务投入运行的策略。操作系统支持基于优先级的抢占式调度，也支持多个具有相同优先级的任务时间片轮转调度。

多任务系统会把一个大问题（应用）“分而治之”，把大问题划分成很多个小问题，逐步地把小问题解决掉，大问题也就随之解决了，这些小问题可以单独作为一个小任务来处理。这些小任务是并发处理的，注意，并不是说同一时刻一起执行很多个任务，而是由于每个任务执行的时间很短，导致看起来像是同一时刻执行了很多个任务。多个任务带来了一个新的问题，究竟哪个任务先运行，哪个任务后运行呢？完成这个功能的东西在RTOS系统中叫任务调度器。不同系统的任务调度器实现方法也不同，比如OneOS是一个抢占式的实时多任务系统，那么其任务调度器也是抢占式的，运行过程如图5.2所示。

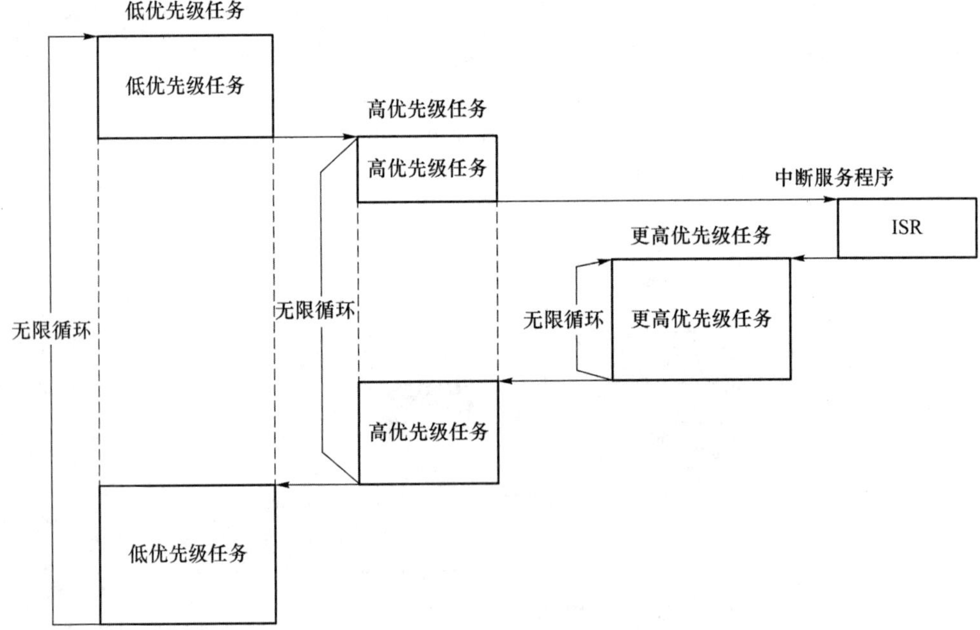

图5.2　抢占式多任务系统

在图 5.2 中，高优先级的任务可以打断低优先级任务的运行而取得 CPU 的使用权，保证了紧急任务的运行。这样就可以为实时性要求高的任务设置一个很高的优先级，比如自动驾驶中的障碍物检测任务等。高优先级的任务执行完成以后重新把 CPU 的使用权归还给低优先级的任务，这个就是抢占式多任务系统的基本原理。

5.2 任务调度管理实现

5.2.1 任务管理

OneOS 的任务管理基于队列实现，通俗来讲就是基于链表实现，如表 5.1 所列。

表 5.1 任务管理各个队列描述

基础任务状态	描　述
任务资源队列	用于管理任务资源，除关闭态的任务，其他状态下的任务都以资源的方式挂在此队列
任务资源回收队列	处于关闭态任务但资源没有回收的情况下，任务资源会挂到此队列上，待回收任务回收资源
就绪队列	就绪态的任务会挂在此队列上。为提高性能，处于运行态的任务也会挂在此队列上
睡眠队列	睡眠或者有限等待的阻塞任务会挂到此队列上
阻塞队列	任务在等待的特定条件未满足时，任务会被挂在此队列上。阻塞队列会分布在其他功能模块上，如互斥锁、信号量、消息队列等模块，各存在一个阻塞队列

无论创建任务还是删除任务等操作，都是挂在 5 个链表之一。

任务管理就是实现对任务的各种操作。任务创建时，设置任务控制块的各个成员变量，如入口函数、栈地址、优先级等，初始化任务的栈空间，并且将任务插入到任务资源队列。任务启动时，将任务插入到就绪队列，任务控制块和栈占用的内存空间可以是静态定义的，也可以是从内存堆动态分配的。任务销毁时，将任务从资源队列和就绪队列移除，释放任务占用的资源。任务睡眠和阻塞时，将任务插入到睡眠队列；如果睡眠时间到期，则从睡眠队列移除并且插入到就绪队列。任务挂起时，设置任务状态，从就绪队列移除。任务唤醒时，插入任务到就绪队列，如图 5.3 所示。

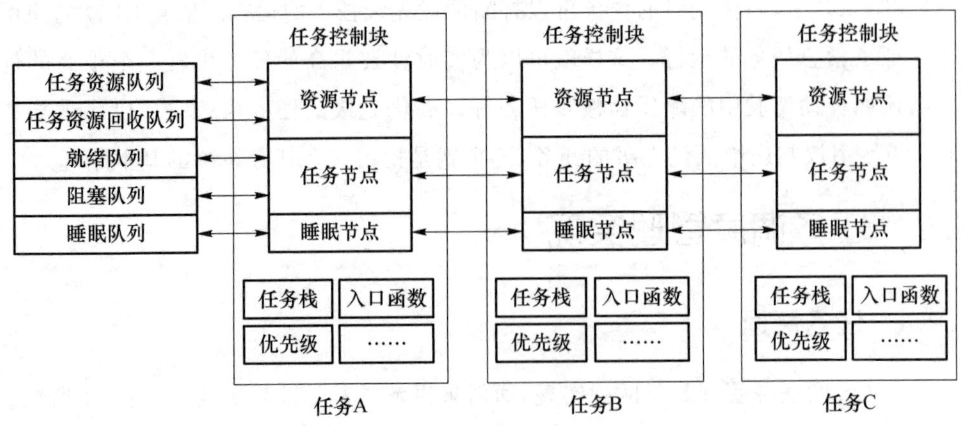

图 5.3 任务管理示意图

5.2.2 任务状态

OneOS 操作系统的任务永远处于下面几个状态：

1）初始态

任务创建完成，被启动之前处于初始态。

2）就绪态

初始态任务被启动之后，状态切换为就绪态，加入就绪队列，等待调度器调度运行。

3）运行态

正在运行的任务处于运行态。

4）睡眠态

正在运行的任务睡眠后会处于睡眠态，睡眠时间到则被唤醒。

5）阻塞态

任务运行条件未满足而需要等待时进入阻塞态，运行条件满足后被唤醒。

6）挂起态

任务被挂起后进入挂起态，不参与调度，直到被恢复。

7）关闭态

任务被销毁。

OneOS 有些状态是可以组合的，如任务在阻塞态中被挂起、任务处于睡眠态中等，如表 5.2 所列。

表 5.2 有效组合状态描述

有效组合态	描 述
阻塞态+挂起态	处在阻塞态的任务被挂起
阻塞态+睡眠态	任务有限时间内等待某种条件满足时，被唤醒的方式有 2 种，即超时或者条件满足
睡眠态+挂起态	处于睡眠态的任务被挂起
阻塞态+睡眠态+挂起态	处于阻塞态+睡眠态的任务被挂起

在表 5.2 中，有效组合状态都是基于 OneOS 操作 7 个状态（由于每个状态都能进入关闭态，所以图中没有画出各关闭态）进行延伸的，如图 5.4 所示。

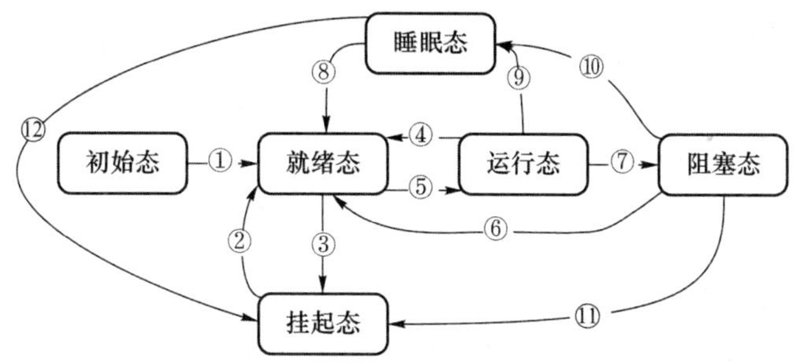

图 5.4 任务状态之间的转换

① 创建的任务被启动，即调用函数 os_task_startup()让任务由初始态进入就绪态。

② 挂起态任务被解挂恢复，即调用函数 os_task_resume()变成就绪态，可以参与任务调度。

③ 调用函数 os_task_suspend()让任务在就绪态任务被挂起。

④ 正在运行的任务被抢占或是时间片用完。

⑤ 就绪态的任务被调度而运行。

⑥ 处于阻塞状态的任务所等待的条件被满足时，任务可以参与调度。

⑦ 正在运行的任务由于某种条件不满足而需要无限等待，此时会挂到阻塞队列。

⑧ 任务睡眠时间已到。

⑨ 正在运行的任务主动睡眠。

⑩ 处于阻塞态的任务主动睡眠。

⑪ 处于阻塞态的任务被挂起。

⑫ 任务睡眠时被挂起。

5.2.3 任务优先级

每个任务都可以分配一个从 0～(OS_TASK_PRIORITY_MAX-1)的优先级，那么宏 OS_TASK_PRIORITY_MAX 在文件 oneos_config.h 中有定义，前面讲解 OneOS 系统配置的时候已经讲过了。OneOS 中规定宏 OS_TASK_PRIORITY_MAX 可设置的最大值为 256，但在实际情况中宏 OS_TASK_PRIORITY_MAX 设置为 32，也就是可分配的优先级为 0～31。

OneOS 操作系统的优先级数字越低表示任务的优先级越高，0 的优先级最高，OS_TASK_PRIORITY_MAX -1 的优先级最低。空闲任务的优先级设置为最低优先级。

OneOS 调度器确保处于就绪态或运行态的高优先级的任务获取处理器使用权，换句话说就是处于就绪态的最高优先级的任务才会运行。OneOS 可以创建多个任务且任务可以共用一个优先级，数量不限。此时处于就绪态的优先级相同的任务就会使用时间片轮转调度器获取运行时间。

5.2.4 任务实现

在使用 OneOS 创建任务过程中，我们要调用函数 os_task_init()或 os_task_create()来创建任务。这两个函数的入参都包含一个函数指针 void (* entry)(void * arg)，这个函数指针指向这个任务的任务函数。任务函数可以说是任务的入口在程序运行的地方。OneOS 的任务函数模板有两种，一种是无限循环结构，而另一种是顺序结构。

无限循环结构如以下源码所示：

```
static void entry(void * arg)
{
    arg = arg; /* 防止警告 */

    while (1)
    {
        /* -- 任务应用程序 -- */
        os_task_msleep(200);
    }
}
```

① entry(void * arg)本质也是函数。注意：任务函数的返回类型一定要为 void 类型，也就是无返回值，而且任务的参数也是 void 指针类型的！任务函数名可以根据实际情况定义。

② 任务的具体执行过程是一个大循环，for(；；)就代表一个循环，其作用和 while(1)一样，人们习惯用 while(1)。

③ 循环里面就是真正的任务代码了。

④ 在 OneOS 的延时函数中，只要能让 OneOS 发生任务切换的 API 函数都可以，比如请求信号量、队列等，甚至直接调用任务调度器。最常用的就是 OneOS 的延时函数。

⑤ 任务函数一般不允许跳出循环，如果一定要跳出循环，那么 OneOS 内核会自动删除此任务。

注意：在无限循环结构中，必须调用让出 CPU 使用权的操作（如 OneOS 延时函数），否则该任务不断执行。

顺序结构如以下源码所示：

```
static void entry(void * arg)
{
    arg = arg;           /* 防止警告 */
    test1();             /* 事务 1 */
    test2();             /* 事务 2 */
/* ………………… */
}
```

注意：顺序结构的任务函数只执行一次，一次过后 OneOS 内核自动删除该任务。

5.2.5 任务控制块

每个任务都有一些属性需要存储，OneOS 把这些属性集合到一起用一个结构体来表示，这个结构体叫任务控制块：os_task_t。使用函数 os_task_create()创建任务的时候会自动给每个任务分配一个任务控制块，此结构体在文件 os_tasks.c 中有定义，如以下源码所示：

```
struct os_task
{
    /* begin：不能更改顺序、位置和内容 */
    void            * stack_top;        /* 任务栈指针 */
    void            * stack_begin;      /* 任务栈起始地址 */
    void            * stack_end;        /* 任务栈结束地址 */
    os_uint16_t    state;               /* 任务状态 */
    /* end：  顺序、位置和内容不能更改 */
    /* 任务当前优先级，某些情况下会动态调整任务的优先级. */
    os_uint8_t     current_priority;
    os_uint8_t     backup_priority;     /* 备份的优先级 */
    os_err_t        err_code;           /* 错误代码 */
    os_err_t        switch_retval;      /* 任务开关返回值，在 os_errno.h 中定义 */
    os_uint8_t      object_inited;      /* 如果是初始化的任务对象，则为"OS_KOBJ
                                           _INITED" */
    /* 指示内存是动态分配还是静态分配，
        "OS_KOBJ_ALLOC_TYPE_STATIC"或"OS_KOBJ_ALLOC_TYPE_DYNAMIC" */
    os_uint8_t      object_alloc_type;
```

```
    os_uint8_t      pad[2];
    char            name[OS_NAME_MAX + 1];          /* 任务名字 */
    os_list_node_t  resource_node;                  /* 任务的资源链表节点 */
    os_list_node_t  task_node;                      /* 任务的任务链表节点 */
    os_list_node_t  tick_node;                      /* 任务的睡眠链表节点 */
    os_tick_t       tick_timeout;                   /* 超时 */
    os_tick_t       tick_absolute;                  /* 绝对超时时间 */
    os_tick_t       time_slice;                     /* 任务时间片 */
    /* 任务的剩余时间片,用于在相同优先级任务间的时间片轮转调度算法 */
    os_tick_t       remaining_time_slice;
    os_list_node_t *block_list_head;                /* 任务阻塞链表节点 */
    /* 根据优先级或不优先级,任务在 block_list_head 的唤醒类型 */
    os_bool_t       is_wake_prio;
#if defined(OS_USING_EVENT)
    os_uint32_t     event_set;
    os_uint32_t     event_option;
#endif
#if defined(OS_USING_MUTEX)
    os_list_node_t  hold_mutex_list_head;
#endif
    os_ubase_t      swap_data;
    /* 任务清理函数,用于用户清理自己的私有资源 */
    void            (*cleanup)(void *user_data);
    void            *user_data;                     /* 任务清理函数参数 */
};
typedef struct os_task os_task_t;
```

可以看出,OneOS 任务控制块中的成员变量很多,而且有些参数与裁减有关。当不使用某些功能的时候,与其相关的变量就不参与编译,任务控制块大小就会进一步减小。

5.2.6 任务堆栈

OneOS 之所以能正确地恢复一个任务的运行就是因为有任务堆栈在保驾护航,任务调度器在进行任务切换的时候会将当前任务的现场(CPU 寄存器值等)保存在此任务的任务堆栈中,等到此任务下次运行时先用堆栈中保存的值来恢复现场,接着从上次中断的地方开始运行。

创建任务的时候需要给任务指定堆栈,如果使用的函数 os_task_create()创建任务(动态方法),那么任务堆栈就会由函数 os_task_create()自动创建。如果使用函数 os_task_init()创建任务(静态方法),则需要程序员自行定义任务堆栈,然后堆栈首地址作为函数的参数 stack_begin 传递给函数,如下:

```
os_err_t os_task_init( os_task_t        *task,                  /* 任务控制块 */
                       const char       *name,                  /* 任务名字 */
                       void             (*entry)(void *arg),    /* 任务函数 */
```

```
                    void           * arg,                /* 任务形参 */
                    void           * stack_begin,        /* 堆栈开始地址 */
                    os_uint32_t    stack_size,           /* 堆栈大小 */
                    os_uint8_t     priority)             /* 任务优先级 */
```

其中，stack_begin 为任务堆栈开始地址，需要用户定义，然后将堆栈首地址传递给这个参数。

OneOS 创建任务有两种方式，分别是动态创建任务及静态创建任务。在使用动态方法创建任务的时候，只需要用户给出任务的堆栈大小即可，系统会自动分配相应大小的内存作为任务的堆栈；但是系统会对堆栈大小进行 8 字节向上对齐，并且也会对分配的内存按照 8 字节向上对齐。也就是说，动态方法创建任务堆栈总是大于等于 8 字节的整数倍。静态方法创建的任务堆栈则按照用户给定的堆栈起始地址和栈大小进行 8 字节向下对齐，因此，使用静态方法创建任务的任务堆栈可能会小于用户指定的任务堆栈大小。

第 6 章

OneOS 任务相关 API 函数

在学习了 OneOS 的任务基础知识和任务切换的工作机制后，本章就正式学习如何使用 OneOS 中任务相关的 API 函数。

本章分为如下几部分：

6.1 任务创建和删除 API 函数

6.2 动态创建与删除任务实验

6.3 静态创建与删除任务实验

6.4 任务挂起和恢复 API 函数

6.5 挂起和恢复任务实验

6.1 任务创建和删除 API 函数

操作系统最基本的功能就是任务管理，而任务管理最基本的操作就是任务的创建和删除，本节讲解 OneOS 的任务创建和删除。OneOS 的任务创建和删除 API 函数如表 6.1 所列。

表 6.1 任务创建和删除 API 函数

函 数	描 述
os_task_init()	使用静态方式创建任务，使用者须提供任务对象
os_task_deinit()	删除静态方式创建的任务，即与 os_task_init()匹配使用
os_task_create()	使用动态方式创建任务，所需内存由系统动态申请
os_task_destroy()	删除动态方式创建的任务，即与 os_task_create()匹配使用

1. 函数 os_task_init()

此函数用来静态创建一个任务，任务需要 RAM 来作为其任务句柄（任务控制块指针）和任务栈对应的空间。函数 os_task_init()创建的任务所需的 RAM 需要用户提供，函数原型如下：

```
os_err_t os_task_init( os_task_t        * task,
                       const char       * name,
                       void             ( * entry)(void * arg),
                       void             * arg,
                       void             * stack_begin,
                       os_uint32_t      stack_size,
                       os_uint8_t       priority)
```

函数 os_task_init()为使用静态方式创建任务，其形参有 7 个，如表 6.2 所列。

表 6.2　函数 os_task_init()形参相关描述

参　数	描　述
task	任务控制块，由用户提供，并指向对应的任务控制块内存地址
name	任务名称，最大长度由 oneos_config. h 中的 OS_NAME_MAX 定义
entry	任务入口函数，可携带用户私有数据
arg	任务入口函数参数
stack_begin	任务栈起始位置，系统会强制进行 8 字节对齐
stack_size	任务栈大小，单位是字节
priority	任务优先级，数值越小优先级越高

返回值：OS_EOK 表示任务创建成功；OS_EINVAL 表示输入的参数有误，任务创建失败。

2. 函数 os_task_deinit()

此函数用于删除函数 os_task_init()静态创建的任务，需要与函数 os_task_init()匹配使用。函数原型如下：

```
os_err_t os_task_deinit(os_task_t  * task)
```

函数 os_task_deinit()相关参数如表 6.3 所列。

表 6.3　函数 os_task_deinit()形参相关描述

参　数	描　述
task	要删除任务的任务控制块

返回值：OS_EOK 表示任务删除成功，OS_ERROR 表示任务删除失败。

3. 函数 os_task_create()

此函数和函数 os_task_init()的功能相同，也是用来创建任务；不同之处在于用此函数创建任务时，系统会从内存堆中分配一个任务控制块，按照参数中指定的栈大小从内存堆中分配相应的栈空间，然后创建任务。函数原型如下：

```
os_task_t * os_task_create( const char         * name,
                            void               ( * entry)(void * arg),
                            void               * arg,
                            os_uint32_t        stack_size,
                            os_uint8_t         priority)
```

函数 os_task_create()为使用动态方式创建任务，其形参有 5 个，如表 6.4 所列。

表 6.4　函数 os_task_create()形参相关描述

参　数	描　述
name	任务名称，最大长度由 oneos_config.h 中的 OS_NAME_MAX 定义
entry	任务入口函数，可携带用户私有数据
arg	任务入口函数参数
stack_size	任务栈大小，单位是字节
priority	任务优先级，数值越小优先级越高

返回值：OS_NULL 表示任务创建失败，否则返回任务控制块地址。

4. 函数 os_task_desroy()

此函数用于删除函数 os_task_create()动态创建的任务，需要与函数 os_task_create()匹配使用，函数原型如下：

```
os_err_t os_task_destroy(os_task_t  * task)
```

函数 os_task_destroy()相关参数如表 6.5 所列。

表 6.5　函数 os_task_destroy()形参相关描述

参　数	描　述
task	要删除任务的任务控制块

返回值：OS_EOK 表示任务删除成功，OS_ERROR 表示任务删除失败。

6.2　动态创建与删除任务实验

6.2.1　功能设计

本实验设计两个任务：user1_task 和 user2_task，任务功能如表 6.6 所列。

表 6.6　各个任务实现的功能描述

任　务	任务功能
user1_task	此任务运行 5 次以后，就会调用函数 os_task_destroy()删除任务 user2_task，此任务也会周期性地刷新 LCD 指定区域的背景颜色
user2_task	此任务为普通的应用任务，会周期性地刷新 LCD 指定区域的背景颜色

该实验工程可参考 demos/atk_driver/rtos_test/ 02_task_creat_del 文件夹。

6.2.2 软件设计

1. 程序流程图

根据上述例程功能分析得到如图 6.1 所示的流程图。

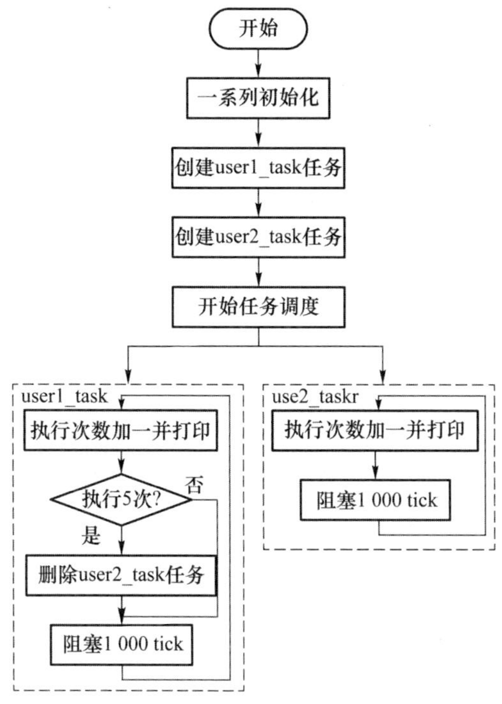

图 6.1 任务创建于删除实验流程图

2. 程序解析

OneOS 程序主要在 main 函数定义，首先我们设置任务的相关堆栈、句柄和优先级等信息。

(1) 设置任务参数

```
/* USER1_TASK 任务 配置
 * 包括：任务句柄 任务优先级 堆栈大小 创建任务
 */
#define USER1_TASK_PRIO        3        /* 任务优先级 */
#define USER1_STK_SIZE         512      /* 任务堆栈大小 */
os_task_t * USER1_Handler;              /* 任务控制块 */
```

```
void user1_task(void * parameter);          /* 任务函数 */
/* USER2_TASK 任务 配置
 * 包括：任务句柄 任务优先级 堆栈大小 创建任务
 */
#define USER2_TASK_PRIO              4     /* 任务优先级 */
#define USER2_STK_SIZE               512   /* 任务堆栈大小 */
os_task_t * USER2_Handler;                 /* 任务控制块 */
void user2_task(void * parameter);          /* 任务函数 */
```

(2) 任务实现

```
/**
 * @brief        user1_task
 * @param        parameter : 传入参数(未用到)
 * @retval       无
 */
static void user1_task(void * parameter)
{
    parameter = parameter;
    os_uint8_t task1_num = 0;
    /* 初始化屏幕显示,代码省略 */
    while (1)
    {
        task1_num++;
        os_kprintf("task1 run %d times\r\n", task1_num);
        if (5 == task1_num)
        {
            if (OS_NULL != USER2_Handler)            /* 任务 2 是否存在 */
            {
                os_task_destroy(USER2_Handler);      /* 删除任务 2 */
                USER2_Handler = OS_NULL;             /* 任务 2 句柄清零 */
                os_kprintf("task1 delete task2! \r\n");
            }
        }
        /* 填充区域 */
        lcd_fill(6, 131, 114, 313, lcd_discolor[task1_num % 11]);
        /* 显示任务执行次数 */
        lcd_show_xnum(86, 111, task1_num, 3, 16, 0x80, BLUE);
        os_task_msleep(1000);
    }
}

/**
 * @brief        user2_task
 * @param        parameter : 传入参数(未用到)
 * @retval       无
 */
static void user2_task(void * parameter)
```

```
{
    parameter = parameter;
    os_uint8_t task2_num = 0;

    /* 初始化屏幕显示,代码省略 */

    while (1)
    {
        task2_num++;
        os_kprintf("task2 run %d times\r\n", task2_num);
        /* 填充区域 */
        lcd_fill(126, 131, 233, 313, lcd_discolor[11 - task2_num % 11]);
        /* 显示任务执行次数 */
        lcd_show_xnum(206, 111, task2_num, 3, 16, 0x80, BLUE);
        os_task_msleep(1000);
    }
}
```

上述源码可知:当任务 user1_task 执行 5 次时,调用函数 os_task_destroy()删除任务 2。

6.2.3 下载验证

编译程序并下载到开发板中,观察任务 1 和任务 2 的运行情况,下载完成以后 LCD 显示如图 6.2 所示。

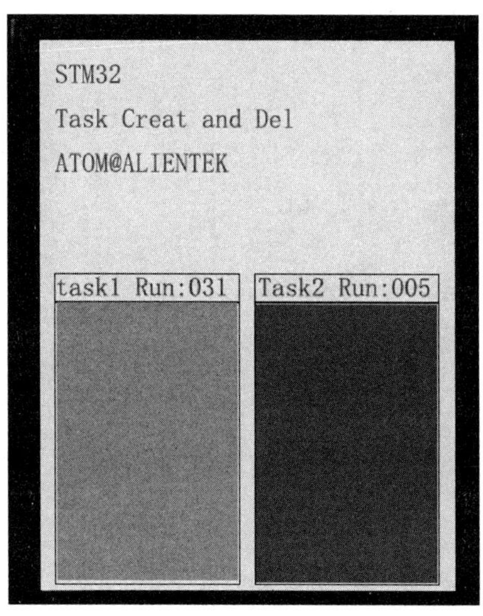

图 6.2 LCD 默认界面

图中左边的框为任务 1 的运行区域,右边的框为任务 2 的运行区域,此时可以看出任务 2 运行了 4 次就停止了。打开串口调试助手,显示如图 6.3 所示。

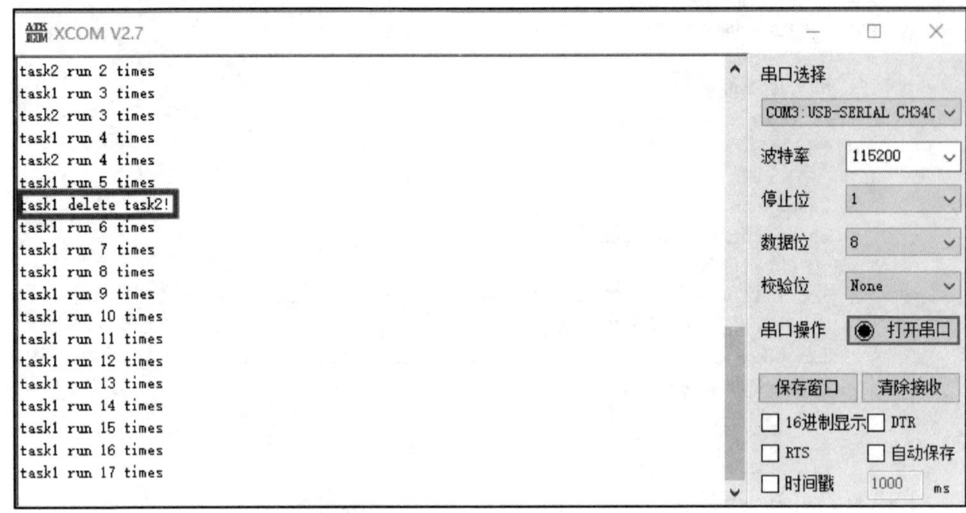

图 6.3 窗口调试助手输出信息

可以看出,一开始任务 1 和任务 2 是同时运行的;由于任务 2 的优先级比任务 1 的优先级高,所以任务 2 先输出信息。当任务 1 运行了 5 次以后任务 1 就删除了任务 2,最后只剩下了任务 1 在运行了。

6.3 静态创建与删除任务实验

6.3.1 功能设计

例程功能与动态创建、删除实验的例程功能一样。

该实验工程可参考 demos/atk_driver/rtos_test/03_task_creat_del_static 文件夹。

6.3.2 软件设计

1. 程序流程图

例程功能与动态创建、删除实验的例程功能一样。

2. 程序解析

(1) 设置任务参数

```
/* TASK1_TASK 任务 配置
 * 包括: 任务句柄 任务优先级 堆栈大小 创建任务
 */
#define TASK1_TASK_PRIO        3                              /* 任务优先级 */
#define TASK1_STK_SIZE         512                            /* 任务堆栈大小 */
```

```
static os_task_t TASK1_Handler;                                    /* 任务控制块 */
static os_uint8_t task1_task_static_stack[TASK1_STK_SIZE];        /* 任务静态堆栈 */
void task1_task(void * parameter);                                 /* 任务函数 */

/* TASK2_TASK 任务 配置
 * 包括：任务句柄 任务优先级 堆栈大小 创建任务
 */
#define TASK2_TASK_PRIO             4                              /* 任务优先级 */
#define TASK2_STK_SIZE              512                            /* 任务堆栈大小 */
static os_task_t TASK2_Handler;                                    /* 任务控制块 */
static os_uint8_t task2_task_static_stack[TASK2_STK_SIZE];        /* 任务静态堆栈 */
void task2_task(void * parameter);                                 /* 任务函数 */
```

(2) 任务实现

```
/**
 * @brief       task1_task
 * @param       parameter : 传入参数(未用到)
 * @retval      无
 */
static void task1_task(void * parameter)
{
    parameter = parameter;
    os_uint8_t task1_num = 0;
    os_uint8_t task1_num_flag = 0;
    /* 初始化屏幕显示,代码省略 */
    while (1)
    {
        task1_num++;
        os_kprintf("task1 run %d times\r\n", task1_num);
        if (5 == task1_num && 0 == task1_num_flag)
        {
            task1_num_flag = 1;
            /* task1 任务执行 5 次删除 task2 任务 */
            OS_ASSERT_EX(OS_EOK == os_task_deinit(&TASK2_Handler),
                         "task2 del failed");
            os_kprintf("task1 delete task2\r\n");
        }
        /* 填充区域 */
        lcd_fill(6, 131, 114, 313, lcd_discolor[task1_num % 11]);
        /* 显示任务执行次数 */
        lcd_show_xnum(86, 111, task1_num, 3, 16, 0x80, BLUE);
        os_task_msleep(1000);
    }
}
/**
 * @brief       task2_task
 * @param       parameter : 传入参数(未用到)
 * @retval      无
```

```
 */
static void task2_task(void * parameter)
{
    parameter = parameter;
    os_uint8_t task2_num = 0;
    /* 初始化屏幕显示,代码省略 */
    while (1)
    {
        task2_num ++ ;
        os_kprintf("task2 run %d times\r\n", task2_num);
        /* 填充区域 */
        lcd_fill(126, 131, 233, 313, lcd_discolor[11 - task2_num % 11]);
        /* 显示任务执行次数 */
        lcd_show_xnum(206, 111, task2_num, 3, 16, 0x80, BLUE);
        os_task_msleep(1000);
    }
}
```

上述源码可知：当任务 1 执行 5 次时，调用函数 os_task_deinit()删除任务 2。

6.3.3 下载验证

例程功能与动态创建、删除实验下载验证一样。

6.4 任务挂起和恢复 API 函数

有时候需要暂停某个任务的运行，过一段时间以后再重新运行，这时候要使用任务删除、重建的方法，那么任务中变量保存的值肯定丢失了！OneOS 提供了解决这种问题的方法，那就是任务挂起和恢复。当某个任务要停止运行一段时间时，则将这个任务挂起；要重新运行这个任务时，则恢复这个任务的运行。OneOS 的任务挂起和恢复 API 函数如表 6.7 所列。

表 6.7 任务挂起和恢复 API 函数

函 数	描 述
os_task_suspend()	挂起一个任务
os_task_resume()	恢复一个任务的运行

1. 函数 os_task_suspend()

此函数用于将某个任务设置为挂起态，进入挂起态的任务永远都不会进入运行态。退出挂起态的唯一方法就是调用任务恢复函数 os_task_resume()，函数原型如下：

```
os_err_t os_task_suspend(os_task_t * task);
```

任务挂起需要调用函数 os_task_resume()，并对任务句柄赋值就可以把任务挂起，如表 6.8 所列。

返回值：OS_EOK 表示任务挂起成功，OS_ERROR 表示任务挂起失败。

2. 函数 os_task_resume()

将一个任务从挂起态恢复到就绪态，只有通过函数 os_task_suspend()设置为挂起态的任务才可以使用 os_task_resume()恢复。函数原型如下：

```
os_err_t os_task_resume(os_task_t * task);
```

函数 os_task_resume()的相关形参如表 6.9 所列。

表 6.8 函数 os_task_suspend()相关形参描述

参 数	描 述
task	要挂起的任务控制块

表 6.9 函数 os_task_resume()的相关形参描述

参 数	描 述
task	要挂起的任务控制块

返回值：OS_EOK 表示任务唤醒成功，OS_ERROR 表示任务唤醒失败。

6.5 挂起和恢复任务实验

6.5.1 功能设计

本实验设计 3 个任务：key_task、user1_task 和 user 2_task，功能如表 6.10 所列。

表 6.10 各个任务实现的功能描述

任 务	任务功能
key_task	按键服务任务，检测按键的按下结果，根据不同的按键结果执行不同的操作
user1_task	应用任务 1
user2_task	应用任务 2

实验需要 4 个按键，即 KEY0、KEY1 和 KEY_UP，功能如表 6.11 所列。

表 6.11 KEY 键值功能描述

KEY 按键	功能描述
KEY0	此按键为输入模式，用于挂起任务 2 的运行
KEY1	此按键为输入模式，用于恢复任务 1 的运行
KEY_UP	此按键为输入模式，用于挂起任务 1 的运行

该实验工程可参考 demos/atk_driver/rtos_test/04_task_susp_resum 文件夹。

6.5.2 软件设计

1. 程序流程图

根据上述的例程功能分析，得到如图 6.4 所示流程图。

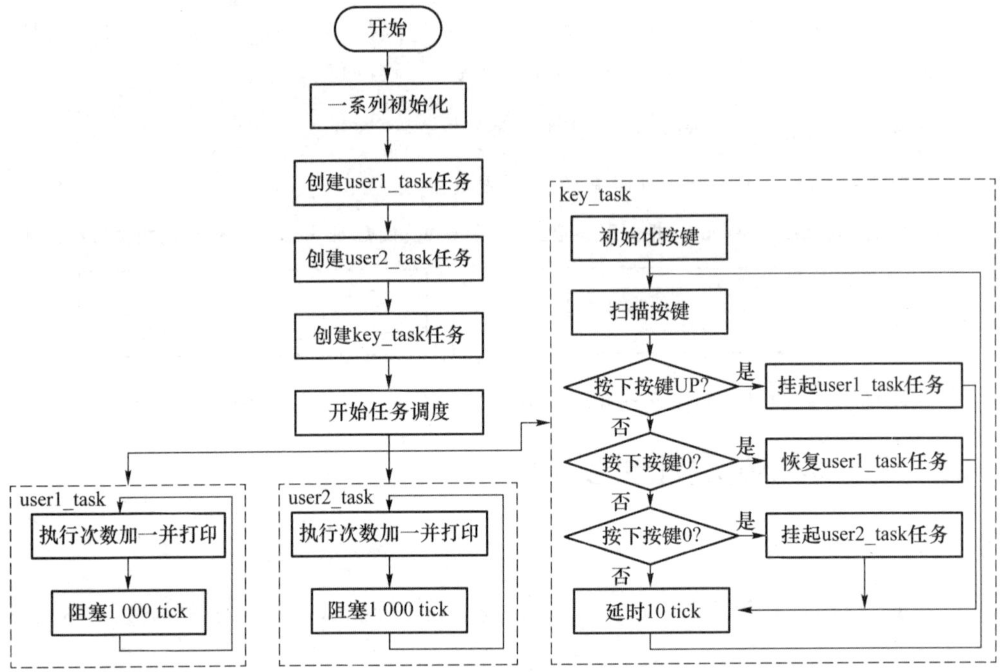

图 6.4 任务挂起于恢复实验流程图

2. 程序解析

(1) 设置任务参数

实验中任务优先级、堆栈大小和任务句柄等的设置源码如下：

```
/* USER1_TASK 任务 配置
 * 包括：任务句柄 任务优先级 堆栈大小 创建任务
 */
#define USER1_TASK_PRIO      3      /* 任务优先级 */
#define USER1_STK_SIZE       512    /* 任务堆栈大小 */
os_task_t *USER1_Handler;           /* 任务控制块 */
void user1_task(void *parameter);   /* 任务函数 */
/* USER2_TASK 任务 配置
 * 包括：任务句柄 任务优先级 堆栈大小 创建任务
 */
```

```
#define USER2_TASK_PRIO      4       /* 任务优先级 */
#define USER2_STK_SIZE       512     /* 任务堆栈大小 */
os_task_t * USER2_Handler;           /* 任务控制块 */
void user2_task(void * parameter);   /* 任务函数 */
/* KEY_TASK 任务 配置
 * 包括：任务句柄 任务优先级 堆栈大小 创建任务
 */
#define KEY_TASK_PRIO        5       /* 任务优先级 */
#define KEY_STK_SIZE         512     /* 任务堆栈大小 */
os_task_t * KEY_Handler;             /* 任务控制块 */
void key_task(void * parameter);     /* 任务函数 */
```

(2) 任务实现

```
/**
 * @brief       user1_task
 * @param       parameter : 传入参数(未用到)
 * @retval      无
 */
static void user1_task(void * parameter)
{
    parameter = parameter;
    os_uint8_t task1_num = 0;
    /* 初始化屏幕显示,代码省略 */
    while (1)
    {
        task1_num ++;
        os_kprintf("user1_task run %d times! \r\n", task1_num);
        /* 填充区域 */
        lcd_fill(6, 151, 114, 313, lcd_discolor[task1_num % 11]);
        /* 显示任务执行次数 */
        lcd_show_xnum(86, 131, task1_num, 3, 16, 0x80, BLUE);
        os_task_msleep(1000);
    }
}
/**
 * @brief       user2_task
 * @param       parameter : 传入参数(未用到)
 * @retval      无
 */
static void user2_task(void * parameter)
{
    parameter = parameter;
    os_uint8_t task2_num = 0;
    /* 初始化屏幕显示,代码省略 */
    while (1)
    {
        task2_num ++;
        os_kprintf("user2_task run %d times! \r\n", task2_num);
```

```
        /* 填充区域 */
        lcd_fill(126, 151, 233, 313, lcd_discolor[11 - task2_num % 11]);
        /* 显示任务执行次数 */
        lcd_show_xnum(206, 131, task2_num, 3, 16, 0x80, BLUE);
        os_task_msleep(1000);
    }
}
/**
 * @brief       key_task
 * @param       parameter : 传入参数(未用到)
 * @retval      无
 */
static void key_task(void *parameter)
{
    parameter = parameter;
    os_uint8_t key;
    for (os_uint8_t i = 0; i < key_table_size; i++)
    {
        os_pin_mode(key_table[i].pin, key_table[i].mode);
    }

    while (1)
    {
        key = key_scan(0);
        switch (key)
        {
            case WKUP_PRES:
            {
                os_task_suspend(USER1_Handler);     /* 挂起 USER1 任务 */
                os_kprintf("Suspend USER1_Handler task! \r\n");
                break;
            }
            case KEY1_PRES:
            {
                os_task_resume(USER1_Handler);      /* 恢复 USER1 任务 */
                os_kprintf("resume USER1_Handler task! \r\n");
                break;
            }
            case KEY0_PRES:
            {
                os_task_suspend(USER2_Handler);     /* 挂起 USER2 任务 */
                os_kprintf("Suspend USER2_Handler task! \r\n");
                break;
            }
            default:
                break;
        }
        os_task_msleep(10);
    }
}
```

由源代码可知，在任务 key_task 中，当检测到 KEY_UP 按键被按下时，调用函数 os_task_suspend()挂起任务 1；当检测到 KEY_1 按键被按下时，调用函数 os_task_resume()恢复任务 1；当检测到 KEY_0 按键被按下时，调用函数 os_task_suspend()挂起任务 2。

6.5.3 下载验证

编译并下载程序到开发板中，通过按不同的按键来观察任务的挂起和恢复的过程，如图 6.5 所示。

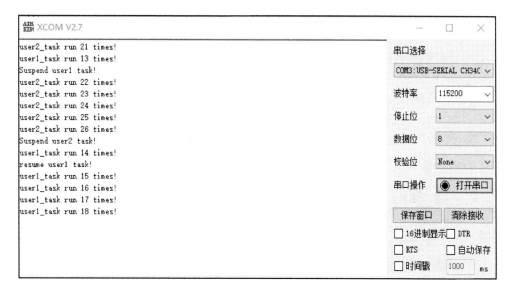

图 6.5　程序运行结果

可以看出，当挂起任务 1 或者任务 2 以后，该任务就停止运行；当恢复任务时，任务才接着运行。重点是，保存任务运行次数的变量都没有发生数据丢失，如果用任务删除的方法，则这些数据必然会丢失。

第 7 章 其他 API 函数

前面讲解了 OneOS 系统的任务管理，只涉及少量与任务相关的 API 函数，但是 OneOS 有很多与任务相关的 API 函数，不过这些函数大多是辅助函数，本章就讲解这些与任务相关的其他 API 函数。

本章分为如下几部分：

7.1　任务相关的 API 函数

7.2　任务状态查询 API 函数实验

7.3　时间片调度

7.4　OneOS 时间片调度实验

7.1　任务相关的 API 函数

7.1.1　概　述

与任务相关的其他 API 函数如表 7.1 所列。

表 7.1　任务相关函数

函　数	描　述
os_task_startup()	启动任务，让该任务进入就绪态
os_task_yield()	任务让权，调用该接口则任务会主动放弃 CPU 运行权
os_task_set_time_slice()	设置任务的时间片
os_task_get_time_slice()	获取任务的时间片
os_task_set_priority()	设置任务的优先级
os_task_get_priority()	获取任务的优先级
os_task_self()	获取当前任务的控制块
os_task_find()	根据任务的名字获取任务控制块
os_task_check_exist()	通过任务控制块地址查询特定任务是否已经存在于系统
os_task_name()	根据任务控制块获取任务的名字
os_task_set_cleanup_callback()	设置用户清理回调函数，当前任务销毁时会调用回调函数
os_task_get_state()	根据任务控制块获取任务的状态
os_task_get_total_count()	获取系统中已初始化且未销毁的任务数量

7.1.2 任务相关 API 函数详解

1. 函数 os_task_startup()

此函数用来启动使用函数 os_task_init()或函数 os_task_create()创建的任务，让任务进入就绪态，其函数原型如下：

```
os_err_t os_task_startup(os_task_t * task)
{
    /* 检查传入的任务控制块参数是否为空 */
    OS_ASSERT(OS_NULL != task);
    /* 检查需要启动的任务是否已经初始化(创建) */
    OS_ASSERT(OS_KOBJ_INITED == task->object_inited);
    /* 检查需要启动的任务状态是否为初始态 */
    OS_ASSERT(OS_TASK_STATE_INIT == task->state);
    /* 保存当前中断状态,并关闭中断 */
    OS_KERNEL_ENTER();
    /* 清除任务的初始态标志
       设置任务的状态为就绪态
       将任务添加到就绪态任务队列 */
    task->state &= ~OS_TASK_STATE_INIT;
    task->state |= OS_TASK_STATE_READY;
    k_readyq_put(task);
    /* 触发任务调度,并恢复中断状态 */
    OS_KERNEL_EXIT_SCHED();
    return OS_EOK;
}
```

函数 os_task_startup()的相关形参如表 7.2 所列。

表 7.2　函数 os_task_startup()的相关形参描述

参　数	描　述
task	要添加到就绪队列的任务控制块

返回值：OS_EOK 表示任务启动成功。

2. 函数 os_task_yield()

此函数用于任务让权，调用该接口则任务会主动放弃 CPU 运行权，其函数原型如下：

```
os_err_t os_task_yield(void)
{
    os_task_t * current_task;
    /* 检查是否在中断中 */
    OS_ASSERT(OS_FALSE == os_is_irq_active());
    /* 检查是否关中断 */
```

```
    OS_ASSERT(OS_FALSE == os_is_irq_disabled());
    /* 检查是否锁调度 */
    OS_ASSERT(OS_FALSE == os_is_schedule_locked());
    /* 保存当前中断状态,并关闭中断 */
    OS_KERNEL_ENTER();
    /* 获取当前任务的任务控制块 */
    current_task = k_task_self();
    OS_ASSERT(current_task != OS_NULL);
    /* 判断当前任务的下一个任务是否不为当前任务的上一个任务
       即当前任务队列中有多个任务 */
    if (current_task->task_node.next != current_task->task_node.prev)
    {
        /* 将当前任务移动到就绪态任务队列的尾部 */
        k_readyq_move_tail(current_task);
        /* 触发任务调度,并恢复中断状态 */
        OS_KERNEL_EXIT_SCHED();
    }
    else
    {
        /* 恢复中断状态 */
        OS_KERNEL_EXIT();
    }

    return OS_EOK;
}
```

函数 os_task_yield()的相关形参如表 7.3 所列。

表 7.3 函数 os_task_yield()的相关形参描述

参　数	描　述
无	无

返回值:OS_EOK 表示任务让权成功。

3. 函数 os_task_set_time_slice()

此函数用于设置任务的时间片,其函数原型如下:

```
os_err_t os_task_set_time_slice(os_task_t *task, os_tick_t new_time_slice)
{
    /* 检查传入的任务参数是否为空 */
    OS_ASSERT(task != OS_NULL);
    /* 检查任务是否已经初始化 */
    OS_ASSERT(task->object_inited == OS_KOBJ_INITED);
    /* 检查待设置的时间片是否大于 0 */
    OS_ASSERT(new_time_slice > 0);
    /* 保存当前中断状态,并关闭中断 */
    OS_KERNEL_ENTER();
```

```
    /* 设置任务的时间片 */
    task->time_slice = new_time_slice;
    /* 如果任务为初始态 */
    if (task->state & OS_TASK_STATE_INIT)
    {
        /* 设置任务的剩余时间片 */
        task->remaining_time_slice = new_time_slice;
    }
    /* 恢复中断状态 */
    OS_KERNEL_EXIT();
    return OS_EOK;
}
```

函数 os_task_set_time_slice()的相关形参如表 7.4 所列。

表 7.4 函数 os_task_set_time_slice()的相关形参描述

参 数	描 述
task	设置时间片的任务控制块
new_time_slice	时间片(以 tick 为单位)设置范围为不为 0 的正整数

返回值:OS_EOK 表示时间片设置成功。

4. 函数 os_task_get_time_slice()

此函数用于获取任务的时间片,其函数原型如下:

```
os_tick_t os_task_get_time_slice(os_task_t *task)
{
    /* 检查传入的任务参数是否为空 */
    OS_ASSERT(task != OS_NULL);
    /* 返回任务的时间片 */
    return task->time_slice;
}
```

函数 os_task_get_time_slice()的相关形参如表 7.5 所列。

表 7.5 函数 os_task_get_time_slice()的相关形参描述

参 数	描 述
task	获取时间片的任务控制块

返回值:任务的时间片。

5. 函数 os_task_set_priority()

此函数用于设置任务的优先级,其函数原型如下:

```
os_err_t os_task_set_priority(os_task_t *task, os_uint8_t new_priority)
{
```

```
    os_bool_t need_schedule;
    os_bool_t task_hold_mutex;
    /* 检查传入的任务参数是否为空 */
    OS_ASSERT(task != OS_NULL);
    /* 检查传入的优先级参数是否合法 */
    OS_ASSERT(new_priority < OS_TASK_PRIORITY_MAX);
    /* 检查任务是否已经初始化 */
    OS_ASSERT(task->object_inited == OS_KOBJ_INITED);
    /* 需要调度标志置为假 */
    need_schedule = OS_FALSE;
    /* 保存当前中断状态,并关闭中断 */
    OS_KERNEL_ENTER();
    /* 获取任务的互斥锁队列是否不为空 */
#if defined(OS_USING_MUTEX)
    task_hold_mutex = !os_list_empty(&task->hold_mutex_list_head);
#else
    task_hold_mutex = OS_FALSE;
#endif
    /* 设置任务的备份优先级 */
    task->backup_priority = new_priority;
    /* Task does not hold mutex */
    if (OS_FALSE == task_hold_mutex)
    {
        /* 任务的互斥锁队列为空 */
        if (task->state & OS_TASK_STATE_READY)
        {
            /* 如果任务的状态为就绪态
               就将任务从就绪态任务队列中移除
               设置任务的当前优先级
               将任务添加到就绪态任务队列中
               设置需要调度标志置为真 */
            k readyq_remove(task);
            task->current_priority = new_priority;
            k_readyq_put(task);
            need_schedule = OS_TRUE;
        }
        else if (task->state & OS_TASK_STATE_BLOCK)
        {
            /* 如果任务的状态为阻塞态 */
            /* 检查任务的阻塞任务队列是否不为空 */
            OS_ASSERT(OS_NULL != task->block_list_head);

            if (OS_TRUE == task->is_wake_prio)
            {
                /* 如果需要根据任务优先级唤醒任务
                   就将任务的任务列表项删除
                   设置任务的当前优先级
                   将任务添加到阻塞任务队列中 */
```

```
                os_list_del(&task->task_node);
                task->current_priority = new_priority;
                k_blockq_insert(task->block_list_head, task);
            }
            else
            {
                /* 如果不需要根据优先级唤醒任务
                   就设置任务的当前优先级 */
                task->current_priority = new_priority;
            }
        }
        else
        {
            /* 如果任务的状态不为就绪态和阻塞态
               就设置任务的当前优先级 */
            task->current_priority = new_priority;
        }
    }
    /* 判断是否需要任务调度 */
    if (OS_TRUE == need_schedule)
    {
        /* 触发任务调度,并恢复中断状态 */
        OS_KERNEL_EXIT_SCHED();
    }
    else
    {
        /* 恢复中断状态 */
        OS_KERNEL_EXIT();
    }

    return OS_EOK;
}
```

函数 os_task_set_priority()的相关形参如表 7.6 所列。

表 7.6　函数 os_task_set_priority()的相关形参描述

参　数	描　述
task	设置优先级的任务控制块
new_priority	任务的优先级

返回值:OS_EOK 表示任务优先级设置成功。

6. 函数 os_task_get_priority()

此函数用于获取任务的优先级,其函数原型如下:

```
os_uint8_t os_task_get_priority(os_task_t * task)
{
```

```
    /* 判断传入的任务参数是否为空 */
    OS_ASSERT(task != OS_NULL);
    /* 返回任务的当前优先级 */
    return task->current_priority;
}
```

函数 os_task_get_priority()的相关形参如表 7.7 所列。

返回值:指定任务的优先级。

7. 函数 os_task_self()

此函数用于在系统运行时,获取当前任务的控制块,其函数原型如下:

```
os_task_t *os_task_self(void)
{
    /* 返回当前任务的任务控制块 */
    return g_os_current_task;
}
```

函数 os_task_self()的相关形参如表 7.8 所列。

表 7.7 函数 os_task_get_priority()相关形参描述

参　数	描　述
task	指定的任务控制块

表 7.8 函数 os_task_self()相关形参描述

参　数	描　述
无	无

返回值:任务的控制块。

8. 函数 os_task_find()

此函数用于根据任务名字获取任务控制块,当系统存在同名任务时,返回先创建任务的任务名。该函数原型如下:

```
os_task_t *os_task_find(const char *name)
{
    os_list_node_t      *pos;
    os_task_t           *iter_task;
    os_task_t           *found_task;
    /* 检查传入的任务名是否为空 */
    OS_ASSERT(OS_NULL != name);
    found_task = OS_NULL;
    /* 因为回收任务和空闲任务为系统任务,
       它们不希望被应用层访问 */
    if ( (name[0] != '\0') &&
         strncmp(name, OS_RECYCLE_TASK_NAME, OS_NAME_MAX) &&
         strncmp(name, OS_IDLE_TASK_NAME, OS_NAME_MAX))
    {
         /* 获取自旋锁 */
         os_spin_lock(&gs_os_task_resource_list_lock);
         /* 遍历任务链表 */
```

```
        os_list_for_each(pos, &gs_os_task_resource_list_head)
        {
            /* 获取任务链表中的任务控制块 */
            iter_task = os_list_entry(pos, os_task_t, resource_node);
            /* 判断任务控制块中的任务名是否为查找的任务名 */
            if (! strncmp(name, iter_task->name, OS_NAME_MAX))
            {
                /* 找到任务 */
                found_task = iter_task;
                break;
            }
        }
        /* 释放自旋锁 */
        os_spin_unlock(&gs_os_task_resource_list_lock);
    }
    return found_task;
}
```

函数 os_task_find()的相关形参如表 7.9 所列。

表 7.9　函数 os_task_find()的相关形参描述

参　数	描　述
name	查找任务的名字

返回值:任务名字对应的任务控制块。

9. 函数 os_task_check_exist()

此函数用于通过任务控制块地址查询特定任务是否已存在于系统,该函数原型如下:

```
os_bool_t os_task_check_exist(os_task_t *task)
{
    os_task_t       *iter_task;
    os_list_node_t  *node;
    os_bool_t       exist;
    /* 检查传入的任务参数是否为空 */
    OS_ASSERT(OS_NULL != task);
    exist = OS_FALSE;
    /* 获取自旋锁 */
    os_spin_lock(&gs_os_task_resource_list_lock);
    /* 遍历任务链表 */
    os_list_for_each(node, &gs_os_task_resource_list_head)
    {
        /* 获取任务链表中的任务控制块 */
        iter_task = os_list_entry(node, os_task_t, resource_node);
        /* 判断是否为要找的任务 */
        if (task == iter_task)
```

```
        {
            exist = OS_TRUE;
            break;
        }
    }
    /* 释放自旋锁 */
    os_spin_unlock(&gs_os_task_resource_list_lock);

    return exist;
}
```

函数 os_task_check_exist()的相关形参如表 7.10 所列。

返回值：OS_TRUE 表示任务存在，OS_FALSE 表示任务不存在。

10. 函数 os_task_name()

此函数用于根据任务控制块获取任务的名字，其函数原型如下：

```
const char *os_task_name(os_task_t *task)
{
    /* 检查传入的任务参数是否为空 */
    OS_ASSERT(task != OS_NULL);
    /* 返回任务的任务名 */
    return task->name;
}
```

函数 os_task_name()的相关形参如表 7.11 所列。

表 7.10 函数 os_task_check_exist()相关形参

参 数	描 述
task	任务控制块

表 7.11 函数 os_task_name()相关形参

参 数	描 述
task	任务控制块

返回值：指定任务的名字。

11. 函数 os_task_set_cleanup_callback()

此函数用于设置用户清理回调函数，当任务销毁时会调用回调函数，其函数原型如下：

```
void os_task_set_cleanup_callback( os_task_t *task,
                                   void (*cleanup)(void *user_data),
                                   void *user_data)
{
    /* 检查传入的任务参数是否为空 */
    OS_ASSERT(OS_NULL != task);
    /* 检查传入的回调函数是否为空 */
    OS_ASSERT(OS_NULL != cleanup);
    /* 保存当前中断状态，并关闭中断 */
    OS_KERNEL_ENTER();
```

```
    /* 设置任务的清理回调函数 */
    task->cleanup    = cleanup;
    /* 设置任务的清理回调函数参数 */
    task->user_data = user_data;
    /* 恢复中断状态 */
    OS_KERNEL_EXIT();
    return;
}
```

函数 os_task_set_cleanup_callback()的相关形参如表 7.12 所列。

表 7.12 函数 os_task_set_cleanup_callback()相关形参

参 数	描 述
task	任务控制块
cleanup	回调函数
user_data	回调函数参数

返回值:无。

12. 函数 os_task_get_state()

此函数用于根据任务控制块获取任务的状态,其函数原型如下:

```
os_uint16_t os_task_get_state(os_task_t * task)
{
    /* 检查传入的任务参数是否为空 */
    OS_ASSERT(task != OS_NULL);
    /* 返回任务的状态 */
    return task->state;
}
```

函数 os_task_get_state()的相关形参如表 7.13 所列。

表 7.13 函数 os_task_get_state()相关形参

参 数	描 述
task	任务控制块

返回值:任务状态。

13. 函数 os_task_get_total_count()

此函数用于获取系统中已初始化且未被销毁的任务数量,其函数原型如下:

```
os_uint32_t os_task_get_total_count(void)
{
    os_uint32_t task_count;
    /* 获取自旋锁 */
    os_spin_lock(&gs_os_task_resource_list_lock);
```

```
    /* 获取任务链表的长度 */
    task_count = os_list_len(&gs_os_task_resource_list_head);
    OS_ASSERT(0U != task_count);
    /* 释放自旋锁 */
    os_spin_unlock(&gs_os_task_resource_list_lock);
    return task_count;
}
```

函数 os_task_get_total_count()的相关形参如表 7.14 所列。

表 7.14　函数 os_task_get_total_count()的相关形参描述

参　数	描　述
无	无

返回值:系统中已初始化且未被销毁的任务数量。

7.2　任务状态查询 API 函数实验

7.2.1　功能设计

本实验设计两个任务：led_task 和 key_task,任务功能如表 7.15 所列。

表 7.15　各个任务实现的功能描述

任　务	任务功能
led_task	控制 LED0 灯闪烁,提示系统正在运行
key_task	按下 KEY_UP 来获取任务信息,在此任务中学习使用与任务的状态和信息查询有关的 API 函数

该实验工程参考 demos/atk_driver/rtos_test/05_task_Info_query_test 文件夹。

7.2.2　软件设计

1. 实验流程步骤

1) 查询任务名称

调用函数 os_task_name()获取任务名称。

2) 查询任务状态

调用函数 os_task_get_state()获取任务状态。

3) 查询任务优先级

调用函数 os_task_get_priority()获取任务优先级。

4）查询任务控制块地址特定任务是否已存在于系统

调用函数 os_task_check_exist()查询任务是否已存在于系统中。

5）查询系统中已初始化且未被销毁的任务数量

调用函数 os_task_get_total_count()获取已初始化未被销毁的任务数量。

2. 程序流程图

根据上述例程功能分析得到如图 7.1 所示流程图。

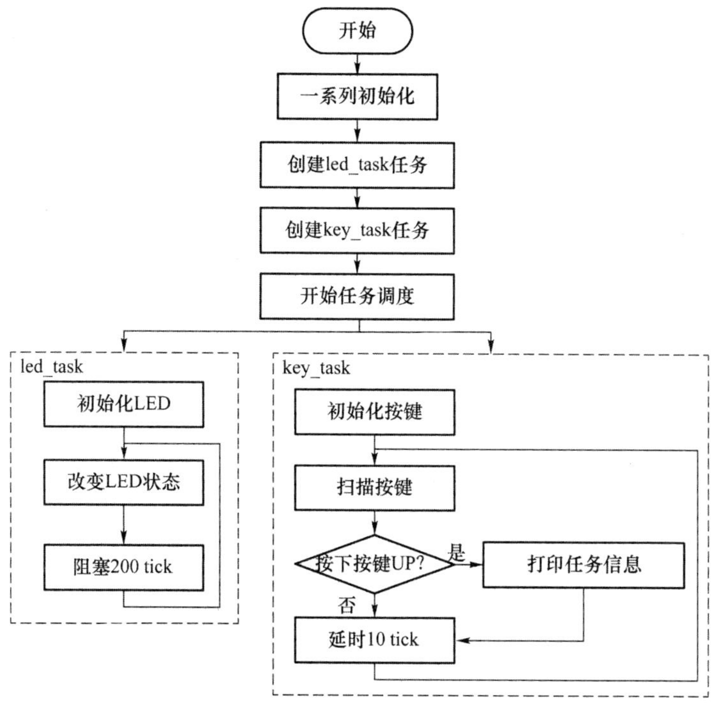

图 7.1　任务查询信息流程图

3. 程序解析

(1) 设置任务参数

```
/* LED_TASK 任务 配置
 * 包括：任务句柄 任务优先级 堆栈大小 创建任务
 */
#define LED_TASK_PRIO       3       /* 任务优先级 */
#define LED_STK_SIZE        512     /* 任务堆栈大小 */
os_task_t *LED_Handler;             /* 任务控制块 */
void led_task(void *parameter);     /* 任务函数 */

/* KEY_TASK 任务 配置
 * 包括：任务句柄 任务优先级 堆栈大小 创建任务
 */
```

```
#define KEY_TASK_PRIO       5           /* 任务优先级 */
#define KEY_STK_SIZE        512         /* 任务堆栈大小 */
os_task_t *KEY_Handler;                 /* 任务控制块 */
void key_task(void *parameter);         /* 任务函数 */
```

(2) 任务实现

```
/**
 * @brief      led_task
 * @param      parameter : 传入参数(未用到)
 * @retval     无
 */
static void led_task(void *parameter)
{
    parameter = parameter;
    os_uint8_t i;
    /* 初始化屏幕显示,代码省略 */
    for (i = 0; i < led_table_size; i++)
    {
        os_pin_mode(led_table[i].pin, PIN_MODE_OUTPUT);
    }

    while (1)
    {
        for (i = 0; i < led_table_size; i++)
        {
            os_pin_write(led_table[i].pin, led_table[i].active_level);
            os_task_msleep(200);
            os_pin_write(led_table[i].pin, !led_table[i].active_level);
            os_task_msleep(200);
        }
    }
}

/**
 * @brief      key_task
 * @param      parameter : 传入参数(未用到)
 * @retval     无
 */
static void key_task(void *parameter)
{
    parameter = parameter;
    os_uint8_t i;
    os_uint8_t key = 0;
    for (i = 0; i < key_table_size; i++)
    {
        os_pin_mode(key_table[i].pin, key_table[i].mode);
    }
    while (1)
```

```
    {
        key = key_scan(0);
        if (key == WKUP_PRES)
        {
            /* 通过串口打印出指定任务的有关信息 */
            os_kprintf("task name        : %s\r\n",
                os_task_name(LED_Handler));
            os_kprintf("task state       : %d\r\n",
                os_task_get_state(LED_Handler));
            os_kprintf("task priority    : %d\r\n",
                os_task_get_priority(LED_Handler));
            os_kprintf("is task exist    : %d\r\n",
                os_task_check_exist(LED_Handler));
            os_kprintf("total task count : %d\r\n",
                os_task_get_total_count());
        }
        os_task_msleep(10);
    }
}
```

上述源码表示：按下开发板上的 KEY_UP 按键时，执行任务查询信息操作。

7.2.3 下载验证

编译并下载程序到开发板中，通过按键来查询任务信息的过程，如图 7.2 所示。

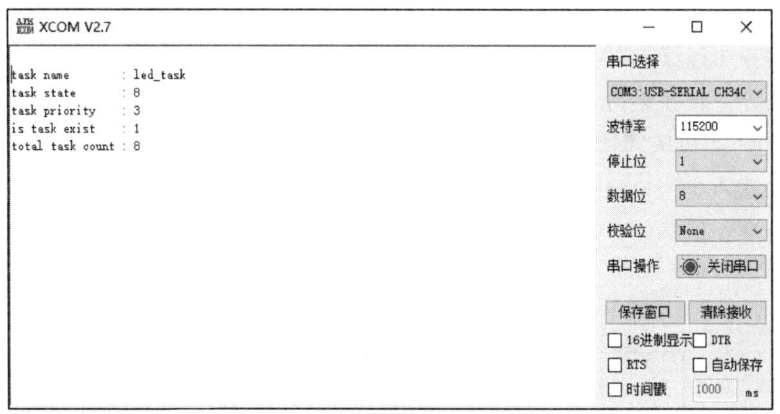

图 7.2 任务状态查询实验

7.3 时间片调度

OneOS 支持多个任务同时拥有一个优先级，在 OneOS 中允许一个任务运行一段时间（时间片）后让出 CPU 的使用权，使拥有同优先级的下一个任务运行，这种任务调度方法就是时间片轮转调度。图 7.3 是运行在同一优先级下的执行时间图，在优先级 N 下有 3 个就绪的任务，我们将时间片划分为 3 个时钟节拍。

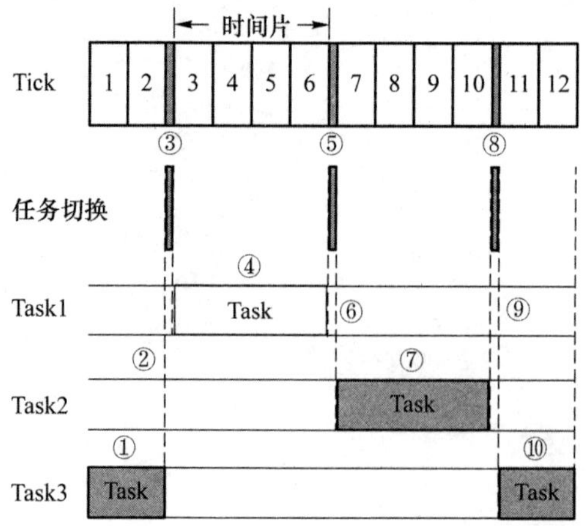

图 7.3　任务轮转调度

① 任务 3 正在运行，这时一个时钟节拍中断发生，但是任务 3 的时间片还没完成。

② 任务 3 的时钟片用完。

③ OneOS 切换到任务 1，任务 1 是优先级 N 下的下一个就绪任务。

④ 任务 1 连续运行至时间片用完。

⑤ OneOS 切换到任务 2，任务 2 是优先级 N 下的下一个就绪任务。

⑥ 任务 1 连续运行至时间片用完。

⑦ 任务 2 正在运行。

⑧ OneOS 切换到任务 3，任务 3 是优先级 N 下的下一个就绪任务。

⑨ 任务 2 连续运行至时间片用完。

⑩ 任务 3 运行。

任务的时间片设置 API 函数如表 7.16 所列。

表 7.16　任务时间片设置 API 函数

函　数	描　述
os_task_set_time_slice()	用于设置任务的时间片
os_task_get_time_slice()	用于获取任务的时间片

1. 函数 os_task_set_time_slice()

此函数用于设置任务的时间片，其函数原型如下：

```
os_err_t os_task_set_time_slice(os_task_t        * task,
                                os_tick_t        new_time_slice);
```

其形参有 2 个,如表 7.17 所列。

表 7.17　函数 os_task_set_time_slice()形参相关描述

参　数	描　述
task	设置时间片的任务控制块
new_time_slice	时间片(以 tick 为单位)设置范围为不为 0 的正整数

返回值:OS_EOK 表示时间片设置成功,其他返回值表示任务创建失败。

2. 函数 os_task_get_time_slice()

此函数用于获取任务的时间片,其函数原型如下:

```
os_err_t os_task_get_time_slice(os_task_t * task);
```

函数 os_task_get_time_slice()相关参数如表 7.18 所列。

表 7.18　函数 os_task_get_time_slice()形参相关描述

参　数	描　述
task	获取时间片的任务控制块

返回值:os_tick_t 表示任务的时间片大小。

下面以函数 os_task_set_time_slice()为例,讲解 OneOS 如何设置时间片。源码分析如下:

```
os_err_t os_task_set_time_slice(os_task_t    * task,
                                os_tick_t   new_time_slice)
{
    /* 判断传入参数的合理性 */
    OS_ASSERT(task != OS_NULL);
    /* 检查任务控制块是否已被初始化 */
    OS_ASSERT(task->object_inited == OS_KOBJ_INITED);
    OS_ASSERT(new_time_slice > 0);
    /* 保存当前中断状态,并关闭中断 */
    OS_KERNEL_ENTER();
    /* 设置任务控制块结构体成员.time_slice 的值 */
    task->time_slice = new_time_slice;
    /* 如果任务处于初始态 */
    if (task->state & OS_TASK_STATE_INIT)
    {
        task->remaining_time_slice = new_time_slice;
    }
    /* 触发任务调度,并恢复中断状态 */
    OS_KERNEL_EXIT();
    return OS_EOK;
}
```

从上述分析中不难看出,设置时间片其实最基本的操作就是设置任务控制块结构体成员 task→remaining_time_slice 的值。如果任务处于初始态,则该函数还会设

置任务的剩余时间片。

注意：时间片的默认大小为 10，在文件 oneos_config.h 中 OS_SCHEDULE_TIME_SLICE 宏定义为 10，这个数值就是时间片默认的大小。

7.4 OneOS 时间片调度实验

7.4.1 功能设计

本实验设计两个任务：task1_task 和 task2_task，其中 task1_task 的时间片设置为 10，task2_task 的时间片设置为 20，功能如表 7.19 所列。

表 7.19 各个任务实现的功能描述

任　务	任务功能
task1_task	打印执行次数
task2_task	打印执行次数

该实验工程参考 demos/atk_driver/rtos_test/06_round_robin_test 文件夹。

7.4.2 软件设计

1. 实验流程步骤

task1_task 任务调用函数 os_task_set_time_slice()设置当前任务时间片为 10。
task2_task 任务调用函数 os_task_set_time_slice()设置当前任务时间片为 20。

2. 程序流程图

根据上述例程功能分析得到如图 7.4 所示流程图。

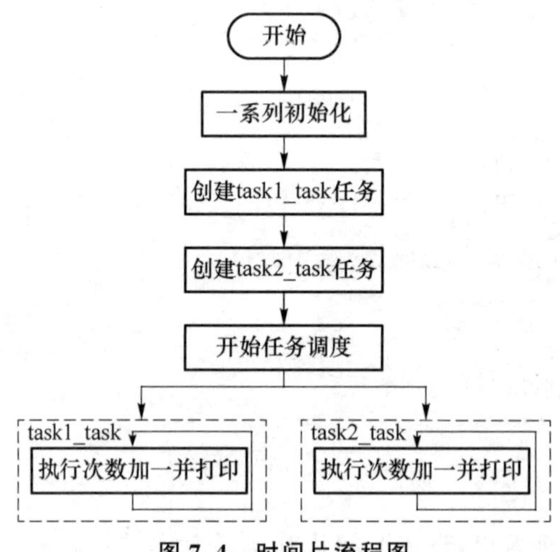

图 7.4 时间片流程图

3. 程序解析

(1) 设置任务时间片

```
int main(void)
{
/* 初始化屏幕显示,代码省略 */
    TASK1_Handler = os_task_create("task1_task",   /* 设置任务的名称 */
                            task1_task,            /* 设置任务函数 */
                            OS_NULL,               /* 任务传入的参数 */
                            TASK1_STK_SIZE,        /* 设置任务堆栈 */
                            TASK1_TASK_PRIO);      /* 设置任务的优先级 */
    os_task_set_time_slice(TASK1_Handler,10);      /* 设置时间片 */
    OS_ASSERT(TASK1_Handler);
    os_task_startup(TASK1_Handler);                /* 任务开始 */
    TASK2_Handler = os_task_create("task2_task",   /* 设置任务的名称 */
                            task2_task,            /* 设置任务函数 */
                            OS_NULL,               /* 任务传入的参数 */
                            TASK2_STK_SIZE,        /* 设置任务堆栈 */
                            TASK2_TASK_PRIO);      /* 设置任务的优先级 */
    os_task_set_time_slice(TASK2_Handler,20);      /* 设置时间片 */
    OS_ASSERT(TASK2_Handler);
    os_task_startup(TASK2_Handler);                /* 任务开始 */
    return 0;
}
```

上述源码可知:调用了函数 os_task_set_time_slice(),分别设置了任务 1 和任务 2 的时间片。

(2) 任务实现

```
/**
  * @brief      task1_task
  * @param      parameter : 传入参数(未用到)
  * @retval     无
  */
static void task1_task(void * parameter)
{
    parameter = parameter;
    os_uint8_t task1_num = 0;
    while (1)
    {
        task1_num++;
        os_kprintf("Task 1 has been executed: %d\r\n", task1_num);
    }
}
/**
  * @brief      task2_task
  * @param      parameter : 传入参数(未用到)
```

```
  * @retval        无
  */
static void task2_task(void * parameter)
{
    parameter = parameter;
    os_uint8_t task2_num = 0;

    while (1)
    {
        task2_num ++ ;
        os_kprintf("Task 2 has been executed: %d \r\n", task2_num);
    }
}
```

7.4.3 下载验证

编译并下载程序到开发板中，通过串口调试助手查看任务过程，如图 7.5～图 7.7 所示。

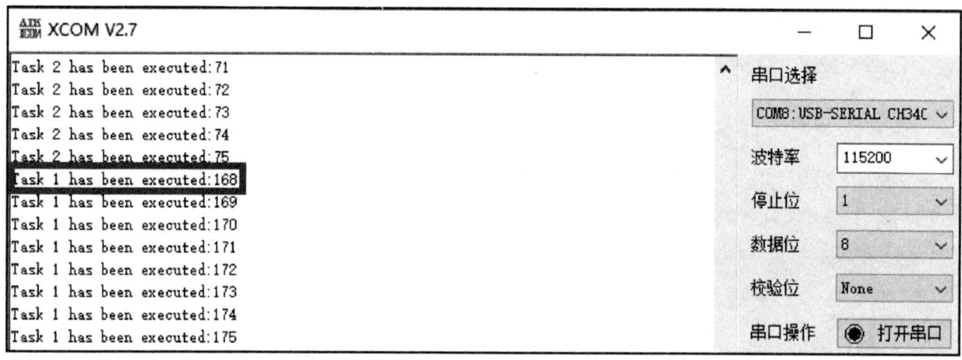

图 7.5　时间片实验现象一

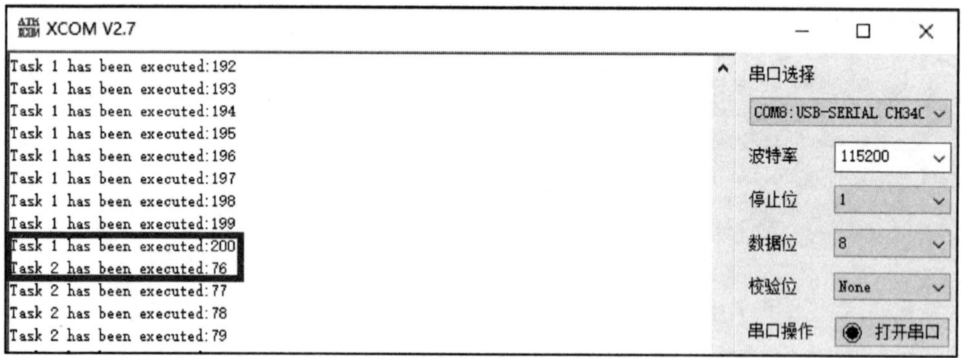

图 7.6　时间片实验现象二

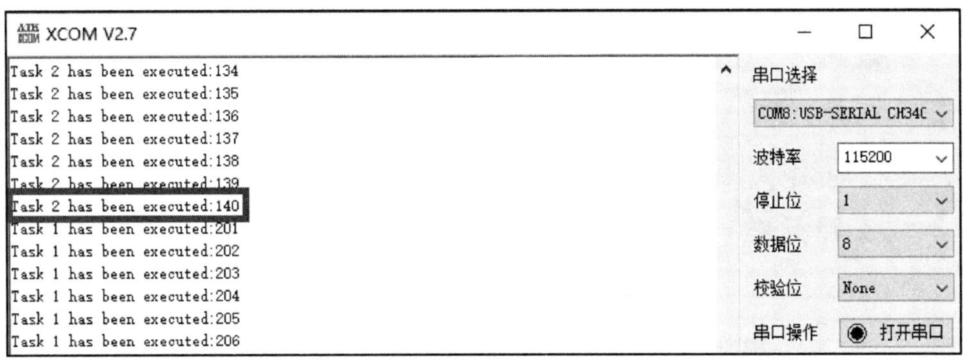

图 7.7　时间片实验现象三

可以看出，在某段时间内任务 1 执行了 200－168＝32 次，任务 2 执行了 140－76＝64 次。实验结果与代码中设置的任务 1 的时间片为 10，任务 2 的时间片为 20 对应。

第 8 章

OneOS 单项链表和双向链表

链表是一种常见的数据结构，它使用指针将一系列数据节点连接成数据链。建立链表时不需要提前知道数据量，可以随时分配空间，且可以高效地在链表中的任意位置插入或删除数据。OneOS 中存在着大量的基础数据结构链表和链表项的操作，因此理解链表和链表项对理解 OneOS 至关重要。

本章分为如下几部分：

8.1　链　表

8.2　单向链表

8.3　双向链表

8.4　单向链表实验

8.5　双向链表实验

8.1　链　表

链表是一种物理存储单元上非连续、非顺序的存储结构，数据元素的逻辑顺序是通过链表中的指针链接次序实现的。通过链表项与链表项的首尾相连组成链表项，链表项中可以包含一个指向下一个链表项的指针而不包含指向上一个链表的指针，也可以既包含一个指向下一个链表的指针又包含一个指向上一个链表的指针。链表项中可以包含一个指向下一个链表项的指针而不包含指向上一个链表的指针，这样的链表项组成的链表成为单向链表。链表项中既包含一个指向下一个链表的指针又包含一个指向上一个链表的指针，这样的链表项组成的链表成为双向链表。在 OneOS 系统中，链表用列表(list)表示，链表项用节点(node)表示。

8.2　单向链表

8.2.1　单向链表的简介

OneOS 操作系统中的单向链表包含一个节点指针，这个节点指针指向下一个节点。OneOS 操作系统中的单向链表是一个非循环链表，单向链表本身首尾并非相连，就是说单向链表中最后一个节点的指向下一个节点的节点指针不指向单向链表中的第一个节点，而是指向了 OS_NULL。单向链表示意图如图 8.1 所示。

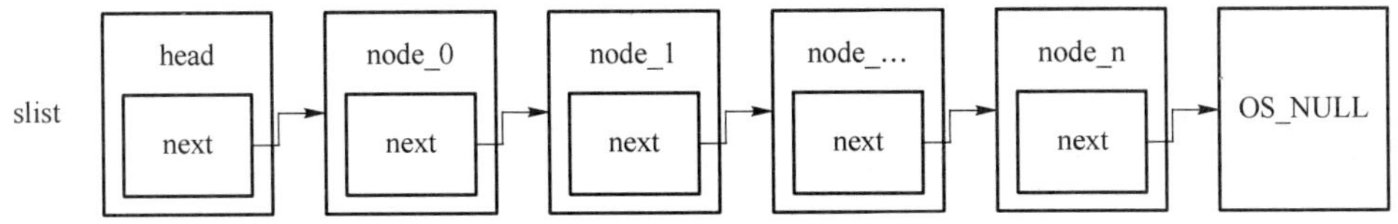

图 8.1 单向链表示意图

OneOS 操作系统中单向链表节点的结构体如下所示：

```
struct os_slist_node
{
    /* 定义了一个指向下一个节点的指针 */
    struct os_slist_node * next;
};
```

单向链表节点的结构体描述如表 8.1 所列。

8.2.2 单向链表的初始化

OneOS 操作系统中使用函数 os_slist_init()进行单向链表的初始化操作，函数 os_slist_init()的原型如下：

```
OS_INLINE void os_slist_init(os_slist_node_t * node)
{
    node->next = OS_NULL;
    return;
}
```

函数 os_slist_init()的形参描述如表 8.2 所列。

表 8.1 单向链表节点结构体描述

单向链表节点	描 述
next	指向下一个节点的指针

表 8.2 函数 os_slist_init()形参相关描述

参 数	描 述
node	单向链表头节点

函数 os_slist_init()的操作过程如图 8.2 所示。

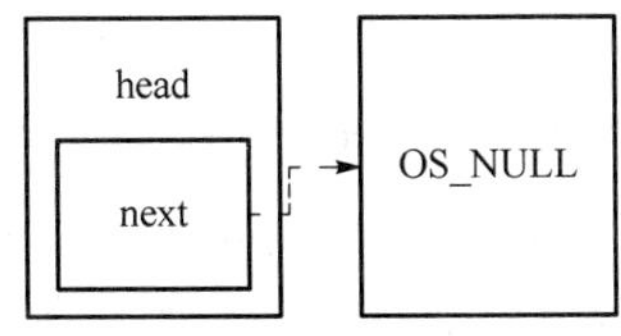

图 8.2 函数 os_slist_init()操作过程示意图

函数 os_slist_init()传入的参数为待初始化的单向链表的链表头，单向链表的链表头也是一个节点，这个链表头是区分不同单向链表的标志。如图 8.2 所示，在函数

os_slist_init()的初始化操作中可以看出，单向链表的初始化操作其实就是将单向链表的链表头指向 OS_NULL，从这里也可以看出 OneOS 操作系统的单向链表为非循环链表。

8.2.3 单向链表的链表项插入

OneOS 操作系统中使用函数 os_slist_add()实现将单向链表项插入到单向链表首部的操作。函数 os_slist_add()的函数原型如下：

```
OS_INLINE void os_slist_add(os_slist_node_t * head, os_slist_node_t * entry)
{
    entry->next = head->next;
    head->next = entry;
    return;
}
```

函数 os_slist_add()的形参描述如表 8.3 所列。

表 8.3 函数 os_slist_add()形参相关描述

参　数	描　述
head	链表头
entry	待添加的链表项

函数 os_slist_add()的操作过程如图 8.3 所示。

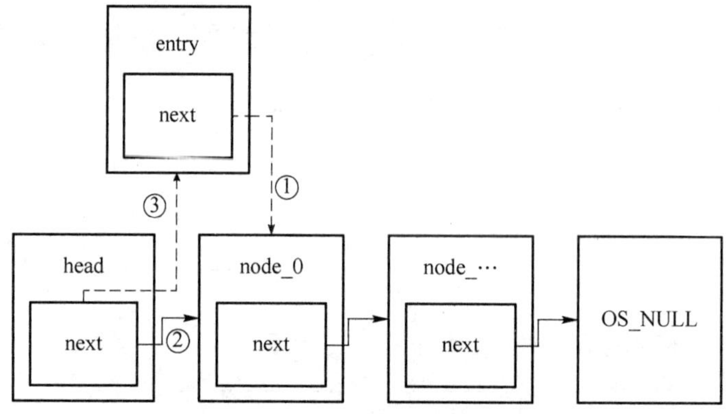

图 8.3 函数 os_slist_add()操作过程示意图

函数 os_slist_add()用于将单向链表项 entry 添加到单向链表头 head 所在的单向链表的首部。接下来通过函数原型并结合图 8.3 分析函数 os_slist_add()的操作过程。函数的第一行代码将 entry 中指向下一个节点的节点指针指向 head 中指向下一个节点的节点指针所指向的节点，即把①连接起来。函数的第二行代码将 head 中指向下一个节点的节点指针指向 entry，即把②断开，再把③连接起来。这样就达到了将单向链表项 entry 添加到单向链表头所在的单向链表的首部的目的。

8.2.4 单向链表的链表项尾部插入

OneOS 操作系统中使用函数 os_slist_add_tail()实现将单向链表项插入到单向链表尾部的操作，函数 os_slist_add_tail()的函数原型如下：

```
OS_INLINE void os_slist_add_tail(os_slist_node_t * head, os_slist_node_t * entry)
{
    os_slist_node_t * node;
    node = head;
    /* 遍历单链表最后一个是否指向为空 */
    while (node->next)
    {
        node = node->next;
    }
    node->next = entry;
    entry->next = OS_NULL;
    return;
}
```

函数 os_slist_add_tail()的形参描述如表 8.4 所列。

表 8.4 函数 os_slist_add_tail()形参相关描述

参 数	描 述
head	链表头
entry	待添加的链表项

函数 os_slist_add_tail()的操作过程如图 8.4 所示。

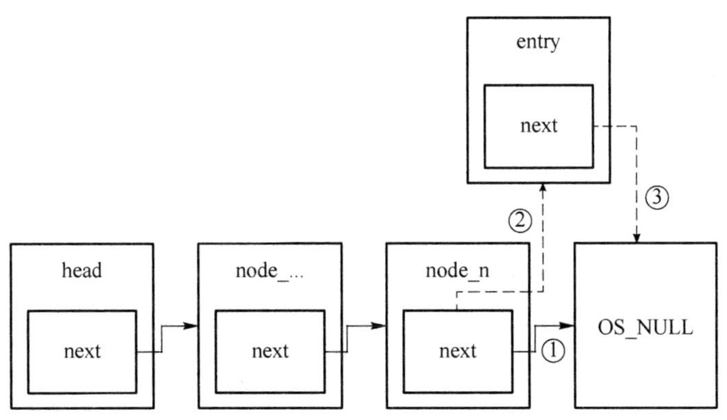

图 8.4 函数 os_slist_add_tail()操作过程示意图

函数 os_slist_add_tail()用于将单向链表项 entry 添加到单向链表头 head 所在单向链表的尾部。接下来通过函数原型并结合图 8.4 分析函数 os_slist_add_tail()

的操作过程。函数 os_slist_add_tail()首先遍历整个单向链表,找到单向链表的最后一个单向链表项,如图中的单向链表项 node_n,然后接下来即进行与函数 os_slist_add()类似的操作,首先将 node_n 中指向下一个节点的节点指针指向 entry,即把①断开,再把②连接起来。再将 entry 中指向下一个节点的节点指针指向 OS_NULL,即把③连接起来。这样就达到了将单向链表项 entry 添加到单向链表头所在的单向链表的尾部的目的。

8.2.5 单向链表的链表项删除

OneOS 操作系统中使用函数 os_slist_del()实现将单向链表项从单向链表中删除的操作。函数 os_slist_del()的函数原型如下:

```
OS_INLINE void os_slist_del(os_slist_node_t * head, os_slist_node_t * entry)
{
    os_slist_node_t * node;
    node = head;
    while (node->next && (node->next != entry))
    {
        node = node->next;
    }
    if (node->next != OS_NULL)
    {
        node->next = node->next->next;
    }
    return;
}
```

函数 os_slist_del()的形参描述如表 8.5 所列。

表 8.5 函数 os_slist_del()形参相关描述

参 数	描 述
head	链表头
entry	待删除的链表项

函数 os_slist_del()的操作过程如图 8.5 所列。

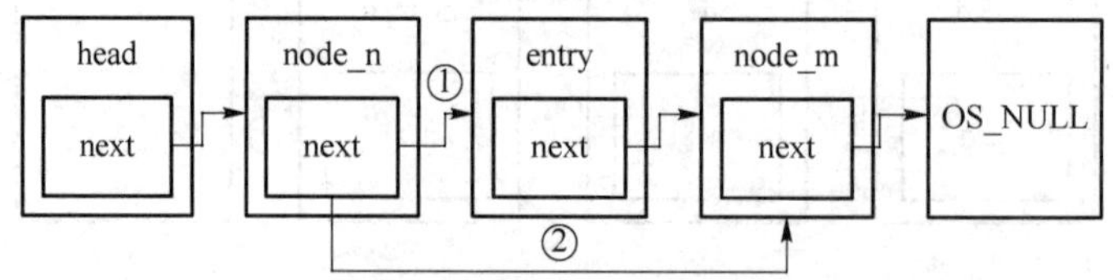

图 8.5 函数 os_slist_del()操作过程示意图

函数 os_slist_del()用于将单向链表项 entry 从单向链表头 head 所在单向链表

中删除。接下来通过函数原型并结合图 8.5 分析函数 os_slist_del()的操作过程。函数 os_slist_del()首先遍历整个单向链表，找到指向单向链表项 entry 的节点指针所在的单向链表项，如图中的单向链表项 node_n，如果遍历整个链表都没有找到单向链表项 entry 则退出函数。然后将 node_n 中原本指向 entry 的指向下一个节点的节点指针指向 entry 中指向下一个节点的节点指针所指向的单向链表项 node_m，即把①断开，再把②连接起来。这样就达到了将单向链表项 entry 从单向链表头 head 所在的单向链表中删除的目的。

8.2.6 单向链表的遍历

OneOS 操作系统中使用函数 os_slist_for_each()进行遍历单向链表的操作。函数 os_slist_for_each()是一个宏定义，定义如下：

```
#define os_slist_for_each(pos, head) \
    for (pos = (head) ->next; pos != OS_NULL; pos = pos ->next)
```

函数 os_slist_for_each()的形参描述如表 8.6 所列。

表 8.6 函数 os_slist_for_each()形参

参　数	描　述
pos	当前遍历的链表项
head	链表头

函数 os_slist_for_each()的操作实际上就是一个 for 循环。其中，循环变量初值为 head 中指向下一个节点的节点指针所指向的节点；循环条件是循环变量不为 OS_NULL，即还没有遍历完整个单向链表；for 循环循环一次后的操作是将循环变量指向循环变量中指向下一个节点的节点指针所指向的节点，这样就达到了遍历单向链表的目的。

8.2.7 其他单向链表 API 函数

单向链表的其他函数如表 8.7 所列。

表 8.7 单项链表函数描述

函　数	描　述
os_slist_len()	获取单向链表长度，即链表项数量
os_slist_first()	获取第一个链表项
os_slist_tail()	获取最后一个链表项
os_slist_next()	获取指定链表项的下一个链表项
os_slist_empty()	判断链表是否为空
OS_SLIST_INIT()	宏，用于初始化链表头
os_slist_entry()	通过链表结点指针和结构体类型，获取结构体指针
os slist_first_entry()	宏，通过链表头和结构体类型，获取第一个链表项所在结构体指针

续表 8.7

函　数	描　述
os_slist_first_entry_or_null()	宏,通过链表头和结构体类型获取第一个链表项所在结构体指针;若链表为空,返回 OS_NULL
os_slist_tail_entry()	宏,通过链表头和结构体类型获取最后一个链表项所在结构体指针
os_slist_tail_entry_or_null()	宏,通过链表头和结构体类型获取最后一个链表项所在结构体指针;若链表为空,返回 OS_NULL
os_slist_for_each_safe()	宏,安全遍历链表
os_slist_for_each()	该宏用于遍历链表

1. os_slist_len()函数

该函数用于获取单向链表的长度,函数原型如下:

```
OS_INLINE os_uint32_t os_slist_len(const os_slist_node_t * head);
```

该函数的形参如表 8.8 所列。

返回值:链表的长度。

2. os_slist_first()函数

该函数用于获取单向链表的第一个链表项,函数原型如下:

```
OS_INLINE os_slist_node_t * os_slist_first(os_slist_node_t * head);
```

该函数的形参如表 8.9 所列。

表 8.8　函数 os_slist_len()相关形参描述

函　数	描　述
head	链表头

表 8.9　函数 os_slist_first()相关形参描述

函　数	描　述
head	链表头

返回值:非 OS_NULL 表示第一个链表项,OS_NULL 表示链表为空。

3. os_slist_tail()函数

该函数用于获取单向链表的最后一个链表项,函数原型如下:

```
OS_INLINE os_slist_node_t * os_slist_tail(os_slist_node_t * head);
```

该函数的形参如表 8.10 所列。

返回值:非 OS_NULL 表示下一个链表项,OS_NULL 表示链表为空。

4. os_slist_next()函数

该函数用于获取单向链表中指定链表项的下一个链表项,函数原型如下:

```
OS_INLINE os_slist_node_t * os_slist_next(os_slist_node_t * node);
```

该函数的形参如表 8.11 所列。

表 8.10　函数 os_slist_tail()相关形参描述

函　数	描　述
head	链表头

表 8.11　函数 os_slist_next()相关形参描述

函　数	描　述
node	链表头

返回值：非 OS_NULL 表示最后一个链表项，OS_NULL 表示链表为空。

5. os_slist_empty()函数

该函数用于判断单向链表是否为空，函数原型如下：

```
OS_INLINE os_bool_t os_slist_empty(os_slist_node_t * head);
```

该函数的形参如表 8.12 所列。

返回值：是否为空。

6. OS_SLIST_INIT()函数

该宏用于单向链表的初始化，在表达式中作为右值，定义如下：

```
#define OS_SLIST_INIT(name)            {OS_NULL}
```

该函数的形参如表 8.13 所列。

表 8.12　函数 os_slist_empty()相关形参

函　数	描　述
head	链表头

表 8.13　函数 OS_SLIST_INIT()相关形参

函　数	描　述
name	链表名，该链表名的变量类型需要为 os_slist_node_t

7. os_slist_entry()函数

该宏用于通过链表结点指针 ptr 和链表所在结构体类型 type 获取链表所在结构体指针：

```
#define os_slist_entry(ptr, type, member) \
    os_container_of(ptr, type, member)
```

该函数的形参如表 8.14 所列。

表 8.14　函数 os_slist_entry()相关形参描述

函　数	描　述
ptr	链表节点指针
type	链表所在结构体类型
member	链表在结构体中的名字

返回值：链表所在结构体的地址。

8. os_slist_first_entry()函数

该宏用于通过链表头和结构体类型获取第一个链表项所在结构体指针,使用前须确认链表不为空,定义如下:

```
#define os_slist_first_entry(head, type, member) \
    os_slist_entry((head)->next, type, member)
```

该函数的形参如表 8.15 所列。

返回值:非 OS_NULL 表示第一个链表项所在结构体的地址。

9. os_slist_tail_entry_or_null()函数

该宏用于通过链表头和结构体类型,获取第一个链表项所在结构体指针;若链表为空,返回 OS_NULL,定义如下:

```
#define os_slist_first_entry_or_null(head, type, member) \
    (! os_slist_empty(head) ? os_slist_first_entry(head, type, member) : OS_NULL)
```

该函数的形参如表 8.16 所列。

表 8.15 函数 os_slist_first_entry()相关形参

函 数	描 述
head	链表头
type	链表项所在结构体类型
member	链表在结构体中的名字

表 8.16 函数 os_slist_tail_entry_or_null()相关形参

函 数	描 述
head	链表头
type	链表项所在结构体类型
member	链表在结构体中的名字

返回值:非 OS_NULL 表示最后一个链表项所在结构体的地址,OS_NULL 表示链表为空。

10. os_slist_for_each_safe()函数

该宏用于安全的遍历链表,适用于遍历过程中需要删除链表项的情况,定义如下:

```
#define os_slist_for_each_safe(pos, n, head) \
    for (pos = (head)->next, n = (pos != OS_NULL) ? pos->next : OS_NULL; \
         pos != OS_NULL; \
         pos = n, n = (pos != OS_NULL) ? pos->next : OS_NULL)
```

该函数的形参如表 8.17 所列。

表 8.17 函数 os_slist_for_each_safe()相关形参描述

函 数	描 述
pos	当前遍历的链表项
n	用来临时存储下一个链表项的指针,防止 pos 被删除后无法继续遍历
head	链表头

11. os_slist_first_entry_or_null()函数

该宏用于通过链表头和结构体类型获取第一个链表项所在结构体指针，若链表为空，返回 OS_NULL，定义如下：

```
#define os_slist_first_entry_or_null(head, type, member) \
    (! os_slist_empty(head) ? os_slist_first_entry(head, type, member) : OS_NULL)
```

该函数的形参如表 8.18 所列。

返回值：非 OS_NULL 表示第一个链表项所在结构体的地址，OS_NULL 表示链表为空。

12. os_slist_tail_entry()函数

该宏用于通过链表头和结构体类型获取最后一个链表项所在结构体指针，使用前须确认链表不为空，定义如下：

```
#define os_slist_tail_entry(head, type, member) \
    os_slist_entry(os_slist_tail(head), type, member)
```

该函数的形参如表 8.19 所列。

表 8.18　函数 os_slist_first_entry_or_null()相关形参

函　数	描　述
head	链表头
type	链表项所在结构体类型
member	链表在结构体中的名字

表 8.19　函数 os_slist_tail_entry()相关形参

函　数	描　述
head	链表头
type	链表项所在结构体类型
member	链表在结构体中的名字

返回值：非 OS_NULL 表示最后一个链表项所在结构体的地址。

13. os_slist_for_each()函数

该宏用于遍历链表，定义如下：

```
#define os_slist_for_each(pos, head)                                    \
    for (pos = (head)->next; pos != OS_NULL; pos = pos->next)
```

该函数的形参如表 8.20 所列。

表 8.20　函数 os_slist_for_each()相关形参描述

函　数	描　述
head	当前遍历的链表项
head	链表头

8.3 双向链表

8.3.1 双向链表的简介

OneOS 操作系统中的双向链表包含了两个结点指针，一个节点指针指向下一个节点，另一个节点指针指向上一个节点。OneOS 操作系统中的双向链表是一个循环链表，双向链表本身首尾相连，就是说双向链表最后一个节点的指向下一个节点的节点指针指向第一个节点，第一个节点的指向上一个节点的节点指针指向最后一个节点。双向链表的示意图如图 8.6 所示。

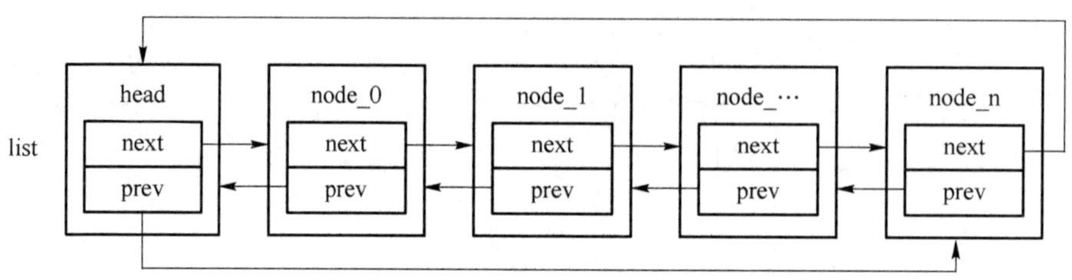

图 8.6　双向链表示意图

在 OneOS 操作系统中，双向链表节点的结构体如下所示：

```
struct os_list_node
{
    /* 定义了一个指向下一个节点的指针 */
    struct os_list_node * next;
    /* 定义了一个指向上一个节点的指针 */
    struct os_list_node * prev;
};
```

双向链表节点的结构体描述如表 8.21 所列。

表 8.21　双向链表节点结构体描述

单向链表节点	描　述
next	指向下一个节点的指针
prev	指向上一个节点的指针

8.3.2 双向链表的初始化

OneOS 操作系统中使用函数 os_list_init()进行双向链表的初始化操作。函数 os_list_init()的函数原型如下：

```
OS_INLINE void os_list_init(os_list_node_t * node)
{
```

```
    node->next = node;
    node->prev = node;
}
```

函数 os_list_init()的形参描述如表 8.22 所列。

表 8.22　函数 os_list_init()形参相关描述

参　数	描　述
node	双向链表头节点

函数 os_list_init()的操作过程如图 8.7 所示。

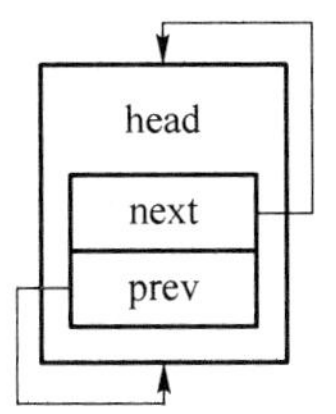

图 8.7　函数 os_list_init()操作过程示意图

函数 os_list_init()传入的参数为待初始化的双向链表的链表头，双向链表的链表头也是一个节点，这个链表头是区分不同双向链表的标志。如图 8.7 所示，在函数 os_list_init()的初始化操作中可以看出，双向链表的初始化操作其实就是将双向链表的链表头中指向下一个节点的节点指针指向链表头，将双向链表的链表头中指向上一个节点的节点指针指向链表头，从这里也可以看出 OneOS 操作系统的双向链表为循环链表。

8.3.3　双向链表的链表项插入

OneOS 操作系统中使用函数 os_list_add()实现将双向链表项插入到双向链表首部的操作。函数 os_list_add()的函数原型如下：

```
OS_INLINE void os_list_add(os_list_node_t * head, os_list_node_t * entry)
{
    head->next->prev = entry;
    entry->next = head->next;
    head->next = entry;
    entry->prev = head;
return;
}
```

函数 os_list_add()的形参描述如表 8.23 所列。

表 8.23 函数 os_list_add()形参相关描述

参 数	描 述
head	链表头
entry	待添加的链表项

函数 os_list_add()的操作过程如图 8.8 所示。

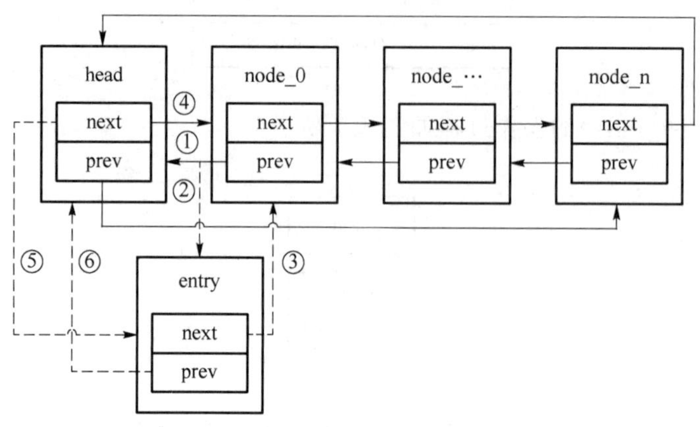

图 8.8 函数 os_list_add()操作过程示意图

函数 os_list_add()用于将双向链表项 entry 添加到双向链表头 head 所在双向链表的首部。接下来通过函数原型并结合图 8.8 分析函数 os_list_add()的操作过程。函数的第一行代码将 entey 中指向下一个节点的节点指针所指向的节点中指向上一个节点的节点指针指向 entry,即把①断开,再把②连接起来。函数的第二行代码将 entry 中指向下一个节点的节点指针指向 head 中指向下一个节点的节点指针所指向的节点,即将③连接起来。函数的第三行代码将 head 中指向下一个节点的节点指针指向 entry,即将④断开,再将⑤连接起来。函数的第四行代码将 entry 中指向上一个节点的节点指针指向 head,即将⑥连接起来。这样就达到了将双向链表项 entry 添加到双向链表头 head 所在的双向链表的首部的目的。

8.3.4 双向链表的链表项尾部插入

OneOS 操作系统中使用函数 os_list_add_tail()实现将双向链表项插入到双向链表尾部的操作。函数 os_list_add_tail()的函数原型如下:

```
OS_INLINE void os_list_add_tail(os_list_node_t * head, os_list_node_t * entry)
{
    head->prev->next = entry;
    entry->prev = head->prev;
    head->prev = entry;
    entry->next = head;
```

```
    return;
}
```

函数 os_list_add_tail()的形参描述如表 8.24 所列。

表 8.24 函数 os_list_add_tail()形参相关描述

参 数	描 述
head	链表头
entry	待添加的链表项

函数 os_list_add_tail()的操作过程如图 8.9 所示。

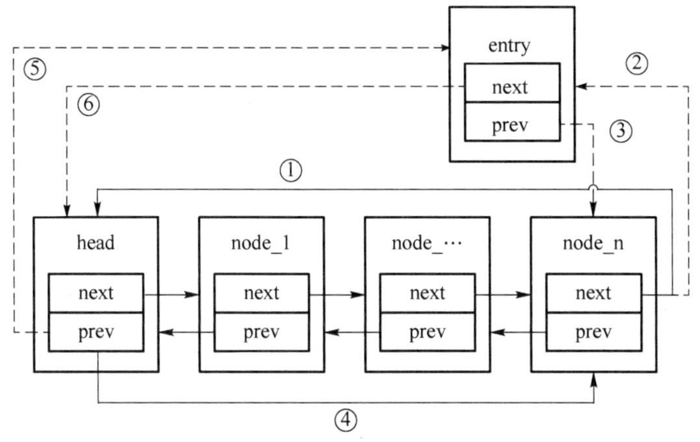

图 8.9 函数 os_list_add_tail()操作过程示意图

函数 os_list_add_tail()用于将双向链表项 entry 添加到双向链表头 head 所在双向链表的尾部。接下来通过函数原型并结合图 8.9 分析函数 os_list_add_tail()的操作过程。函数的第一行代码将双向链表头 head 中指向上一个节点的节点指针所指向的节点中指向下一个节点的结点指针指向 entry，即把①断开，再把②连接起来。函数的第二行代码将 entry 中指向上一个节点的节点指针指向 head 中指向上一个节点的结点指针所指向的节点，即把③连接起来。函数的第三行代码将 head 中指向上一个节点的节点指针指向 entry，即把④断开，再把⑤连接起来。函数的第四行代码将 entry 中指向下一个节点的节点指针指向 head，即把⑥连接起来。这样就达到了将双向链表项 entry 添加到双向链表头 head 所在的双向链表的尾部的目的。

8.3.5 双向链表的链表项删除

OneOS 操作系统中使用函数 os_list_del()实现将双向链表项从单向链表中删除的操作。函数 os_list_del()的函数原型如下：

```
OS_INLINE void os_list_del(os_list_node_t * entry)
{
    entry->next->prev = entry->prev;
    entry->prev->next = entry->next;

    entry->next = entry;
    entry->prev = entry;

    return;
}
```

函数 os_list_del()的形参描述如表 8.25 所列。

表 8.25　函数 os_list_del()形参相关描述

参　数	描　述
entry	待删除的链表项

函数 os_list_del()的操作过程如图 8.10 所示。

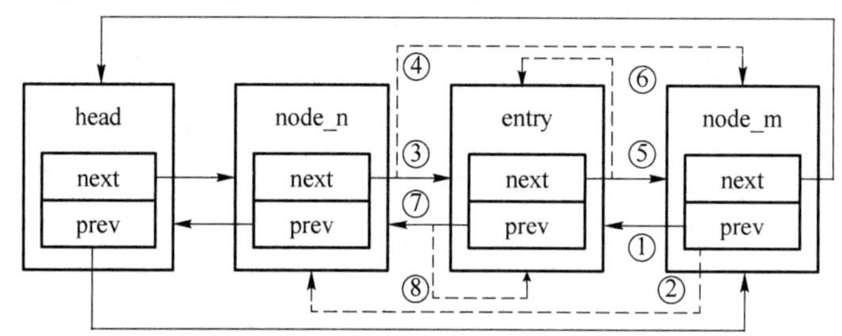

图 8.10　函数 os_list_del()操作过程示意图

函数 os_list_del()用于将双向链表项 entry 从双向链表项 entry 所在的双向链表中删除。接下来通过函数原型并结合图 8.10 分析函数 os_list_dcl()的操作过程。函数的第一行代码将 entry 中指向下一个节点的节点指针所指向的节点中指向上一个节点的节点指针指向 entry 中指向上一个节点的节点指针所指向的节点，即把①断开，再把②连接起来。函数的第二行代码将 entry 中指向上一个节点的结点指针所指向的节点中指向下一个节点的节点指针指向 entry 中指向下一个节点的结点指针所指向的节点，即把③断开，再把④连接起来。函数的第三行代码将 entry 中指向下一个节点的结点指针指向 entry，即把⑤断开，再把⑥连接起来。函数的第四行代码将 emtry 中指向上一个节点的节点指针指向 entry，即把⑦断开，再把⑧连接起来。这样就达到了将双向链表项 entry 从双向链表项 entry 所在的双向链表中删除的目的。

8.3.6　双向链表的遍历

OneOS 操作系统中使用函数 os_list_for_each()实现遍历双向链表的操作，函数 os_list_for_each()是一个宏定义，定义如下：

```
#define os_list_for_each(pos, head) \
    for (pos = (head)->next; pos != (head); pos = pos->next)
```

函数 os_list_for_each()的形参描述如表 8.26 所列。

表 8.26　函数 os_list_for_each()形参相关

参　数	描　述
pos	当前遍历的链表项
head	链表头

函数 os_list_for_each()的操作实际上就是一个 for 循环，其中，循环变量初值为 head 中指向下一个节点的节点指针所指向的节点；循环条件是循环变量不为链表头 head，即还没有遍历完整个双向链表；for 循环循环一次后的操作是将循环变量指向循环变量中指向下一个节点的节点指针所指向的节点，这样就达到了遍历双向链表的目的。

8.3.7　其他双向链表 API 函数

单向链表的其他函数如表 8.27 所列。

表 8.27　单项链表函数描述

函　数	描　述
os_list_del_init()	删除链表项并初始化链表项
os_list_move()	把链表项移动到链表头，即把链表项移除然后挂到链表头部
os_list_move_tail()	把链表项移动到链表尾，即把链表项移除然后挂到链表尾部
os_list_empty()	判断链表是否为空
os_list_splice()	合并两个链表
os_list_splice_init()	合并两个链表，并初始化链表的链表头节点
os_list_len()	获取链表长度
os_list_first()	获取第一个链表项
os_list_tail()	获取最后一个链表项
OS_LIST_INIT()	宏，初始化链表
os_list_entry()	宏，通过链表结点指针和结构体类型获取结构体指针
os_list_first_entry()	宏，通过链表头和结构体类型获取第一个链表项所在结构体指针
os_list_first_entry_or_null()	宏，通过链表头和结构体类型获取第一个链表项所在结构体指针；若链表为空，返回 OS_NULL
os_list_tail_entry()	宏，通过链表头和结构体类型获取最后一个链表项所在结构体指针
os_list_tail_entry_or_null()	宏，通过链表头和结构体类型获取最后一个链表项所在结构体指针；若链表为空，返回 OS_NULL
os_list_for_each_safe()	宏，安全遍历链表
os_list_for_each_entry()	宏，遍历链表，同时获取链表项结构体指针
os_list_for_each_entry_safe	宏，安全遍历链表，同时获取链表项结构体指针

1. os_list_del_init()函数

该函数删除链表项并初始化链表项，函数原型如下：

```
OS_INLINE void os_list_del_init(os_list_node_t * entry);
```

该函数的形参如表 8.28 所列。

2. os_list_move()函数

该函数把链表项移动到链表头，即先把链表项移除，然后挂到链表头部。函数原型如下：

```
OS_INLINE void os_list_move(os_list_node_t * head, os_list_node_t * entry);
```

该函数的形参如表 8.29 所列。

表 8.28　函数 os_list_del_init()相关形参

函　数	描　述
entry	待删除的链表项

表 8.29　函数 os_list_move()相关形参

函　数	描　述
head	链表头
entry	待移动的链表项

3. os_list_move_tail()函数

该函数把链表项移动到链表尾，即先把链表项移除，然后挂到链表尾部。函数原型如下：

```
OS_INLINE void os_list_move_tail(os_list_node_t * head, os_list_node_t * entry);
```

该函数的形参如表 8.30 所列。

4. os_list_empty()函数

该函数判断链表是否为空，函数原型如下：

```
OS_INLINE os_bool_t os_list_empty(const os_list_node_t * head);
```

该函数的形参如表 8.31 所列。

表 8.30　函数 os_list_move_tail()相关形参

函　数	描　述
head	链表头
entry	待移动的链表项

表 8.31　函数 os_list_empty()相关形参

函　数	描　述
head	链表头

返回值：os_bool_t 表示是否为空。

5. os_list_splice()函数

该函数用于合并两个链表，将 list 链表的所有链表项添加到 head 链表的头部

(在 head 头节点之后)。函数原型如下:

```
OS_INLINE void os_list_splice(os_list_node_t *head, os_list_node_t *list);
```

该函数的形参如表 8.32 所列。

表 8.32 函数 os_list_splice()相关形参描述

函 数	描 述
head	链表头
list	另一个链表头,将会把此链表中的所有链表项添加到 head 链表

6. os_list_splice_init()函数

该函数用于合并两个链表,将 list 链表的所有链表项添加到 head 链表的头部(在 head 头节点之后),然后初始化 list 链表的链表头。函数原型如下:

```
OS_INLINE void os_list_splice_init(os_list_node_t *head, os_list_node_t *list);
```

该函数的形参如表 8.33 所列。

表 8.33 函数 os_list_splice_init()相关形参描述

函 数	描 述
head	链表头
list	另一个链表头,将会把此链表中的所有链表项添加到 head 链表

7. os_list_len()函数

该函数用于获取链表长度,原型如下:

```
OS_INLINE os_uint32_t os_list_len(const os_list_node_t *head);
```

该函数的形参如表 8.34 所列。

返回值:链表的长度。

8. os_list_first()函数

该函数用于获取第一个链表项(即头节点的下一个链表项),若链表为空,则返回 OS_NULL。函数原型如下:

```
OS_INLINE os_list_node_t *os_list_first(os_list_node_t *head);
```

该函数的形参如表 8.35 所列。

表 8.34 函数 os_list_len()相关形参描述

函 数	描 述
head	链表头

表 8.35 函数 os_list_first()相关形参描述

函 数	描 述
head	链表头

返回值：非 OS_NULL 表示第一个链表项，OS_NULL 表示链表为空。

9. os_list_tail()函数

该函数用于获取最后一个链表项（头节点的前一个链表项，因为是环形链表，即相当于最后一个链表项），若链表为空，则返回 OS_NULL。函数原型如下：

```
OS_INLINE os_list_node_t * os_list_tail(os_list_node_t * head);
```

该函数的形参如表 8.36 所列。

返回值：非 OS_NULL 表示最后一个链表项，OS_NULL 表示链表为空。

10. OS_LIST_INIT()函数

该宏用于初始化链表，该宏只能在表达式中作为右值，定义如下：

```
#define OS_LIST_INIT(name)          {&(name), &(name)}
```

该函数的形参如表 8.37 所列。

表 8.36 函数 os_list_tail()相关形参

函 数	描 述
head	链表头

表 8.37 函数 os_slist_for_each_safe()相关形参

函 数	描 述
name	链表名，该链表名的变量类型需要为 os_list_node_t

返回值：初始化的结果（给结构体赋值）。

11. os_list_entry()函数

该宏用于已知结构体 type 的成员 member 的地址 ptr，求结构体 type 的起始地址；若链表节点 member 是 type 结构体的成员，根据该链表节点地址 ptr，则可以获取链表节点所在 type 结构体的地址：

```
#define os_list_entry(ptr, type, member) \
    os_container_of(ptr, type, member)
```

该函数的形参如表 8.38 所列。

表 8.38 函数 os_list_entry()相关形参描述

函 数	描 述
ptr	member 成员的地址
type	链表项所在结构体类型
member	链表在结构体中的名字

返回值：type 结构体的地址。

12. os_list_first_entry()函数

该宏用于通过链表头和结构体类型获取第一个链表项所在结构体指针，注意使用之前须确认链表不为空，定义如下：

```
#define os_list_first_entry(head, type, member) \
    os_list_entry((head)->next, type, member)
```

该函数的形参如表 8.39 所列。

返回值：非 OS_NULL 表示第一个链表项所在结构体的地址。

13. os_list_first_entry_or_null()函数

该宏用于通过链表头和结构体类型获取第一个链表项所在结构体指针，若链表为空，返回 OS_NULL，定义如下：

```
#define os_list_first_entry_or_null(head, type, member) \
    (! os_list_empty(head) ? os_list_first_entry(head, type, member) : OS_NULL)
```

该函数的形参如表 8.40 所列。

表 8.39　函数 os_list_first_entry()相关形参

函　数	描　述
head	链表头，注意使用之前需确认链表不为空
type	链表项所在结构体类型
member	链表在结构体中的名字

表 8.40　函数 os_list_first_entry_or_null()相关形参

函　数	描　述
head	链表头，注意使用之前需确认链表不为空
type	链表项所在结构体类型
member	链表在结构体中的名字

返回值：非 OS_NULL 表示第一个链表项所在结构体的地址，OS_NULL 表示链表项为空。

14. os_list_tail_entry()函数

该宏用于通过链表头和结构体类型获取最后一个链表项所在结构体指针，注意使用之前须确认链表不为空，定义如下：

```
#define os_list_tail_entry(head, type, member) \
    os_list_entry(os_list_tail(head), type, member)
```

该函数的形参如表 8.41 所列。

返回值：非 OS_NULL 表示最后一个链表项所在结构体的地址。

15. os_list_tail_entry_or_null()函数

该宏用于通过链表头和结构体类型获取最后一个链表项所在结构体指针，若链表为空，返回 OS_NULL，定义如下：

```
#define os_list_tail_entry_or_null(head, type, member) \
    (! os_list_empty(head) ? os_list_tail_entry(head, type, member) : OS_NULL)
```

该函数的形参如表 8.42 所列。

表 8.41　函数 os_list_tail_entry()相关形参

函　数	描　述
head	链表头，注意使用之前需确认链表不为空
type	链表项所在结构体类型
member	链表在结构体中的名字

表 8.42　函数 os_list_tail_entry_or_null()相关形参

函　数	描　述
head	链表头，注意使用之前需确认链表不为空
type	链表项所在结构体类型
member	链表在结构体中的名字

返回值：非 OS_NULL 表示最后一个链表项所在结构体的地址，OS_NULL 表示链表项为空。

16. os_list_for_each_safe()函数

该宏用于安全遍历链表，适用于遍历过程中需要删除链表项的情况，定义如下：

```
#define os_list_for_each_safe(pos, n, head) \
    for (pos = (head)->next, n = pos->next; \
         pos != (head); \
         pos = n, n = pos->next)
```

该函数的形参如表 8.43 所列。

17. os_list_for_each_entry()函数

该宏用于遍历链表，同时获取链表项结构体指针，定义如下：

```
#define os_list_for_each_entry(pos, head, type, member) \
    for (pos = os_list_entry((head)->next, type, member); \
         &pos->member != (head); \
         pos = os_list_entry(pos->member.next, type, member))
```

该函数的形参如表 8.44 所列。

表 8.43　函数 os_list_for_each_safe()相关形参

函　数	描　述
pos	当前遍历的链表项
n	用来临时存储下一个链表项的指针，防止 pos 被删后无法继续遍历
head	链表头

表 8.44　函数 os_list_tail_entry_or_null()相关形参

函　数	描　述
pos	当前遍历的链表项所在结构体
head	链表头，注意使用之前须确认链表不为空
type	链表项所在结构体类型
member	链表在结构体中的名字

18. os_list_for_each_entry_safe()函数

该宏用于安全遍历链表，同时获取链表项结构体指针，适用于在遍历过程中需要删除链表项的情况，定义如下：

```
#define os_list_for_each_entry_safe(pos, n, head, type, member) \
    for (pos = os_list_entry((head)->next, type, member), \
         n = os_list_entry(pos->member.next, type, member); \
         &pos->member != (head); \
         pos = n, n = os_list_entry(n->member.next, type, member))
```

该函数的形参如表 8.45 所列。

表 8.45 函数 os_list_for_each_entry_safe()相关形参描述

函 数	描 述
pos	当前遍历的链表项所在结构体
head	链表头,注意使用之前需确认链表不为空
type	链表项所在结构体类型
member	链表在结构体中的名字

8.4 单向链表实验

8.4.1 功能设计

本实验设计一个任务:slist_task,功能如表 8.46 所列。

表 8.46 各个任务实现的功能描述

任 务	任务功能
slist_task	按下 KEY_UP 执行 OneOS 中单向链表的操作函数,对指定的单向链表执行相应的操作

该实验工程参考 demos/atk_driver/rtos_test/07_slist_test 文件夹。

8.4.2 软件设计

1. 实验实现步骤

① 调用函数 os_slist_empty()判断链表是否为空。

② 调用函数 os_slist_add_tail()尾部插入链表。

③ 调用函数 os_slist_add()首部节点添加链表。

④ 调用函数 os_slist_for_each()遍历链表。

⑤ 调用函数 os_slist_for_each_safe()安全遍历链表。

2. 程序流程图

根据上述例程功能分析得到如图 8.11 所示流程图。

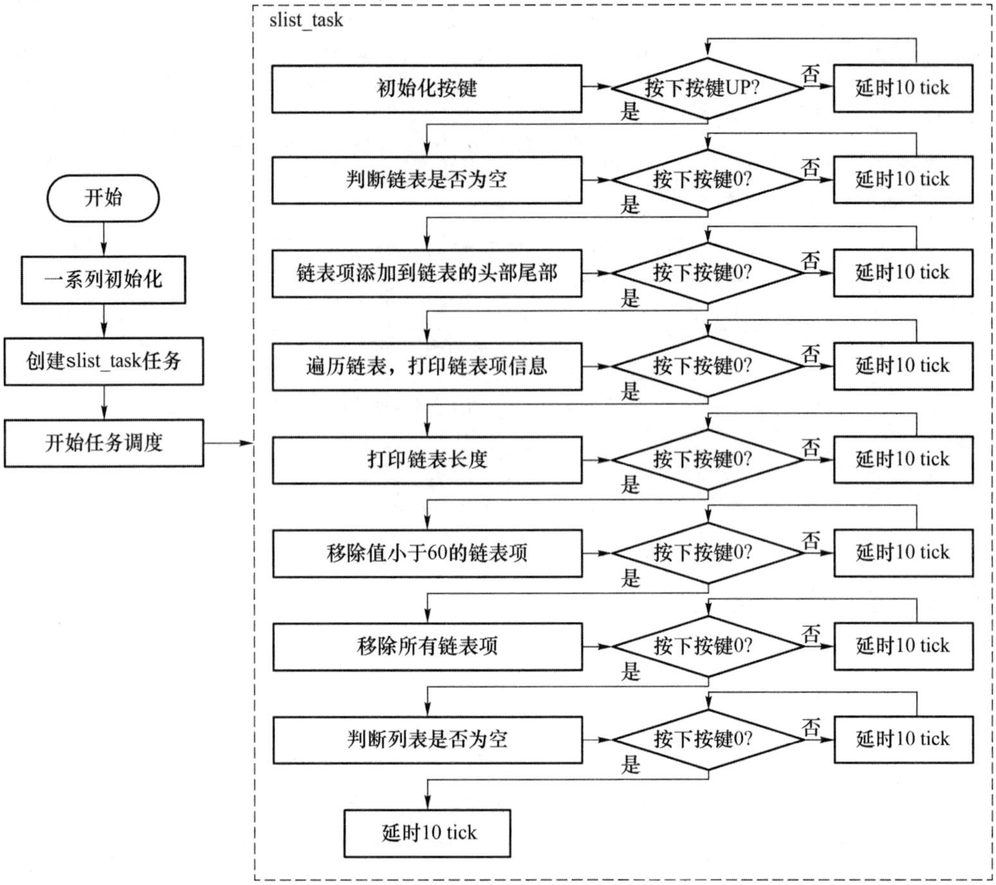

开始
一系列初始化
创建slist_task任务
开始任务调度

slist_task
初始化按键
按下按键UP?
否
延时10 tick
是
判断链表是否为空
按下按键0?
否
延时10 tick
是
链表项添加到链表的头部尾部
按下按键0?
否
延时10 tick
是
遍历链表，打印链表项信息
按下按键0?
否
延时10 tick
是
打印链表长度
按下按键0?
否
延时10 tick
是
移除值小于60的链表项
按下按键0?
否
延时10 tick
是
移除所有链表项
按下按键0?
否
延时10 tick
是
判断列表是否为空
按下按键0?
否
延时10 tick
是
延时10 tick

图 8.11　单向链表实验流程图

3. 程序解析

```
/**
  * @brief        slist_task
  * @param        parameter : 传入参数(未用到)
  * @retval       无
  */
static void slist_task(void * parameter)
{
    parameter = parameter;
    os_slist_node_t slist_head = OS_SLIST_INIT(slist_head);
    slist_info_t      * data;
    os_slist_node_t    * node_temp;
    os_slist_node_t    * node;
    os_uint8_t i;
```

```
/* 初始化屏幕显示,代码省略 */
for (i = 0; i < key_table_size; i++)  /* 设置按键模式和初始化 */
{
    os_pin_mode(key_table[i].pin, key_table[i].mode);
}
os_task_msleep(100);  /* 提高串口消息的整洁,等待内核的消息打印后,再打印消息 */

os_kprintf("\r\n/************** is slist empty?  *************/\r\n");
os_kprintf("Press KEY_UP to go on! \r\n\r\n\r\n");
while(WKUP_PRES != key_scan(0)) os_task_msleep(10);/* 等待 KEY_UP 键按下 */
if (os_slist_empty(&slist_head))
{
    os_kprintf("slist is empty!!! \r\n");
}
os_kprintf("/**************** insert slist node **************/\r\n");
os_kprintf("Press KEY_UP to go on! \r\n\r\n\r\n");
while(WKUP_PRES != key_scan(0)) os_task_msleep(10);/* 等待 KEY_UP 键按下 */

for (i = 0; i < SLIST_NUM; i++)
{
    data = os_malloc(sizeof(slist_info_t));
    data->id = i;
    memset(data->name, 0, SLIST_NAME_MAX);
    strncpy(data->name, slist_name[i], SLIST_NAME_MAX);
    data->value = slist_value[i];
    if (i < SLIST_NUM/2)
    {
        os_kprintf("insert tail -- id: %d score: %d name: %s\r\n",
            data->id, data->value, data->name);
        /* 链表项添加到链表尾部 */
        os_slist_add_tail(&slist_head, &data->slist_node);
    }
    else
    {
        os_kprintf("insert front -- id: %d score: %d name: %s\r\n",
            data->id, data->value, data->name);
        /* 链表项添加到链表头部在头节点之后 */
        os_slist_add(&slist_head, &data->slist_node);
    }
}
os_kprintf("/**************** for each slist ***************/\r\n");
os_kprintf("Press KEY_UP to go on! \r\n\r\n\r\n");
while(WKUP_PRES != key_scan(0)) os_task_msleep(10);/* 等待 KEY_UP 键按下 */
os_slist_for_each(node, &slist_head) /* 遍历链表 */
{
    data = os_slist_entry(node, slist_info_t, slist_node);
    os_kprintf("slist id: %d value: %d slist name: %s\r\n",
        data->id, data->value, data->name);
}
```

```
    os_kprintf("/ ************** get length of slist ************* /\r\n");
    os_kprintf("Press KEY_UP to go on! \r\n\r\n\r\n");
    while(WKUP_PRES != key_scan(0)) os_task_msleep(10);/* 等待 KEY_UP 键按下 */
    os_kprintf("slist len is: %d\r\n", os_slist_len(&slist_head));

    os_kprintf("/ ***** for each slist to delete the
               value not up to 60 ***** /\r\n");
    os_kprintf("Press KEY_UP to go on! \r\n\r\n\r\n");
    while(WKUP_PRES != key_scan(0)) os_task_msleep(10);/* 等待 KEY_UP 键按下 */
    /* 安全遍历链表,同时获取链表项结构体指针 */
    os_slist_for_each_safe(node, node_temp, &slist_head)
    {
        data = os_slist_entry(node, slist_info_t, slist_node);

        if (data->value < 60) /* 小于 60 删除链表项 */
        {
            os_kprintf("delete -- slist id: %d slist value: %d slist name: %s\r\n",
                data->id, data->value, data->name);
            os_slist_del(&slist_head, &data->slist_node);
            os_free(data);
        }
    }
    os_kprintf("/ *** for each slist to delete all slist node *** /\r\n");
    os_kprintf("Press KEY_UP to go on! \r\n\r\n\r\n");
    while(WKUP_PRES != key_scan(0)) os_task_msleep(10);/* 等待 KEY_UP 键按下 */
    /* 安全遍历链表,然后删除链表 */
    os_slist_for_each_safe(node, node_temp, &slist_head)
    {
        data = os_slist_entry(node, slist_info_t, slist_node);
        os_kprintf( "delete -- slist id: %d slist value: %d slist name: %s\r\n",
            data->id, data->value, data->name);
        os_slist_del(&slist_head, &data->slist_node);
        os_free(data);
    }

    os_kprintf("/ *************** is slist empty? ************** /\r\n");
    os_kprintf("Press KEY_UP to go on! \r\n\r\n\r\n");
    while(WKUP_PRES != key_scan(0)) os_task_msleep(10);/* 等待 KEY_UP 键按下 */
    if (os_slist_empty(&slist_head))
    {
        os_kprintf("slist is empty!!! \r\n");
    }

    while(1)
    {
        os_task_msleep(10);
    }
}
```

8.4.3 下载验证

编译并下载程序到开发板中，通过串口调试助手查看链表过程，如图 8.12 所列。

```
/******************is list empty?*****************/
list is empty!!!
/******************insert list node*****************/
Press KEY_UP to go on!


insert tail — id:0 score:70 name:liest_1
insert front— id:1 score:50 name:liest_2
insert front— id:2 score:68 name:liest_3
/******************for each list*****************/
Press KEY_UP to go on!


list id:2 value:68 list name:liest_3
list id:1 value:50 list name:liest_2
list id:0 value:70 list name:liest_1
/******************get length of list*****************/
Press KEY_UP to go on!


list len is:3
/*****for each list to delete the value not up to 60 *****/
Press KEY_UP to go on!


delete — list id:1 list value:50 list name:liest_2
/******************for each list to delete all list node*****************/
Press KEY_UP to go on!


delete — list id:2 list value:68 list name:liest_3
delete — list id:0 list value:70 list name:liest_1
/******************is list empty?*****************/
Press KEY_UP to go on!


list is empty!!!
```

图 8.12 单向链表实验

8.5 双向链表实验

8.5.1 功能设计

本实验设计一个任务：list_task，功能如表 8.47 所列。

表 8.47 各个任务实现的功能描述

任 务	任务功能
list_task	通过按下 KEY_UP 执行 OneOS 中双向链表的操作函数，对指定的单向链表执行相应的操作

该实验工程参考 demos/atk_driver/rtos_test/08_list_test 文件夹。

8.5.2 软件设计

1. 实验实现步骤

① 调用函数 os_list_empty()判断链表是否为空。

② 调用函数 os_list_add_tail()尾部插入链表。

③ 调用函数 os_list_add()首部节点添加链表。

④ 调用函数 os_list_for_each_entry()遍历链表。

⑤ 调用函数 os_list_for_each_entry_safe()安全遍历链表。

2. 程序流程图

根据上述例程功能分析得到流程图,如图 8.13 所示。

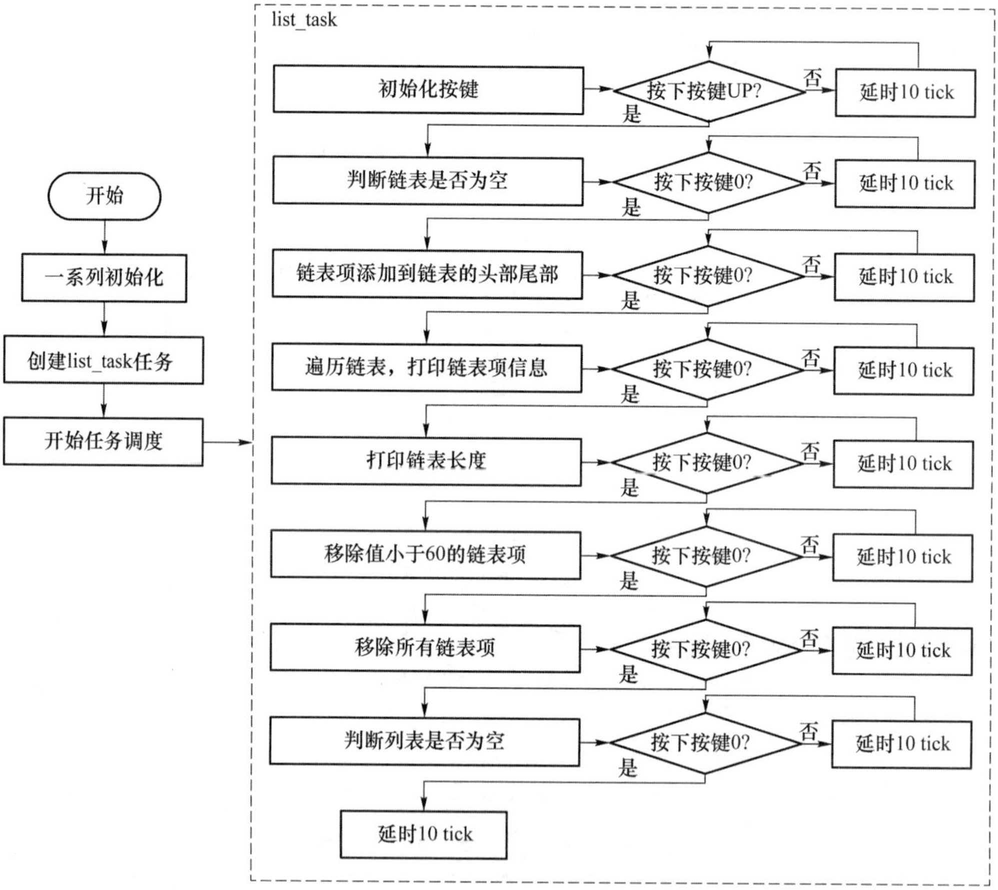

开始
一系列初始化
创建list_task任务
开始任务调度
list_task
初始化按键
按下按键UP?
否
延时10 tick
是
判断链表是否为空
按下按键0?
链表项添加到链表的头部尾部
遍历链表，打印链表项信息
打印链表长度
移除值小于60的链表项
移除所有链表项
判断列表是否为空
延时10 tick

图 8.13　双向链表实验流程图

3. 程序解析

```
/**
 * @brief       list_task
 * @param       parameter : 传入参数(未用到)
 * @retval      无
 */
static void list_task(void * parameter)
{
    parameter = parameter;

    /* 初始化屏幕显示,代码省略 */
    os_list_node_t list_head = OS_LIST_INIT(list_head);
    lise_info_t * data;
    lise_info_t * data_temp;
    os_list_node_t * node;
    os_list_node_t * node_temp;
    for (os_uint8_t i = 0; i < key_table_size; i++)
    {
        os_pin_mode(key_table[i].pin, key_table[i].mode);
    }
    os_task_msleep(100);  /* 提高串口消息的整洁,等待内核的消息打印后再打印消息 */

    os_kprintf("\r\n/*** Is List Empty ***/\r\n");
    os_kprintf(" press KEY_UP continue! \r\n\r\n\r\n");
    while(WKUP_PRES != key_scan(0)) os_task_msleep(10);/* 等待 KEY_UP 键按下 */
    if (os_list_empty(&list_head))
    {
        os_kprintf("list is empty!!! \r\n");
    }

    os_kprintf("/*** Insert a linked list entry ***/\r\n");
    os_kprintf(" press KEY_UP continue! \r\n\r\n\r\n");
    while(WKUP_PRES != key_scan(0)) os_task_msleep(10);/* 等待 KEY_UP 键按下 */
    for (os_uint8_t i = 0; i < LIST_NUM; i++)
    {
        data = os_malloc(sizeof(lise_info_t));
        OS_ASSERT_EX(OS_NULL != data, "data malloc failed! \r\n");
        data->id = i;
        memset(data->name, 0, LIST_NAME_MAX);
        strncpy(data->name, list_name[i], LIST_NAME_MAX);
        data->value = list_value[i];
        if (i < LIST_NUM/2)
        {
            os_kprintf("insert tail -- id: %d score: %d name: %s\r\n",
                data->id, data->value, data->name);
            /* 链表项添加到链表尾部 */
            os_list_add_tail(&list_head, &data->list_node);
        }
```

```
    else
    {
        os_kprintf("insert front --  id: %d score: %d name: %s\r\n",
            data->id, data->value, data->name);
        /* 链表项添加到链表头部(在头节点之后 */
        os_list_add(&list_head, &data->list_node);
    }
}
os_kprintf("/*** traverse list *** /\r\n");
os_kprintf("press KEY_UP continue! \r\n\r\n\r\n");
while(WKUP_PRES != key_scan(0)) os_task_msleep(10);/* 等待 KEY_UP 键按下 */
/* 遍历链表 */
os_list_for_each_entry(data, &list_head, lise_info_t, list_node)
{
    os_kprintf("list_id: %d value: %d list_name: %s\r\n",
        data->id, data->value, data->name);
}
os_kprintf("/*** Query the first node of the linked list *** /\r\n");
os_kprintf("press KEY_UP continue! \r\n\r\n\r\n");
while(WKUP_PRES != key_scan(0)) os_task_msleep(10);/* 等待 KEY_UP 键按下 */
os_kprintf("list_sample list_len is: %d\r\n", os_list_len(&list_head));

os_kprintf("/*** Iterate through the list and determine whether "
        "the values of the items meet the requirements *** /\r\n");
os_kprintf("press KEY_UP continue! \r\n\r\n\r\n");
while(WKUP_PRES != key_scan(0)) os_task_msleep(10);/* 等待 KEY_UP 键按下 */
/* 安全遍历链表,同时获取链表项结构体指针 */
os_list_for_each_entry_safe(data, data_temp,
                            &list_head,
                            lise_info_t,
                            list_node)
{
    if (data->value < 60) /* 小于 60 分删除链表项 */
    {
        os_kprintf("delete -- list_id: %d list_value: %d list_name: %s\r\n",
            data->id, data->value, data->name);
        os_list_del(&data->list_node);
        os_free(data);
    }
}

os_kprintf("/*** traverse list and delete all list items *** /\r\n");
os_kprintf("press KEY_UP continue! \r\n\r\n\r\n");
while(WKUP_PRES != key_scan(0)) os_task_msleep(10);/* 等待 KEY_UP 键按下 */
/* 安全遍历链表,然后删除链表 */
os_list_for_each_safe(node, node_temp, &list_head)
{
    data = os_list_entry(node, lise_info_t, list_node);
    os_kprintf( "delete -- list_id: %d list_value: %d list_name: %s\r\n",
```

```
            data->id, data->value, data->name);
        os_list_del(&data->list_node);
        os_free(data);
    }

    os_kprintf("/***judge list is empty***/\r\n");
    os_kprintf("press KEY_UP continue! \r\n\r\n\r\n");
    while(key_scan(0)!= WKUP_PRES) os_task_msleep(10);/* 等待 KEY_UP 键按下 */
    if (os_list_empty(&list_head))
    {
        os_kprintf("list is empty!!! \r\n");
    }

    while(1)
    {
        os_task_msleep(10);
    }
}
```

8.5.3 下载验证

编译并下载程序到开发板中,通过串口调试助手查看链表过程,如图 8.14 所示。

```
/******************is list empty?*****************/
list is empty!!!
/******************insert list node*****************/
Press KEY_UP to go on!


insert tail — id:0 score:70 name:liest_1
insert front— id:1 score:50 name:liest_2
insert front— id:2 score:68 name:liest_3
/******************for each list*****************/
Press KEY_UP to go on!


list id:2 value:68 list name:liest_3
list id:1 value:50 list name:liest_2
list id:0 value:70 list name:liest_1
/******************get length of list*****************/
Press KEY_UP to go on!


list len is:3
/*****for each list to delete the value not up to 60 *****/
Press KEY_UP to go on!


delete — list id:1 list value:50 list name:liest_2
/******************for each list to delete all list node*****************/
Press KEY_UP to go on!


delete — list id:2 list value:68 list name:liest_3
delete — list id:0 list value:70 list name:liest_1
/******************is list empty?*****************/
Press KEY_UP to go on!


list is empty!!!
```

图 8.14 双向链表实

第9章

任务调度原理详解

通过前几个章节的学习，我们已经对 OneOS 的链表有了感性的认识，也了解了 OneOS 的任务创建和删除、挂起和恢复等基本操作。如果我们只知道应用而不知道原理，那么就只对 OneOS 处于入门的阶段。所以非常有必要学习 OneOS 的任务创建、删除、挂起、恢复和系统启动等，这样才能对 OneOS 有一个更深入的了解。

本章分为如下几部分：

9.1 任务调度开启过程分析

9.2 任务创建过程分析

9.3 任务删除过程分析

9.4 任务挂起过程分析

9.5 任务恢复过程分析

9.1 任务调度开始过程分析

9.1.1 任务调度器初始化分析

任务调度基于优先级的抢占式调度算法，即在系统中除了中断处理函数、调度器上锁部分的代码和禁止中断的代码是不可抢占之外，系统的其他部分都是可以抢占的。可支持 256 个任务优先级(可通过配置文件更改为 32 个或 8 个优先级)，0 优先级代表最高优先级，最低优先级留给空闲任务使用；同时，它也支持创建多个具有相同优先级的任务，相同优先级的任务间采用时间片轮转进行调度。

系统初始化完成会进入 main 函数，如以下源码所示：

```
Reset_Handler    PROC
EXPORT           Reset_Handler               [WEAK]
IMPORT           __main
IMPORT           SystemInit
LDR              R0, = SystemInit
BLX              R0
LDR              R0, = __main
BX               R0
ENDP
```

经过上述的系统复位、系统初始化等，程序会进入 os_startup.c 文件的 $Sub$$main 函数。$Sub$$main 函数调用函数_k_startup()对 OneOS 队列、时钟任务等初始化，如调度器的初始化函数为 k_sched_init()，如以下源码所示：

```
void k_sched_init(void)
{
    _k_readq_bmap_init();
    return;
}
OS_INLINEvoid _k_readq_bmap_init(void)
{
    os_uint32_t i;
    gs_os_readyq.priority_bmap = 0;        /* priority_list_array 查找表值为 0 */
    for (i = 0; i < OS_TASK_PRIORITY_MAX; i++)    /* 遍历 */
    {
        os_list_init(&gs_os_readyq.priority_list_array[i]);  /* 初始化就绪链表 */
    }
    return;
}
```

由上述源码可知，调用函数 os_list_init()初始化优先级链表，所以内核对每个任务优先级都分配了就绪队列，相同优先级的就绪任务会连接在同一个队列上。基于优先级的抢占式调度基于 bitmap 实现，以 32 个优先级为例，每个优先级对应变量的一个 bit，bit0 对应优先级 0，bit1 对应优先级 1。当 bit 为 1 时，就代表对应的优先级有就绪任务；当 bit 为 0 时，就代表对应的优先级没有就绪任务；依此类推，当触发调度时（如更高优先级任务就绪或者当前任务退出时），通过查询变量中为 1 的最低 bit 就可以得到最高优先级的就绪任务，将该任务投入运行。bitmap 此处不具体介绍。就绪队列示意如图 9.1 所示。

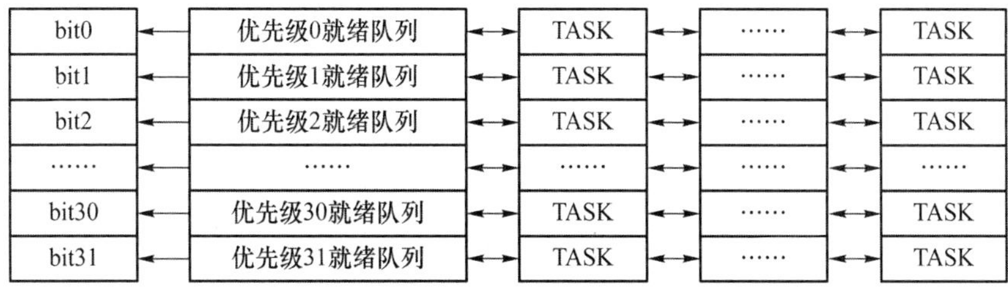

图 9.1　就绪队列示意图

调度器初始化时设置 gs_os_readyq.priority_bmap 等于 0，也就是说 BIT0～BIT31 都是设置为 0 的初始值。

9.1.2　启动第一个任务

讲解启动第一个任务之前，我们先了解 pendSV 异常原理，本小节可参考《ARM

Cortex－M3 与 Cortex－M4 权威指南》的第 10.4 节。

PendSV(可挂起的系统调用)异常对 OS 操作非常重要,其优先级可以通过编程设置。可以通过将中断控制和状态寄存器 ICSR 的 bit28,也就是 PendSV 的挂起位置 1 来触发 PendSV 中断。与 SVC 异常不同,它是不精确的,因此它的挂起状态可在更高优先级异常处理内设置,且会在高优先级处理完成后执行。

利用该特性时,若将 PendSV 设置为最低的异常优先级,可以让 PendSV 异常处理在所有其他中断处理完成后执行。这对于上下文切换非常有用,也是各种 OS 设计中的关键。

在具有嵌入式 OS 的典型系统中,处理时间被划分为多个时间片。若系统中只有两个任务,这两个任务会交替执行,如图 9.2 所示。

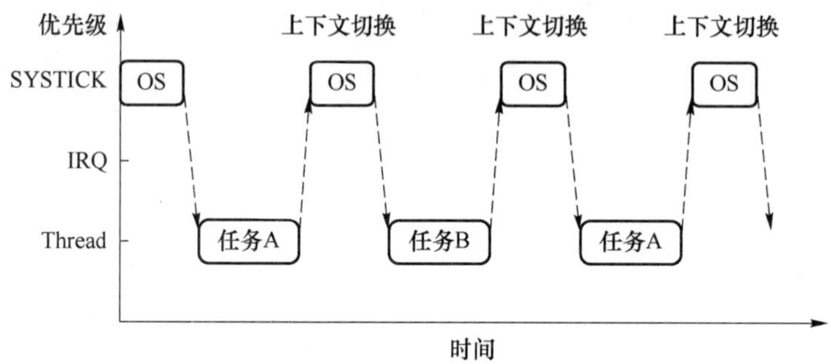

图 9.2　上下文切换简单实例

上下文切换被触发的场合可以是:

- 执行一个系统调用;
- 系统滴答定时器(SysTick)中断。

在 OS 中,任务调度器决定是否应该执行上下文切换。图 9.2 中的任务切换都是由 SysTick 中断执行,每次它都会切换到一个不同的任务中。

若中断请求(IRQ)在 SysTick 异常前产生,则 SysTick 异常可能抢占 IRQ 的处理。在这种情况下,OS 不应该执行上下文切换,否则中断请求 IRQ 处理就会被延迟,而且在真实系统中延迟时间往往不可预知——任何有实时要求的系统决不能容忍这种事。对于 Cortex－M3 和 Cortex－M4 处理器,当存在活跃的异常服务时,设计默认不允许返回到线程模式;若存在活跃中断服务,且 OS 试图返回到线程模式,则触发 fault,如图 9.3 所示。

在一些 OS 设计中,要解决这个问题,则可以在运行中断服务时不执行上下文切换,此时可以检查栈帧中的压栈 xPSR 或 NVIC 中的中断活跃状态寄存器。不过,系统的性能可能会受到影响,特别是中断源在 SysTick 中断前后持续产生请求时,上下文切换可能就没有执行的机会了。

为了解决这个问题,PendSV 异常将上下文切换请求延迟到所有其他 IRQ 处理都已经完成后，此时需要将 PendSV 设置为最低优先级。若 OS 需要执行上下文切换，则设置 PendSV 为挂起状态，并在 PendSV 异常内执行上下文切换，如图 9.4 所示。

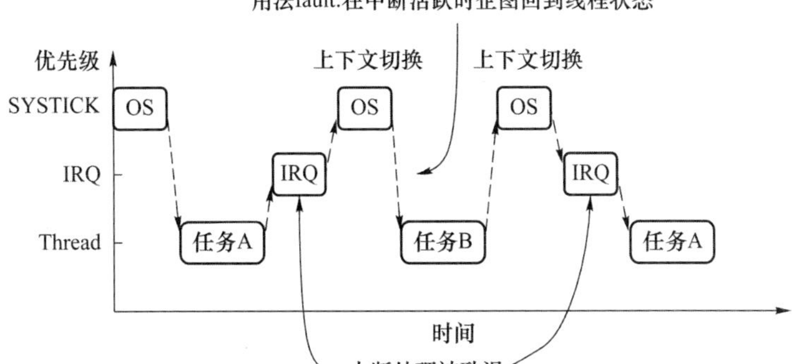

图 9.3　ISR 执行期间的上下文切换会延迟中断服务

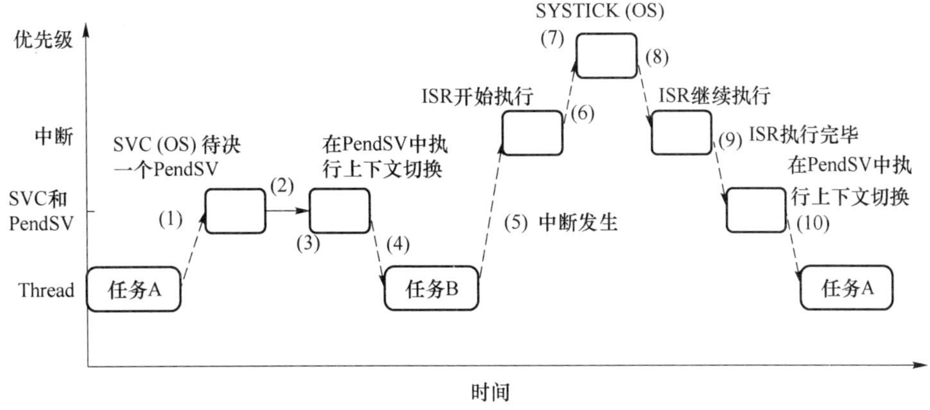

图 9.4　PendSV 上下文切换

图 9.4 中事件的流程如下：

- 任务 A 呼叫 SVC 来请求任务切换(例如，等待某些工作完成)；
- OS 接收到请求后做好上下文切换的准备，并且悬挂一个 PendSV 异常；
- 当 CPU 退出 SVC 后，它立即进入 PendSV，从而执行上下文切换；
- 当 PendSV 执行完毕后，则返回到任务 B，同时进入线程模式；
- 发生一个中断，并且中断服务程序开始执行；
- 在 ISR 执行过程中，发生 SysTick 异常，并且抢占了该 ISR；
- OS 执行必要的操作，然后悬挂起 PendSV 异常以做好上下文切换的准备；
- 当 SysTick 退出后，回到先前被抢占的 ISR 中，ISR 继续执行；
- ISR 执行完毕并退出后，PendSV 服务例程开始执行，并且在里面执行上下文切换；

- 当 PendSV 执行完毕后，回到任务 A，同时系统再次进入线程模式。

讲解 PendSV 异常的原因就是让读者知道，OneOS 系统的任务切换最终都是在 PendSV 的中断服务函数完成，OneOS 也是在 PendSV 中断中完成任务切换的。

任务切换或者开启一个任务都是经过 PendSV 函数来切换，下面介绍 OneOS 如何开启第一个任务。从 9.1.1 小节中可知，_k_startup()函数调用 k_start()函数来启动 OS，如以下源码所示：

```
void k_start(void)
{
    /* 下一个任务变量等于最高优先级任务 */
    g_os_next_task = gs_os_high_task;
    /* 开始第一个任务 */
    os_first_task_start();
    /* Never come back. */
    return;
}
```

经过上面的操作就可以启动第一个任务了。注意，一开始 gs_os_high_task 是不为空的，指向 gs_os_timer_task 任务，因为它是系统的最高优先级的任务。函数 os_first_task_start 用于启动第一个任务，这是一个汇编函数，函数源码如下：

```
SCB_VTOR            EQU         0xE000ED08      ;/* 矢量表偏移寄存器 */
NVIC_INT_CTRL       EQU         0xE000ED04      ;/* 中断控制状态寄存器 */
NVIC_SYSPRI2        EQU         0xE000ED20      ;/* 系统优先寄存器(2) */
NVIC_PENDSV_PRI     EQU         0x00FF0000      ;/* PendSV 优先级值(最低) */
NVIC_SYSTICK_PRI    EQU         0xFF000000      ;/* SysTick 优先级值(最低) */
NVIC_PENDSVSET      EQU         0x10000000      ;/* 触发 PendSV 异常 */
os_first_task_start     PROC
    ;/* 设置 PendSV 和 Systick 优先级 */
    LDR     R0, =NVIC_SYSPRI2
    LDR     R1, =NVIC_PENDSV_PRI :OR: NVIC_SYSTICK_PRI
    LDR.W   R2, [R0,#0x00]              ;/* 读取 R0 的值存储到 R2 中 */
    ORR     R1, R1, R2                  ;/* R1 和 R2 进行逻辑或运算 */
    STR     R1, [R0]                    ;/* 设置 PendSV 和 Systick 优先级为最低 */
    IF{FPU} != "SoftVFP"
        ;/* Clear CONTROL.FPCA */
        MRS R2, CONTROL
        BIC R2, #0x04
        MSR CONTROL, R2
    ENDIF
    ;/* 恢复 MSP 主堆栈指针 */
    LDR     R0, =SCB_VTOR
    LDR     R0, [R0]
    LDR     R0, [R0]
    MSR     MSP, R0
```

```
;/* 触发 PendSV 异常(导致上下文切换) */
LDR     R0, = NVIC_INT_CTRL   ;/* R0 = 0xE000ED04 中断控制状态寄存器 */
LDR     R1, = NVIC_PENDSVSET  ;/* R1 = 0x10000000 触发 PendSV 异常 */
STR     R1,[R0]   ;/* R1 中的字数据保存到内存单元 R0 中,来触发 PendSV 异常 */
;/* 在处理器级启用中断 */
CPSIE   F
CPSIE   I
;/* 从来没有到达这里! */
B.
ENDP
ALIGN   4
END
```

从上述汇编代码段可知,首先设置 PendSV 和 Systick 优先级为最低优先级,然后触发 PendSV 异常进行上下文切换。PendSV 函数如以下所示:

```
PendSV_Handler   PROC                          ;/* 上下文切换 */
    ;/* 关闭中断功能,防止任务切换过程中断 */
    MRS     R12, PRIMASK                       ;设置异常抢占所需的 BASEPRI 优先级
    CPSID   I                                  ;防止上下文切换过程中的中断
    ;/* 如果"g_os_current_task"为"OS_NULL",则不需要保留 */
    LDR     R1,  = g_os_current_task   ;/* R1 = &gs_os_current_task */
    LDR     R0,  [R1]                  ;/* R0 = gs_os_current_task */
    ;/* CBZ 为零条件跳转比较命令,如果 gs_os_current_task 为 OS_NULL,
       则触发 switch_to_task */
    CBZ     R0,  switch_to_task
    ;/* begin:将当前任务寄存器保存到堆栈 */
    MRS     R3,  PSP                           ;PSP 是进程堆栈指针
    ;/* 保存 FPU 寄存器 */
    IF{FPU} != "SoftVFP"
       TST       LR,  #0x10
       ;/* Lazy Stacking:触发硬件浮点数(D0 - D8,FPSCR)同时更新栈 */
       VSTMFDEQ R3!, {D8 - D15}
    ENDIF
    STMFD   R3!, {R4 - R11, LR}               ;/* 保存 R4 - R11 and LR */
    ;/* R3 保存 R0 + 0 的地址,更新 g_os_current_task -> stack_top */
    STR     R3,  [R0, #0]
    ;/* end:将当前任务寄存器保存到堆栈 */
    ;/* 清除当前任务的运行状态 */
    LDR     R2,  = OS_TASK_STATE_RUNNING
    ;/* R3 = R0 + 12,R0 的地址偏移 12,就等于 R3 = g_os_current_task -> state 地
址 */
    LDRH    R3,  [R0, #12]
    ;/* g_os_current_task -> state &= (~OS_TASK_STATE_RUNNING) */
    BIC     R3,  R3, R2
    STRH    R3,  [R0, #12]
    ;/* 在任务切换过程中检查任意一个任务栈 */
    PUSH    {R1, R12}
    BL      os_task_switch_fn
    POP     {R1, R12}
```

“MRS　R12, PRIMASK”代码段表示:读取 PRIMASK 特殊中断寄存器保存到 R12 中,然后调用“CPSID I”代码段表示屏蔽了所有中断(除 NMI、复位中断,还有硬件中断),防止上下文切换被中断打断。

R1 获取当前任务控制块地址,然后 R0 等于 R1 地址中的值,所以 R0 保存了 g_os_current_task 任务控制块。注意,开启第一个任务时,g_os_current_task 是空的。

“CBZ R0,switch_to_task”表示如果 g_os_current_task 为空,则执行 switch_to_task 函数,否则跳过 switch_to_task 函数往下执行。因为启动第一个任务时,g_os_current_task 是空的,所以执行 switch_to_task 函数,该函数就是任务切换函数,如以下源码所示:

```
switch_to_task
    ;/* 获取下一个任务的堆顶 g_os_next_task->stack_top */
    LDR  R3, =g_os_next_task  ;/* 获取下一个任务的地址 R3 = &g_os_next_task */
    LDR  R2, [R3]             ;/* 获取下一个任务的值 R2 = g_os_next_task */

    ;/* begin: 恢复下一个任务堆栈 */
    LDR  R3, [R2, #0]    ;/* R3 = g_os_next_task->stack_top; 取任务栈顶指针 */
    ;/* Pop R4 - R11 and LR 来自于堆栈,将堆栈中的内容出栈 */
    LDMFD    R3!, {R4 - R11, LR}

    IF{FPU} != "SoftVFP"
        TST       LR,   #0x10
        VLDMFDEQ R3!, {D8 - D15}
    ENDIF

    MSR      PSP, R3; /* 恢复 PSP,进程指针指向 g_os_next_task->stack_top 堆栈顶部 */
    ;/* end: 恢复下一个任务栈 */

    ;/* R1 = R2,g_os_current_task = g_os_next_task
        当前任务控制块等于下一个任务控制块 */
    STR      R2, [R1]

    ;/* 设置任务运行状态 */
    LDR      R0,  =OS_TASK_STATE_RUNNING    ;/* 设置 R0 为运行态 */
    LDRH     R3,  [R2, #12]  ;/* R3 = g_os_next_task->state,R3 = R2 + 12 的地
址 */
    ;/* ORR 两个操作数上进行逻辑或运算,
        g_os_next_task->state |= OS_TASK_STATE_RUNNING */
    ORR      R3,  R3, R0
    STRH     R3,  [R2, #12]                ;/* R3 存到 R12 #12 里 */
    ;/* 恢复 中断 */
    MSR      PRIMASK, R12

    BX       LR
    ENDP
```

R3 取 g_os_next_task 下一个任务控制块地址,为 gs_os_timer_task 任务地址。

然后 R2 指向 R3 地址中的值,R2 = g_os_next_task。

“LDR R3, [R2, #0]”表示 R3 指向 g_os_next_task→stack_top 的栈顶。

“LDMFD R3!, {R4 - R11, LR}”表示出栈操作,出栈顺序为 R4、R5、R6、R7、R8、R9、R10、R11、LR,R3 = R3 +(9 * 4)。注意,9 代表出栈寄存器的数量。

“MSR PSP, R3” 表示进程指针指向 R3,恢复下一个任务堆栈。

“STR R2, [R1]”表示把 R2(g_os_next_task) 中的字数据保存到内存单元 R1 中,因为 R1 指向 g_os_current_task,所以 g_os_current_task = g_os_next_task 表示当前任务控制块等于下一个任务控制块。

R0 等于 OS_TASK_STATE_RUNNING 设置为运行态。

“LDRH R3, [R2, #12]”表示 R2 地址偏移 12 得到 g_os_next_task→state 地址,然后保存到 R3 中。

“ORR R3, R3, R0”表示 R3 和 R0 进行逻辑或运算(g_os_next_task→state |= OS_TASK_STATE _RUNNING)。

“STRH R3, [R2, #12]”表示 R2 寄存器偏移 12(g_os_next_task→state 地址)等于 R3(OS_TASK_STATE_RUNNING),也就是说设置 g_os_next_task→state 为运行态。

“MSR PRIMASK, R12”表示恢复中断。

最后进入_k_timer_task_entry()函数。

9.1.3 查找下一个要运行的任务

RTOS 系统的核心是任务管理,而任务管理的核心是任务切换。任务切换决定了任务的执行顺序,任务切换效率的高低也决定了一款系统的性能,尤其对于实时操作系统。而对于想深入了解 OneOS 系统运行过程的读者,任务切换是必须掌握的知识点,本小节就来学习一下 OneOS 的任务切换过程。

前面说到 PendSV_Handler 函数中“CBZ R0, switch_to_task”代码段表示 R0 是否为空,如果为空则执行 switch_to_task 函数,否则跳过 switch_to_task 函数执行。开启第一个任务时,R0(g_os_current_task 为空)进入 switch_to_task 函数;当执行第一个任务完毕,那么再一次上下文切换 R0(g_os_current_task 不为空且等于第一个任务的控制块),如以下源码所示:

```
PendSV_Handler   PROC;/* 上下文切换 */
    ;/* 关闭中断功能,防止任务切换过程中断 */
    MRS     R12, PRIMASK                    ;/* 设置异常抢占所需的 BASEPRI 优先级 */
    CPSID   I                               ;/* 防止上下文切换过程中的中断 */
    ;/* 如果“g_os_current_task”为“OS_NULL”,则不需要保留 */
    LDR     R1,  =g_os_current_task         ;/* R1 = &gs_os_current_task */
    LDR     R0,  [R1]                       ;/* R0 = gs_os_current_task */
    ;/* CBZ 为零条件跳转比较命令,如果 gs_os_current_task 为 OS_NULL,
```

```
    则触发 switch_to_task */
CBZ     R0,  switch_to_task
;/* begin:将当前任务寄存器保存到堆栈 */
MRS     R3,  PSP                        ;/* PSP 是进程堆栈指针 */
;/* 保存 FPU 寄存器 */
IF{FPU} != "SoftVFP"
    TST      LR,  #0x10
    ;/* Lazy Stacking:触发硬件浮点数(D0 - D8,FPSCR)同时更新栈 */
    VSTMFDEQ R3!,{D8 - D15}
ENDIF
STMFD    R3!,{R4 - R11,LR}          ;/* 保存 R4 - R11 and LR */
;/* R3 保存 R0 + 0 的地址,更新 g_os_current_task -> stack_top */
STR     R3,  [R0,#0]
;/* end:将当前任务寄存器保存到堆栈 */
;/* 清除当前任务的运行状态 */
LDR      R2,   = OS_TASK_STATE_RUNNING
;/* R3 = R0 + 12,R0 的地址偏移 12,就等于 R3 = g_os_current_task->state 地址 */
LDRH     R3,  [R0,#12]
;/* g_os_current_task->state &= (~OS_TASK_STATE_RUNNING) */
BIC      R3,  R3,R2
STRH     R3,  [R0,#12]
;/* 在任务切换过程中检查任意一个任务栈. */
PUSH     {R1,R12}
BL       os_task_switch_fn
POP      {R1,R12}
```

“MRS R12,PRIMASK”表示读取 PRIMASK 值到 R12 中,“CPSID I”表示关闭中断。

“LDR R1,=g_os_current_task”表示 R1 等于当前任务控制块,即_k_timer_task_entry()任务控制块。

“LDR R0, [R1]”表示 R0 等于 R1,所以 R0 = g_os_current_task。

“CBZ R0, switch_to_task”判断 R0(g_os_current_task)是否为空,由于第一个任务已经执行了,所以 R0(g_os_current_task)不为空且不执行 switch_to_task 函数。

“MRS R3, PSP”表示读取 PSP(进程指针)到 R3 中。

由于 STM32F103 没有 FPU,所以不执行该代码段。

“STMFD R3!,{R4 - R11,LR}”:由于 R3 存储的是 PSP(进程指针),且 ARM 规定,sp 始终是指向栈顶位置的,STM 指令把寄存器列表中索引最小的寄存器存在最低地址,所以 R4 在最低地址,向上依次是 R4~R11 及 LR。完成后 SP 指向保存 R4 的地址,栈底设置在高地址,栈顶设置在低地址,此时 R3(PSP)指向 R4 入栈的地址,即 R3(PSP) = R3(PSP) - (9 * 4)的地址。注意,9 代表入栈寄存器的数量。

“STR R3, [R0,#0]”:将 R3 中的数据写入以 R0+0 地址的存储器中,更新

g_os_current_task→stack_top，将当前任务寄存器保存到堆栈中。

“LDR R2, =OS_TASK_STATE_RUNNING”表示 R2 等于任务运行状态。

“LDRH R3, [R0, #12]”表示 R0+12 地址为 g_os_current_task→state 地址，所以 R3 指向 g_os_current_task→state。

“BIC R3, R3, R2”表示 BIC 是位清除指令，所以 R3 等于 g_os_current_task→state &= (~OS_TASK_STATE_RUNNING)。

“STRH R3, [R0, #12]”表示将 R3 中的字数据写入以 R0+12 为地址的存储器中，这样就把_k_timer_task_entry()函数任务控制块的运行状态清零了。

“PUSH {R1, R12}”表示 R1 和 R12 这 2 个寄存器压栈处理。

“BL os_task_switch_fn”表示检测当前任务和下一个任务的堆栈溢出。

“POP {R1, R12}” 表示 R1 和 R12 这 2 个寄存器出栈处理。

程序往下走 switch_to_task，任务切换由此类推。

下面使用一张图来描述 OneOS 任务切换示意图，如图 9.5 所示。

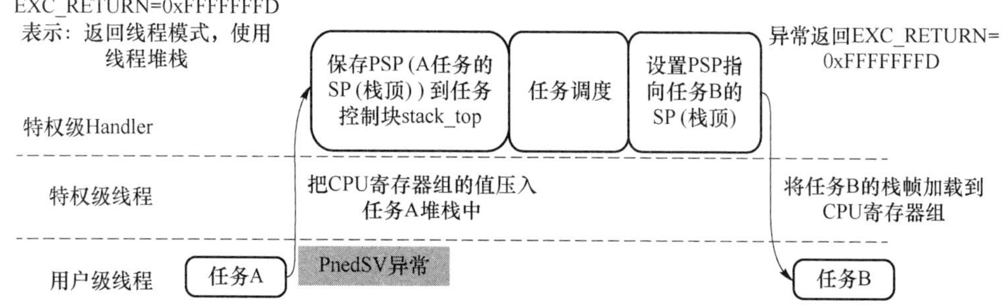

图 9.5 任务切换示意图

① 任务 1 切换时，必须触发一个 PnedSV 异常（触发之前自动硬件压栈，这叫保护线程）。

② PendSV 异常主要负责 3 个方面：①保存当前 PSP（线程堆栈指针）到任务 A 的 stack_top 成员变量，②任务调度：主要设置任务 A 的状态以及任务 B 出栈操作，③设置 PSP（线程堆栈指针）指向任务 B 的栈顶并设置任务 B 的状态等信息。

③ 最后异常返回，把任务 B 的栈帧加载到 CPU 寄存器组中。

9.1.4 系统任务详解

内核会创建一些系统任务，这些任务和用户创建的任务有所区别。系统任务主要完成系统工作，例如，recycle task 负责遍历任务资源回收队列，释放掉已关闭任务占用的资源（如控制块内存和栈内存）；timer task 负责处理到期的定时器；main task 负责调用自动初始化接口和 main 函数，进入用户程序；idle task 负责处理系统空闲时的工作（如低功耗）。下面来讲解空闲任务和资源回收任务。

1. 空闲任务

OneOS 的空闲函数是必须创建的，在_k_startup()函数调用 k_idle_task_init()来创建 OneOS 空闲任务，如以下源码所示：

```
static void _k_idle_task_entry(void * arg)
{
    OS_UNREFERENCE(arg);
    while (1)
    {
        /* TODO: */
        ;
    }
}
void k_idle_task_init(void)
{
    os_err_t ret;
    /* Initialize idle task */
    ret = os_task_init(&gs_idle_task,
                       OS_IDLE_TASK_NAME,
                       _k_idle_task_entry,
                       OS_NULL,
                       OS_TASK_STACK_BEGIN_ADDR(idle_stack),
                       OS_TASK_STACK_SIZE(idle_stack),
                       OS_TASK_PRIORITY_MAX - 1);
    if (OS_EOK != ret)
    {
        OS_ASSERT_EX(0, "Why initialize idle task failed?");
    }

    /* Startup */
    ret = os_task_startup(&gs_idle_task);
    if (OS_EOK != ret)
    {
        OS_ASSERT_EX(0, "Why startup idle task failed?");
    }
    return;
}
```

上述源码可知：OneOS 创建了一个空闲任务，该任务设置的优先级为最低优先级，而且空闲任务函数没有处理其他数据。

2. 资源回收任务

资源回收任务是释放掉已关闭任务占用的资源（如控制块内存和栈内存），如以下源码所示：

```
static void _k_recycle_task_entry(void * arg)
{
```

```
    os_task_t * iter_task;
    os_task_t * current_task;
    os_uint8_t  object_alloc_type;
    OS_UNREFERENCE(arg);
    while (1)
    {
        OS_KERNEL_ENTER();    /* 关闭中断 */
        iter_task = OS_NULL;
        while (1)
        {
            /* 判断任务资源回收链表是否为空 */
            if (os_list_empty(&gs_os_task_recycle_list_head))
            {
                break; /* 如果为空,直接退出 */
            }
            /* 获取第一个链表项所在结构体指针 */
            iter_task = os_list_first_entry(&gs_os_task_recycle_list_head,
                                    os_task_t, resource_node);
            os_list_del(&iter_task->resource_node); /* 删除第一个链表任务资源链表 */
            OS_KERNEL_EXIT();                     /* 开始中断 */
            OS_KERN_LOG(KERN_INFO, TASK_TAG,
                "Recycle task(%s)", iter_task->name);
            object_alloc_type = iter_task->object_alloc_type;
            if (OS_NULL != iter_task->cleanup)
            {
                iter_task->cleanup(iter_task->user_data);
            }
            if (object_alloc_type == OS_KOBJ_ALLOC_TYPE_DYNAMIC)
            {
                OS_KERNEL_FREE(iter_task->stack_begin);
                iter_task->stack_top   = OS_NULL;
                iter_task->stack_begin = OS_NULL;
                iter_task->stack_end   = OS_NULL;
                OS_KERNEL_FREE(iter_task);
                iter_task = OS_NULL;
            }
            OS_KERNEL_ENTER();
        }
        /* Suspend myself */
        current_task = k_task_self();              /* 获取当前任务控制块 */
        k_readyq_remove(current_task);             /* 删除当前任务 */
        current_task->state &= ~OS_TASK_STATE_READY; /* 当前任务状态为就绪状态清
零 */

        current_task->state |= OS_TASK_STATE_SUSPEND; /* 设置当前任务为挂起态 */

        OS_KERNEL_EXIT_SCHED();                    /* 开启中断,并触发任务调度 */
    }
}
void k_recycle_task_init(void)
```

```
{
    os_err_t ret;
    ret = os_task_init(&gs_os_recycle_task,
                       OS_RECYCLE_TASK_NAME,
                       _k_recycle_task_entry,
                       OS_NULL,
                       OS_TASK_STACK_BEGIN_ADDR(gs_os_recycle_task_stack),
                       OS_TASK_STACK_SIZE(gs_os_recycle_task_stack),
                       0U);
    if (OS_EOK != ret)
    {
        OS_ASSERT_EX(0, "Why initialize recycle task failed?");
    }
    ret = os_task_startup(&gs_os_recycle_task);
    if (OS_EOK != ret)
    {
        OS_ASSERT_EX(0, "Why startup recycle task failed?");
    }

    return;
}
```

该任务是 OneOS 自动创建，主要为了释放已删除的任务内存。该任务的优先级设置为最大优先级，首先_k_recycle_task_entry()函数判断任务资源回收链表是否为空，不为空则获取任务资源回收链表的结构体指针，最后调用函数 os_list_del()删除链表。

9.2 任务创建过程分析

OneOS 的任务创建是调用函数 os_task_init()和 os_task_create()实现的，如以下源码所示：

```
os_task_t *os_task_create(const char    *name,
                          void          (*entry)(void *arg),
                          void          *arg,
                          os_uint32_t    stack_size,
                          os_uint8_t    priority)


{
    os_task_t *task;
    void      *stack_begin;
    /* 检测任务函数是否为空 */
    OS_ASSERT(OS_NULL != entry);
    /* 检测堆栈是否大于 0 */
```

```
    OS_ASSERT(stack_size > 0);
    /* 检测优先级是否小于 OS_TASK_PRIORITY_MAX */
    OS_ASSERT(priority < OS_TASK_PRIORITY_MAX);
    OS_ASSERT(OS_FALSE == os_is_irq_active());
    /* 关闭中断 */
    OS_ASSERT(OS_FALSE == os_is_irq_disabled());
    /* 调度器加锁 */
    OS_ASSERT(OS_FALSE == os_is_schedule_locked());
    /* 堆栈大小对齐 */
    stack_size = OS_ALIGN_UP(stack_size, OS_ARCH_STACK_ALIGN_SIZE);
    /* 申请内存并获取堆栈开始地址 */
    stack_begin = OS_KERNEL_MALLOC_ALIGN(OS_ARCH_STACK_ALIGN_SIZE, stack_size);
    /* 申请内存 */
    task = (os_task_t *)OS_KERNEL_MALLOC(sizeof(os_task_t));
    if ((OS_NULL == stack_begin) || (OS_NULL == task))
    {
        OS_KERN_LOG(KERN_ERROR, TASK_TAG,
                    "Malloc failed, stack_begin(%p), task(%p)",
                    stack_begin, task);
        if (OS_NULL != stack_begin)
        {
            OS_KERNEL_FREE(stack_begin);
            stack_begin = OS_NULL;
        }
        if (OS_NULL != task)
        {
            OS_KERNEL_FREE(task);
            task = OS_NULL;
        }
    }
    else
    {
        /* 初始化任务 */
        _k_task_init(task, name, entry, arg, stack_begin,
                     stack_size, priority, OS_KOBJ_ALLOC_TYPE_DYNAMIC);
        task->state = OS_TASK_STATE_INIT;            /* 设置任务的状态 */

        os_spin_lock(&gs_os_task_resource_list_lock); /* 相当于进入临界区 */
        /* 在任务资源链表尾部插入当前任务 */
        os_list_add_tail(&gs_os_task_resource_list_head, &task->resource_node);
        os_spin_unlock(&gs_os_task_resource_list_lock);  /* 相当于退出临界区 */
        task->object_inited = OS_KOBJ_INITED;        /* 设置任务对象已经初始化 */
    }

    return task;                                     /* 返回任务控制块 */
}
```

从上述源码可知：创建任务时，首先检测任务函数是否为空、堆栈大小是否大于0、优先级是否在有效范围内等，stack_begin 参数指向任务堆栈开始地址；然后调用_k_task_init()函数初始化，设置任务状态；最后调用 os_list_add_tail()将任务插入任务资源队列中，如图 9.6 所示。

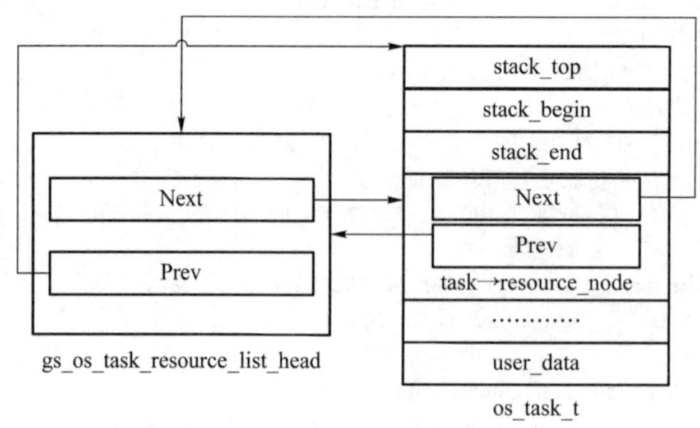

图 9.6　任务插入任务资源队列示意图

_k_task_init()函数用于初始化任务控制块的成员变量以及该任务堆栈等，如以下源码所示：

```
static void _k_task_init(os_task_t          * task,
                         const char         * name,
                         void               ( * entry)(void * arg),
                         void               * arg,
                         void               * stack_begin,
                         os_uint32_t        stack_size,
                         os_uint8_t         priority,
                         os_uint16_t        object_alloc_type)
{
    /* 省略其他代码............... */
    task->stack_begin = stack_begin;
    task->stack_end   = (void * )((os_uint8_t * )stack_begin + stack_size);
    task->stack_top   = os_hw_stack_init(entry, arg, stack_begin,
                                         stack_size, _k_task_exit);
    /* 省略其他代码.............. */
    return;
}
```

上述源码可知：task→stack_begin 指向任务堆栈开始地址，task→stack_end 指向任务堆栈的尾地址和 task→stack_top 指向任务堆栈栈顶。

os_hw_stack_init()函数初始化任务堆栈，如以下源码所示：

```c
void * os_hw_stack_init( void          ( * task_entry)(void * arg),
                         void          * arg,
                         void          * stack_begin,
                         os_uint32_t stack_size,
                         void          ( * task_exit)(void))
{
    struct stack_frame_nofpu * stack_frame;
    os_uint8_t                 * stack_top;
    os_uint32_t                index;

    memset(stack_begin,'$', stack_size);
    /* stack_top 指向任务堆栈尾地址 */
    stack_top= (os_uint8_t *)stack_begin + stack_size;
    /* stack_top 向下对齐 */
    stack_top= (os_uint8_t *)OS_ALIGN_DOWN((os_ubase_t)stack_top,
                                    OS_ARCH_STACK_ALIGN_SIZE);
    /* stack_top = stack_top 地址 - stack_frame_nofpu */
    stack_top -= sizeof(struct stack_frame_nofpu);
    /* stack_frame 指向 stack_frame_nofpu 首地址 */
    stack_frame= (struct stack_frame_nofpu *)stack_top;
    /* 初始化 stack_frame_nofpu 结构体成员变量 */
    for (index = 0; index < sizeof(struct stack_frame_nofpu)
                            / sizeof(os_uint32_t); index++)
    {
        ((os_uint32_t *)stack_frame)[index] = 0xDEADBEEF;
    }
    /* stack_frame_nofpu 结构体某些成员变量赋值 */
    stack_frame->r0  = (os_uint32_t)arg;            /* r0 : argument */
    stack_frame->r1  = 0;                           /* r1 */
    stack_frame->r2  = 0;                           /* r2 */
    stack_frame->r3  = 0;                           /* r3 */
    stack_frame->r12 = 0;                           /* r12 */
    stack_frame->lr  = (os_uint32_t)task_exit;      /* lr */
    stack_frame->pc  = (os_uint32_t)task_entry;     /* entry point, pc */
    stack_frame->psr = 0x01000000UL;                /* PSR */
    stack_frame->exc_return = 0xFFFFFFFDUL;
    /* 返回堆栈栈顶 */
    return (void *)stack_top;
}
```

上述源码可知：stack_frame_nofpu 的结构体大小为 17×4 = 64 字节，因为 stack_top 原本指向任务堆栈的尾地址，所以 stack_top 地址减去 stack_frame_nofpu 的结构体大小（64 字节必须转成 16 进制），最后 stack_top 指向任务堆栈栈顶，如图 9.7 所示。

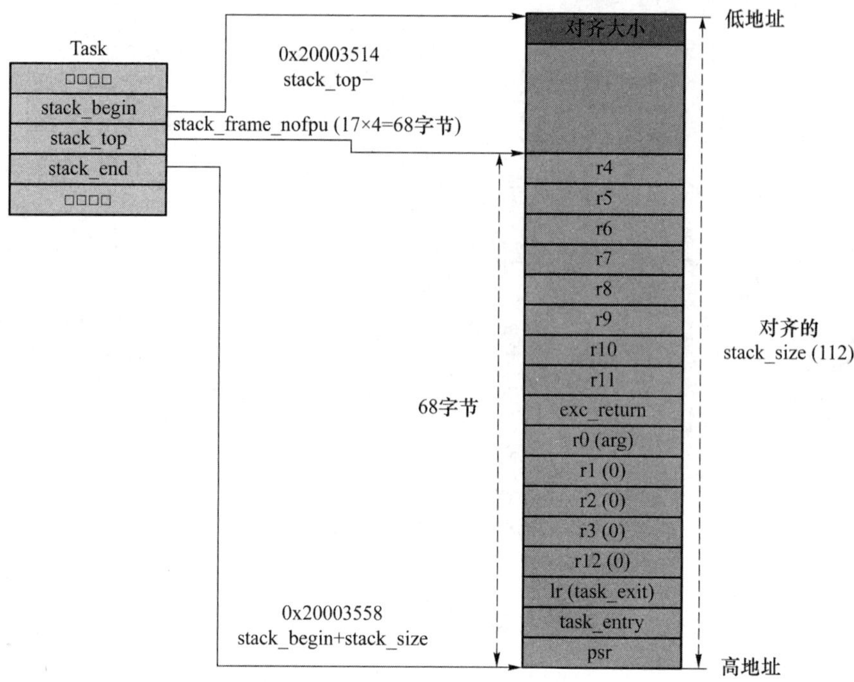

图 9.7　任务控制块和任务堆栈指向图

注意，图 9.7 中假设我们任务的堆栈为 105 字节。

我们知道创建一个任务必须先调用 os_task_startup()开启这个任务，该函数在文件 os_task.c 定义，如以下源码所示：

```
os_err_t os_task_startup(os_task_t * task)
{
    /* 检测任务是否为空 */
    OS_ASSERT(OS_NULL != task);
    /* 检测任务是否已经初始化 */
    OS_ASSERT(OS_KOBJ_INITED == task->object_inited);
    /* 检测任务状态是否是初始化 */
    OS_ASSERT(OS_TASK_STATE_INIT == task->state);
    OS_KERNEL_ENTER();              /* 关闭中断 */
    /* 对初始状态取反 0xFFFE,然后进行相与,意思就是把最后一位进行清零 */
    task->state &= ~OS_TASK_STATE_INIT;
    /* 对就绪状态相或操作 */
    task->state |= OS_TASK_STATE_READY;     k_readyq_put(task);   /* 将一个任务
    放到就绪队列中 */
    OS_KERNEL_EXIT_SCHED();       /* 退出内核临界区并触发调度 */
    return OS_EOK;
}
```

从上述源码可知：首先对任务进行检测，比如检测任务是否为空、任务是否已经初始化等，然后关闭中断。OS_KERNEL_ENTER()在文件 os_kernel_internal.h 文件定义，如以下源码所示：

```
#define OS_KERNEL_ENTER()                                    \
    do                                                       \
    {                                                        \
        /* 关闭中断 */
        g_os_kernel_lock.irq_save = os_irq_lock();           \
        k_kernel_enter_check(&g_os_kernel_lock);             \
    } while (0)
```

上述源码主要调用 os_irq_lock()函数关闭中断。其次，将任务状态切换为就绪状态，调用函数 k_readyq_put()将这个任务放置到就绪列表中，如以下源码所示：

```
void k_readyq_put(struct os_task * task)
{
    os_uint8_t priority;
    /* 获取该任务的当前优先级 */
    priority = task->current_priority;
    /* 判断任务的优先级是否大于其他任务的优先级或者判断其他最高优先级任务是否
    为空 */
    if ((gs_os_high_task == OS_NULL)
        || (priority < gs_os_high_task->current_priority))
    {
      gs_os_high_task = task; /* 如果是，那么最高的优先级任务等于当前任务 */
    }
    /* 就绪列表优先级 bmap 设置 */
    _k_readq_bmap_set(priority);
    /* 尾部插入列表中 */
    os_list_add_tail(&gs_os_readyq.priority_list_array[priority],
                     &task->task_node);

    return;
}
```

从上述源码可知：首先获取该任务的优先级，然后将该任务的优先级与其他任务优先级比较，如果该任务的优先级最高，那么 gs_os_high_task 的变量就指向该任务，最后对优先级移位并插入就绪链表中。

OS_KERNEL_EXIT_SCHED()函数相当于开启中断，如以下源码所示：

```
void k_kernel_exit_sched(void)
{
    if ((OS_NULL == g_os_current_task) || (0 != gs_os_sched_lock_cnt))
    {
        OS_KERNEL_EXIT();
    }
    else
    {
```

```
        g_os_next_task = gs_os_high_task; /* g_os_next_task = 最高优先级就绪任务 */
        if (g_os_current_task != g_os_next_task)
        {
            OS_KERNEL_LOCK_REF_DEC();
            os_task_switch(); /* 任务切换 */
            OS_KERNEL_LOCK_REF_INC();
        }
        OS_KERNEL_EXIT(); /* 开启中断 */
    }
    return;
}
```

上述源码中 OS_KERNEL_EXIT()函数和 OS_KERNEL_ENTER()函数呼应，一个是关闭中断，另一个是开始中断。os_task_startup()函数就是把任务的优先级放置优先级链表中。

9.3 任务删除过程分析

删除任务就是从任务资源队列找到需要删除的链表，然后从任务资源队列移除。在 OneOS 中调用函数 os_task_deinit()和 os_task_destroy()都是把任务资源链表从任务资源队列移除出去，且它们操作过程是一致的，所以我们按照其中一个来讲解，如以下源码所示：

```
os_err_t os_task_deinit(os_task_t * task)
{
    os_task_t * current_task;
    os_bool_t  need_schedule;
    os_bool_t  task_hold_mutex;
    os_err_t   ret;
    /* 检测任务是否为空 */
    OS_ASSERT(OS_NULL != task);
    /* 检测任务是否已经初始化 */
    OS_ASSERT(OS_KOBJ_INITED == task->object_inited);
    /* 检测任务对象申请的类型是否为 OS_KOBJ_ALLOC_TYPE_STATIC */
    OS_ASSERT(OS_KOBJ_ALLOC_TYPE_STATIC == task->object_alloc_type);
    /* 检测任务状态是否为关闭 */
    OS_ASSERT((task->state & OS_TASK_STATE_CLOSE) == OS_TASK_STATE_EMPTY);
    OS_ASSERT(OS_FALSE == os_is_irq_active());
    /* 检测删除任务是否为当前运行任务或者关闭中断是否成功 */
    OS_ASSERT((OS_FALSE == os_is_irq_disabled()) || (task != k_task_self()));
    /* 检测删除任务是否为当前运行任务或者调度加锁是否成功 */
```

```
    OS_ASSERT((OS_FALSE == os_is_schedule_locked()) || (task != k_task_self()));
    need_schedule = OS_FALSE;
    ret = OS_EOK;
    os_spin_lock(&gs_os_task_resource_list_lock);
    os_list_del(&task->resource_node); /* 从任务资源队列删除任务资源链表 */
    os_spin_unlock(&gs_os_task_resource_list_lock);
    OS_KERNEL_ENTER();
    /* .........此处忽略不重要的源码........ */
    return ret;
}
```

上述源码可知：真正起作用的是 os_list_del()函数，该函数是把任务资源链表从任务资源队列移除出去，如图 9.8 所示。

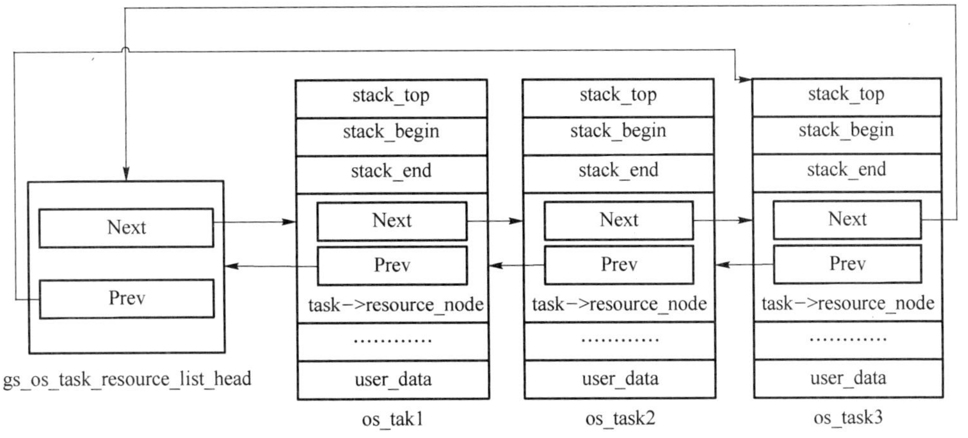

图 9.8　任务资源队列示意图

可见，任务资源队列具有 3 个任务，分别为 os_task1、os_task2、os_task3。如果调用函数 os_task_deinit()或者 os_task_destroy()删除 os_task2，那么我们必须熟悉链表操作，如图 9.9 所示。

打开 os_list_del()函数，如以下源码所示：

```
OS_INLINEvoid os_list_del(os_list_node_t *entry)
{
    entry->next->prev = entry->prev;
    entry->prev->next = entry->next;
    entry->next = entry;
    entry->prev = entry;

    return;
}
```

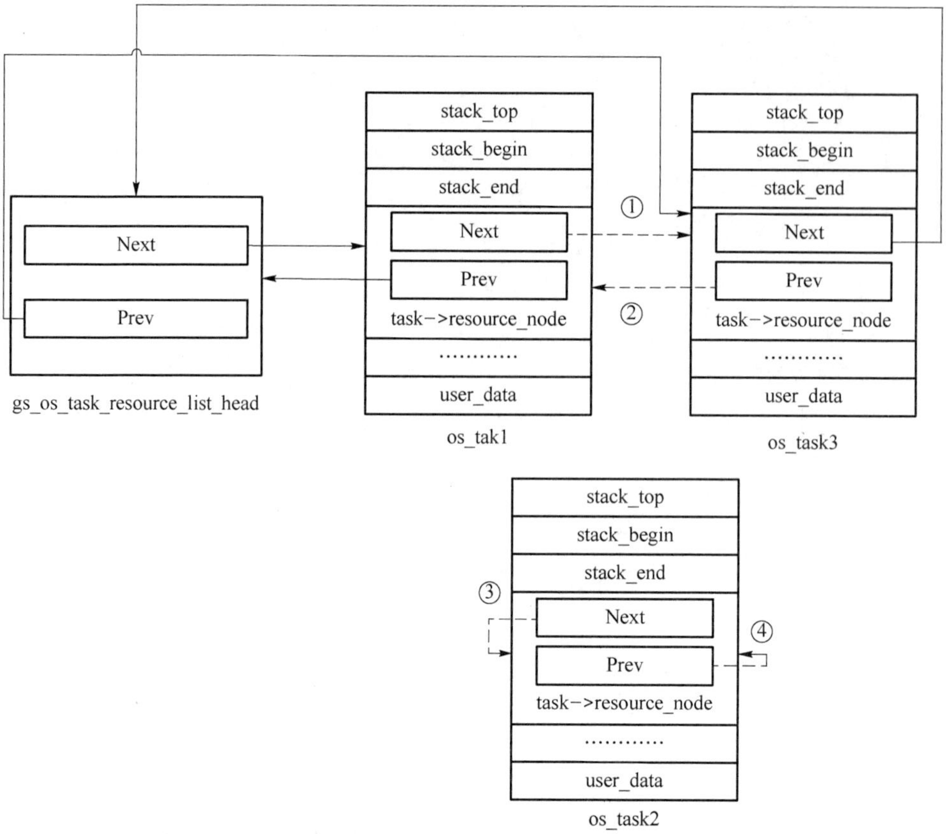

图 9.9 从任务资源队列删除 os_task2 资源链表

上述函数是链表删除函数，我们结合图 9.8 和图 9.9 解析，上述函数的第一行代码表示：os_task2→next 就是 os_task3，os_task3 的 prev 等于 entry→prev（os_task2→prev 就是 os_task1），所以得出图 9.9 中的②。第二行代码表示：os_task2→prev 就是 os_task1，而 os_task1→next 等于 entry→next（os_task2→next 就是 os_task3），得出图 9.9 中的①；第三行代码和第四行代码都是指向删除的任务资源链表，所以得出③和④。

9.4 任务挂起过程分析

挂起任务使用函数 os_task_suspend()，函数源码如下：

```
os_err_t os_task_suspend(os_task_t * task)
{
    os_task_t * current_task;
    os_err_t   ret;
```

```
    /* 检测挂起的任务是否为空 */
    OS_ASSERT(OS_NULL != task);
    /* 检测任务是否已经初始化 */
    OS_ASSERT(OS_KOBJ_INITED == task->object_inited);
    /* 检测中断是否关闭或者挂起的任务是否是当前运行的任务 */
    OS_ASSERT((OS_FALSE == os_is_irq_disabled()) || (task != k_task_self()));
    /* 检测调度锁是否加锁或者挂起的任务是否是当前运行的任务 */
    OS_ASSERT((OS_FALSE == os_is_schedule_locked()) || (task != k_task_self()));
    ret = OS_EOK;
    /* 关闭中断 */
    OS_KERNEL_ENTER();
    /* 判断挂起的任务是否是就绪,睡眠,阻塞,运行状态 */
    if (! (task->state & (OS_TASK_STATE_READY | OS_TASK_STATE_SLEEP |
                          OS_TASK_STATE_BLOCK| OS_TASK_STATE_RUNNING)))
    {
        OS_KERNEL_EXIT();
        OS_KERN_LOG(KERN_ERROR, TASK_TAG,
                    "Incorrect task(%s) state(0x%04X), not allow to suspend.",
                    task->name,
                    task->state);
        ret = OS_ERROR;
    }
    else
    {
        /* 挂起任务处于就绪队列中 */
        if (task->state & OS_TASK_STATE_READY)
        {
            k_readyq_remove(task);                  /* 把该任务移除就绪队列 */
            task->state &= ~OS_TASK_STATE_READY;    /* 对挂起任务状态清零 */
        }
        task->state |= OS_TASK_STATE_SUSPEND;       /* 设置挂起任务状态 */
        current_task = k_task_self();               /* 获取当前运行任务 */
        if (task != current_task)                   /* 判断挂起任务是否等于当前任务 */
        {
            OS_KERNEL_EXIT();                       /* 如果不是,则开启中断 */
        }
        else
        {
            OS_KERNEL_EXIT_SCHED();                 /* 如果是,则开启中断并发生调度 */
        }
    }

    return ret;
}
```

从上述源码可知:首先检测挂起的任务是否满足条件;然后判断挂起的任务是否是就绪、睡眠、阻塞、运行状态,是则执行 else 语句以下源码,如果挂起的任务不是就绪状态,那么该任务设置状态为挂起态;最后判断该任务是否是当前运行的任务,不是则开始中断,是则开始中断并发生任务调度。

如果挂起任务状态为就绪状态,那么必须调用函数 k_readyq_remove(task)把该任务移除就绪队列中,如以下源码所示:

```
void k_readyq_remove(struct os_task * task)
{
    os_list_node_t   * task_list_head;
    os_uint8_t       priority;
    os_uint8_t       highest_priority;
    /* 获取挂起任务的优先级 */
    priority= task->current_priority;
    /* 获取挂起任务的优先级链表 */
    task_list_head= &gs_os_readyq.priority_list_array[priority];
    /* 删除任务的任务链表节点 */
    os_list_del(&task->task_node);
    /* 判断 task_list_head 链表是否为空 */
    if (os_list_empty(task_list_head))
    {
        /* 清除 mapbit */
        _k_readq_bmap_clear(priority);
        /* 如果挂起的任务是高优先级任务 */
        if (task == gs_os_high_task)
        {
            highest_priority= _k_readyq_highest();/* 获取下一个最高优先级 */
            /* gs_os_high_task = 获取下一个最高优先级结构体指针 */
            gs_os_high_task= os_list_entry(
                gs_os_readyq.priority_list_array[highest_priority].next,
                os_task_t, task_node);
        }
    }
    else /* 如果不为空,证明同个优先级有多个任务 */
    {
        if (task == gs_os_high_task) /* 如果挂起的任务是高优先级任务 */
        {
            /* 获取挂起任务的优先级 */
            highest_priority= task->current_priority;
            /* gs_os_high_task = 获取最高优先级结构体指针 */
            gs_os_high_task= os_list_entry(
                    gs_os_readyq.priority_list_array[highest_priority].next,
                    os_task_t, task_node);
        }

    }

    return;
}
```

以上源码实现了以下操作:

① 获取当前任务的优先级。

② 获取挂起任务的优先级链表。

③ 删除任务的任务链表节点。

④ 判断 task_list_head 链表是否为空，如果为空，说明同优先级链表中只有一个任务；然后调用函数_k_readq_bmap_clear()清除，如以下源码所示：

```
OS_INLINE void _k_readq_bmap_clear(os_uint8_t current_priority)
{
    gs_os_readyq.priority_bmap &= ~(1 << current_priority);
    return;
}
```

上述源码表示：如果优先级 1 的就绪队列中需要清除该位，则首先向左移动一位 0x0002，然后取反 0xFFFD，最后相与可以清除该位为 0。例如，OneOS 操作系统有两个任务，分别为优先级 4 和优先级 1，当调用函数_k_readq_bmap_clear()清除优先级 1 时，该怎么实现呢？如图 9.10 所示。

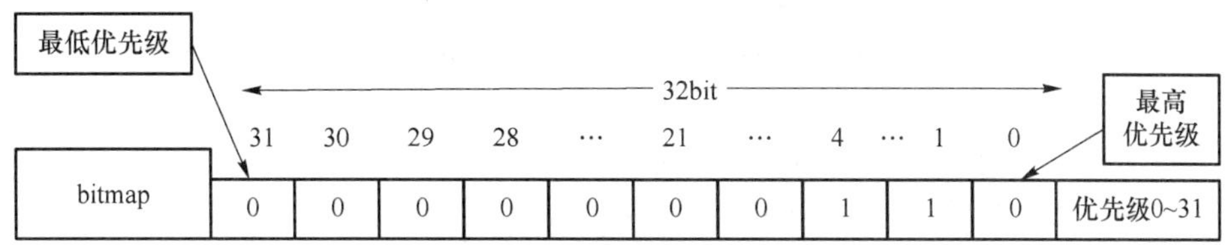

图 9.10 就绪优先级链表

从图中可以看出，gs_os_readyq.priority_bmap 等于 0x001E，然后 0x001E&0xFFFD 等于 0x001C，所以导致第一位清零了。

然后判断挂起的任务是否为最高优先级的任务，是则获取下一个最高优先级，最后 gs_os_high_task 变量指向就绪优先级链表的最高优先级结构体指针。

⑤ 如果函数 os_list_empty()不为空，说明同个优先级具有多个任务，那么首先判断挂起的任务是否为最高优先级的任务，是则获取当前挂起任务优先级；然后将 gs_os_high_task 变量指向就绪优先级链表的最高优先级结构体指针。

9.5 任务恢复过程分析

任务恢复函数有 os_task_resume()，如以下源码所示：

```
os_err_t os_task_resume(os_task_t *task)
{
    os_err_t ret;
    /* 检测恢复任务是否为空 */
    OS_ASSERT(OS_NULL != task);
    /* 检测恢复任务是否已初始化 */
    OS_ASSERT(OS_KOBJ_INITED == task->object_inited);
```

```
    ret = OS_EOK;
    /* 关闭中断,并保存中断状态 */
    OS_KERNEL_ENTER();
    /* 判断这个任务是挂起态 */
    if (!(task->state & OS_TASK_STATE_SUSPEND))
    {
        OS_KERNEL_EXIT(); /* 如果不是,则恢复中断状态 */
        OS_KERN_LOG(KERN_ERROR, TASK_TAG,
                    "Task(%s) state is not suspend, not allow to resume.",
                    task->name);

        ret = OS_ERROR;
    }
    else /* 如果是挂起态 */
    {
        task->state &= ~OS_TASK_STATE_SUSPEND; /* 清除状态 */
        /* 判断任务是否为睡眠态和阻塞态 */
        if (task->state & (OS_TASK_STATE_SLEEP | OS_TASK_STATE_BLOCK))
        {
            /*
            当任务休眠或阻塞时,只清除挂起状态。
            在这种情况下,被认为是成功的
            */
            OS_KERNEL_EXIT();
        }
        else /* 如果不是眠态和阻塞态 */
        {
            /* 设置该任务为就绪态 */
            task->state |= OS_TASK_STATE_READY;
            /* 这个任务放置到就绪列表中 */
            k_readyq_put(task);
            /* 打开中断并发生调度 */
            OS_KERNEL_EXIT_SCHED();
        }
    }

    return ret;
}
```

从上述源码可知:首先判断恢复的任务是否为挂起状态,如果不是,则退出;如果是,则清除挂起态的标志位。然后判断该任务是否处于睡眠态和阻塞态,如果是,直接退出。

如果该任务没有处于睡眠态和阻塞态,那么设置该任务为就绪态并插入就绪链表中,最后打开中断并发生调度。

第10章

OneOS 系统内核控制函数

OneOS 中有一些函数只供系统内核使用，用户应用程序一般不允许使用，这些 API 函数就是系统内核控制函数。本章就来学习一下这些内核控制函数。

本章分为如下几部分：

10.1 内核控制函数预览

10.2 内核控制函数详解

10.1 内核控制函数预览

内核控制函数，顾名思义就是 OneOS 内核所使用的函数，一般情况下应用层程序不能使用这些函数。文件 os_kernel_internal.h 中有内核控制函数的定义，这些函数如表 10.1 所列。

表 10.1 内核控制函数描述

函 数	描 述
k_tickq_init()	系统节拍队列初始化
k_tickq_put()	添加任务到系统节拍队列中
k_tickq_remove()	从系统节拍队列中移除任务
k_readyq_put()	添加任务到就绪态任务队列中
k_readyq_remove()	从就绪态任务队列中移除任务
k_readyq_move_tail()	将任务添加到就绪态任务队列的尾部
k_sched_init()	初始化内核调度
k_start()	启动 OS
k_kernel_exit_sched()	恢复中断并触发调度
k_recycle_task_init()	回收任务初始化
k_idle_task_init()	空闲任务初始化
k_blockq_insert()	添加任务到阻塞态任务队列中
k_block_task()	阻塞任务
k_unblock_task()	取消阻塞任务

续表 10.1

函　数	描　述
k_cancle_all_blocked_task()	取消所有阻塞任务
k_show_blocked_task_old()	展示队列中的任务
k_show_blocked_task()	展示队列中的任务
k_get_blocked_task()	获取队列中的任务
OS_KERNEL_ENTER()	保存当前中断状态,并关闭中断
OS_KERNEL_EXIT()	恢复中断状态
OS_KERNEL_EXIT_SCHED()	触发任务调度,并恢复中断状态

10.2　内核控制函数详解

1) 函数 k_tickq_init()

此函数用于初始化 tick 队列,详细讲解可参考 11.3 节。

2) 函数 k_tickq_put()

此函数用于将任务添加到 tick 队列,详细讲解可参考 11.3 节。

3) 函数 k_tickq_remove()

此函数用于将任务从 tick 队列中移除,详细讲解可参考 11.3 节。

4) 函数 k_readyq_put()

此函数用于将任务添加到就绪态任务队列,详细讲解可参考 9.2 节。

5) 函数 k_readyq_remove()

此函数用于将任务从就绪态任务队列中移除,函数原型如下:

```
void k_readyq_remove(struct os_task * task)
{
    os_list_node_t   * task_list_head;
    os_uint8_t       priority;
    os_uint8_t       highest_priority;
    /* 获取任务当前的优先级 */
    priority = task->current_priority;
    /* 获取当前任务优先级的任务队列 */
    task_list_head = &gs_os_readyq.priority_list_array[priority];
    /* 删除任务的任务链表节点 */
    os_list_del(&task->task_node);
    /* 判断当前任务优先级的任务队列是否为空 */
    if (os_list_empty(task_list_head))
    {
        /* 清除 priority_bmap 对应优先级位 */
        _k_readq_bmap_clear(priority);
        /* 计算最高优先级 */
```

```
        if (task == gs_os_high_task)
        {
            highest_priority = _k_readyq_highest();
            gs_os_high_task = os_list_entry(
                gs_os_readyq.priority_list_array[highest_priority].next,
                os_task_t, task_node);
        }
    }
    else
    {
        /* 计算最高优先级 */
        if (task == gs_os_high_task)
        {
            highest_priority = task->current_priority;
            gs_os_high_task = os_list_entry(
                gs_os_readyq.priority_list_array[highest_priority].next,
                os_task_t, task_node);
        }

    }

    return;
}
```

函数 os_readyq_remove()的相关形参如表 10.2 所列。

表 10.2 函数 os_readyq_remove()的相关形参描述

参 数	描 述
task	待从就绪态任务队列删除的任务

返回值:无。

6）函数 k_readyq_move_tail()

此函数用于将任务添加到就绪态任务队列的末尾，函数原型如下：

```
void k_readyq_move_tail(struct os_task * task)
{
    os_uint8_t       priority;
    os_list_node_t * task_list_head;
    /* 获取任务当前的优先级 */
    priority = task->current_priority;
    /* 获取当前任务优先级的任务队列 */
    task_list_head = &gs_os_readyq.priority_list_array[priority];
    /* 将任务移动到当前任务优先级任务队列的末尾 */
    os_list_move_tail(task_list_head, &task->task_node);
    /* 计算最高优先级 */
    if (task == gs_os_high_task)
```

```
    {
        gs_os_high_task = os_list_entry(
            gs_os_readyq.priority_list_array[priority].next,
            os_task_t, task_node);
    }

    return;
}
```

函数 os_readyq_move_tail()的相关形参如表 10.3 所列。

表 10.3 函数 os_readyq_move_tail()的相关形参描述

参 数	描 述
task	要添加到就绪任务队列末尾的任务

返回值:无。

7) 函数 k_sched_init()

此函数用于初始化任务调度器,详细讲解可参考 9.1.1 小节。

8) 函数 k_start()

此函数用于启动 OS,详细讲解可参考 9.1.1 小节。

9) 函数 k_kernel_exit_sched()

此函数用于触发任务调度并恢复中断状态,函数原型如下:

```
void k_kernel_exit_sched(void)
{
    /* 如果当前没有任务存在或者任务调度没有被锁 */
    if ((OS_NULL == g_os_current_task) || (0 != gs_os_sched_lock_cnt))
    {
        /* 恢复中断状态 */
        OS_KERNEL_EXIT();
    }
    else
    {
        /* 更新下一个任务为优先级最高的任务 */
        g_os_next_task = gs_os_high_task;

        /* 如果下一个任务不是当前任务 */
        if (g_os_current_task != g_os_next_task)
        {
            OS_KERNEL_LOCK_REF_DEC();
            /* 进行任务调度 */
            os_task_switch();
            OS_KERNEL_LOCK_REF_INC();
        }
```

```
        /* 恢复中断状态 */
        OS_KERNEL_EXIT();
    }

    return;
}
```

函数 k_kernel_exit_sched()的相关形参如表 10.4 所列。

表 10.4　函数 k_kernel_exit_sched()的相关形参描述

参　数	描　述
无	无

返回值：无。

10）函数 k_recycle_task_init()

此函数用于初始化系统回收函数，详细讲解可参考 9.1.4 小节。

11）函数 k_idle_task_init()

此函数用于初始化系统空闲函数，详细讲解可参考 9.1.4 小节。

12）函数 k_blockq_insert()

此函数用于将任务添加到阻塞态任务队列中，优先级高的任务将被添加到优先级低的任务前面，函数原型如下：

```
void k_blockq_insert(os_list_node_t * head, struct os_task * task)
{
    os_list_node_t * pos;
    os_task_t * task_iter;
    /* 遍历阻塞态任务队列 */
    os_list_for_each(pos, head)
    {
        /* 获取阻塞态任务队列中的任务 */
        task_iter = os_list_entry(pos, os_task_t, task_node);
        /* 比较待添加任务的优先级与阻塞态任务队列中任务的优先级 */
        if (task_iter->current_priority > task->current_priority)
        {
            /* 如果待添加任务的优先级比较高 */
            /* 将待添加任务添加到当前遍历的任务之前 */
            os_list_add_tail(&task_iter->task_node, &task->task_node);
            break;
        }
    }

    /* 如果遍历完整个阻塞态任务队列都没有添加成功 */
    if (pos == head)
    {
        /* 将待添加任务添加到阻塞任务队列的首部 */
```

```
        os_list_add_tail(head, &task->task_node);
    }

    return;
}
```

函数 k_blockq_insert()的相关形参如表 10.5 所列。

表 10.5　函数 k_blockq_insert()的相关形参描述

参　数	描　述
head	阻塞态任务队列
task	要添加到阻塞态任务队列的任务

返回值:无。

13）函数 k_block_task()

此函数用于阻塞任务,函数原型如下:

```
void k_block_task(  os_list_node_t *head,
                    os_task_t *task,
                    os_tick_t timeout,
                    os_bool_t is_wake_prio)
{
    /* 将任务从就绪态任务队列中移除 */
    k_readyq_remove(task);
    /* 清除任务的就绪态标志 */
    task->state &= ~OS_TASK_STATE_READY;
    /* 设置任务的阻塞态标志 */
    task->state |= OS_TASK_STATE_BLOCK;
    /* 判断是否根据优先级添加到阻塞态任务队列 */
    if (OS_TRUE == is_wake_prio)
    {
        /* 根据优先级添加到阻塞态任务队列 */
        k_blockq_insert(head, task);
    }
    else
    {
        /* 添加到阻塞态任务队列的末尾 */
        os_list_add_tail(head, &task->task_node);
    }

    if (OS_WAIT_FOREVER != timeout)
    {
        /* 如果等待时间不是一直等
           将设置任务的睡眠态标志
           并将任务添加到 tick 队列 */
        task->state |= OS_TASK_STATE_SLEEP;
```

```
        k_tickq_put(task, timeout);
    }
    /* 更新任务控制块信息 */
    task->block_list_head = head;
    task->is_wake_prio    = is_wake_prio;
    task->switch_retval   = OS_EOK;

    return;
}
```

函数 k_block_task()的相关形参如表 10.6 所列。

表 10.6　函数 k_block_task()的相关形参描述

参　数	描　述
head	阻塞态任务队列
task	等待阻塞的任务
timeout	等待时间
is_wake_prio	是否依据优先级添加到阻塞态任务队列

返回值：无。

14）函数 k_unblock_task()

此函数用于取消任务的阻塞状态。如果任务在 tick 队列中，也一并将任务从 tick 队列中移除，函数原型如下：

```
void k_unblock_task(os_task_t * task)
{
    /* 将任务从阻塞态任务队列中移除
       并清除任务的阻塞态标志 */
    os_list_del(&task->task_node);
    task->state &= ~OS_TASK_STATE_BLOCK;
    /* 判断任务是否处于睡眠态 */
    if (task->state & OS_TASK_STATE_SLEEP)
    {
    /* 将任务从 tick 队列中移除
       并清除任务的睡眠态标志 */
        k_tickq_remove(task);
        task->state &= ~OS_TASK_STATE_SLEEP;
    }
    /* 判断任务是否不处于挂起态 */
    if (OS_TASK_STATE_SUSPEND != task->state)
    {
        /* 设置任务的挂起态标志
           并将任务添加到挂起态任务队列 */
        task->state |= OS_TASK_STATE_READY;
        k_readyq_put(task);
```

```
    }

    /* 设置任务的阻塞态队列标志 */
    task->block_list_head = OS_NULL;

    return;
}
```

函数 k_unblock_task()的相关形参如表 10.7 所列。

表 10.7　函数 k_unblock_task()的相关形参描述

参　数	描　述
task	等待取消阻塞的任务

返回值:无。

15) 函数 k_cancle_all_blocked_task()

此函数用于取消所有任务的阻塞状态,函数原型如下:

```
void k_cancle_all_blocked_task(os_list_node_t *head)
{
    os_task_t *task;

    /* 如果阻塞态任务队列中还有任务 */
    while (! os_list_empty(head))
    {
        /* 获取阻塞态任务队列中的第一个任务 */
        task = os_list_first_entry(head, os_task_t, task_node);
        /* 取消任务的阻塞状态 */
        k_unblock_task(task);

        /* 将任务的任务切换返回值设置为错误 */
        task->switch_retval = OS_ERROR;
    }

    return;
}
```

函数 k_cancle_all_blocked_task()的相关形参如表 10.8 所列。

表 10.8　函数 k_cancle_all_blocked_task()的相关形参描述

参　数	描　述
head	阻塞态任务队列的链表头

返回值:无。

16) 函数 k_show_blocked_task()

此函数用于展示链表中的所有任务,只有在宏 OS_USING_SHELL 被定义时有效。

17）函数 k_get_blocked_task()

此函数用于获取链表中的所有任务，只有在宏 OS_USING_SHELL 被定义时有效。

18）函数 OS_KERNEL_ENTER()

此函数为一个宏定义，详细讲解可参考 9.2 节。

19）函数 OS_KERNEL_EXIT()

此函数为一个宏定义，详细讲解可参考 9.2 节。

20）函数 OS_KERNEL_EXIT_SCHED()

此函数为一个宏定义，实际上调用了函数 k_kernel_exit_sched()。

第 11 章

OneOS 时间管理

使用 OneOS 的过程中通常会在一个任务中使用延时函数进行任务延时，当执行 OneOS 提供的延时函数时，任务将进入睡眠态，直到延时完成，任务被唤醒进入就绪态，等待系统调度。延时函数属于 OneOS 的时间管理，本章讲解 OneOS 的时间管理。

本章分为如下几部分：

11.1　OneOS 延时函数

11.2　OneOS 系统时钟节拍

11.3　任务睡眠时间处理

11.1　OneOS 延时函数

11.1.1　函数 os_task_tsleep()

函数 os_task_tsleep()用于让当前任务进入睡眠状态一段时间，以系统节拍为单位，不可以在中断上下文中使用，函数代码如下：

```
os_err_t os_task_tsleep(os_tick_t tick)
{
    os_task_t * current_task;
    /* 检查当前是否有中断正在执行 */
    OS_ASSERT(OS_FALSE == os_is_irq_active());
    /* 检查当前中断是否被关闭 */
    OS_ASSERT(OS_FALSE == os_is_irq_disabled());
    /* 检查当前调度是否解锁 */
    OS_ASSERT(OS_FALSE == os_is_schedule_locked());
    /* 检查延时节拍参数是否小于硬件系统支持的最大值的一半 */
    OS_ASSERT(tick < (OS_TICK_MAX / 2));
    /* 获取当前任务的任务句柄 */
    current_task = k_task_self();
    OS_ASSERT(OS_NULL != current_task);
    /* 保存当前中断状态,并关闭中断 */
    OS_KERNEL_ENTER();
    /* 延时节拍参数大于 0 */
    if (tick > 0)
```

```
    {
        /* 将当前任务从就绪态任务队列中移除 */
        k_readyq_remove(current_task);
        /* 当前任务就绪状态清零 */
        current_task->state &= ~OS_TASK_STATE_READY;
        /* 设置当前任务为睡眠状态 */
        current_task->state |= OS_TASK_STATE_SLEEP;
        /* 将当前任务插入到 tick 队列中 */
        k_tickq_put(current_task, tick);
    }
    else
    {
        /* 如果传入的延时节拍为 0,则将当前任务移动到就绪态链表的尾部 */
        k_readyq_move_tail(current_task);
    }
    /* 触发任务调度,并恢复中断状态 */
    OS_KERNEL_EXIT_SCHED();
    return OS_EOK;
}
```

函数 os_task_tsleep()为以系统节拍为单位的延时函数,步骤如下:

① 延时节拍由参数 tick 确定,延时时间肯定要大于 0,否则相当于直接调用函数 os_task_yield()进行任务调度。

② 调用函数 k_readyq_remove()将当前任务从就绪态任务中删除,并标记当前任务的状态为非就绪态。

③ 标记当前任务的状态为睡眠态,并将当前任务插入到系统的节拍队列中。

④ 触发任务调度,并恢复中断状态。

11.1.2 函数 os_task_msleep()

函数 os_task_msleep()与函数 os_task_tsleep()一样用以让当前任务进入睡眠状态一段时间,不同之处在于延时的时间单位。函数 os_task_msleep()是以毫秒为单位的延时函数,不可以用于中断上下文,函数代码如下:

```
os_err_t os_task_msleep(os_uint32_t ms)
{
    os_tick_t tick;
    os_err_t  ret;
    /* 检查当前是否有中断正在执行 */
    OS_ASSERT(OS_FALSE == os_is_irq_active());
    /* 检查当前中断是否被关闭 */
    OS_ASSERT(OS_FALSE == os_is_irq_disabled());
    /* 检查当前调度是否解锁 */
    OS_ASSERT(OS_FALSE == os_is_schedule_locked());
    /* 将以毫秒为单位的延时时间参数转为以系统节拍为单位的延时时间参数 */
```

```
    tick = os_tick_from_ms(ms);
    /* 调用函数 os_task_tsleep() */
    ret = os_task_tsleep(tick);
    return ret;
}
```

函数 os_task_msleep()是以毫秒为单位的延时函数,步骤如下:

① 将传入的以毫秒为单位的延时时间参数,转为以系统节拍为单位的延时时间参数。

② 调用函数 os_task_tsleep()。

11.2 OneOS 系统时钟节拍

不管是什么系统,运行时都需要有一个系统时钟节拍。OneOS 的系统时钟节拍来源可以有两种方式,分别为滴答定时器 systick 和软件定时器 hrtimer。其中,hrtimer 为软件定时器,是由 OneOS 的驱动设备 Clock event 产生的,Clock event 设备的时钟源可以是滴答定时器或其他硬件定时器。不论是滴答定时器还是其他硬件定时器都是硬件定时器,在定时器的周期性中断到来时,就会处理一些和时间相关的事情,比如更新系统时钟计数、任务睡眠时间处理、任务的时间片轮转调度、定时器处理。这一系列的操作主要在函数 os_tick_increase()中进行,函数 os_tick_increase()一般在时钟节拍中断程序中被调用,此函数在文件 os_clock.c 中有定义,如下:

```
void os_tick_increase(void)
{
    os_int32_t          bidx;
    os_list_node_t      *tickq_head;
    struct os_task      *iter_task;
    os_bool_t           is_sched;
    /* 操作系统未运行 */
    if (OS_NULL == g_os_current_task)
    {
        return;
    }
    /* 需要调度标志位为假 */
    is_sched = OS_FALSE;
    /* 保存当前中断状态,并关闭中断 */
    OS_KERNEL_ENTER();
    /* 更新系统节拍计数器 */
    gs_os_tick++;
    /* 任务睡眠时间处理 */
    bidx = gs_os_tick & (TICK_Q_BUCKETS - 1);
    tickq_head = &gs_os_tickq_bucket[bidx];
    while (1)
```

```
{
    /* 如果 tick 队列中没有需要处理的任务,就退出 */
    if (os_list_empty(tickq_head))
    {
        break;
    }
    /* 获取 tick 队列中的第一个任务句柄 */
    iter_task = os_list_first_entry(tickq_head, os_task_t, tick_node);
    /* 任务的 tick 延时时间还没到,保持睡眠态,不需要唤醒就退出 */
    if ((os_base_t)(iter_task->tick_absolute - gs_os_tick) > 0)
    {
        break;
    }
    /* 任务需要唤醒,将任务从系统节拍队列中移除,并清除任务的睡眠态标志 */
    k_tickq_remove(iter_task);
    iter_task->state &= ~OS_TASK_STATE_SLEEP;
    /* 恢复中断状态 */
    OS_KERNEL_EXIT();
    /* 保存当前中断状态,并关闭中断 */
    OS_KERNEL_ENTER();
    /* 判断任务是否为阻塞态 */
    if (iter_task->state & OS_TASK_STATE_BLOCK)
    {
        /* 如果任务为阻塞态
            删除任务的任务链表节点
            清除任务的阻塞态标志
          将任务的切换返回值置为超时标志 */
        os_list_del(&iter_task->task_node);
        iter_task->state &= ~OS_TASK_STATE_BLOCK;
        iter_task->switch_retval = OS_ETIMEOUT;
    }
    /* 判断任务是否为挂起态 */
    if (OS_TASK_STATE_SUSPEND != iter_task->state)
    {
        /* 如果任务为挂起态
            将任务设置为就绪态
            将任务添加到就绪态队列中
            需要调度标志置为真 */
        iter_task->state |= OS_TASK_STATE_READY;
        k_readyq_put(iter_task);
        is_sched = OS_TRUE;
    }
}
/* 任务的时间片轮转调度 */
/* 当前任务的剩余时间片减一 */
g_os_current_task->remaining_time_slice--;
/* 判断当前任务的剩余时间片是否为 0 */
if (!g_os_current_task->remaining_time_slice)
```

```
        {
            /* 如果当前任务的剩余时间片为 0
               重置当前任务的时间片
               判断如果当前任务的状态为就绪态
               并且当前任务的下一个任务不是当前任务的上一个任务
               (即当前任务的任务队列中还有其他任务)
               就将当前任务从就绪态队列中移除
               需要调度标志位置为真 */
            g_os_current_task->remaining_time_slice = g_os_current_task->time_slice;
            if ((g_os_current_task->state & OS_TASK_STATE_READY) &&
                (g_os_current_task->task_node.next !=
                 g_os_current_task->task_node.prev))
            {
                k_readyq_move_tail(g_os_current_task);
                is_sched = OS_TRUE;
            }
        }
    }
#ifdef OS_USING_TIMER
    /* 判断如果定时器需要处理
       就将需要调度标志位置为真 */
    if (k_timer_need_handle())
    {
        is_sched = OS_TRUE;
    }
#endif

    /* 判断是否需要任务调度 */
    if (is_sched)
    {
        /* 如果需要任务调度 */
        /* 则触发任务调度,并恢复中断状态 */
        OS_KERNEL_EXIT_SCHED();
    }
    else
    {
        /* 如果不需要任务调度 */
        /* 则恢复中断状态 */
        OS_KERNEL_EXIT();
    }

    return;
}
```

函数 os_tick_increase()实现处理一些时间相关的事物,步骤如下:

① 更新系统的时钟计数值:使 gs_os_tick 加 1,系统时钟计数值是系统启动以来系统运行的总 tick 数。

② 任务睡眠时间处理:检查系统中处于睡眠态的任务是否已经到了唤醒时间,如果到了唤醒时间,就唤醒任务。

③ 任务的时间片轮转调度：将当前任务的时间片减 1，如果时间片被减到 0，就代表当前任务的时间片已经用完了，需要切换到其他任务了。

④ 定时器处理：检查定时器时间是否到期。

11.3 任务睡眠时间处理

调用系统延时函数 os_task_tsleep()或者 os_task_msleep()都会使任务进入睡眠态，并在设定的系统节拍数后唤醒；唤醒睡眠态任务的操作是在函数 os_tick_increase()的任务睡眠时间处理中完成的。OneOS 操作系统的任务睡眠时间处理是基于 tick 队列实现的，为了提高效率，OneOS 操作系统的 tick 队列采用了循环桶的方式，桶的数量设置为 8，每一个桶都代表一个双向链表，如图 11.1 所示。睡眠态任务被放置在哪一个桶取决于任务的唤醒时间，并且最先被唤醒的任务被放置在桶的最前面。

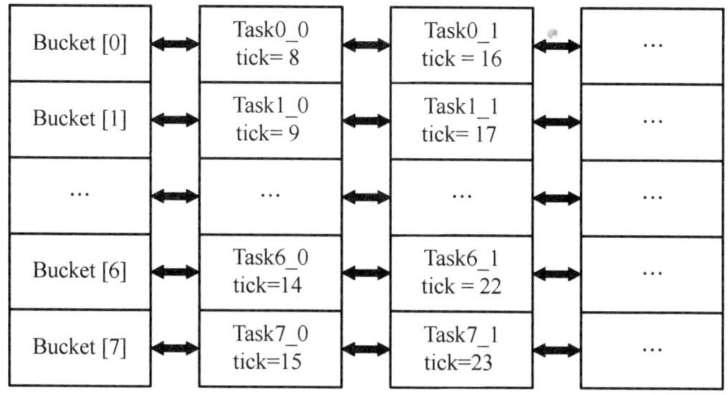

图 11.1　循环桶示意图

OneOS 的 tick 队列用来实现睡眠态任务的管理，其中有几个与 tick 队列相关的 API 函数，如表 11.1 所列。

表 11.1　睡眠队列描述

函　数	描　述
k_tickq_init()	初始化 tick 队列
k_tickq_put()	添加任务到 tick 队列
k_tickq_remove()	从 tick 队列中移除任务

1. 函数 k_tickq_init()

此函数用来实现 tick 队列的初始化，函数原型如下：

```
void k_tickq_init(void)
{
    os_size_t i;
    /* 循环初始化每一个"桶"链表 */
    for (i = 0; i < TICK_Q_BUCKETS; i++ )
    {
        os_list_init(&gs_os_tickq_bucket[i]);
    }
    return;
}
```

函数 k_tickq_init()的相关形参如表 11.2 所列。

返回值:无。

2. 函数 k_tickq_put()

此函数用来实现将任务添加到 tick 队列中,函数原型如下:

```
void k_tickq_put(struct os_task *task, os_tick_t timeout)
{
    os_list_node_t   *tickq_head;
    os_int32_t       bidx;
    /* 设置任务的唤醒时间 */
    task->tick_timeout   = timeout;
    /* 设置任务唤醒时系统节的拍数 */
    task->tick_absolute = gs_os_tick + timeout;
    /* 将任务唤醒时系统节的拍数按位与上桶的数量减 1
       相当于用任务唤醒时系统节的拍数对桶的数量求余
       得到任务应该被放置在那个"桶" */
    bidx     = task->tick_absolute & (TICK_Q_BUCKETS - 1);
    tickq_head = &gs_os_tickq_bucket[bidx];
    /* 将任务放入对应的桶 */
    _k_tickq_delta_insert(tickq_head, task);
    return;
}
```

函数 k_tickq_put()的相关形参如表 11.3 所列。

表 11.2 函数 k_tickq_init()的相关参数描述

参 数	描 述
无	无

表 11.3 函数 k_tickq_put()的相关参数描述

参 数	描 述
task	待加入 task 队列的任务
timeout	任务的超时唤醒时间

返回值:无。

3. 函数 k_tickq_remove()

此函数用来实现将任务从 tick 队列中移除,函数原型如下:

```
void k_tickq_remove(struct os_task * task)
{
    /* 删除链表项 */
    os_list_del(&task->tick_node);

    return;
}
```

函数 k_tickq_remove()的相关形参如表 11.4 所列。

表 11.4 函数 k_tickq_remove()的相关参数描述

参 数	描 述
task	待从 tick 队列中移除的任务

返回值:无。

通信机制篇

第 12 章　OneOS 信号量

第 13 章　OneOS 互斥锁

第 14 章　OneOS 消息队列

第 15 章　OneOS 工作队列

第 16 章　OneOS 自旋锁

第 17 章　OneOS 事件

第 18 章　OneOS 定时器

第 19 章　OneOS 原子操作

第 20 章　OneOS 邮箱

第12章

OneOS 信号量

信号量是操作系统中重要的一部分，一般用来进行资源管理和任务同步。OneOS 中的信号量又分为二值信号量、计数信号量。不同信号量的应用场景不同，但有些应用场景是可以互换着使用的，本章就来学习一下 OneOS 的信号量。

本章分为如下几部分：

12.1　信号量简介

12.2　信号量原理详解

12.3　信号量操作实验

12.4　优先级翻转

12.5　优先级翻转实验

12.1　信号量简介

信号量常常用于控制对共享资源的访问和任务同步。举一个很常见的例子，某个停车场有 100 个停车位，这些停车位大家都可以用，对于大家来说这 100 个停车位就是共享资源。假设现在这个停车场正常运行，要把车停到这个停车场肯定要先看一下现在停了多少车，还有没有停车位？停车场就是一个信号量，具体的空余车位数量就是信号量值，当这个值为 0 时说明停车场满了。停车场空时，你可以等一会看看有没有其他的车开出停车场，当有车开出停车场的时候空余车位数量就会加一，也就是说信号量加一，此时你就可以把车停进去了，停进去以后空余车位数量就会减一，也就是信号量减一。这就是一个典型的使用信号量进行共享资源管理的案例，这个案例中使用的就是计数型信号量。再看另外一个案例：使用公共电话时，每一次只能一个人使用电话，公共电话就只可能有两个状态：使用或未使用，如果用电话的这两个状态作为信号量，那么这个就是二值信号量。

信号量用于控制共享资源访问的场景，相当于一个上锁机制，代码只有获得了这个锁的钥匙才能够执行。

上面讲了信号量在共享资源访问中的使用，信号量的另一个重要的应用场合就是任务同步，用于任务与任务或中断与任务之间的同步。执行中断服务函数的时候可以通过向任务发送信号量来通知任务它所期待的事件发生了，当退出中断服务函数以后，在任务调度器的调度下同步的任务就会执行。编写中断服务函数的时候一定要快进快出，中断服务函数里面不能放太多的代码，否则会影响中断的实时性。裸机编写中断服务函数的时候一般都只是在中断服务函数中打个标记，然后在其他的地方根据标记来做具体的处理过程。使用 RTOS 系统时可以借助信号量完成此功能，当中断发生的时候就释放信号量，中断服务函数不做具体的处理。具体的处理过程做成一个任务，这个任务会获取信号量，获取到信号量就说明中断发生了，那么就开始完成相应的处理，这样做的好处就是中断执行时间非常短。这个例子就是中断与任务之间使用信号量来完成同步，当然，任务与任务之间也可以使用信号量来完成同步。

12.2 信号量原理详解

信号量的基本操作为 P 操作和 V 操作(通俗来讲，P 操作就是申请信号量，此时信号量的值会－1；而 V 操作恰好相反，V 操作会让信号量的值＋1)，假如信号量的值为 S。

P(S)的主要功能是：先执行 S＝S－1；若 S≥0，则表示申请到资源，进程继续执行；若 S＜0，则无资源可用，阻塞该进程，并将它插入该信号量的等待队列 Q 中。

V(S)的主要功能是：先执行 S＝S＋1；若 S＞0，则表示资源先前不为 0(资源足够)，原进程继续执行；若 S≤0，则表示资源先前不足，但是现在释放了一个资源，那么等待队列 Q 中的第一个进程将会被移出，使得其变为就绪状态并插入就绪队列，然后再返回原进程继续执行。

图 12.1 表示 P 操作和 V 操作的简示图。读者应理解 PV 操作的思想，这将有利于更好地理解信号量的本质。

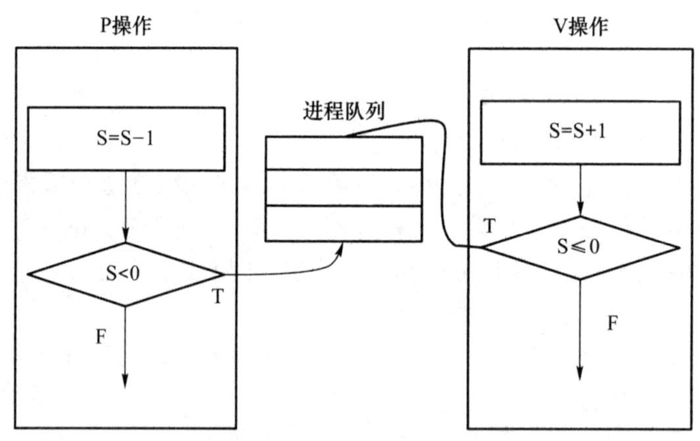

图 12.1　PV 操作图示

1. 任务间信号量实现原理

信号量也是基于阻塞队列实现的，每个信号量都对应有一个资源数，当信号量的资源数为 0 时，任务获取信号量就会导致任务阻塞，并且任务被放到阻塞队列；当另一个任务释放信号量时，资源数加 1，将阻塞任务唤醒，并放到就绪队列，如图 12.2 所示。

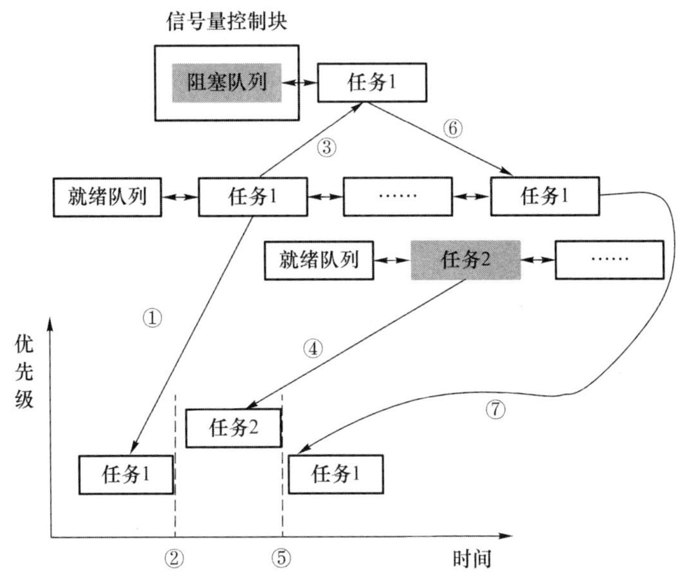

图 12.2　任务间信号量实现示意图

图中①：任务 1 先运行。

图中②：任务 1 获取信号量，由于此时资源数为 0，获取失败。

图中③：任务 1 被放到阻塞队列。

图中④：任务 2 运行。

图中⑤：任务 2 释放信号量。

图中⑥：任务 1 被唤醒，放到就绪队列。

图中⑦：任务 1 运行。

2. 任务与中断信号量实现原理

信号量不仅可以用于任务间的同步，还可以用于中断和任务间的同步，如图 12.3所示。例如，某个任务负责处理数据，而中断程序负责收集数据，任务必须在数据收集完成之后，才能进行下面的工作。

图中①：任务运行；

图中②：任务获取信号量，由于此时资源数为 0，获取失败；

图中③：任务被放到阻塞队列；

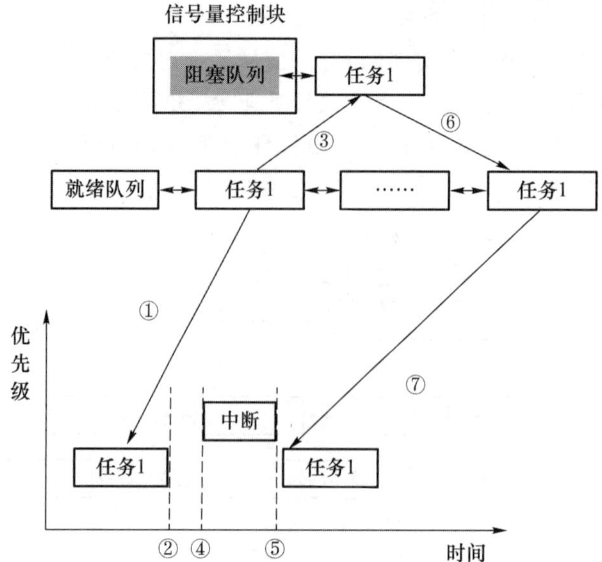

图 12.3 任务与中断信号量实现示意图

图中④:中断程序运行;

图中⑤:中断中释放信号量;

图中⑥:任务被唤醒,放到就绪队列;

图中⑦:任务运行。

12.2.1 信号量结构体

在学习信号量函数之前,我们先学习 OneOS 的信号量结构体,如以下源码所示:

```
struct os_semaphore{
    os_list_node_t task_list_head;          /* 任务链表头   */
    os_list_node_t resource_node;           /* 资源列表中的节点 */
    os_uint32_t     count;                  /* 当前数值 */
    os_uint32_t     max_count;              /* 信号量支持最大值 */
    os_uint8_t      object_inited;          /* 如果初始化了信号量对象 */
    /* 指示内存是动态分配还是静态分配,"OS_KOBJ_ALLOC_TYPE_STATIC"
       或"OS_KOBJ_ALLOC_TYPE_DYNAMIC" */
    os_uint8_t      object_alloc_type;
    /* 唤醒阻塞任务类型,取值为"OS_SEM_WAKE_TYPE_PRIO"或 OS_SEM_WAKE_TYPE_FIFO */
    os_uint8_t      wake_type;
    char            name[OS_NAME_MAX + 1];  /* 信号量的名字 */
};
typedef struct os_semaphore os_sem_t;
```

从上述源码可知:os_sem_t 结构体具有 8 个参数,其中,count 参数表示信号量当前数值,wake_type 参数主要表示唤醒类型是优先级模式(OS_SEM_WAKE_

TYPE_PRIO)还是信号量先进先出模式(OS_SEM_WAKE_TYPE_FIFO),如图12.4所示。

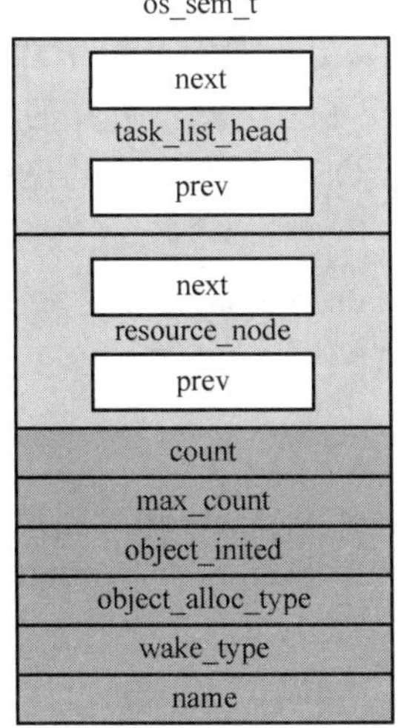

图 12.4　os_sem_t 信号量结构示意图

12.2.2　创建信号量

信号量的创建使用 os_sem_init()函数,该函数用于以静态方式初始化信号量,其函数原型如下:

```
os_err_t os_sem_init( os_sem_t          * sem,
                      const char        * name,
                      os_uint32_t       value,
                      os_uint32_t       max_value);
```

函数 os_sem_init()相关参数如表 12.5 所列。

表 12.5　函数 os_sem_init()相关形参描述

参　数	描　述
name	信号量名字,其最大长度由 OS_NAME_MAX 宏指定,多余部分会被自动截掉
value	信号量的初始值
max_value	信号量最大值,设置范围[信号量的初始值, OS_SEM_MAX_VALUE]

返回值:成功返回非 OS_NULL,失败返回 OS_NULL。

12.2.3　信号量创建过程分析

下面将具体分析信号量的创建过程。分析之前可以假想一下,如果你是开发者,该如何创建信号量？那么对于操作系统而言，它是面向用户的，创建信号量首先要进行参数的检查，以保证操作系统的安全(通俗来讲，就是防止用户随便输入参数或者错误输入参数)。然后操作系统庞大，需要一个统一管理信号量的机制。最后信号量的实现，创建一个全局变量就可以了。如果 P 操作就让全局变量的值－1，V 操作就让全局变量＋1，如此我们就实现了一个安全可靠的信号量创建机制。下面看一下 OneOS 是不是如此操作的。OneOS 创建信号量的操作函数如下：

```
os_sem_t * os_sem_create( const char * name,
                          os_uint32_t value,
                          os_uint32_t max_value)
{
    os_sem_t * sem;

    /* 信号量参数的合理性判断、临界区检查，具体为函数的参数检查、
       中断状态检查、调度器情况检查 */
    OS_ASSERT(max_value >= value);
    OS_ASSERT(max_value > 0U);
    OS_ASSERT(OS_FALSE == os_is_irq_active());
    OS_ASSERT(OS_FALSE == os_is_irq_disabled());
    OS_ASSERT(OS_FALSE == os_is_schedule_locked());

    /* 使用 malloc 开辟一个信号量空间，并且对其进行初始化 */
    sem = (os_sem_t *)OS_KERNEL_MALLOC(sizeof(os_sem_t));
    if (OS_NULL == sem)
    {
        OS_KERN_LOG(KERN_ERROR, SEM_TAG, "Semaphore memory malloc fail");
    }
    else
    {
        /* 共享资源 gs_os_sem_resource_list_lock 上锁保护，防止重复访问 */
        os_spin_lock(&gs_os_sem_resource_list_lock);
        /* 将创建的信号量节点信息加入信号量列表 */
        os_list_add_tail(&gs_os_sem_resource_list_head, &sem->resource_node);
        /* 共享资源 gs_os_sem_resource_list_lock 解锁 */
        os_spin_unlock(&gs_os_sem_resource_list_lock);
        /* 初始化信号量 */
        _k_sem_init(sem, value, max_value, name);
        sem->object_alloc_type = OS_KOBJ_ALLOC_TYPE_DYNAMIC;
        sem->object_inited = OS_KOBJ_INITED;
    }
    return sem;
}
OS_INLINEvoid _k_sem_init( os_sem_t * sem,
                           os_uint32_t value,
                           os_uint32_t max_value,
                           const char * name)
```

```
{
    os_list_init(&sem->task_list_head);                /* 初始化块任务链表头 */
    sem->count      = value;                           /* 信号量的值 */
    sem->max_count = max_value;                        /* 信号量的最大值 */
    sem->wake_type = OS_SEM_WAKE_TYPE_PRIO;            /* 唤醒类型为优先级类型 */
    if (OS_NULL != name)
    {
        /* 信号量名称 */
        (void)strncpy(&sem->name[0], name, OS_NAME_MAX);
        sem->name[OS_NAME_MAX] = '\0';
    }
    else
    {
        sem->name[0] = '\0';
    }
    return;
}
```

可以看出，OneOS 也对函数的参数和系统的情况进行了检查；然后使用 malloc 操作申请了一段内存，且得到的地址是具有全局性的；接着，OneOS 为了集中管理信号量，引出了一个链表 gs_os_sem_resource_list_head，其中保存着所有的信号量链表。之前 OneOS 根据输入的函数参数初始化了信号量，然后将创建成功的信号量作为返回值，返回给上一级函数，如图 12.6 所示。

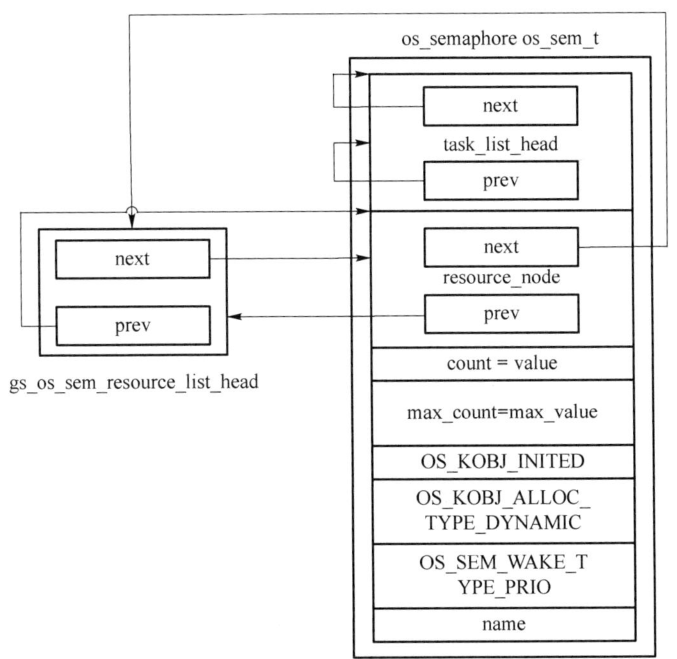

图 12.6　创建信号量示意图

可见，调用函数 os_sem_create()创建信号量就是对信号量结构体填写参数。注意，task_list_head 链表的 next 和 prev 都指向自己本身，而 resouce_node 链表在信号量资源链表 gs_os_sem_resource_list_head 尾部插入，最后其他参数分别填写对应的数值。

12.2.4 释放信号量

释放信号量即 V 操作，本质是让信号量的计数值+1，主要过程是先执行 S=S+1；若 S>0，则原进程继续执行；若 S≤0，则等待队列 Q 中的第一个进程将会被移出，使得其变为就绪状态并插入就绪队列，再返回原进程继续执行。对于一个操作系统，首先应该进行函数参数的安全性检测，然后进入临界区，从而防止多个任务执行 V 操作。最后，将信号量的值+1，之后退出临界区。

释放信号量使用函数 os_sem_post()实现，如果有任务等待，则该信号量唤醒等待列表的第一个任务，否则信号量计数值加 1。该函数具有一个形参，如表 12.7 所列，若成功释放，则信号量将会返回 OS_EOK；若信号量资源数超过设定的最大值，则返回 OS_EFULL。

表 12.7 函数 os_sem_post()相关形参描述

参 数	描 述
sem	信号量控制块

该函数的源码分析如下：

```
os_err_t os_sem_post(os_sem_t * sem)
{
    os_err_t      ret;
    os_task_t * task;
    /* 系统的安全性检测，主要是参数的检测 */
    OS_ASSERT(OS_NULL != sem);
    OS_ASSERT(OS_KOBJ_INITED == sem->object_inited);
    ret = OS_EOK;
    OS_KERNEL_ENTER();                              /* 进入临界区 */
    /* 参数正确，则信号量的值+1 */
    if (os_list_empty(&sem->task_list_head))  /* 判断块任务链表头是否为空 */
    {
        /* 参数安全性检测，判断信号量当前数值是否达到最大值 */
        if (sem->count < sem->max_count)
        {
            sem->count++;                           /* 信号量数值加 1 */
            OS_KERNEL_EXIT();                       /* 退出临界区 */
        }
        else
        {
            OS_KERNEL_EXIT();                       /* 退出临界区 */
```

```
            ret = OS_EFULL;
        }
    }
    else    /* 信号量上有阻塞任务,执行该段 */
    {
        task = os_list_first_entry(&sem->task_list_head, os_task_t, task_node);
        /* 取消阻塞任务 */
        k_unblock_task(task);
        if (task->state & OS_TASK_STATE_READY)
        {
            OS_KERNEL_EXIT_SCHED();
        }
        else
        {
            OS_KERNEL_EXIT();
        }

    }
    return ret;
}
```

上述源码可知:os_sem_post()函数用于释放信号量,首先检测信号量是否存在、是否已经初始化;然后判断信号量任务链表头是否为空,如果不为空,表明信号量上无阻塞任务;最后判断信号量的当前值是否小于最大值,是则信号量当前值加 1 操作,不是则直接退出,并返回 OS_EFULL。

12.2.5 获取信号量

获取信号量即 P 操作,本质是让信号量的计数值－1,主要过程是先执行 S＝S－1;若 S≥0,则表示申请到资源,进程继续执行;若 S＜0,则无资源可用,阻塞该进程,并将它插入该信号量的等待队列 Q 中。对于一个操作系统而言,首先应该进行函数参数的安全性检测,然后进入临界区,从而防止多个任务执行 P 操作。最后等待信号量的释放,获取到信号量或者超时未获取到信号量,则都会退出临界区。

释放信号量使用函数 os_sem_wait()实现,当信号量的值大于等于 1 时,该任务将获得信号量;若信号量的值为 0,则申请该信号量的任务将会根据 timeout 的设置来决定等待的时间,直到其他任务、中断释放该信号量或者超时。该函数具有 2 个形参,如表 12.8 所列。

表 12.8　函数 os_sem_wait()相关形参描述

参　数	描　述
sem	信号量控制块
timeout	信号量暂时获取不到时的等待超时时间。若为 OS_NO_WAIT,则等待时间为 0;若为 OS_WAIT_FOREVER,则永久等待直到获取到信号量;若为其他值,则等待 timeout 时间或者获取到信号量为止,并且其他值时 timeout 必须小于 OS_TICK_MAX / 2

由于具有 timeout 等待时间的功能，函数的返回值有 4 个，如表 12.9 所列。

表 12.9　函数 os_sem_wait()返回值描述

返回值	描　述
OS_EOK	信号量获取成功
OS_EBUSY	不等待且未获取到信号量
OS_ETIMEOUT	等待超时未获取到信号量
OS_ERROR	其他错误

OneOS 中实现函数 os_sem_wait()的源码如下：

```
os_err_t os_sem_wait(os_sem_t * sem, os_tick_t timeout)
{
    os_err_t  ret;
    os_task_t  * task;
    /* 系统的安全性检测,主要是函数参数的检查、系统状态检测 */
    OS_ASSERT(OS_NULL != sem);
    OS_ASSERT(OS_KOBJ_INITED == sem->object_inited);
    OS_ASSERT((OS_NO_WAIT == timeout) || (OS_FALSE == os_is_irq_active()));
    OS_ASSERT((OS_NO_WAIT == timeout) || (OS_FALSE == os_is_irq_disabled()));
    OS_ASSERT((OS_NO_WAIT == timeout) || (OS_FALSE == os_is_schedule_locked()));
    OS_ASSERT((timeout < (OS_TICK_MAX / 2)) || (OS_WAIT_FOREVER == timeout));
    ret = OS_EOK;
    OS_KERNEL_ENTER();  /* 进入临界区 */
    /* 如果信号量的值>0,表示资源充足,此时信号量的值-1,不阻塞进程 */
    if (sem->count > 0)
    {
        sem->count--;
        OS_KERNEL_EXIT();
    }
    else    /* 如果信号量的值<=0,则表示资源不充足将会阻塞进程,直到其他进程释
               放信号量 */
    {
        if (OS_NO_WAIT == timeout)  /* 超出等待时间,直接退出 */
        {
            OS_KERNEL_EXIT();
            ret = OS_EBUSY;
        }
        else
        {
            task = k_task_self();
            /* 等待其他任务释放信号量 */
            if (OS_SEM_WAKE_TYPE_PRIO == sem->wake_type)
            {
                /* 阻塞任务 */
                k_block_task(&sem->task_list_head, task, timeout, OS_TRUE);
```

```
            }
            else
            {
                k_block_task(&sem->task_list_head, task, timeout, OS_FALSE);
            }
            /* 发生任务调度 */
            OS_KERNEL_EXIT_SCHED();

            ret = task->switch_retval;
        }
    }

    return ret;
}
```

从上述源码可以看出，首先判断信号量的当前值是否大于0，如果大于0，则当前值减一。如果信号量的值不大于0（表示信号量还没有被释放，该任务被设置成阻塞），则判断是否超时，如果等待信号量超时就会返回错误值，不超时则把当前等待的信号量任务进行阻塞处理，最后发生任务调度。

12.2.6 信号量其他 API 函数

1. os_sem_deinit()函数

该函数用于去初始化不再使用的信号量，其函数原型如下：

```
os_err_t os_sem_deinit(os_sem_t * sem);
```

函数 os_sem_deinit()相关形参描述如表 12.10 所列。

返回值：OS_EOK 表示去初始化信号量成功。

2. os_sem_destroy()函数

该函数用于销毁不再使用的信号量，然后释放信号量对象占用的空间，与 os_sem_create()匹配使用，其函数原型如下：

```
os_err_t os_sem_destroy(os_sem_t * sem)
```

函数 os_sem_destroy()相关形参描述如表 12.11 所列。

表 12.10 函数 os_sem_deinit()相关形参描述

参 数	描 述
sem	信号量控制块

表 12.11 函数 os_sem_destroy()相关形参描述

参 数	描 述
sem	信号量控制块

返回值：OS_EOK 表示销毁信号量成功。

3. os_sem_set_wake_type()函数

该函数用于设置阻塞在信号量下的任务的唤醒类型，其函数原型如下：

```
os_err_t os_sem_set_wake_type(os_sem_t * sem, os_uint8_t wake_type);
```

函数 os_sem_set_wake_type()相关形参描述如表 12.12 所列。

表 12.12　函数 os_sem_set_wake_type()相关形参描述

参　数	描　述
sem	信号量控制块
wake_type	OS_SEM_WAKE_TYPE_PRIO 为设置唤醒阻塞任务的类型,这里设置为按优先级唤醒(信号量创建后默认为使用此方式);OS_SEM_WAKE_TYPE_FIFO 为设置唤醒阻塞任务的类型,这里设置为先进先出唤醒

返回值:OS_EOK 表示设置唤醒阻塞任务类型成功,OS_EBUSY 表示设置唤醒阻塞任务类型失败。

4. os_sem_get_count()函数

该函数用于获取信号量当前的资源数,其函数原型如下:

```
os_uint32_t os_sem_get_count(os_sem_t * sem);
```

函数 os_sem_get_count()相关形参描述如表 12.13 所列。

表 12.13　函数 os_sem_get_count()相关形参描述

参　数	描　述
sem	信号量控制块

返回值:返回信号量资源数。

12.2.7　信号量配置

OneOS 的信号量功能是可以根据用户的需求自定义裁减的,在工程目录下打开 OneOS-Cube 进行如下配置:

```
(Top) → Kernel→ Inter - task communication and synchronization
                         ↑ ↑ ↑ ↑ ↑ ↑ ↑          OneOS Configuration
[ ] Enable mutex
[ ] Enable spinlock check
[ * ] Enable semaphore
[ ] Enable event flag
[ ] Enable message queue
[ ] Enable mailbox
```

其中,Enable semaphore 选项就是开启 OneOS 中信号量功能的选项。

12.3 信号量操作实验

12.3.1 功能设计

本实验设计两个任务：user_task 和 key_task，任务功能如表 12.14 所列。

表 12.14 各个任务实现的功能描述

任　务	任务功能
key_task	按下 KEY0 按键为释放信号量
user_task	获取到信号量后刷新屏幕

该实验工程参考 demos/atk_driver/rtos_test/09_sem_test 文件夹。

12.3.2 软件设计

1. 实验流程步骤

① 按下开发板上的 KEY0，调用函数 os_sem_post()释放信号量。

② user_task 任务调用函数 os_sem_wait()获取信号量。

2. 程序流程

根据上述例程功能分析得到如图 12.15 所示流程图。

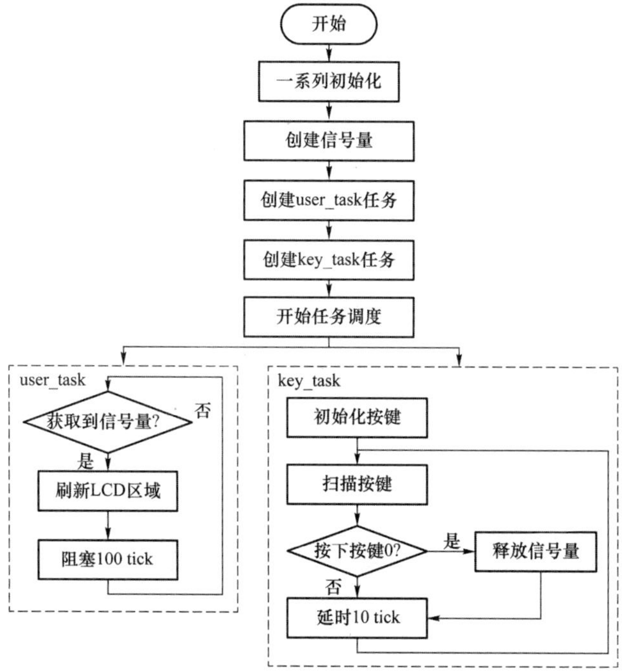

图 12.15 信号量实验流程图

3. 程序解析

(1) 任务参数设置和信号量控制块定义

```
/* USER_TASK 任务 配置
 * 包括：任务句柄 任务优先级 堆栈大小 创建任务
 */
#define USER_TASK_PRIO      3                     /* 任务优先级 */
#define USER_STK_SIZE       512                   /* 任务堆栈大小 */
os_task_t * USER_Handler;                         /* 任务控制块 */
void user_task(void * parameter);                 /* 任务函数 */
/* KEY_TASK 任务 配置
 * 包括：任务句柄 任务优先级 堆栈大小 创建任务
 */
#define KEY_TASK_PRIO       5                     /* 任务优先级 */
#define KEY_STK_SIZE        512                   /* 任务堆栈大小 */
os_task_t * KEY_Handler;                          /* 任务控制块 */
void key_task(void * parameter);                  /* 任务函数 */
static os_sem_t * sem_dynamic;
```

(2) 任务实现

```
/**
 * @brief        user_task
 * @param        parameter : 传入参数(未用到)
 * @retval       无
 */
static void user_task(void * parameter)
{
    parameter = parameter;
    os_uint8_t num = 0;
    /* 初始化屏幕显示,代码省略 */
    while (1)
    {
        /* 等待信号量 */
        if (OS_EOK == os_sem_wait(sem_dynamic, OS_WAIT_FOREVER))
        {
            num++;
            lcd_fill(6, 131, 233, 313, lcd_discolor[num % 11]);
        }
        os_task_msleep(100);
    }
}
/**
 * @brief        key_task
 * @param        parameter : 传入参数(未用到)
 * @retval       无
 */
static void key_task(void * parameter)
{
```

```
    parameter = parameter;
    os_uint8_t key;

    for (os_uint8_t i = 0; i < key_table_size; i++)
    {
        os_pin_mode(key_table[i].pin, key_table[i].mode);
    }
    while (1)
    {
        key = key_scan(0);
        if (key == KEY0_PRES)
        {
            /* 释放信号量 */
            os_sem_post(sem_dynamic);
}

        os_task_msleep(10);
    }
}
```

从上述源码可知：user_task 任务调用函数 os_sem_wait()等待信号量，如果有信号量释放，那么 LCD 会刷新颜色；如果没有信号量释放，则该任务进入阻塞状态。key_task 任务主要用来扫描按键的状态，如果按下开发板上的 KEY0 按键，那么调用函数 os_sem_post()释放信号量。

12.3.3 下载验证

编译并下载程序到开发板中，通过 LCD 查看相关过程，如图 12.16 所示。

按下按键 KEY0 时，LCD 会刷新颜色，如图 12.17 所示。

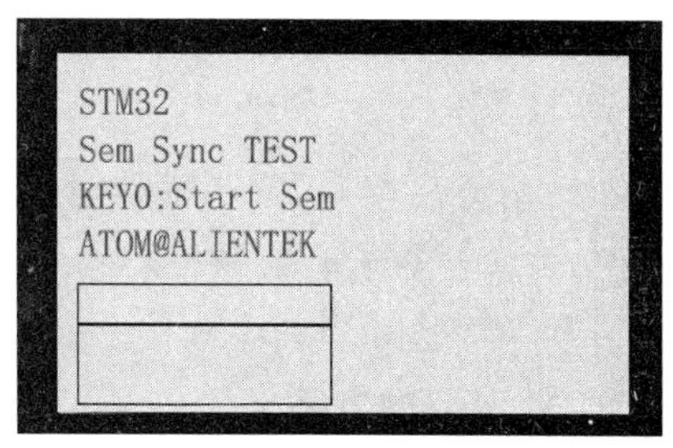

图 12.16 LCD 初始状态

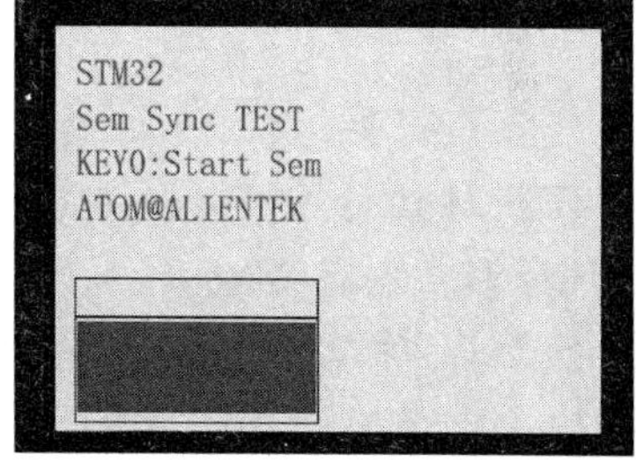

图 12.17 信号量获取成功

12.4 优先级翻转

使用信号量时会遇到很常见的一个问题——优先级翻转，这在可抢占内核中是非常常见的，但在实时系统中不允许出现这种现象，这样会破坏任务的预期顺序，可能会导致严重的后果。图 12.18 就是一个优先级翻转的例子。

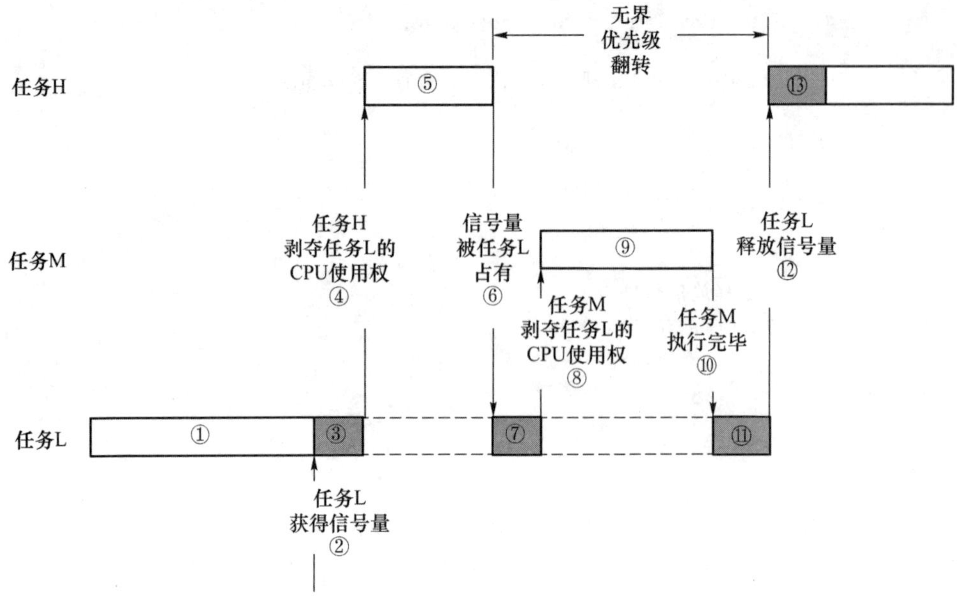

图 12.18 优先级翻转示意图

① 任务 H 和任务 M 处于挂起状态，等待某一事件的发生，任务 L 正在运行。

② 某一时刻，任务 L 想要访问共享资源，在此之前它必须先获得对应该资源的信号量。

③ 任务 L 获得信号量并开始使用该共享资源。

④ 由于任务 H 优先级高，它等待的事件发生后便剥夺了任务 L 的 CPU 使用权。

⑤ 任务 H 开始运行。

⑥ 任务 H 运行过程中也要使用任务 L 正在使用着的资源，由于该资源的信号量还被任务 L 占用着，任务 H 只能进入挂起状态，等待任务 L 释放该信号量。

⑦ 任务 L 继续运行。

⑧ 由于任务 M 的优先级高于任务 L，当任务 M 等待的事件发生后，任务 M 剥夺了任务 L 的 CPU 使用权。

⑨ 任务 M 处理该处理的事。

⑩ 任务 M 执行完毕后，将 CPU 使用权归还给任务 L。

⑪ 任务 L 继续运行。

⑫ 最终任务 L 完成所有的工作并释放了信号量，到此为止，由于实时内核知道有个高优先级的任务在等待这个信号量，故内核做任务切换。

⑬ 任务 H 得到该信号量并接着运行。

在这种情况下，任务 H 的优先级实际上降到了任务 L 的优先级水平。因为任务 H 要一直等待直到任务 L 释放其占用的那个共享资源。任务 M 剥夺了任务 L 的 CPU 使用权，使得任务 H 的情况更加恶化，这样就相当于任务 M 的优先级高于任务 H，从而导致优先级翻转。

12.5 优先级翻转实验

12.5.1 功能设计

使用信号量时会存在优先级翻转的问题，本实验通过模拟的方式实现优先级翻转，观察优先级翻转对抢占式内核的影响。

本实验设计 3 个任务：high_task、middle_task、low_task，任务功能如表 12.19 所列。

表 12.19 各个任务实现的功能描述

任　务	任务功能
high_task	高优先级任务：会获取信号量，成功以后进行相应的处理，处理完成以后就会释放信号量
middle_task	中等优先级的任务：一个简单的应用任务
low_task	低优先级任务：和高优先级任务一样，会获取信号量，成功以后进行相应的处理；不过不同之处在于低优先级的任务占用信号量的时间要久一点（软件模拟占用）

实验中创建了一个信号量 sem_dynamic，高优先级和低优先级这两个任务会使用这个信号量。该实验工程参考 demos/atk_driver/rtos_test/10_prio_Inversion_test 文件夹。

12.5.2 软件设计

1. 程序流程图

根据上述的例程功能分析得到 OneOS 优先级翻转实验流程图，如图 12.20 所示。

2. 程序解析

(1) 任务参数设置

```
/* HIGH_TASK 任务 配置
 * 包括：任务句柄 任务优先级 堆栈大小 创建任务
 */
#define HIGH_TASK_PRIO         3              /* 任务优先级 */
#define HIGH_STK_SIZE          512            /* 任务堆栈大小 */
os_task_t * HIGH_Handler;                     /* 任务控制块 */
void high_task(void * parameter);             /* 任务函数 */
```

```
/* MIDDLE_TASK 任务 配置
 * 包括：任务句柄 任务优先级 堆栈大小 创建任务
 */
#define MIDDLE_TASK_PRIO      4 /* 任务优先级 */
#define MIDDLE_STK_SIZE       512 /* 任务堆栈大小 */
os_task_t * MIDDLE_Handler;                 /* 任务控制块 */
void middle_task(void * parameter);         /* 任务函数 */
/* LOW_TASK 任务 配置
 * 包括：任务句柄 任务优先级 堆栈大小 创建任务
 */
#define LOW_TASK_PRIO         5 /* 任务优先级 */
#define LOW_STK_SIZE          512 /* 任务堆栈大小 */
os_task_t * LOW_Handler;                    /* 任务控制块 */
void low_task(void * parameter);            /* 任务函数 */
```

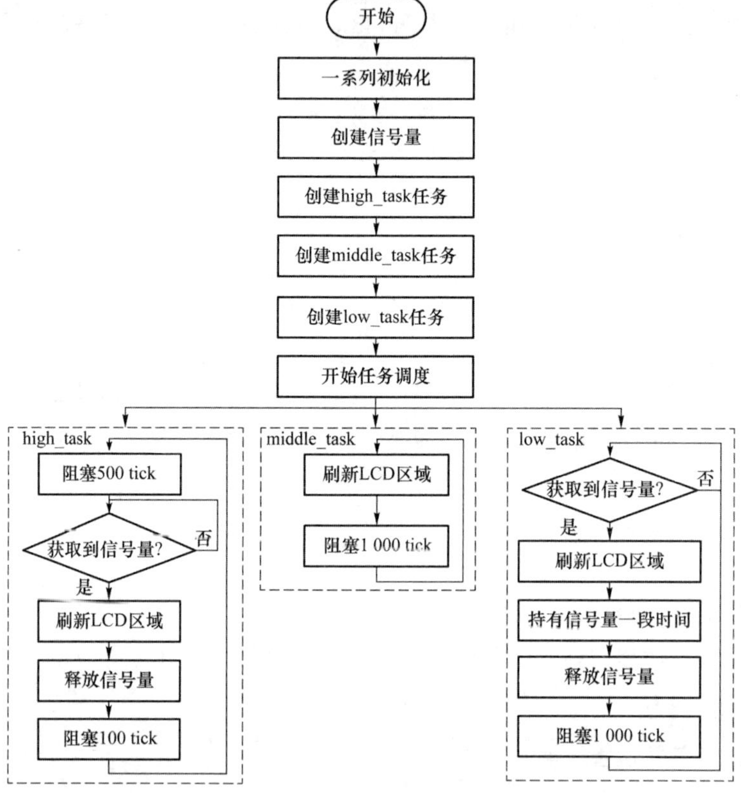

图 12.20　OneOS 优先级翻转实验流程图

(2) 任务实现

```
/**
 * @brief       high_task
 * @param       parameter : 传入参数(未用到)
```

```
 * @retval      无
 */
static void high_task(void * parameter)
{
    parameter = parameter;
    os_uint8_t num = 0;
    /* 初始化屏幕显示,代码省略 */
    while (1)
    {
        os_task_msleep(500);
        num++;
        os_kprintf("high task Pend Sem\r\n");
        os_sem_wait(sem_dynamic, OS_WAIT_FOREVER);      /* 请求信号量 */
        os_kprintf("high task Running! \r\n");
        lcd_fill(6,131,114,156,lcd_discolor[num % 11]);/* 填充区域 */
        os_sem_post(sem_dynamic);                       /* 释放信号量 */
        os_task_msleep(100);
    }
}
/**
 * @brief       middle_task
 * @param       parameter : 传入参数(未用到)
 * @retval      无
 */
static void middle_task(void * parameter)
{
    parameter = parameter;
    os_uint8_t num = 0;
    /* 初始化屏幕显示,代码省略 */
    while (1)
    {
        num++;
        os_kprintf("middle task Running! \r\n");
        lcd_fill(126,131,233,156,lcd_discolor[11 - num % 11]);/* 填充区域 */
        os_task_msleep(1000);
    }
}

/**
 * @brief       low_task
 * @param       parameter : 传入参数(未用到)
 * @retval      无
 */
static void low_task(void * parameter)
{
    parameter = parameter;
    static os_uint32_t times;
    os_uint8_t num = 0;
    /* 初始化屏幕显示,代码省略 */
```

```
    while (1)
    {
        os_sem_wait(sem_dynamic, OS_WAIT_FOREVER);          /* 请求信号量 */
        os_kprintf("low task Running! \r\n");
        num++;
        lcd_fill(6,191,114,216,lcd_discolor[11 - num % 11]);  /* 填充区域 */
        for(times = 0; times<1000000; times++)
        {
            os_task_yield();                                /* 发起任务调度 */
}
        os_sem_post(sem_dynamic);                           /* 释放信号量 */
        os_task_msleep(1000);
    }
}
```

上述源码可知：系统一开始执行 high_task()任务函数，由于调用了 os_task_msleep()函数进行延时(注意，该延时函数会发生任务调度)，所以系统的 CPU 主动权给了 MIDDLE 任务。当 MIDDLE 任务执行完毕，而 HIGH 任务延时还没有到达时，系统的 CPU 主动给了 LOW 任务。由于 LOW 任务获取了信号量，然后调用 os_task_yield()发生任务调度，放弃 CPU 的主动权，这时，high_task()任务延时完毕调用 os_sem_wait()获取信号量；因为这个信号量已经被 LOW 任务获取了，所以 high_task()任务一直进入阻塞等待 LOW 任务释放信号量，系统没有其他任务执行，只能不断执行 MIDDLE 任务，直到 LOW 任务释放信号量 high_task()任务才能执行。

12.5.3 下载验证

编译并下载实验代码到开发板中，打开串口调试助手。因为从 LCD 上不容易看出优先级翻转的现象，我们可以通过串口很方便地观察优先级翻转，串口输出如图 12.21 所示。

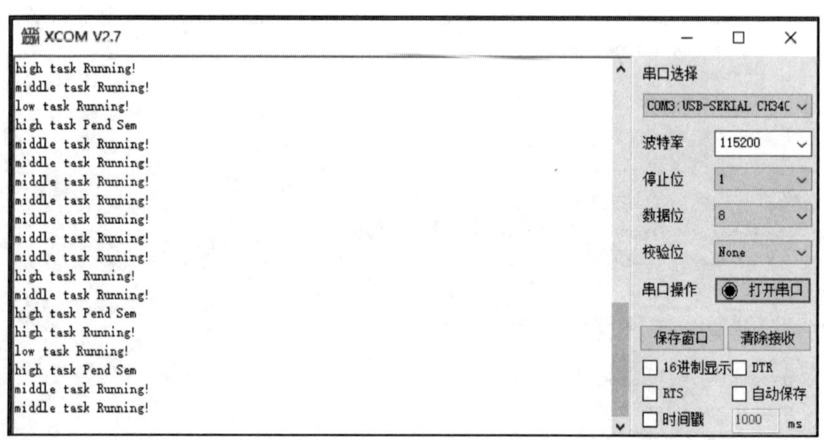

图 12.21　串口输出

根据操作系统的规则，应该是由于高优先级的任务运行，high_task 任务第一时间调用 os_task_msleep()函数，该函数会发生任务调度，所以内核执行 middle_task 任务。当 MIDDLE 任务执行完毕，判断 high_task 任务延时是否到达，如果没有到达，那么内核将 low_task 任务运行调度。

由于 os_task_msleep()延时到达，而 high_task 获取信号量 sem_dynamic，但是此时信号量 sem_dynamic 被任务 low_task 占用着，因此 high_task 就要一直等待，直到 low_task 任务释放信号量 sem_dynamic。

由于 high _task 没有获取到信号量 sem_dynamic，只能一直等待，那么 high_task 没有运行；而 middle_task 一直在运行，给人的感觉就是 middle_task 的任务优先级高于 high_task。但是事实上 high_task 任务的任务优先级是高于 middle_task 的，这个就是优先级反转。

当 low_task 释放信号量 sem_dynamic 时，high_task 任务因为获取到了信号量 sem_dynamic 而运行。

从本例程中可以看出，当一个低优先级任务和一个高优先级任务同时使用同一个信号量，而系统中还有其他中等优先级任务时，如果低优先级任务获得了信号量，那么高优先级的任务就会处于等待状态；但是，中等优先级的任务可以打断低优先级任务而先于高优先级任务运行（此时高优先级的任务在等待信号量，所以不能运行），这是就出现了优先级翻转的现象。

既然优先级翻转是个很严重的问题，那么有没有解决方法呢？有！这就要引出另外一种信号量——互斥锁。

第13章

OneOS 互斥锁

在学习 OneOS 的信号量时会发现，使用 OneOS 信号量有可能出现优先级翻转现场，为了解决这个问题，RTOS 引入了互斥锁的概念。互斥锁是一种任务间互斥的机制，一个任务占有了某个资源，就不允许别的任务去访问，直到占有资源的任务释放锁。即一个资源同时只允许一个访问者对其访问，具有唯一性和排他性，但互斥不会限制访问者对资源的访问顺序，即访问是无序的。本章就正式学习 OneOS 的互斥锁。

本章分为如下几部分：

13.1 互斥锁

13.2 互斥锁操作实验

13.1 互斥锁

互斥锁其实就是一个拥有优先级继承的信号量，在同步的应用中(任务与任务或中断与任务之间的同步)信号量最适合。互斥锁适用于那些需要互斥访问的应用。在互斥访问中，互斥锁相当于一个钥匙，当任务想要使用资源的时候就必须先获得这个钥匙，使用完资源以后就必须归还这个钥匙，这样其他的任务就可以拿着这个钥匙去使用资源。互斥锁使用和信号量类似的 API 操作函数，所以互斥锁也可以设置阻塞时间；不同于信号量的是，互斥锁具有优先级继承的特性。当一个互斥锁正在被一个低优先级的任务使用，而此时有个高优先级的任务也尝试获取这个互斥锁的话就会被阻塞。不过这个高优先级的任务会将低优先级任务的优先级提升到与自己相同的优先级，这个过程就是优先级继承。优先级继承尽可能地降低了高优先级任务处于阻塞态的时间，并且将已经出现的优先级翻转的影响降到最低。

优先级继承并不能完全消除优先级翻转，它只是尽可能地降低优先级翻转带来的影响。硬实时应用应该在设计之初就要避免优先级翻转的发生。互斥锁不能用于中断服务函数中，原因如下：

- 互斥锁有优先级继承的机制，所以只能用在任务中，不能用于中断服务函数。
- 中断服务函数中不能因为要等待互斥锁而设置阻塞时间进入阻塞态。

OneOS 系统的互斥锁支持非递归锁和递归锁两种形式。当互斥锁设置为非递归锁时，一旦该锁被某个任务获取，在释放之前不能被任何任务再次获取；当互斥锁设置为递归锁时，若锁被某个任务获取，那么该任务可以再次获取这个锁而不会被挂起。一般情况下，使用者在使用锁时，应该明确自己要保护的临界资源的范围，只在对临界资源访问时加锁，访问完成后立即解锁。对临界资源的访问，经过合理设计后，一般都可以使用非递归锁实现；递归锁在某些错综复杂的调用关系情况下，使用起来比较方便，但是容易隐藏代码中可能存在的问题。

1. 互斥锁实现原理

互斥锁基于阻塞队列实现，初始计数值为 0(代表此时互斥锁没有被获取)，任务成功获取互斥锁时，计数值加 1(代表此时互斥锁已经被获取)，并且该任务成为锁的持有者；当另一个任务获取该互斥锁时，由于锁已经被获取，该任务被挂起放到阻塞队列，直到锁的持有者释放锁，被挂起的任务才被唤醒并放到就绪队列，如图 13.1 所示。

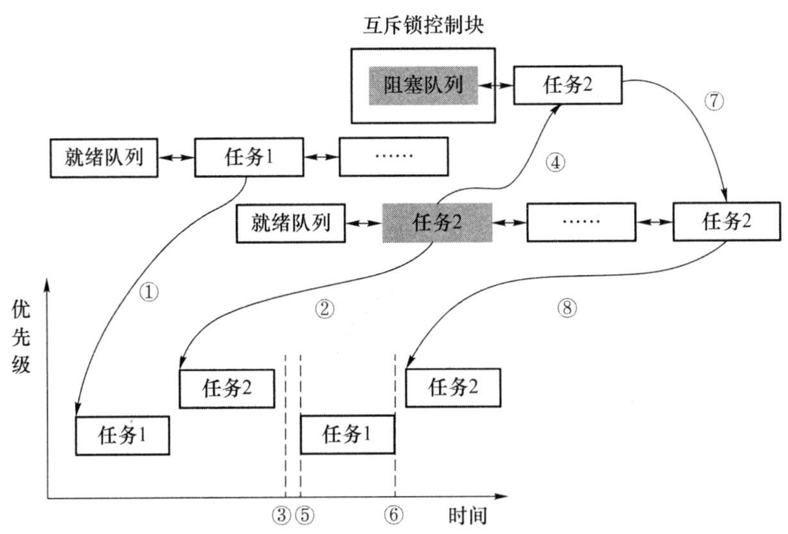

图 13.1　互斥锁举例流程图

图中①：任务 1 先运行，并获取互斥锁；

图中②：任务 2 就绪运行；

图中③：任务 2 获取互斥锁，由于互斥锁已经被任务 1 持有，任务 2 获取失败；

图中④：任务 2 被阻塞，被放到阻塞队列；

图中⑤：任务 2 被阻塞，任务 1 运行；

图中⑥：任务 1 释放互斥锁，唤醒任务 2；

图中⑦：任务 2 被放到就绪队列；

图中⑧：任务 2 运行。

2. 互斥锁解决优先级翻转

为了避免优先级反转这个问题，OneOS 支持一种特殊的信号量：互斥锁，用它可以解决优先级反转问题，如图 13.2 所示。

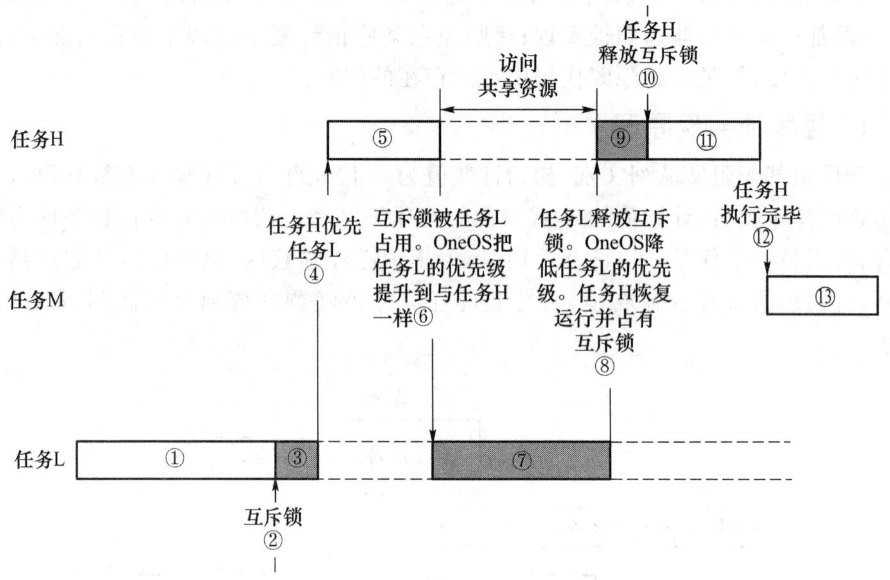

图 13.2　互斥锁解决优先级翻转问题

① 任务 H 与任务 M 处于挂起状态，等待某一事件的发生，任务 L 正在运行中。

② 某一时刻任务 L 想要访问共享资源，在此之前它必须先获得对应资源的互斥锁。

③ 任务 L 获得互斥锁并开始使用该共享资源。

④ 由于任务 H 优先级高，它等待的事件发生后便剥夺了任务 L 的 CPU 使用权。

⑤ 任务 H 开始运行。

⑥ 任务 H 运行过程中也要使用任务 L 在使用的资源，考虑到任务 L 正在占用着资源，OneOS 会将任务 L 的优先级升至同任务 H 一样，使得任务 L 能继续执行而不被其他中等优先级的任务打断。

⑦ 任务 L 以任务 H 的优先级继续运行，注意，此时任务 H 并没有运行，因为任务 H 在等待任务 L 释放掉互斥锁。

⑧ 任务 L 完成所有的任务，并释放掉互斥锁，OneOS 自动将任务 L 的优先级恢复到提升之前的值，然后 OneOS 会将互斥锁给正在等待着的任务 H。

⑨ 任务 H 获得互斥锁开始执行。

⑩ 任务 H 不再需要访问共享资源，于是释放掉互斥锁。

⑪ 由于没有更高优先级的任务需要执行，所以任务 H 继续执行。

⑫ 任务 H 完成所有工作，并等待某一事件发生，此时 OneOS 开始运行在任务 H 或者任务 L 运行过程中已经就绪的任务 M。

⑬ 任务 M 继续执行。

上面提到的方法是解决优先级翻转的常见方法，OneOS 针对任务持多个互斥锁的情况在恢复优先级时做了优化。释放互斥锁的时候，不是直接恢复持有该互斥锁任务的原始优先级，而是遍历该任务的持有互斥锁队列，获取到队列上每个互斥锁阻塞队列上的第一个任务(这个任务在该队列上优先级最高)，然后取所有阻塞任务的最高优先级，将互斥锁任务恢复为该优先级，如图 13.3 所示。

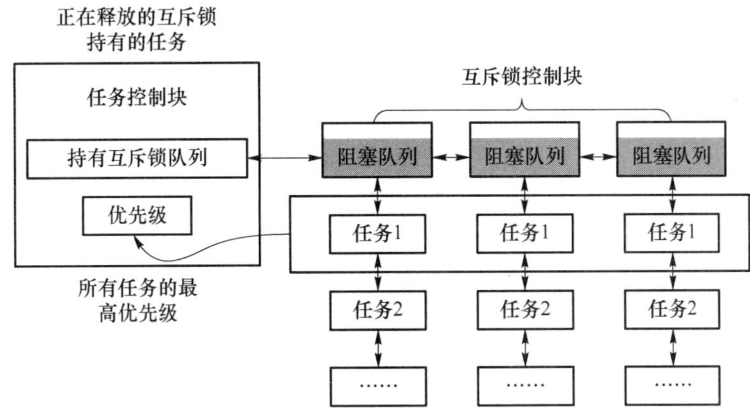

图 13.3　OneOS 中的互斥锁

13.1.1　互斥锁结构体

在讲解互斥锁创建之前，首先讲解互斥锁的结构体以及它的成员变量，如以下源码所示：

```
struct os_mutex
{
    /* 任务阻塞队列头,任务获取互斥锁失败时将其阻塞在该队列上 */
    os_list_node_t        task_list_head;
    /* 资源管理节点,通过该节点将创建的互斥锁挂载到 gs_os_mutex_resource_list_head 上 */
    os_list_node_t        resource_node;
    /* 锁定管理节点,通过该节点将被任务锁定的互斥锁挂载到对应的任务上 */
    os_list_node_t        hold_node;
    /* 锁定者,指向锁定互斥锁的任务 */
    os_task_t             *owner;
    /* 锁定次数,非递归互斥锁只能锁定一次,递归互斥锁可以被同一个任务锁定多次 */
    os_uint32_t       lock_count;
    /* 递归互斥锁标志,1 表示为递归互斥锁,0 表示非递归互斥锁 */
    os_bool_t         is_recursive;
```

```
    /* 初始化状态,0x55 表示已经初始化,0xAA 表示已经去初始化,其他值为未初始化 */
    os_uint8_t       object_inited;
    /* 互斥锁类型,0 为静态互斥锁,1 为动态互斥锁 */
    os_uint8_t       object_alloc_type;
    /* 阻塞任务唤醒方式,0x55 表示按优先级唤醒,
       0xAA 表示按 FIFO 唤醒。可以通过属性设置接口进行设置 */
    os_uint8_t       wake_type;
    /* 任务原始优先级,保存任务获取到的任务优先级 */
    os_uint8_t       original_priority;
    /* 互斥锁名字,名字长度不能大于 OS_NAME_MAX */
    char             name[OS_NAME_MAX + 1]; /* Mutex name */
};
typedef struct os_mutex os_mutex_t;
```

从上述源码可知:os_mutex_t 互斥锁结构体具有 3 个链表,分别为任务阻塞队列头、资源管理节点以及锁定管理节点,它们是互斥锁的重要组成部分,如图 13.4 所示。

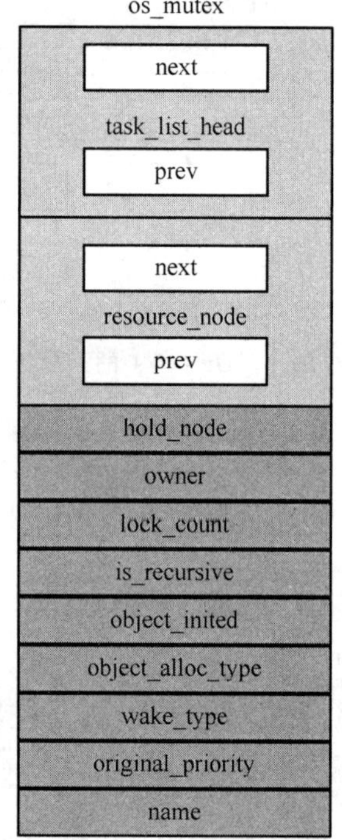

图 13.4　互斥锁的结构示意图

13.1.2　互斥锁创建与初始化

OneOS 提供了两个互斥锁创建函数,如表 13.5 所列。

表 13.5　互斥锁创建函数

函　数	描　述
os_mutex_create()	使用动态方法创建互斥锁
os_mutex_init()	使用静态方法创建互斥锁

1. 函数 os_mutex_create()

此函数用于创建一个互斥锁,所需要的内存通过动态内存管理方法分配。此函数原型如下:

os_mutex_t * os_mutex_create(const char * name, os_bool_t recursive);

函数 os_mutex_create()具有 2 个形参,如表 13.6 所列。

表 13.6　os_mutex_create()相关形参描述

参　数	描　述
name	互斥锁名字,其最大长度由 OS_NAME_MAX 宏指定,多余部分会被自动截掉
recursive	表明是否为递归锁。若为 OS_FALSE,则为非递归锁;若为 OS_TRUE 时,则为递归锁

返回值:OS_NULL 表示互斥锁创建失败,其他值表示互斥锁创建成功。

2. 函数 os_mutex_init()

此函数也用来创建互斥锁,只不过使用此函数创建互斥锁时,互斥锁所需要的 RAM 需要由用户来分配,函数原型如下:

```
os_err_t os_mutex_init( os_mutex_t         * mutex,
                        const char         * name,
                        os_bool_t          recursive);
```

函数 os_mutex_init()相关形参如表 13.7 所列。

表 13.7　os_mutex_init()相关形参描述

参　数	描　述
mutex	互斥锁控制块,由用户提供,并指向对应的互斥锁控制块内存地址
name	互斥锁名字,其最大长度由 OS_NAME_MAX 宏指定,多余部分会被自动截掉
recursive	表明是否为递归锁。若为 OS_FALSE,为非递归锁;若为 OS_TRUE 时,为递归锁

返回值:OS_EINVAL 表示初始化互斥锁失败,无效参数;OS_EOK 表示初始化互斥锁成功。

13.1.3　互斥锁创建过程分析

这里以 os_mutex_create()函数分例进行分析,用户可以通过理解该函数再自行分析 os_mutex_init()函数。os_mutex_create()函数的分析如下:

```
os_mutex_t * os_mutex_create(const char * name, os_bool_t recursive)
{
    os_mutex_t * mutex;
    /* 检查系统当前的状态 */
    OS_ASSERT(OS_FALSE == os_is_irq_active());
    OS_ASSERT(OS_FALSE == os_is_irq_disabled());
    OS_ASSERT(OS_FALSE == os_is_schedule_locked());
    /* 申请一个 os_mutex_t 大小的空间 */
    mutex = (os_mutex_t *)OS_KERNEL_MALLOC(sizeof(os_mutex_t));
    if (OS_NULL == mutex) /* 申请内存失败 */
    {
        OS_KERN_LOG(KERN_ERROR, MUTEX_TAG, "Malloc mutex memory failed");
    }
    /* 将申请到的互斥锁变量添加到 gs_os_mutex_resource_list_head 列表中,
       并初始化互斥锁 */
    else /* 申请内存成功 */
    {
        os_spin_lock(&gs_os_mutex_resource_list_lock);
        /* 把互斥锁插入互斥资源链表节点 */
        os_list_add_tail(&gs_os_mutex_resource_list_head, &mutex->resource_node);
        os_spin_unlock(&gs_os_mutex_resource_list_lock);
        /* 初始化互斥锁成员变量 */
        _k_mutex_init(mutex, name, recursive, OS_KOBJ_ALLOC_TYPE_DYNAMIC);
    }
    return mutex;
}
OS_INLINEvoid _k_mutex_init( os_mutex_t * mutex,
                             const char * name,
                             os_bool_t recursive,
                             os_uint16_t object_alloc_type)
{
    /* 初始化任务阻塞队列头 */
    os_list_init(&mutex->task_list_head);
    mutex->owner             = OS_NULL;                    /* 锁定者 */
    mutex->lock_count        = 0U;                         /* 锁定次数 */
    mutex->is_recursive      = recursive;                  /* 递归互斥锁标志 */
    mutex->object_alloc_type = object_alloc_type;          /* 互斥锁类型 */
    mutex->wake_type         = OS_MUTEX_WAKE_TYPE_PRIO;/* 阻塞任务唤醒方式 */

    if (OS_NULL != name)
    {
        /* 设置名称 */
        (void)strncpy(&mutex->name[0], name, OS_NAME_MAX);
        mutex->name[OS_NAME_MAX] = '\0';

    }
    else
    {
        mutex->name[0] = '\0';
```

```
    }
    mutex->object_inited = OS_KOBJ_INITED; /* 初始化状态 */
}
```

上述源码会让读者觉得互斥锁的创建与信号量的创建是类似操作，都是把互斥块插入链表中，如图 13.8 所示。

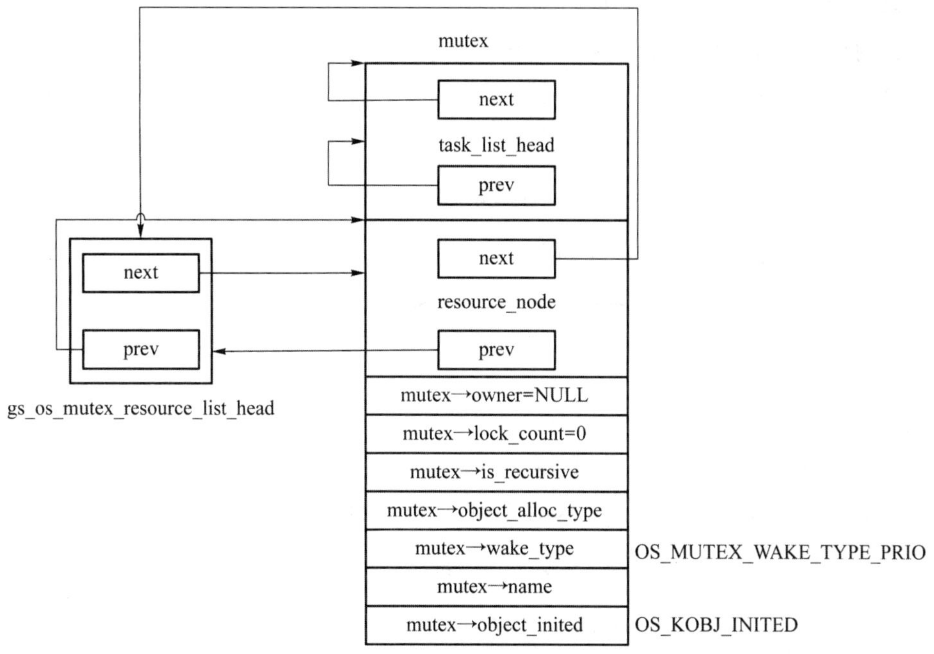

图 13.8　创建互斥锁示意图

13.1.4　释放互斥锁

OneOS 系统的互斥锁支持非递归锁和递归锁两种形式。创建互斥锁时已经指明了该互斥锁是递归互斥锁还是非递归互斥锁，那么释放互斥锁也有两种不同的函数，分别为释放非递归互斥锁和释放递归互斥锁。

OneOS 提供了两个释放互斥锁函数，如表 13.9 所列。

1. 函数 os_mutex_unlock()

该函数用于释放(非递归)互斥锁，与 os_mutex_lock()配合使用，函数原型如下：

```
os_err_t os_mutex_unlock(os_mutex_t * mutex);
```

该函数形参描述如表 13.10 所列。

表 13.9 释放互斥锁函数

函 数	描 述
os_mutex_unlock()	释放(非递归)互斥锁
os_mutex_recursive_unlock()	释放(递归)互斥锁

表 13.10 函数 os_mutex_unlock()形参

形 参	描 述
mutex	互斥锁控制块,即互斥锁变量

返回值:OS_EOK 释放非递归锁成功。

2. 函数 os_mutex_recursive_unlock()

该函数用于释放(递归)互斥锁,与 os_mutex_recursive_lock()配套使用,函数原型如下:

```
os_err_t os_mutex_recursive_unlock(os_mutex_t * mutex);
```

该函数形参描述如表 13.11 所列。

表 13.11 函数 os_mutex_recursive_unlock()形参描述

形 参	描 述
mutex	互斥锁控制块,即互斥锁变量

返回值:OS_EOK 表示释放非递归锁成功。

下面以 os_mutex _unlock()函数为例,分析它的实现过程。下面为源码的分析:

```
os_err_t os_mutex_unlock(os_mutex_t * mutex)
{
    os_task_t * current_task;
    os_task_t * block_task;
    os_bool_t  need_schedule;
    need_schedule = OS_FALSE;
    /* 获取当前任务 */
    current_task = k_task_self();
    /* 删除锁定管理节点 */
    os_list_del(&mutex->hold_node);
    /* 阻塞任务唤醒方式是否为 OS_MUTEX_WAKE_TYPE_PRIO */
    if (OS_MUTEX_WAKE_TYPE_PRIO == mutex->wake_type)
    {
        /* 恢复优先级 */
        need_schedule = _k_mutex_restore_priority(mutex);
    }
    /* 判断阻塞的任务是否包含该互斥锁 */
    if (! os_list_empty(&mutex->task_list_head)) /* 判断任务阻塞队列头是否为空 */
    {
        /* 获取阻塞任务 */
        block_task = os_list_first_entry(&mutex->task_list_head,
                                          os_task_t, task_node);
        /* 取消阻塞任务 */
        k_unblock_task(block_task);
```

```
        /* 设置该互斥锁的所有者 */
        mutex->owner = block_task;
        /* 设置该互斥锁优先级 */
        mutex->original_priority = block_task->current_priority;
        /* 尾部插入 */
        os_list_add_tail(&mutex->owner->hold_mutex_list_head, &mutex->hold_node);
        /* 判断该任务是否为就绪态 */
        if (block_task->state & OS_TASK_STATE_READY)
        {
            need_schedule= OS_TRUE;
        }
    }
    else /* 如果没有 */
    {
        /* 设置互斥锁为空 */
        mutex->owner       = OS_NULL;
        /* 设置互斥锁的锁定次数为 0 */
        mutex->lock_count = 0;
    }

    /* 判断当前任务是否包含互斥锁持有节点与任务当前优先级是否不等于备份的优先级 */
    if (os_list_empty(&current_task->hold_mutex_list_head)
        && (current_task->current_priority != current_task->backup_priority))
    {
        /* 绪态任务队列中移除 */
        k_readyq_remove(current_task);
        /* 当前任务优先级等于备份的优先级 */
        current_task->current_priority = current_task->backup_priority;
        /* 当前任务放置到就绪列表中 */
        k_readyq_put(current_task);

        need_schedule= OS_TRUE;
    }

    if (need_schedule)
    {
        /* 发生任务调度 */
        OS_KERNEL_EXIT_SCHED();
    }
    else
    {
        OS_KERNEL_EXIT();
    }

    return OS_EOK;
}
```

以上源码实现了以下功能：

① 获取当前运行任务控制块，也就是说当前任务调用 os_mutex_unlock()释放

互斥锁。

② 调用函数 os_list_del()删除该互斥锁的锁定管理节点。

③判断互斥锁的类型是否为 OS_MUTEX_WAKE_TYPE_PRIO，互斥锁默认是这个类型，所以调用_k_mutex_restore_priority()恢复优先级。

④ 判断互斥锁的任务阻塞队列头是否为空，如果为空，则说明互斥锁上无任务阻塞；如果不为空，则获取接收互斥锁的任务，取消阻塞任务，设置该互斥锁的拥有者为该阻塞任务，设置互斥锁的优先级为该阻塞任务的优先级，最后插入持有互斥锁队列节点。

⑤ 判断当前任务的持有互斥锁队列节点是否为空，如果为空，则在就绪任务队列移除，设置当前任务的优先级，最后把当前任务放到就绪队列中。

⑥ 发生任务调度。

13.1.5 获取互斥锁

获取互斥锁也有两种不同的函数，分别为获取非递归互斥锁和获取递归互斥锁。OneOS 提供了两个获取互斥锁函数，如表 13.12 所列。

表 13.12 获取互斥锁函数

函　数	描　述
os_mutex_lock()	获取(非递归)互斥锁
os_mutex_recursive_lock()	获取(递归)互斥锁

1. 函数 os_mutex_lock()

该函数用于获取(非递归)互斥锁，若暂时获取不到锁且设定了超时时间，则当前任务会阻塞，函数原型如下：

```
os_err_t os_mutex_lock(os_mutex_t * mutex, os_tick_t timeout);
```

该函数的形参描述如表 13.13 所列。

表 13.13 函数 os_mutex_lock()形参描述

参　数	描　述
mutex	表示互斥锁控制块，即互斥锁变量
timeout	非递归锁暂时获取不到时的等待超时时间。若为 OS_NO_WAIT，则等待时间为 0；若为 OS_WAIT_FOREVER，则永久等待直到获取到非递归锁；若为其他值，则等待 timeout 时间或者获取到非递归锁为止，并且其他值时 timeout 必须小于 OS_TICK_MAX / 2

返回值：如表 13.14 所列。

表 13.14　函数 os_mutex_lock()返回值描述

返回值	描　述
OS_EOK	获取非递归锁成功
OS_EBUSY	不等待且未获取到非递归锁
OS_ETIMEOUT	等待超时未获取到非递归锁
OS_ERROR	其他错误

2. 函数 os_mutex_recursive_lock()

该函数用于获取(递归)互斥锁，函数原型如下：

```
os_err_t os_mutex_recursive_lock(os_mutex_t * mutex,
                                 os_tick_t timeout);
```

该函数的形参描述如表 13.15 所列。

表 13.15　函数 os_mutex_recursive_lock()形参描述

参　数	描　述
mutex	表示互斥锁控制块，即互斥锁变量
timeout	非递归锁暂时获取不到时的等待超时时间。若为 OS_NO_WAIT，则等待时间为 0；若为 OS_WAIT_FOREVER，则永久等待直到获取到非递归锁；若为其他值，则等待 timeout 时间或者获取到非递归锁为止，并且其他值时 timeout 必须小于 OS_TICK_MAX / 2

返回值：如表 13.16 所列。

表 13.16　函数 os_mutex_recursive_lock()返回值描述

返回值	描　述
OS_EOK	获取递归锁成功
OS_EBUSY	不等待且未获取到非递归锁
OS_ETIMEOUT	等待超时未获取到非递归锁
OS_ERROR	其他错误

下面以函数 os_mutex_lock()为例，分析它的实现过程。下面为源码的分析：

```
os_err_t os_mutex_lock(os_mutex_t * mutex, os_tick_t timeout)
{
    os_task_t      * current_task;
    os_bool_t      need_schedule;
    os_err_t       ret;
    ret             = OS_EOK;
```

```
need_schedule = OS_FALSE;
/* 获取当前任务 */
current_task = k_task_self();
OS_KERNEL_ENTER();
/* 锁定次数是否为 0,表示:没有释放互斥锁的情况 */
if (mutex->lock_count == 0U)
{
    mutex->lock_count        = 1U;             /* 设置锁定次数 1 */
    mutex->owner             = current_task;   /* 互斥锁的拥有者为当前任务 */
    /* 互斥锁任务原始优先级等于当前任务优先级 */
    mutex->original_priority = current_task->current_priority;
    /* 尾部插入该任务互斥锁持有节点 */
    os_list_add_tail(&current_task->hold_mutex_list_head, &mutex->hold_node);
}
else /* 如果不为 0,则表示释放互斥锁的情况 */
{
    /* 是否超时 */
    if (timeout == OS_NO_WAIT)
    {
        /* 超时返回错误 */
        ret = OS_EBUSY;
    }
    else /* 不超时 */
    {
        /* 判断当前任务的优先级是否小于该互斥锁的优先级 */
        if ((OS_MUTEX_WAKE_TYPE_PRIO == mutex->wake_type)
            && (current_task->current_priority <
                mutex->owner->current_priority))
        {
            /* 如果小于则把互斥锁的优先级赋值到当前任务,优先级继承 */
            (void)_k_mutex_set_owner_priority(mutex, current_task->current_priority);
        }

        if (OS_MUTEX_WAKE_TYPE_PRIO == mutex->wake_type)
        {
            /* 阻塞任务 */
            k_block_task(&mutex->task_list_head, current_task,
                         timeout, OS_TRUE);
        }
        else
        {
            /* 阻塞任务 */
            k_block_task(&mutex->task_list_head, current_task,
                         timeout, OS_FALSE);
        }
        /* 发生任务调度 */
        OS_KERNEL_EXIT_SCHED();
        ret = current_task->switch_retval;
        OS_KERNEL_ENTER();
```

```
            /* 任务切换不成功 */
            if ((OS_EOK != ret) && (OS_MUTEX_WAKE_TYPE_PRIO == mutex->wake_type))
            {
                /* 恢复原来的优先级 */
                need_schedule = _k_mutex_restore_priority(mutex);
            }
        }
    }
    if (need_schedule)
    {
        OS_KERNEL_EXIT_SCHED();
    }
    else
    {
        OS_KERNEL_EXIT();
    }

    return ret;
}
OS_INLINE os_bool_t _k_mutex_set_owner_priority(os_mutex_t *mutex,
                                               os_uint8_t new_priority)
{
    os_bool_t need_schedule;
    need_schedule = OS_FALSE;
    /* 判断互斥锁的状态释放等于就绪状态 */
    if (mutex->owner->state & OS_TASK_STATE_READY)
    {
        /* 从就绪队列移除 */
        k_readyq_remove(mutex->owner);
        /* 设置互斥锁为新的优先级 */
        mutex->owner->current_priority = new_priority;
        /* 插入就绪队列 */
        k_readyq_put(mutex->owner);

        need_schedule = OS_TRUE;
    }
    else /* 不是就绪状态 */
    {
        /* 设置互斥锁为新的优先级 */
        mutex->owner->current_priority = new_priority;
    }

    return need_schedule;
}
```

13.1.6 互斥锁其他 API 函数

1. os_mutex_deinit()函数

该函数去初始化互斥锁，与 os_mutex_init()配合使用，函数原型如下：

```
os_err_t os_mutex_deinit(os_mutex_t * mutex);
```

该函数形参描述如表 13.17 所列。

返回值:OS_EOK 表示去初始化互斥锁成功。

2. os_mutex_destroy()函数

该函数用于销毁互斥锁,并释放互斥锁对象所占用的内存空间,与 os_mutex_create()配合使用,原型如下:

```
os_err_t os_mutex_destroy(os_mutex_t * mutex);
```

该函数形参描述如表 13.18 所列。

表 13.17 函数 os_mutex_deinit()形参

形 参	描 述
mutex	互斥锁句柄

表 13.18 函数 os_mutex_destroy()形参

形 参	描 述
mutex	互斥锁句柄

返回值:OS_EOK 表示销毁互斥锁成功。

3. os_mutex_set_wake_type()函数

该函数用于设置互斥锁阻塞任务的唤醒方式,函数原型如下:

```
os_err_t os_mutex_set_wake_type(os_mutex_t * mutex, os_uint8_t wake_type);
```

该函数形参描述如表 13.19 所列。

表 13.19 函数 os_mutex_set_wake_type()形参描述

形 参	描 述
mutex	互斥锁句柄
wake_type	OS MUTEX_WAKE_TYPE_PRIO 为设置唤醒阻塞任务的类型,可以为按优先级唤醒(互斥锁创建后默认为使用此方式);OS_MUTEX_WAKE_TYPE_FIFO 为设置唤醒阻塞任务的类型,可以为先进先出唤醒

返回值:OS_EOK 表示设置唤醒阻塞任务类型成功,OS_EBUSY 表示设置唤醒阻塞任务类型失败。

4. os_mutex_get_owner()函数

该函数用于返回持有互斥锁的任务控制块,函数原型如下:

```
os_task_t * os_mutex_get_owner(os_mutex_t * mutex);
```

该函数形参描述如表 13.20 所列。

表 13.20 函数 os_mutex_get_owner()形参描述

形 参	描 述
mutex	互斥锁句柄

返回值：非 OS_NULL 表示返回持有互斥锁的任务控制块，OS_NULL 表示该互斥锁没有被获取。

13.1.7 互斥锁配置

OneOS 的互斥锁功能可以根据用户的需求自定义裁减，在工程目录下打开 OneOS-Cube 进行如下配置：

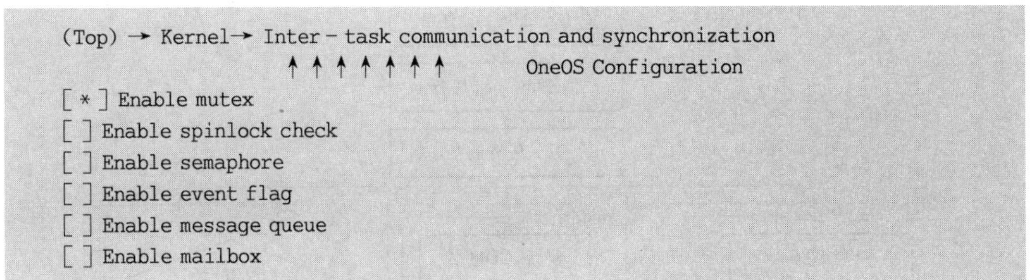

```
(Top) → Kernel→ Inter - task communication and synchronization
                    ↑ ↑ ↑ ↑ ↑ ↑ ↑         OneOS Configuration
[ * ] Enable mutex
[ ] Enable spinlock check
[ ] Enable semaphore
[ ] Enable event flag
[ ] Enable message queue
[ ] Enable mailbox
```

其中，Enable mutex 选项就是开启 OneOS 中互斥锁功能的选项。

13.2 互斥锁操作实验

13.2.1 功能设计

使用信号量时会存在优先级翻转的问题，本实验通过互斥锁解决优先级翻转的问题。本实验设计 3 个任务：HIGH_task、MIDDLE_task、LOW_task，任务功能如表 13.21 所列。

表 13.21 各个任务实现的功能描述

任　务	任务功能
HIGH_task	高优先级任务：会获取互斥锁，成功以后进行相应的处理，处理完成以后就会释放互斥锁
MIDDLE_task	中等优先级的任务：一个简单的应用任务
LOW_task	优先级任务：和高优先级任务一样，会获取互斥锁，成功以后进行相应的处理，不同之处在于低优先级的任务占用互斥锁的时间要久一点

实验中创建了一个互斥锁 mutex_dynamic，高优先级和低优先级这两个任务会使用这个互斥锁。该实验工程参考 demos/atk_driver/rtos_test/11_mutex_test 文件夹。

13.2.2 软件设计

1. 程序流程图

根据上述的例程功能分析得到 OneOS 互斥锁实验流程图，如图 13.22 所列。

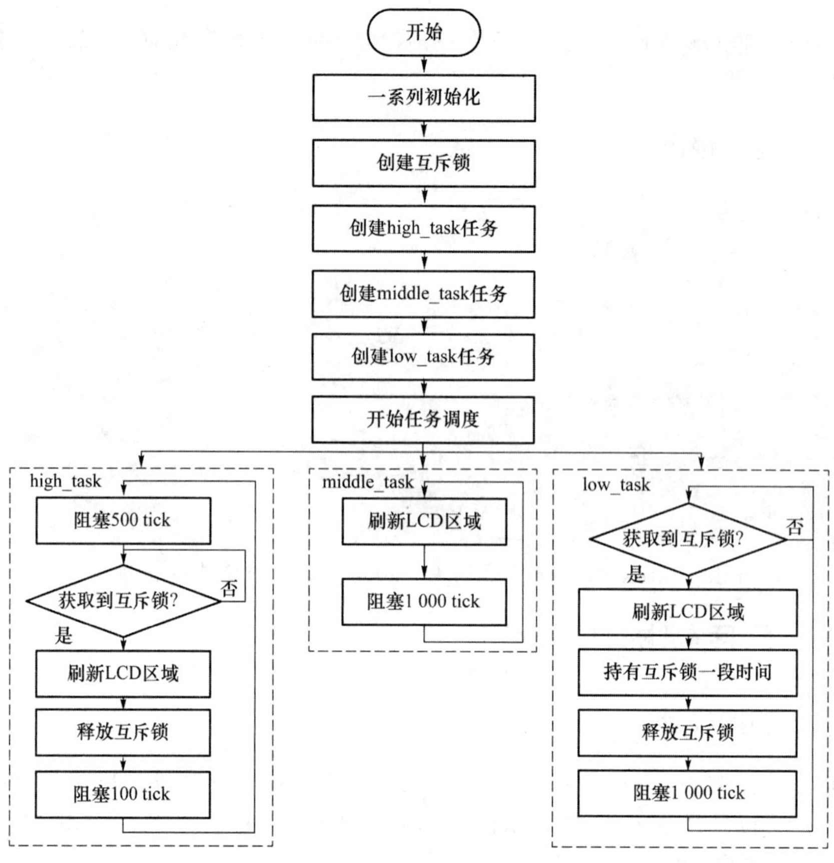

图 13.22　OneOS 互斥锁实验流程图

2. 程序解析

(1) 任务参数设置

```
/* HIGH_TASK 任务 配置
 * 包括：任务句柄 任务优先级 堆栈大小 创建任务
 */
#define HIGH_TASK_PRIO       3          /* 任务优先级 */
#define HIGH_STK_SIZE        512        /* 任务堆栈大小 */
os_task_t * HIGH_Handler;               /* 任务控制块 */
void high_task(void * parameter);       /* 任务函数 */
/* MIDDLE_TASK 任务 配置
 * 包括：任务句柄 任务优先级 堆栈大小 创建任务
 */
#define MIDDLE_TASK_PRIO     4          /* 任务优先级 */
#define MIDDLE_STK_SIZE      512        /* 任务堆栈大小 */
os_task_t * MIDDLE_Handler;             /* 任务控制块 */
void middle_task(void * parameter);     /* 任务函数 */
/* LOW_TASK 任务 配置
 * 包括：任务句柄 任务优先级 堆栈大小 创建任务
```

```
 */
#define LOW_TASK_PRIO      5 /* 任务优先级 */
#define LOW_STK_SIZE      512 /* 任务堆栈大小 */
os_task_t * LOW_Handler;                    /* 任务控制块 */
void low_task(void * parameter);            /* 任务函数 */
```

(2) 任务实现

```
/**
 * @brief        HIGH_task
 * @param        parameter : 传入参数(未用到)
 * @retval       无
 */
static void HIGH_task(void * parameter)
{
    parameter = parameter;
    os_uint8_t num = 0;
    /* 初始化屏幕显示,代码省略 */
    while (1)
    {
        os_task_msleep(500);
        num ++ ;
        os_kprintf("high task ready to lock mutex\r\n");
        os_mutex_recursive_lock(mutex_dynamic, OS_WAIT_FOREVER);/* 获取互斥锁 */
        os_kprintf("high task has locked mutex\r\n");
        os_kprintf("high task Running! \r\n");
        lcd_fill(6,131,114,156,lcd_discolor[num % 11]);
        os_kprintf("high task unlock mutex\r\n");
        os_mutex_recursive_unlock(mutex_dynamic);              /* 释放互斥锁 */
        os_task_msleep(100);
    }
}

/**
 * @brief        MIDDLE_task
 * @param        parameter : 传入参数(未用到)
 * @retval       无
 */
static void MIDDLE_task(void * parameter)
{
    parameter = parameter;
    os_uint8_t num = 0;
    /* 初始化屏幕显示,代码省略 */
    while (1)
    {
        num ++ ;
        os_kprintf("middle task Running! \r\n");
        lcd_fill(126,131,233,156,lcd_discolor[11 - num % 11]);
        os_task_msleep(1000);
```

```
        }
    }
    /**
     * @brief       LOW_task
     * @param       parameter : 传入参数(未用到)
     * @retval      无
     */
    static void LOW_task(void * parameter)
    {
        parameter = parameter;
        static os_uint32_t times;
        os_uint8_t num = 0;
        /* 初始化屏幕显示,代码省略 */
        while (1)
        {
            os_kprintf("low task ready to lock mutex\r\n");
            os_mutex_recursive_lock(mutex_dynamic, OS_WAIT_FOREVER);  /* 获取互斥锁 */
            os_kprintf("low task has locked mutex\r\n");
            num++;
            lcd_fill(6,191,114,216,lcd_discolor[11 - num % 11]);
            for(times = 0; times < 1000000; times++)
            {
                /* 发起任务调度 */
                os_task_yield();
            }
            os_kprintf("low task unlock mutex\r\n");
            os_mutex_recursive_unlock(mutex_dynamic);                 /* 释放互斥锁 */
            os_task_msleep(1000);
        }
    }
```

13.2.3 下载验证

编译并下载实验代码到开发板中，打开串口调试助手，串口调试助手如图 13.23 所示。

根据操作系统的规则，应该是由于高优先级的任务运行，high task 任务第一时间调用 os_task_msleep()函数，该函数会发生任务调度，所以内核执行 middle task 任务。当 middle 任务执行完毕，判断 high task 任务延时是否到达，如果没有到达，那么内核会调度 low_task 任务并且该任务获取互斥锁 mutex_dynamic。

当延时到达，high_task 互斥锁在这里会等待一段时间，等待 low_task 任务释放互斥锁。但是 middle_task 不会运行。因为 low_task 正在使用互斥锁，所以 low_task 任务优先级暂时提升到了与 high_task 相同的优先级，这个优先级比任务 middle_task 高，所以 middle_task 任务不能再打断 low_task 任务的运行了。

当 low_task 任务释放互斥锁后，high_task 任务获得互斥锁而运行。

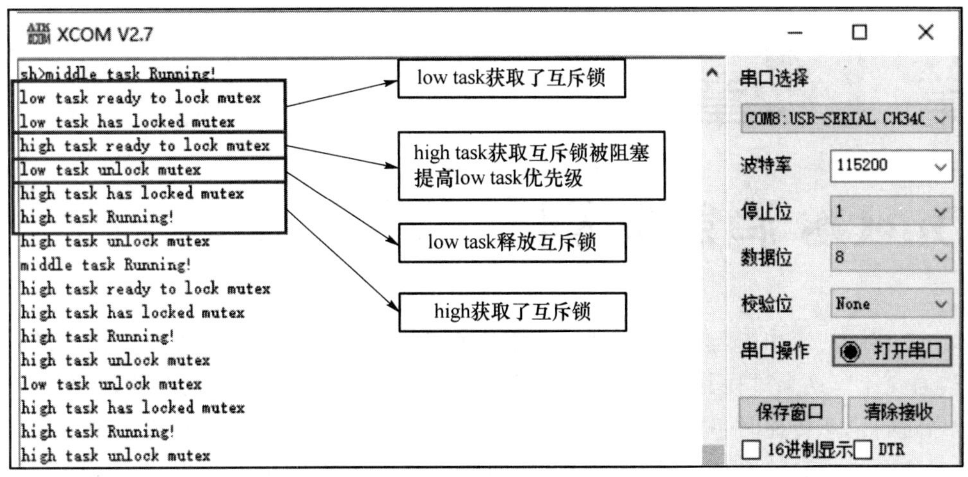

图 13.23　串口调试助手

从上面的分析可以看出,互斥锁有效抑制了优先级翻转现象的发生。

第14章

OneOS 消息队列

在实际的应用中，常常会遇到一个任务或者中断服务需要和另外一个任务进行“沟通交流”，这个过程其实就是消息传递的过程。在没有操作系统的时候，两个应用程序进行消息传递时一般使用全局变量的方式，而在使用操作系统的应用中用全局变量来传递消息就会涉及“资源管理”的问题。OneOS 提供了一个叫“消息队列”的机制来完成任务与任务、任务与中断之间的消息传递。消息队列是另外一种任务间通信的机制，可以用于发送不定长消息的场合。消息队列也有缓冲区(消息队列资源池)，可以缓存一定数量的消息。在消息队列没满的情况下，可以一直往消息队列里面发送消息，满了则可以选择超时等待；在消息队列有消息的情况下，可以从消息队列里面接收消息，没有消息则可以选择超时等待。消息队列发送的消息内容长度可以是任意的(其最大长度可以在消息队列初始化时设置)，发送时会将整个消息内容复制到消息队列的缓冲区中，接收消息时会把消息队列缓冲区中的消息内容复制到接收端指定的地址。消息队列和邮箱类似，但也有不同，消息队列可以发送不定长的数据，而邮箱发送的数据长度固定且长度较小，效率会更高。本章就来学习 OneOS 的消息队列。

本章分为如下几部分：

14.1 消息队列与 API 函数

14.2 消息队列操作实验

14.1 消息队列与 API 函数

14.1.1 消息队列简介

消息队列是为了任务与任务、任务与中断之间的通信而准备的，可以在任务与任务、任务与中断之间传递消息，其中可以存储有限的、大小固定的数据项目。任务与任务、任务与中断之间要交流的数据保存在队列中，叫队列项目。队列所能保存的最大数据项目数量叫队列的长度，创建队列的时候会指定数据项目的大小和队列的长度。下面介绍队列的特点。

1. 数据存储

通常,消息队列采用先进先出(FIFO)的存储缓冲机制,也就是往消息队列发送数据的时候(也叫入队)永远都是发送到队列的尾部,而从消息队列提取数据的时候(也叫出队)是从队列的头部提取的。但是也可以使用 LIFO 的存储缓冲,也就是后进先出。

当然,OneOS 也支持优先级存储缓冲机制,也就是说,多个任务同时获取消息时,首先判断任务的优先级,优先级高的任务就最先获取消息。

2. 多任务访问

队列不属于某个特别指定的任务,任何任务都可以向队列中发送消息,或者从队列中提取消息。

3. 出队阻塞

当任务尝试从一个消息队列中读取消息时可以指定一个阻塞时间,这个阻塞时间就是当任务从消息队列中读取消息无效时任务阻塞的时间。出队就是从消息队列中读取消息,出队阻塞是针对从消息队列中读取消息的任务而言的。比如任务 A 用于处理串口接收到的数据,串口接收到数据以后就会放到消息队列 Q 中,任务 A 从消息队列 Q 中读取数据。但是如果此时消息队列 Q 是空的,则说明还没有数据,任务 A 这时候来读取的话肯定获取不到任何东西,那该怎么办呢?任务 A 现在有 3 种选择,第一,二话不说扭头就走;第二,等一会看看,说不定一会就有数据了;第三,一直等,就是要等到有数据!选哪一个就是由这个阻塞时间决定的,阻塞时间单位是时钟节拍数。阻塞时间为 0 的话就是不阻塞,没有数据的话就马上返回任务继续执行接下来的代码,对应第一种选择。如果阻塞时间为 0～最大值,当任务没有从消息队列中获取到消息时就进入阻塞态。阻塞时间指定了任务进入阻塞态的时间,当阻塞时间到了后还没有接收到数据,则退出阻塞态,返回任务接着运行下面的代码。如果在阻塞时间内接收到了数据就立即返回,执行任务中下面的代码,这种情况对应第二种选择。当阻塞时间设置为 OS_WAIT_FOREVER 时,任务会一直进入阻塞态等待,直到接收到数据,这就是第三种选择。

4. 入队阻塞

入队说的是向消息队列中发送消息,将消息加入到消息队列中。和出队阻塞一样,当一个任务向消息队列发送消息时也可以设置阻塞时间。比如任务 B 向消息队列 Q 发送消息,但是此时消息队列 Q 是满的,那肯定发送失败。此时任务 B 就会遇到和上面任务 A 一样的问题,这两种情况的处理过程是类似的,只不过一个是向消息队列 Q 发送消息,一个是从消息队列 Q 读取消息。

5. 队列操作过程图示

下面几幅图简单地演示了消息队列的入队和出队过程。

(1) 创建消息队列

图 14.1 中任务 A 要向任务 B 发送消息，这个消息是 x 变量的值。首先创建一个消息队列，并且指定消息队列的长度和每条消息的长度。这里创建了一个长度为 4 的消息队列，因为要传递的是 x 值，而 x 是个 int 类型的变量，所以每条消息的长度就是 int 类型的长度，在 STM32 中就是 4 字节，即每条消息是 4 字节的。

图 14.1　创建队列

(2) 向消息队列发送第一个消息

图 14.2 中任务 A 的变量 x 值为 10，将这个值发送到消息队列中。此时消息队列剩余长度就是 3 了。

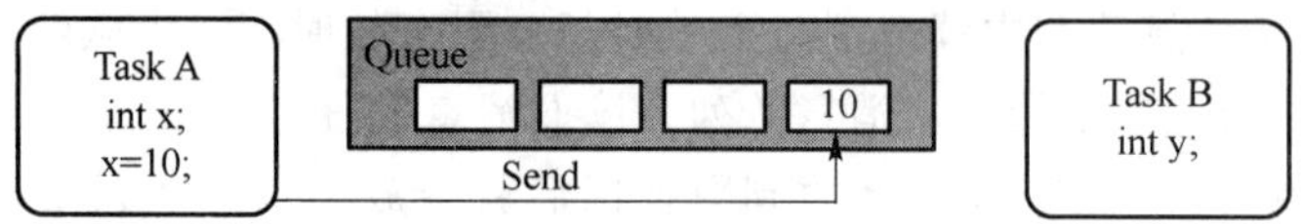

图 14.2　向队列发送第一个消息

(3) 向消息队列发送第二个消息

图 14.3 中任务 A 又向消息队列发送了一个消息，即新的 x 的值，这里是 20。此时消息队列剩余长度为 2。

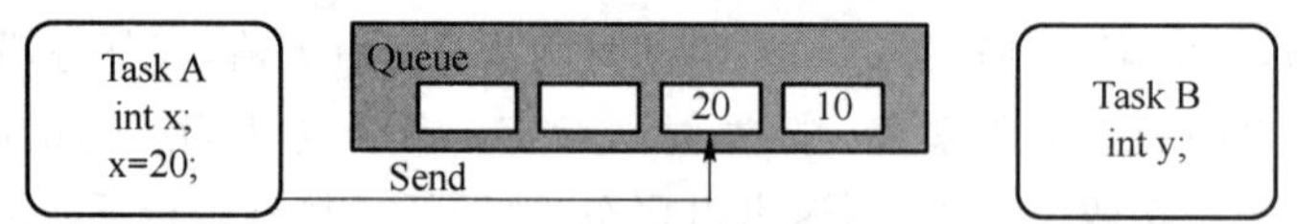

图 14.3　向队列发送第二个消息

(4) 从消息队列中读取消息

图 14.4 中任务 B 从消息队列中读取消息，并将读取到的消息值赋值给 y，这样 y 就等于 10 了。

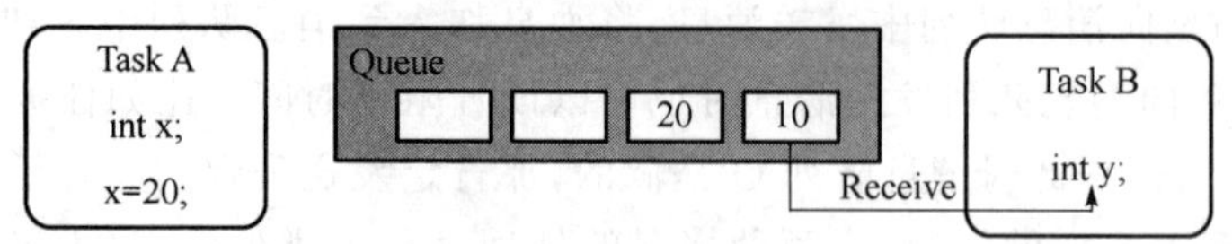

图 14.4　从队列中读取消息

6. 任务间消息队列实现原理

消息队列有两个任务阻塞队列，因为消息发送和接收都有可能导致阻塞。当没有消息时，就会导致接收消息任务阻塞，任务被放到阻塞队列，等待另一个任务发送消息，阻塞任务被唤醒，并放到就绪队列；当消息队列满了，就会导致发送消息任务阻塞，后续的处理过程和接收消息类似。另外，消息队列还有两个资源池相关的队列，一个是缓存消息队列，用于管理缓存的消息块（这些消息块包含的消息还没有被读取），有效消息头指针和尾指针记录第一个缓存消息和最后一个缓存消息，便于找到读取和写入消息的位置；一个是空闲消息队列，用于管理空闲的消息块，空闲消息块指针记录第一个空闲消息块，便于找到保存新消息的位置。

图 14.5 描述了任务接收消息被阻塞，然后等待另一个任务发送消息的处理过程。

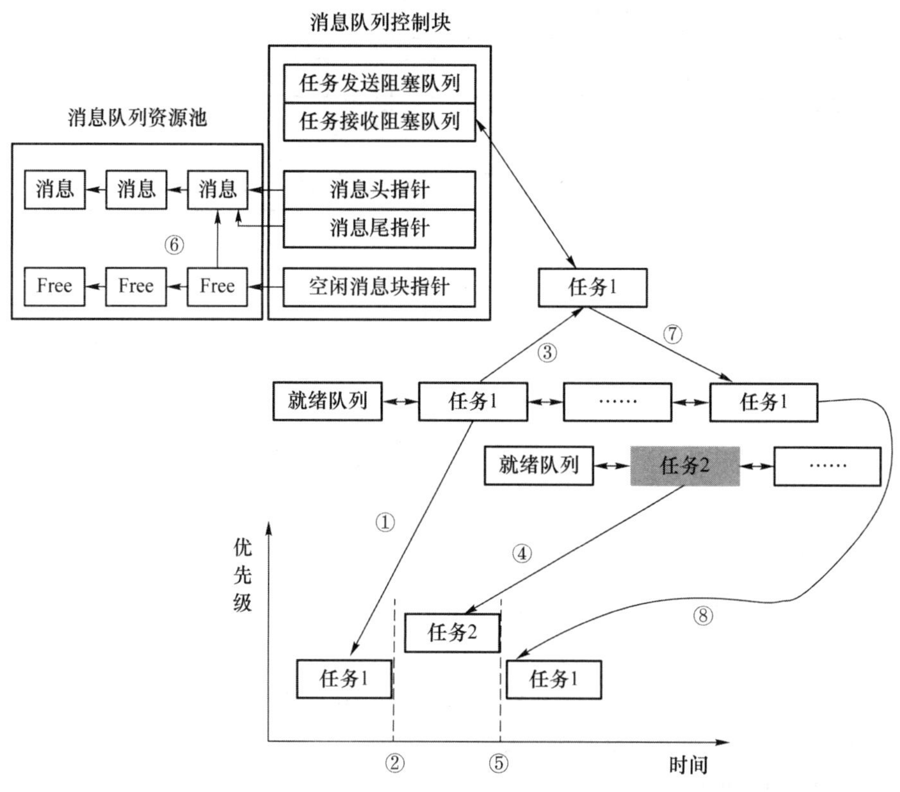

图 14.5　任务间消息队列原理

图中①：任务 1 先运行。

图中②：任务 1 获取消息，由于此时没有消息，获取失败。

图中③：任务 1 被放到接收阻塞队列。

图中④：任务 2 运行。

图中⑤：任务 2 发送消息。

图中⑥：任务 2 发送的消息通过空闲消息块指针和消息尾指针找到位置保存。

图中⑦：任务 1 被放到就绪队列。

图中⑧:任务 1 运行,通过消息头指针读取消息。

7. 任务和中断间消息队列的实现原理

消息队列也可以用于中断和任务间的通信,和邮箱类似,如图 14.6 所示。

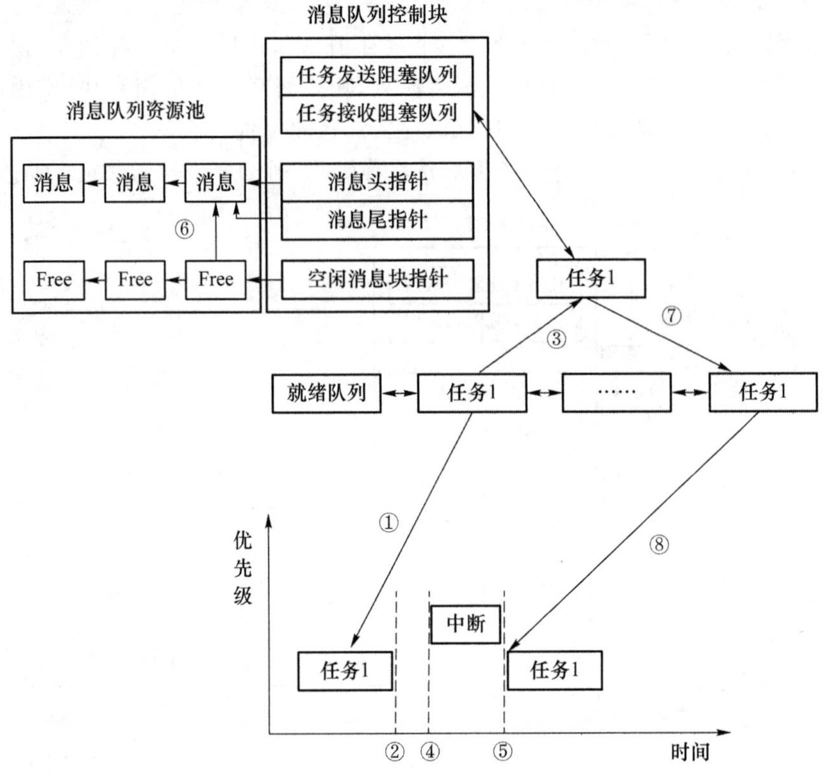

图 14.6 任务与中断消息队列原理

图中①:任务 1 先运行。

图中②:任务 1 获取消息,由于此时没有消息,获取失败。

图中③:任务 1 被放到接收阻塞队列。

图中④:中断程序运行。

图中⑤:中断程序发送消息。

图中⑥:中断程序发送的消息通过空闲消息块指针和消息尾指针找到位置保存。

图中⑦:任务 1 从阻塞队列被放到就绪队列。

图中⑧:任务 1 运行,通过消息头指针读取消息。

14.1.2 消息队列结构体

有一个结构体用于描述队列,叫 os_mq_t,这个结构体在文件 os_mq.h 中定义如下:

```
struct os_mq
{
    /* 消息队列资源池指针,指向消息队列资源池起始地址 */
    void              *msg_pool;
    /* 消息头指针,指向消息队列第一条消息 */
    os_mq_msg_t      *msg_queue_head;
    /* 消息尾指针,指向消息队列最后一条消息 */
    os_mq_msg_t      *msg_queue_tail;
    /* 空闲消息块指针,指向第一条空闲消息块 */
    os_mq_msg_t      *msg_queue_free;
    /* 消息发送任务阻塞队列头,发送消息时,消息队列没有空闲消息块时将发送任务阻
       塞在该队列上 */
    os_list_node_t send_task_list_head;
    /* 消息接收任务阻塞队列头,接收消息时,消息队列没有消息时将接收任务阻塞在该
       队列上 */
    os_list_node_t recv_task_list_head;
    /* 资源管理节点,通过该节点将创建的消息队列挂载到 gs_os_mq_resource_list_head
上 */
    os_list_node_t resource_node;
    /* 最大消息大小 */
    os_size_t      max_msg_size;
    /* 消息队列深度 */
    os_uint16_t    queue_depth;
    /* 消息队列中消息数 */
    os_uint16_t    entry_count;
    /* 初始化状态,0x55 表示已经初始化,0xAA 表示已经去初始化,其他值为未初始化 */
    os_uint8_t     object_inited;
    /*消息队列类型,0 为静态消息队列,1 为动态消息队列 */
    os_uint8_t     object_alloc_type;
    /* 阻塞任务唤醒方式
       0x55 表示按优先级唤醒,0xAA 表示按 FIFO 唤醒。可以通过属性设置接口进行设
       置 */
    os_uint8_t     wake_type;
    /* 消息队列名字,名字长度不能大于 OS_NAME_MAX */
    char           name[OS_NAME_MAX + 1];
};
typedef struct os_mq os_mq_t;   /* 结构体重命名为 os_mq_t */
```

14.1.3 消息队列创建

消息队列的创建使用函数 os_mq_create()或者函数 os_mq_init()实现,前者以动态方式创建并初始化消息队列,后者以静态的方式创建消息队列。下面介绍这两个函数。

1. 函数 os_mq_create()

该函数以动态方式创建并初始化消息队列,消息队列对象的内存空间和消息队列缓冲区的内存空间都是通过动态申请内存的方式获得的,函数原型如下:

```
os_mq_t * os_mq_create(const char     * name,
                       os_size_t      msg_size,
                       os_size_t      max_msgs);
```

函数 os_sem_create()相关参数如表 14.7 所列。

表 14.7　函数 os_sem_create()相关形参描述

参　数	描　述
name	消息队列名字,其最大长度由 OS_NAME_MAX 宏指定,多余部分会被自动截掉
msg_size	每个消息的最大长度
max_msgs	最大消息个数

返回值:成功返回非 OS_NULL,失败返回 OS_NULL。

该函数是在 OneOS 源码 os_mq.c 文件定义的,如以下源码所示:

```
os_mq_t * os_mq_create(const char * name, os_size_t msg_size, os_size_t max_msgs)
{
    os_mq_t      * mq;
    void         * msg_pool;
    os_size_t   msg_pool_size;
    os_size_t   align_msg_size;
    os_err_t    ret;
    /* 检测消息队列可用性 */
    OS_ASSERT(msg_size > 0U);
    OS_ASSERT(max_msgs > 0U);
    OS_ASSERT(OS_FALSE == os_is_irq_active());
    OS_ASSERT(OS_FALSE == os_is_irq_disabled());
    OS_ASSERT(OS_FALSE == os_is_schedule_locked());
    ret = OS_EOK;
    /* 对消息队列的消息大小进行对齐 */
    align_msg_size = OS_ALIGN_UP(msg_size, OS_ALIGN_SIZE);
    /* max_msgs 个数 *(消息大小 + os_mq_msg_hdr_t 结构体大小)等于消息池的大小 */
    msg_pool_size = max_msgs * (align_msg_size + sizeof(os_mq_msg_hdr_t));
    /* 申请内存 */
    mq      = (os_mq_t *)OS_KERNEL_MALLOC(sizeof(os_mq_t));
    /* 对消息池的大小进行内存对齐 */
    msg_pool = OS_KERNEL_MALLOC_ALIGN(OS_ALIGN_SIZE, msg_pool_size);
    /* 检测消息队列和消息池是否为空 */
    if ((OS_NULL == mq) || (OS_NULL == msg_pool))
    {
        OS_KERN_LOG(KERN_ERROR, MQ_TAG,
                    "Malloc failed, mq(%p), msg_pool(%p)", mq, msg_pool);
        if (OS_NULL != mq)
        {
            OS_KERNEL_FREE(mq);
            mq = OS_NULL;
        }
```

```
        if (OS_NULL != msg_pool)
        {
            OS_KERNEL_FREE(msg_pool);
            msg_pool = OS_NULL;
        }
        ret = OS_ENOMEM;
    }
    if (OS_EOK == ret)
    {
        /* 初始化消息队列 */
        ret = _k_mq_init(mq, name, msg_pool,
                         msg_pool_size, align_msg_size,
                         OS_KOBJ_ALLOC_TYPE_DYNAMIC);
        if (OS_EOK == ret)
        {
            os_spin_lock(&gs_os_mq_resource_list_lock);
            /* 在 gs_os_mq_resource_list_head 链表加入消息队列资源链表 */
            os_list_add_tail(&gs_os_mq_resource_list_head, &mq->resource_node);
            os_spin_unlock(&gs_os_mq_resource_list_lock);
            /* 设置对象已经初始化 */
            mq->object_inited = OS_KOBJ_INITED;
        }
        else
        {
            OS_KERNEL_FREE(mq);
            OS_KERNEL_FREE(msg_pool);

            mq = OS_NULL;
            msg_pool = OS_NULL;
        }
    }
    return mq;
}
```

从上述源码可知：创建一个消息队列时，首先对消息的大小进行内存对齐，然后初始化消息队列各个参数，最后插入 gs_os_mq_resource_list_head 链表中，如图 14.8 所示。

2. 函数 os_mq_init()

该函数以静态方式创建消息队列，消息队列对象的内存空间和消息队列缓冲区的内存空间都由使用者提供，函数原型如下：

```
os_err_t os_mq_init(os_mq_t        *mq,
                    const char     *name,
                    void           *msg_pool,
                    os_size_t      msg_pool_size,
                    os_size_t      msg_size);
```

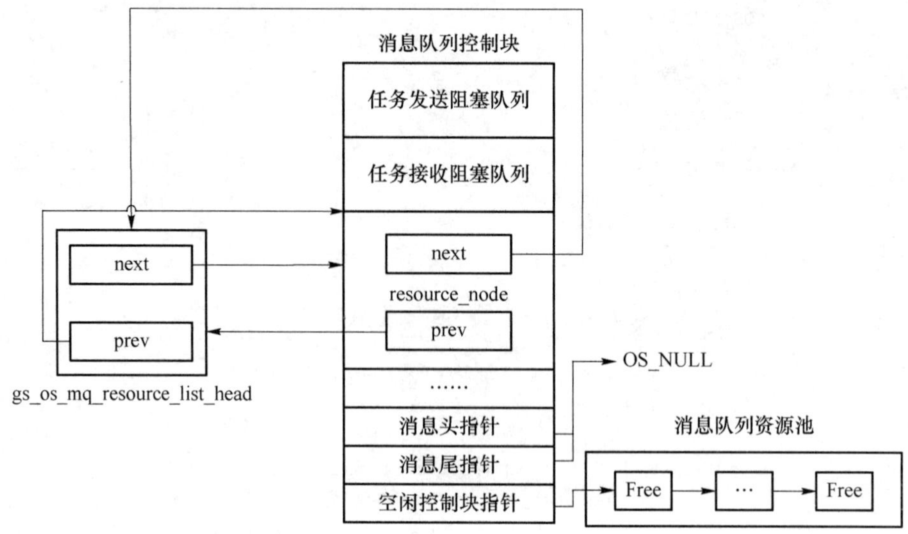

图 14.8　消息队列创建示意图

函数 os_mq_init()相关参数如表 14.9 所列。

表 14.9　函数 os_mq_init()相关形参描述

参　数	描　述
mq	消息队列控制块，由用户提供，并指向对应的消息队列控制块内存地址
name	消息队列名字，其最大长度由 OS_NAME_MAX 宏指定，多余部分会被自动截掉
msg_pool	消息队列缓冲区的起始地址
msg_pool_size	消息队列缓冲区的大小，以字节为单位
msg_size	每个消息的最大长度

返回值：成功返回 OS_EOK，失败返回 OS_ERROR。

该函数是静态创建消息队列，它和动态创建消息队列有着明显的差异，如以下源码所示：

```
os_err_t os_mq_init(os_mq_t          * mq,
                    const char       * name,
                    void             * msg_pool,
                    os_size_t        msg_pool_size,
                    os_size_t        msg_size)
{
    os_mq_t          * iter_mq;
    os_list_node_t   * pos;
    os_bool_t        exist;
    os_err_t         ret;
    /* 检测消息队列是否满足创建要求 */
    OS_ASSERT(OS_NULL != mq);
```

```
    OS_ASSERT(OS_NULL != msg_pool);
    OS_ASSERT(msg_pool_size > 0U);
    OS_ASSERT(msg_size > 0U);
    OS_ASSERT(os_is_irq_active() == OS_FALSE);
    exist = OS_FALSE;
    ret = OS_EOK;
    os_spin_lock(&gs_os_mq_resource_list_lock);
    /* 遍历 gs_os_mq_resource_list_head 链表 */
    os_list_for_each(pos, &gs_os_mq_resource_list_head)
    {
        /* 主要判断创建的队列是否已经在 resource_node 中 */
        iter_mq = os_list_entry(pos, os_mq_t, resource_node);
        if (iter_mq == mq)
        {
            OS_KERN_LOG(KERN_ERROR, MQ_TAG,
                        "The mq(addr: %p, name: %s) has been exist",
                        iter_mq, iter_mq->name);
            exist = OS_TRUE;
            ret = OS_EINVAL;
            break;
        }
    }
    if (OS_FALSE == exist)
    {
        /* gs_os_mq_resource_list_head 尾部加入消息队列资源链表 */
        os_list_add_tail(&gs_os_mq_resource_list_head, &mq->resource_node);
        os_spin_unlock(&gs_os_mq_resource_list_lock);
        /* 对消息队列初始化 */
        ret = _k_mq_init(mq, name, msg_pool,
                         msg_pool_size, msg_size,
                         OS_KOBJ_ALLOC_TYPE_STATIC);
        if (OS_EOK == ret) /* 初始化成功 */
        {
            /* 设置该队列已经初始化 */
            mq->object_inited = OS_KOBJ_INITED;
        }
        else /* 初始化不成功 */
        {
            os_spin_lock(&gs_os_mq_resource_list_lock);
            os_list_del(&mq->resource_node); /* 删除消息队列资源链表 */
            os_spin_unlock(&gs_os_mq_resource_list_lock);
        }
    }
    else
    {
        os_spin_unlock(&gs_os_mq_resource_list_lock);
    }

    return ret;
}
```

从上述源码可知：首先对静态消息队列进行检测，然后遍历 gs_os_mq_resource_list_head 链表是否已经包含该消息队列，如果包含，则直接退出并提示创建失败；如果该链表不包含这个消息队列，则 gs_os_mq_resource_list_head 尾部加入消息队列资源链表，并调用函数_k_mq_init()。注意，OS_KOBJ_ALLOC_TYPE_STATIC 宏定义为静态标志位。最后，判断初始化是否完成，如果成功，则设置消息队列已经初始化；如果初始化失败，则调用函数 os_list_del() 把该消息队列的资源链表从 gs_os_mq_resource_list_head链表删除。

14.1.4 向消息队列发送消息

发送消息使用函数 os_mq_send()实现，该函数比较简单，直接把消息的内容复制到消息队列的缓冲区便可以了；如果消息队列已经满了且需要等待，则阻塞当前的发送任务。函数 os_mq_send()实现并不难，实现过程与消息从队列中读取消息过程极为相似。这里学习一下 os_mq_send()函数如何操作。os_mq_send()函数原型如下：

```
os_err_t os_mq_send(os_mq_t       * mq,
                    void          * buffer,
                    os_size_t     buff_size,
                    os_tick_t     timeout);
```

函数具有 4 个形参，如表 14.10 所列。

表 14.10　函数 os_mq_send()相关形参描述

参　数	描　述
mq	消息队列控制块
buffer	待发送的消息的地址，也就是要发送消息的内容
buffer_size	buffer 的长度
time	消息暂时不能发送的等待超时时间。若为 OS_NO_WAIT，则等待时间为 0；若为 OS_WAIT_FOREVER，则永久等待直到消息发送；若为其他值，则等待 timeout 时间或者消息发送为止，并且其他值时 timeout 必须小于 OS_TICK_MAX / 2

返回值：如表 14.11 所列。

表 14.11　函数 os_mq_send()返回值信息

返回值	描　述
OS_EOK	消息发送成功
OS_EBUSY	不等待且消息未发送
OS_ETIMEOUT	等待超时且消息未发送
OS_ERROR	其他错误

该函数在文件 os_mq.c 定义，如以下源码所示：

```
static os_err_t _k_mq_send(os_mq_t *mq,
                           void *buffer,
                           os_size_t buff_size,
                           os_tick_t timeout,
                           os_bool_t urgent)
{
    os_task_t     *current_task;
    os_task_t     *block_task;
    os_mq_msg_t   *msg;
    os_err_t      ret;
    /* 检测消息队列是否可用 */
    OS_ASSERT(OS_NULL != mq);
    OS_ASSERT(OS_NULL != buffer);
    OS_ASSERT((buff_size > 0U) && (buff_size <= mq->max_msg_size));
    OS_ASSERT(OS_KOBJ_INITED == mq->object_inited);
    OS_ASSERT((OS_FALSE == os_is_irq_active()) || (OS_NO_WAIT == timeout));
    OS_ASSERT((OS_FALSE == os_is_irq_disabled()) || (OS_NO_WAIT == timeout));
    OS_ASSERT((OS_FALSE == os_is_schedule_locked()) || (OS_NO_WAIT == timeout));
    OS_ASSERT((timeout < (OS_TICK_MAX / 2)) || (OS_WAIT_FOREVER == timeout));
    ret = OS_EOK;
    /* 关闭中断 */
    OS_KERNEL_ENTER();
    /* 判断空闲控制块指针不为空 */
    if (OS_NULL != mq->msg_queue_free)
    {
        /* 获取空闲消息块 */
        msg = _k_mq_get_free_msg(mq);
        /* 开启中断 */
        OS_KERNEL_EXIT();
        /* 把数据放到这个空闲的消息块中 */
        (void)memcpy((void *)((os_uint8_t *)msg +
                     sizeof(os_mq_msg_hdr_t)), buffer, buff_size);
        msg->msg_len = buff_size; /* 获取数据大小 */
    }
    else /* 如果判断空闲控制块指针为空,就是说,没有空闲块可以存放消息 */
    {
        /* 第一:等待一段时间 */
        if (OS_NO_WAIT == timeout)
        {
            /* 如果等待超时了,开启中断 */
            OS_KERNEL_EXIT();
            /* 返回 OS_EFULL */
            ret = OS_EFULL;
        }
        else /* 没有超时 */
        {
            /* 获取当前的任务控制块 */
            current_task = k_task_self();
            /* 判断唤醒类型是否 OS_MQ_WAKE_TYPE_PRIO */
```

```
            if (OS_MQ_WAKE_TYPE_PRIO == mq->wake_type)
            {
                /* 阻塞该任务到任务发送队列中 */
                k_block_task(&mq->send_task_list_head, current_task,
                             timeout, OS_TRUE);
            }
            else /* 否则是先进先出唤醒类型 */
            {
                /* 阻塞该任务到任务发送队列中 */
                k_block_task(&mq->send_task_list_head,
                             current_task, timeout, OS_FALSE);
            }
            /* 打开中断并任务调度 */
            OS_KERNEL_EXIT_SCHED();
            /* 获取当前任务切换返回值 */
            ret = current_task->switch_retval;
            if (OS_EOK == ret)/* 切换成功 */
            {
                /* 接收方填写的 Swap_data 字段指向空闲消息缓冲区，
                   所以把发送的消息放入这个缓冲区。*/
                msg = (os_mq_msg_t *)current_task->swap_data;
                /* 把数据存放到 Swap_data */
                (void)memcpy((void *)((os_uint8_t *)msg +
                                      sizeof(os_mq_msg_hdr_t)), buffer, buff_size);
                msg->msg_len = buff_size;
            }
        }
    }
    if (OS_EOK == ret)
    {
        /* 关闭中断 */
        OS_KERNEL_ENTER();
        /* 判断任务接收阻塞队列是否为空 */
        if (! os_list_empty(&mq->recv_task_list_head))
        {
            /* 当接收方任务被阻塞时,将消息缓冲区填充的数据的地址放在 swap_data 上,
               并解除阻塞接收器任务。接收任务将从 swap_data 获取消息 */
            block_task = os_list_first_entry(&mq->recv_task_list_head,
            os_task_t, task_node);
            /* 如果任务在队列中等待,这个函数将解除最高优先级任务的阻塞,该阻塞
               任务将从 tick 队列中删除,*/
            k_unblock_task(block_task);
            /* 接收任务将从 swap_data 获取消息 */
            block_task->swap_data = (os_ubase_t)msg;
            /* 判断阻塞任务状态是否是就绪态 */
            if (block_task->state & OS_TASK_STATE_READY)
            {
                /* 如果是,打开中断并发生任务调度 */
                OS_KERNEL_EXIT_SCHED();
```

```
            }
            else
            {
                /* 如果不是,打开中断 */
                OS_KERNEL_EXIT();
            }
        }
        else /* 任务接收阻塞队列是否为空 */
        {
            _k_mq_put_msg_to_queue(mq, msg, urgent);
            /* 打开中断 */
            OS_KERNEL_EXIT();
        }
    }
    return ret;
}

OS_INLINE os_mq_msg_t * _k_mq_get_free_msg(os_mq_t * mq)
{
    os_mq_msg_t * msg;
    OS_ASSERT(OS_NULL != mq->msg_queue_free);
    /* 消息块等于空闲控制块指针 */
    msg                 = mq->msg_queue_free;
    /* 空闲控制块指针指向下一个空闲块 */
    mq->msg_queue_free = msg->next;
    /* 设置使用的空闲块为 OS_NULL */
    msg->next           = OS_NULL;
    return msg;
}
```

从上述源码可知:首先判断空闲控制块指针是否为空,如果不为空,则调用函数_k_mq_get_free_msg()获取空闲消息块,然后把消息保存到空闲消息块中。

当判断空闲控制块指针为空时,等待一段时间,当等待的时间等于 OS_NO_WAIT 时,表示发送消息失败;当发送消息没有超时时,获取当前任务控制块并判断消息队列的唤醒类型。注意,唤醒类型不一样导致 k_block_task()函数的第四个形参不一样,而执行的代码也不一样。然后打开中断,发生任务调度,把消息保存到空闲消息块中。

最后判断任务接收阻塞队列是否为空,如果任务接收阻塞队列不为空,则接收方任务被阻塞时,将消息缓冲区填充的数据的地址放在 swap_data 上,并解除阻塞接收器任务。接收任务将从 swap_data 获取消息并且判断接收消息队列的任务是否为就绪态,如果是就绪态,则发生任务调度。

如果任务接收阻塞队列为空,则调用函数_k_mq_put_msg_to_queue(),如以下源码所示:

```
OS_INLINE void _k_mq_put_msg_to_queue(os_mq_t *mq,
                                      os_mq_msg_t *msg,
                                      os_bool_t urgent)
{
    if (OS_FALSE == urgent)
    {
        msg->next = OS_NULL;
        /* 判断消息队列控制块的消息尾指针是否为空 */
        if (mq->msg_queue_tail != OS_NULL)
        {
            /* 消息尾指针指向消息头部的消息头下一个消息块 */
            mq->msg_queue_tail->next = msg;
        }

        /* 消息尾指针指向该消息头 */
        mq->msg_queue_tail = msg;
        /* 判断消息头指针是否为空 */
        if (OS_NULL == mq->msg_queue_head)
        {
            /* 如果为空,则指向该消息头 */
            mq->msg_queue_head = msg;
        }
    }
    else /* 一般不执行以下代码 */
    {
        msg->next = mq->msg_queue_head;
        mq->msg_queue_head = msg;

        if (OS_NULL == mq->msg_queue_tail)
        {
            mq->msg_queue_tail = msg;
        }
    }
    mq->entry_count++;
    return;
}
```

从上述源码可知:首先判断任务接收阻塞队列是否为空,也就是说没有一个任务调用了接收消息的函数,所以把发送的消息块插入到消息队列资源池中,由消息头指针和消息尾指针指向。

① 消息尾指针为空,消息头指针为空,如图 14.12 所示。

② 消息尾指针不为空,消息头指针不为空,如图 14.13 所示。

消息队列控制块
任务发送阻塞队列
任务接收阻塞队列
消息队列资源池
msg
消息头指针
消息尾指针
Free
Free
Free
空闲消息块指针

图 14.12　消息尾指针与消息头指针指向消息块示意图

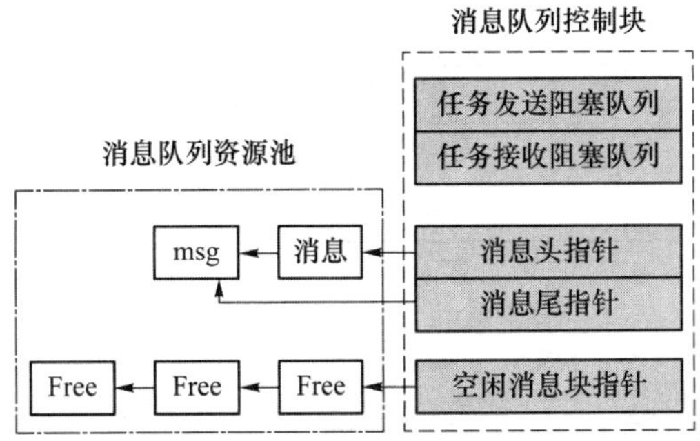

图 14.13　消息尾指针与消息头指针指向消息块示意图

14.1.5　从消息队列读取消息

os_mq_recv()函数用于接收消息，当前消息队列为空且需要等待时，会阻塞当前接收任务，函数原型如下：

```
os_err_t os_mq_recv(os_mq_t          * mq,
                    void             * buffer,
                    os_size_t        buff_size,
                    os_tick_t        timeout,
                    os_size_t        * recv_msg_size);
```

函数 os_mq_recv()具有 5 个形参，如表 14.14 所列。

表 14.14　函数 os_mq_recv()相关形参描述

参　数	描　述
mq	消息队列控制块
buffer	保存接收消息的地址
buffer_size	保存接收消息的空间大小

续表 14.14

参　数	描　述
timeout	消息暂时接收不到时的等待超时时间。若为 OS_NO_WAIT,则等待时间为 0;若为 OS_WAIT_FOREVER,则永久等待直到接收到消息;若为其他值,则等待 timeout 时间或者接收到消息为止;并且其他值时 timeout 必须小于 OS_TICK_MAX / 2
recv_msg_size	接收到的消息的实际长度

返回值:如表 14.15 所列。

表 14.15　函数 os_mq_recv()返回值信息

返回值	描　述
OS_EOK	接收消息成功
OS_EEMPTY	不等待且未接收到消息
OS_ETIMEOUT	等待超时未接收到消息
OS_ERROR	其他错误

源码分析如下:

```
os_err_t os_mq_recv(os_mq_t          *mq,
                    void             *buffer,
                    os_size_t        buff_size,
                    os_tick_t        timeout,
                    os_size_t        *recv_msg_size)
{
    os_task_t     *current_task;
    os_task_t     *block_task;
    os_mq_msg_t   *msg;
    os_err_t      ret;
    /* 检查参数的正确性、判断系统的状态 */
    OS_ASSERT(OS_NULL != mq);
    /******* 忽略 *********/
    OS_ASSERT((OS_FALSE == os_is_schedule_locked()) || (OS_NO_WAIT == timeout));
    /******* 忽略 *********/
    ret = OS_EOK;                          /* 初始化变量 */
    OS_KERNEL_ENTER();                     /* 进入临界区-保存中断状态并关闭中断 */
    current_task = k_task_self();          /* 获取当前执行的任务控制块 */
    /* 如果消息队列的头指针为空(也就是没有消息时),执行该段) */
    if (OS_NULL == mq->msg_queue_head)
    {
        if (OS_NO_WAIT == timeout)     /* 超时,退出临界区,返回 OS_EEMPTY */
        {
            OS_KERNEL_EXIT();
            ret = OS_EEMPTY;
        }
```

```
        else  /* 当需要等待的时候,执行该段进行等待 */
        {
            /* 判断唤醒类型 */
            if (OS_MQ_WAKE_TYPE_PRIO == mq->wake_type)
            {
                /* 将任务放到消息队列的接收阻塞队列中 */
                k_block_task(&mq->recv_task_list_head, current_task,
                             timeout, OS_TRUE);
            }
            else
            {
                /* 将任务放到消息队列的接收阻塞队列中 */
                k_block_task (&mq->recv_task_list_head, current_task,
                            timeout, OS_FALSE);
            }

            ret = current_task->switch_retval;        /* 获取当前任务的状态 */

            if (OS_EOK == ret)                        /* 如果成功等待到消息 */
            {
                /* 使用变量 msg 保存接收到的数据 */
                msg = (os_mq_msg_t *)current_task->swap_data;
            }
        }
    }
    /* 如果消息队列的头指针不为空(也就是有消息时),则执行该段) */
    else
    {
        msg = _k_mq_get_msg_from_queue(mq);  /* 使用变量 msg 保存接收到的数据 */
        OS_KERNEL_EXIT();
    }

    if (OS_EOK == ret)
    {
        /* 判断接收的缓存区大小是否小于消息块的大小 */
        if (buff_size < msg->msg_len)
        {
            /* 当接收缓冲区大小小于消息大小时,丢弃此消息 */
            OS_KERN_LOG(KERN_ERROR, MQ_TAG,
                        "Recv buff size(%u) of task(%s) is less than msg size(%u)",
                        buff_size,
                        current_task->name,
                        msg->msg_len);
                        ret = OS_ENOMEM;
        }
        else /* 缓存区大小足够 */
        {
            /* 把消息复制到 buffer 中 */
```

```
            (void)memcpy(buffer, (void *)((os_uint8_t *)msg +
                        sizeof(os_mq_msg_hdr_t)), msg->msg_len);
            /* 获取消息块的大小 */
            *recv_msg_size = msg->msg_len;
        }
        OS_KERNEL_ENTER();
        /* 判断任务发送阻塞消息队列是否为空 */
        if (! os_list_empty(&mq->send_task_list_head))
        {
            /* 获取任务发送阻塞消息队列的第一个任务 */
            block_task = os_list_first_entry(&mq->send_task_list_head,
                                              os_task_t, task_node);
            /* 取消阻塞任务 */
            k_unblock_task(block_task);
            /* 获取消息块的数据 */
            block_task->swap_data = (os_ubase_t)msg;
            /* 判断该任务是否为就绪态 */
            if (block_task->state & OS_TASK_STATE_READY)
            {
                /* 发生任务调度 */
                OS_KERNEL_EXIT_SCHED();
            }
            else
            {
                OS_KERNEL_EXIT();
            }
        }
        else /* 如果任务发送阻塞消息队列为空 */
        {
            /* 释放消息 */
            _k_mq_release_free_msg(mq, msg);
            OS_KERNEL_EXIT();
        }
    }
    return ret;
}
```

上述源码做了一些删减，如果为空，也就是说没有消息发送，则把当前任务阻塞到任务消息接收队列中，最后把消息保存到 msg 消息块变量中。

如果消息头指针不为空，也就是说有消息，则函数_k_mq_get_msg_from_queue()获取消息，如以下源码所示：

```
OS_INLINE os_mq_msg_t * _k_mq_get_msg_from_queue(os_mq_t *mq)
{
    os_mq_msg_t *msg;

    OS_ASSERT(OS_NULL != mq->msg_queue_head);
```

```
    /* 第一:msg 等于消息头指针的消息块 */
    msg                  = mq->msg_queue_head;
    /* 第二:消息头指针指向该消息块的下一个 */
    mq->msg_queue_head = msg->next;
    /* 第三:消息块下一个为空 */
    msg->next            = OS_NULL;
    /* 第四:判断消息尾指针指向是否等于该消息块,也就是说该消息队列资源池只有一
       个消息 */
    if (mq->msg_queue_tail == msg)
    {
        /* 消息尾指向为空 */
        mq->msg_queue_tail = OS_NULL;
    }
    /* 第五:消息队列中消息数 */
    mq->entry_count--;
    return msg;
}
```

从上述源码可知,我们可以分为两个部分讲解,第一个是消息队列资源池不止一个消息块,如图 14.16 所示;第二个是消息队列资源池只有一个消息块,如图 14.17 所示。

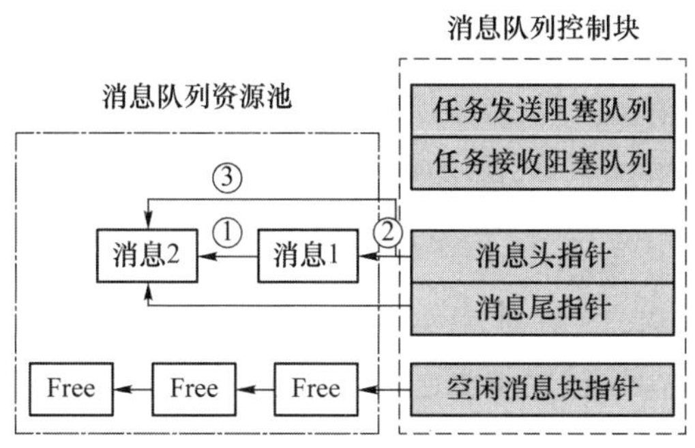

图 14.16　消息队列资源池具有两个或者多个

如图 14.16 所示,_k_mq_get_msg_from_queue()函数执行的第一步中:msg 等于消息头指针的消息块,所以 msg 等于图中消息块 1;第二步中:消息头指针指向该消息块的下一个,如图中③操作,然后把图中②断开;第三步中:该消息块下一个指向为空,如图中①断开,指向 OS_NULL;第四步中:判断消息尾指针指向是否等于消息块 1,由于图中消息块具有两个,所以不等于消息块 1;第五步中:消息队列中消息数。

从图 14.17 和_k_mq_get_msg_from_queue()函数结合分析可知,消息块 1 与图中①和②断开,然后它们指针指向 OS_NULL。

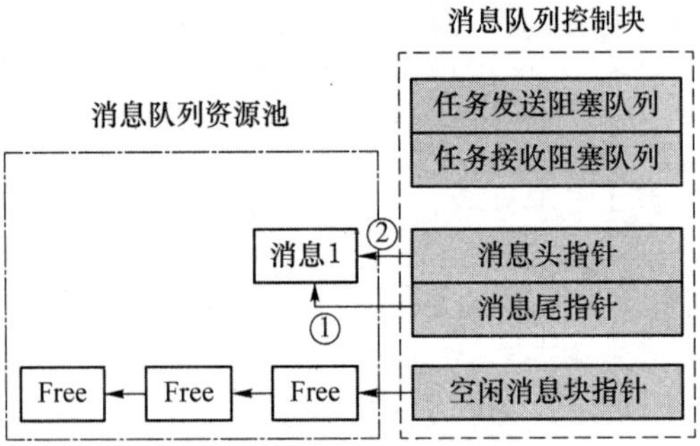

图 14.17　消息队列资源池具有一个消息

14.1.6　消息队列其他 API 函数

1. os_mq_deinit()函数

该函数用于对消息队列去初始化，与 os_mq_init()匹配使用，函数原型如下：

```
os_err_t os_mq_deinit(os_mq_t * mq);
```

该函数形参如表 14.18 所列。

返回值：OS_EOK 表示去初始化消息队列成功。

2. os_mq_destroy()函数

该函数用于销毁消息队列、唤醒所有等待任务、释放消息对象的空间和消息缓冲区的空间，与 os_mq_create()匹配使用，函数原型如下：

```
os_err_t os_mq_destroy(os_mq_t * mq);
```

该函数形参如表 14.19 所列。

表 14.18　函数 os_mq_deinit()形参描述

形　参	描　述
mq	消息队列控制块

表 14.19　函数 os_mq_destroy()形参描述

形　参	描　述
mq	消息队列控制块

返回值：OS_EOK 表示销毁消息队列成功。

3. os_mq_send_urgent()函数

该函数用于发送紧急消息，会把当前消息加入到消息队列的首部以便尽快处理。消息内容被复制到消息队列缓冲区中，当消息队列已满且需要等待时，会阻塞当前发送任务，函数原型如下：

```
os_err_t os_mq_send_urgent(os_mq_t * mq,
                           void * buffer,
```

```
                    os_size_t buff_size,
                    os_tick_t timeout);
```

该函数形参如表 14.20 所列。

表 14.20 函数 os_mq_send_urgent()形参描述

形 参	描 述
mq	消息队列控制块
buffer	待发送的消息的地址
buff_size	此消息的长度
timeout	消息暂时不能发送的等待超时时间。若为 OS_NO_WAIT，则等待时间为 0；若为 OS_WAIT_FOREVER，则永久等待直到消息发送；若为其他值，则等待 timeout 时间或者消息发送为止，并且其他值时 timeout 必须小于 OS_TICK_MAX / 2

返回值：OS_EOK 表示消息发送成功，OS_EFULL 表示不等待且消息未发送，OS_ETIMEOUT 表示等待超时且消息未发送，OS_ERROR 表示其他错误。

4. os_mq_set_wake_type()函数

该函数用于阻塞在消息队列下的任务，设置唤醒阻塞任务的类型，函数原型如下：

```
os_err_t os_mq_set_wake_type(os_mq_t * mq, os_uint8_t wake_type);
```

该函数形参如表 14.21 所列。

表 14.21 函数 os_mq_set_wake_type()形参描述

形 参	描 述
mq	消息队列控制块
wake_type	OS_MQ_WAKE_TYPE_PRIO 设置唤醒阻塞任务的类型为按优先级唤醒(消息队列创建后默认为使用此方式)，OS_MQ_WAKE_TYPE_FIFO 设置唤醒阻塞任务的类型为先进先出唤醒

返回值：OS_EOK 表示设置唤醒阻塞任务类型成功，OS_EBUSY 表示设置唤醒阻塞任务类型失败。

5. os_mq_reset()函数

复位消息队列，使消息队列达到初始状态，函数原型如下：

```
void os_mq_reset(os_mq_t * mq);
```

该函数形参如表 14.22 所列。

返回值：无。

6. os_mq_is_empty()函数

该函数用于查询消息队列是否为空，函数原型如下：

```
os_bool_t os_mq_is_empty(os_mq_t *mq);
```

该函数形参如表 14.23 所列。

表 14.22　函数 os_mq_reset()形参描述

形　参	描　述
mq	消息队列控制块

表 14.23　函数 os_mq_is_empty()形参描述

形　参	描　述
mq	消息队列控制块

返回值：OS_TRUE 表示消息队列为空，OS_FALSE 表示消息队列不为空。

7. os_mq_is_full()函数

该函数用于查询消息队列是否为满，函数原型如下：

```
os_bool_t os_mq_is_full(os_mq_t *mq);
```

该函数形参如表 14.24 所列。

返回值：OS_TRUE 表示消息队列为满，OS_FALSE 表示消息队列不为满。

8. os_mq_get_queue_depth()函数

该函数用于获取消息队列深度，函数原型如下：

```
os_uint16_t os_mq_get_queue_depth(os_mq_t *mq);
```

该函数形参如表 14.25 所列。

表 14.24　函数 os_mq_is_full()形参

形　参	描　述
mq	消息队列控制块

表 14.25　函数 os_mq_get_queue_depth()形参

形　参	描　述
mq	消息队列控制块

返回值：消息队列深度。

9. os_mq_get_used_entry_count()函数

该函数用于获取消息队列中消息数量，函数原型如下：

```
os_uint16_t os_mq_get_used_entry_count(os_mq_t *mq);
```

该函数形参如表 14.26 所列。

返回值：消息队列中消息数量。

10. os_mq_get_unused_entry_count()函数

该函数用于获取消息队列中空闲资源数量，函数原型如下：

```
os_uint16_t os_mq_get_unused_entry_count(os_mq_t *mq);
```

该函数形参如表 14.27 所列。

表 14.26 函数 os_mq_get_used_entry_count()形参

形 参	描 述
mq	消息队列控制块

表 14.27 函数 os_mq_get_unused_entry_count()形参

形 参	描 述
mq	消息队列控制块

返回值:消息队列中空闲资源数量。

14.1.7 消息队列配置

OneOS 的消息队列功能是可以根据用户的需求自定义裁减的,在工程目录下打开 OneOS-Cube 进行如下配置:

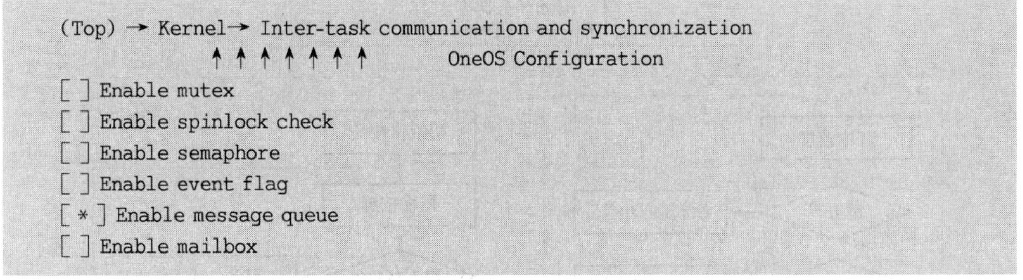

(Top) → Kernel→ Inter-task communication and synchronization
↑ ↑ ↑ ↑ ↑ ↑ ↑ OneOS Configuration
[ ] Enable mutex
[ ] Enable spinlock check
[ ] Enable semaphore
[ ] Enable event flag
[*] Enable message queue
[ ] Enable mailbox

其中,Enable message queue 选项就是开启 OneOS 中消息队列功能的选项。

14.2 消息队列操作实验

14.2.1 功能设计

本实验设计两个任务:key_task、user_task,任务功能如表 14.28 所列。

表 14.28 各个任务实现的功能描述

任 务	任务功能
key_task	取按键的键值,然后将键值发送到队列 mq_dynamic 中
user_task	按键处理任务,读取队列 mq_dynamic 中的消息,根据不同的消息值做相应的处理

该实验工程参考 demos/atk_driver/rtos_test/12_message_queue 文件夹。

14.2.2 软件设计

1. 实验流程步骤

① key_task 任务按下某个按键时,调用函数 os_mq_send()发送该按键值。

② user_task 任务调用函数 os_mq_recv()获取消息队列,最后根据消息进行不同操作。

2. 程序流程图

根据上述的例程功能分析得到 OneOS 消息队列实验流程图，如图 14.29 所示。

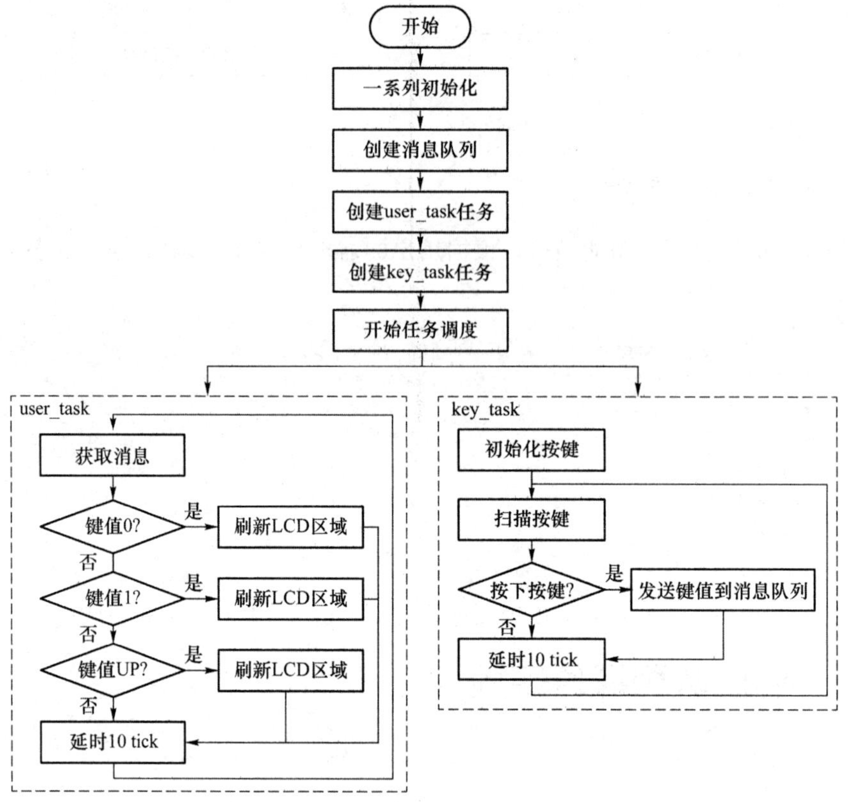

图 14.29 消息队列实验流程图

3. 程序解析

(1) 任务参数设置

```
/* USER_TASK 任务 配置
 * 包括：任务句柄 任务优先级 堆栈大小 创建任务
 */
#define USER_TASK_PRIO      3        /* 任务优先级 */
#define USER_STK_SIZE       512      /* 任务堆栈大小 */
os_task_t * USER_Handler;            /* 任务控制块 */
void user_task(void * parameter);    /* 任务函数 */
/* KEY_TASK 任务 配置
 * 包括：任务句柄 任务优先级 堆栈大小 创建任务
 */
#define KEY_TASK_PRIO       5        /* 任务优先级 */
#define KEY_STK_SIZE        512      /* 任务堆栈大小 */
os_task_t * KEY_Handler;             /* 任务控制块 */
void key_task(void * parameter);     /* 任务函数 */
```

(2) 任务实现

```
/**
 * @brief        user_task
 * @param        parameter : 传入参数(未用到)
 * @retval       无
 */
static void user_task(void * parameter)
{
    parameter = parameter;
    os_uint8_t recv_key;
    os_size_t recv_size;
    os_uint8_t key_num = 0;
    /* 初始化屏幕显示,代码省略 */
    while (1)
    {
        /* 接收消息 */
        if (OS_EOK == os_mq_recv(mq_dynamic, &recv_key, KEYMSG_Q_NUM,
                                OS_WAIT_FOREVER, &recv_size))
        {
            os_kprintf("user_task recv_key: %d\r\n", recv_key);
            key_num++;

            if (KEY0_PRES == recv_key)
            {
                lcd_fill_circle(30,110,20,lcd_discolor[key_num % 11]);
            }
            else if (KEY1_PRES == recv_key)
            {
                lcd_fill_circle(30,150,20,lcd_discolor[key_num % 11]);
            }
            else if (WKUP_PRES == recv_key)
            {
                lcd_fill_circle(30,190,20,lcd_discolor[key_num % 11]);
            }
        }

        os_task_msleep(100);
    }
}
/**
 * @brief        key_task
 * @param        parameter : 传入参数(未用到)
 * @retval       无
 */
static void key_task(void * parameter)
{
    parameter = parameter;
    os_uint8_t i;
    os_uint8_t key = 0;
```

```
        for (i = 0; i < key_table_size; i++)
        {
            os_pin_mode(key_table[i].pin, key_table[i].mode);
        }

        while (1)
        {
            key = key_scan(0);

            if (key)
            {
                /* 发送消息 */
                os_mq_send(mq_dynamic, &key, KEYMSG_Q_NUM, OS_WAIT_FOREVER);
            }

            os_task_msleep(10);
        }
}
```

上述源码可知：key_task 任务用来发送按键值消息，user_task 任务用来获取消息队列的消息，不同的消息做不一样的处理。

14.2.3 下载验证

编译并下载实验代码到开发板中，打开串口调试助手，从 LCD 上可以很容易看出现象，如图 14.30 所示。

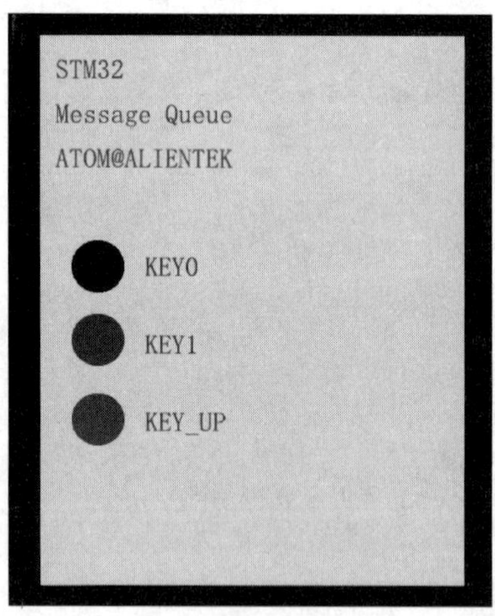

图 14.30 消息队列实验

第15章

OneOS 工作队列

学习了 OneOS 的信号量和消息队列后，本章就正式学习 OneOS 的工作队列。想要理解工作队列的实现，消息队列和信号量的基础知识必不可少。建议没有掌握信号量和消息队列的读者回头看一下相关章节的描述，然后再学习本章。

本章分为如下几部分：

15.1　工作队列

15.2　工作队列实验

15.1　工作队列

工作队列提供了执行某个用户工作的接口，如果用户想执行某个工作，可以向工作队列提交工作，并且可以设置延时执行和不延时执行。如果想执行某个简单的或者不需要循环处理的操作，选择工作队列比较合适，不需要创建单独的任务。

内核提供的工作队列有两种接口，第一种接口，用户可以创建自己的工作队列，自行决定栈大小和任务优先级，然后把需要的工作项提交到工作队列上；第二种接口，用户不用创建工作队列，而是直接把工作项提交到系统创建的工作队列上。

15.1.1　工作队列实现过程

OneOS 官方定义中实现过程原理如图 15.1 所示。对 RTOS 不是很熟悉或者刚刚 RTOS 入门的小伙伴可能会比较懵。其实这图并不难，需要结合 OneOS 信号量和 OneOS 消息队列的知识来分析。先分析信号量的作用，从图中可知，工作队列任务要获取信号量，而提交了工作项才能释放信号量，其作用是提高系统的运行效率。当工作队列链表上没有工作项时，任务获取信号量就会阻塞，然后进入休眠等待状态，提交工作项时会释放信号量，任务就会被唤醒并且执行，极大地提高了系统的运行效率。由于处理的对象是被连接起来的单个工作项，在任务中被依次取出来逐个处理，就像队列依次处理一样，所以称为工作队列。

那么该如何在 OneOS 使用工作队列呢？其实 OneOS 内部已经实现了工作队列底层的内容，调用 OneOS 提供的 API 函数便可以使用它了。对于第一种接口（用户创建自己的工作队列)需要先创建一个工作队列,然后对工作队列进行初始化,最后就可以将工作提交到工作队列或者取消已提交的工作队列任务。对于第二种接口(直接把工作项提交到系统创建的工作队列上)则更为方便了,不用创建工作队列(系统创建好了),直接初始化系统的工作队列,然后就可以将工作提交到工作队列或者取消已提交的工作队列任务了。建议使用第二种接口,比较方便和快捷。

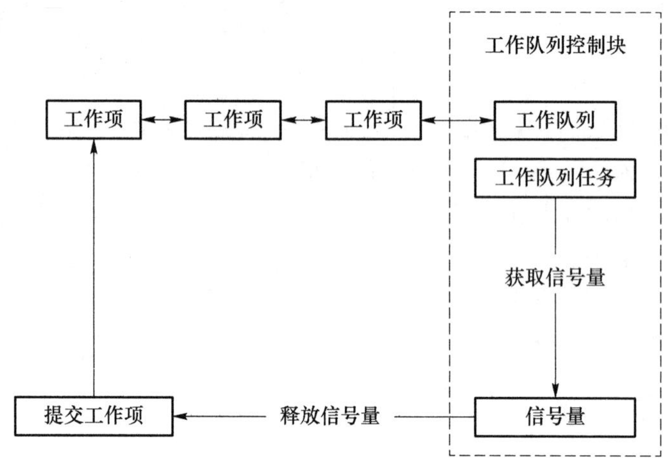

图 15.1 工作队列实现原理

15.1.2 工作队列结构体

讲解这些函数之前,我们必须了解工作队列控制块结构体 os_workqueue,如以下源码所示:

```
struct os_workqueue
{
    os_list_node_t     work_list_head;        /* 工作队列上工作挂在链表头节点 */
    os_work_t          *work_current;         /* 工作队列上正在执行的工作 */
    os_task_t          worker_task;           /* 工作队列执行工作的任务 */

    os_spinlock_t      lock;                  /* 用于访问控制的自旋锁 */
    os_sem_t           sem;                   /* 用于同步的信号量 */
    /* 初始化状态,0x55 表示已经初始化,0xAA 表示已经去初始化,其他值为未初始化 */
    os_uint8_t         object_inited;
};
typedef struct os_workqueue os_workqueue_t;
```

上述源码是 OneOS 工作队列的结构体成员变量,如图 15.2 所示。

15.1.3 工作队列的创建与初始化

工作队列的创建与初始化主要涉及 3 个 API 函数,如表 15.3 所列。

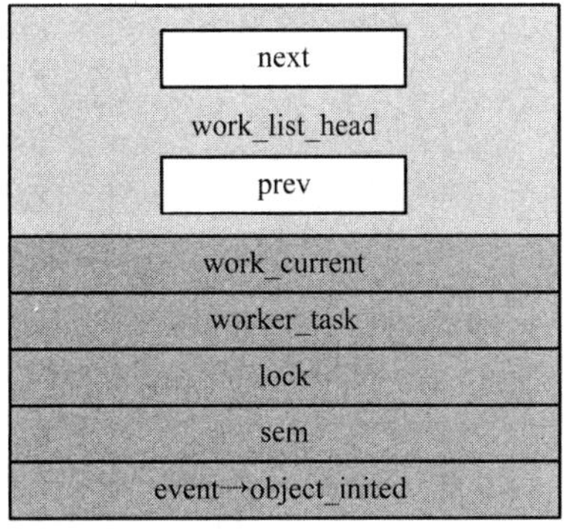

图 15.2　工作队列结构体示意图

表 15.3　工作队列的创建涉及的函数

API 函数名	说　明
os_workqueue_init	根据传入的参数初始化工作队列,工作队列控制块内存由用户提供
os_workqueue_create	创建工作队列,内部会创建一个对应的任务
os_work_init	初始化工作项

1. os_workqueue_init()函数

该函数的主要作用是根据传入的参数初始化工作队列,这个函数较少使用,原型如下:

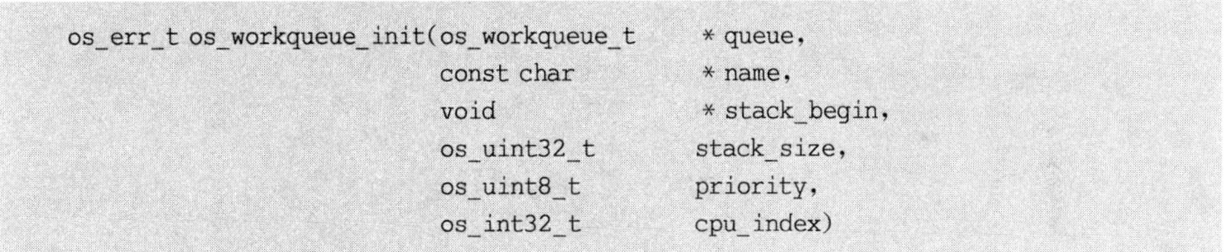

```
os_err_t os_workqueue_init(os_workqueue_t     * queue,
                           const char         * name,
                           void               * stack_begin,
                           os_uint32_t        stack_size,
                           os_uint8_t         priority,
                           os_int32_t         cpu_index)
```

函数具有 6 个形参,如表 15.4 所列。

表 15.4　函数 os_workqueue_init()相关形参描述

参　数	描　述
queue	工作队列控制块,由用户提供,并指向对应的工作队列控制块内存地址
name	工作队列名字,其最大长度由 OS_NAME_MAX 宏指定,多余部分会被自动截掉
stack_begin	栈起始地址
stack_size	栈大小
priority	优先级
cpu_index	CPU 核号

返回值:成功返回 OS_EOK,失败返回 OS_ERROR。

该函数在 OneOS 源码 os_ workqueue.c 文件定义,如以下源码所示:

```
os_err_t os_workqueue_init( os_workqueue_t    * queue,
                            const char        * name,
                            void              * stack_begin,
                            os_uint32_t       stack_size,
                            os_uint8_t        priority,
                            os_int32_t        cpu_index)
{
    os_err_t ret;
    /* 检测工作队列是否可用 */
    OS_ASSERT(queue != OS_NULL);
    OS_ASSERT(name != OS_NULL);
    OS_ASSERT(stack_begin != OS_NULL);
    OS_ASSERT(stack_size > 0);
    OS_ASSERT(priority < OS_TASK_PRIORITY_MAX);
    OS_UNREFERENCE(cpu_index);
    /* 设置正在执行的工作为空 */
    queue->work_current = OS_NULL;
    /* 设置工作队列已经初始化 */
    queue->object_inited = OS_KOBJ_INITED;
    /* 初始化工作队列上工作挂在链表头节点 */
    os_list_init(&queue->work_list_head);
    os_spin_lock_init(&queue->lock);
    /* 创建信号量(静态) */
    ret = os_sem_init(&queue->sem, OS_NULL, 0, 1);
    if (ret == OS_EOK)
    {
        /* 创建任务(静态) */
        ret = os_task_init(&queue->worker_task,      /* 任务控制块 */
                           name,                     /* 任务名称 */
                           _k_workqueue_task_entry,  /* 任务函数入口 */
                           queue,                    /* 任务传入的参数 */
                           stack_begin,              /* 堆栈的开始地址 */
                           stack_size,               /* 堆栈大小 */
                           priority);                /* 堆栈优先级 */

        if (ret == OS_EOK)
        {
            ret = os_task_startup(&queue->worker_task);
        }
    }
    return ret;

}
```

上述源码可知,工作队列初始化会执行入参判定、一系列初始化设置、创建信号量和任务的操作,如图 15.5 所示。

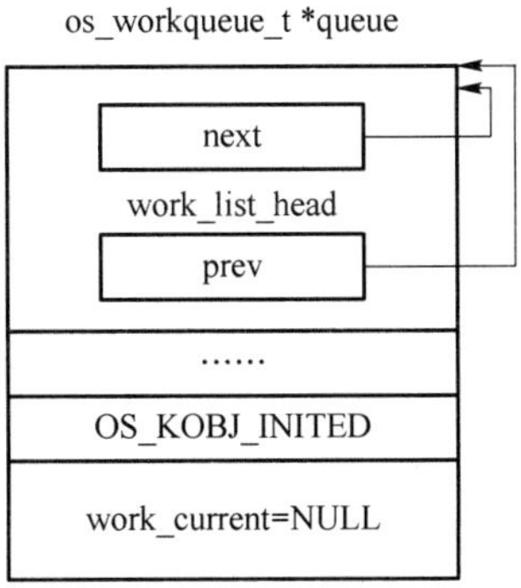

os_workqueue_t *queue

next
work_list_head
prev
……
OS_KOBJ_INITED
work_current=NULL

图 15.5　工作队列初始化示意图

2. os_workqueue_create()函数

该函数用于创建工作队列，内部会创建一个对应的任务，常在第一种接口（用户创建自己的工作队列）中使用，原型所示：

```
os_workqueue_t * os_workqueue_create(const char          * name,
                                     os_uint32_t          stack_size,
                                     os_uint8_t           priority,
                                     os_int32_t           cpu_index);
```

函数具有 4 个形参，如表 15.6 所列。

表 15.6　函数 os_workqueue_init()相关形参描述

参　数	描　述
name	工作队列名字，其最大长度由 OS_NAME_MAX 宏指定，多余部分会被自动截掉
stack_size	栈大小
priority	优先级
cpu_index	CPU 核号

返回值：成功返回非 OS_NULL，失败返回 OS_NULL。

该函数也是在 os_ workqueue. c 定义与实现，如以下源码所示：

```
os_workqueue_t * os_workqueue_create(const char       * name,
                                     os_uint32_t   stack_size,
                                     os_uint8_t    priority,
                                     os_int32_t    cpu_index)
{
    os_workqueue_t      * queue;
    void                * stack_begin;
    os_err_t            ret;
    /* 检测堆栈、优先级、索引等 */
    OS_ASSERT(stack_size > 0);
    OS_ASSERT(priority < OS_TASK_PRIORITY_MAX);
```

```
OS_ASSERT(cpu_index >= -1);
ret = OS_EOK;
/* 申请内存 */
queue = (os_workqueue_t *)OS_KERNEL_MALLOC(sizeof(os_workqueue_t));
if (OS_NULL == queue)
{
    OS_KERN_LOG(KERN_ERROR, WORKQ_TAG, "Malloc workqueue(%s) failed", name);
    ret = OS_ENOMEM;
}
else
{
    /* 堆栈大小对齐 */
    stack_size = OS_ALIGN_UP(stack_size,OS_ARCH_STACK_ALIGN_SIZE);
    /* 堆栈起始地址 */
    stack_begin = OS_KERNEL_MALLOC_ALIGN(
                                    OS_ARCH_STACK_ALIGN_SIZE,stack_size);
    if (OS_NULL == stack_begin)
    {
        OS_KERN_LOG(KERN_ERROR, WORKQ_TAG,
                "Malloc stack_begin(%s) failed", name);
        ret = OS_ENOMEM;
    }
    else
    {
        /* 初始化工作队列 */
        ret = os_workqueue_init(queue,          /* 工作队列控制块 */
                                name,           /* 工作队列名字 */
                                stack_begin,    /* 堆栈起始地址 */
                                stack_size,     /* 堆栈大小 */
                                priority,       /* 优先级 */
                                cpu_index);     /* CPU 核号 */
    }

}
/* 初始化工作队列成功,则返回控制块 */
if(OS_EOK == ret)
{
    return queue;
}
else
{
    if (queue != OS_NULL)
    {
        OS_KERNEL_FREE(queue);
    }
    if (stack_begin != OS_NULL)
    {
        OS_KERNEL_FREE(stack_begin);
    }
```

```
        return OS_NULL;
    }
}
```

上述源码可知：os_workqueue_create()函数实际调用了 os_workqueue_init()来创建工作队列任务。

3. os_work_init()函数

该函数用于初始化工作项，常在第二种接口（直接把工作项提交到系统创建的工作队列上）中使用，该函数的原型所示：

```
void os_work_init(os_work_t * work, void ( * func)(void * data), void * data);
```

函数具有 3 个形参，如表 15.7 所列。

表 15.7　函数 os_work_init()相关形参描述

参　数	描　述
work	工作项控制块，由用户提供，并指向对应的工作项控制块内存地址
func	工作项函数
data	工作项函数的参数

返回值：无。

下面讲解工作项控制块结构体和 os_work_init()初始化函数，函数 os_workqueue_create()和函数 os_workqueue_init()的初始化机制与 os_work_init()大同小异，用户可以自行分析。

工作项控制块结构体分析如下：

```
struct os_work
{
    /* 工作挂载点，用于将工作挂载到工作队列上 */
    os_list_node_t      work_node;
    /* 工作处理函数 */
    void                ( * func)(void * data);
    /* 工作处理函数参数 */
    void                 * data;
    /* 延时时间 */
    os_timer_t          timer;
    /* 工作挂载的工作队列 */
    struct os_workqueue * volatile workqueue;
    /* 工作状态标志 */
    os_uint8_t          flag;
    /* 初始化状态，0x55 表示已经初始化，0xAA 表示已经去初始化，其他值为未初始化 */
    os_uint8_t          object_inited;
    };
/* 结构体重命名 */
typedef struct os_work os_work_t;
```

os_work_init()函数分析如下：

```
void os_work_init(os_work_t      * work,
                  void           ( * func)(void * data),
                  void           * data)
{
    /* 判断参数的正确性 */
    OS_ASSERT(work);
    OS_ASSERT(func);
    /* 根据传入参数,初始化工作项结构体 */
    work->func = func;                          /* 函数入口 */
    work->data = data;                          /* 传入的参数 */
    work->workqueue = OS_NULL;                  /* 工作队列控制块为空 */
    work->flag = OS_WORK_STAGE_IDLE;            /* 设置工作项控制块标志位 */
    work->object_inited = OS_KOBJ_INITED;       /* 设置工作项控制块已经初始化 */
    /* 将工作队列插入到工作队列列表中、初始化定时器 */
    os_list_init(&work->work_node);             /* 初始化 work_node 链表 */
    os_timer_init(&work->timer,                 /* 定时器控制块 */
                  OS_NULL,                      /* 定时器名字 */
                  _k_work_timeout,              /* 超时函数 */
                  work,                         /* 超时函数的参数 */
                  1,                            /* 超时时间 */
                  OS_TIMER_FLAG_ONE_SHOT);      /* 单次 */
    return;
}
```

分析 os_work_init()函数不难发现，其实该函数的主要内容是检查参数与系统的安全性，然后根据传入的参数初始化工作队列，最后把工作队列插入工作队列列表中并初始化定时器就行了。这里的工作队列列表的本质是保存所有的工作队列的一个链表，这样方便工作队列的统一管理，如图 15.8 所示。

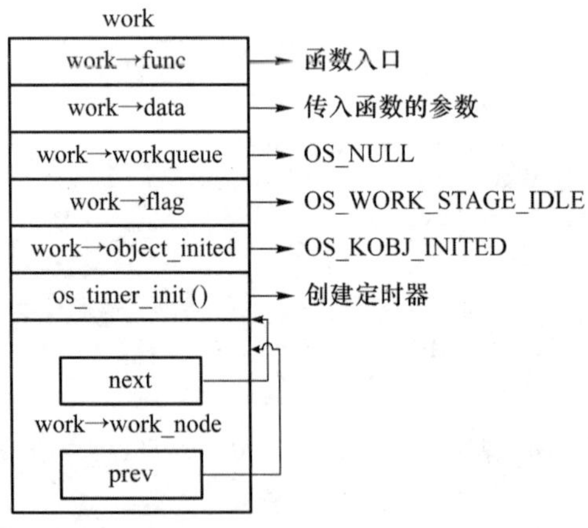

图 15.8　函数 os_work_init()结构示意图

15.1.4 工作队列的提交

工作队列的提交指的是将工作提交到工作队列,通俗来讲就是通知系统要运行指定的函数。此处涉及两个 API 函数,如表 15.9 所列。

表 15.9 工作队列的提交涉及的函数

API 函数名	说 明
os_submit_work_to_queue()	将工作提交到指定的工作队列
os_submit_work()	将工作提交到系统工作队列

1. os_submit_work_to_queue()函数

该函数常用于第一种接口(用户创建自己的工作队列)中工作队列的提交,该函数的原型如下所示:

```
os_err_t os_submit_work_to_queue(os_workqueue_t        * queue,
                                 os_work_t             * work,
                                 os_tick_t             delay_time);
```

函数具有 3 个形参,如表 15.10 所列。

表 15.10 函数 os_submit_work_to_queue()相关形参描述

参 数	描 述
queue	工作队列控制块结构体
name	工作项控制块结构体
delay_time	提交工作项的延时时间,可取值范围(0,OS_TICK_MAX / 2)

返回值:成功返回 OS_EOK,失败返回 OS_EBUSY(该工作项之前已被提交,但还未执行完成)或者 OS_ERROR(同一个工作项提交到两个不同的工作队列)。

os_submit_work_to_queue()函数源码如以下所示:

```
os_err_t os_submit_work_to_queue(os_workqueue_t * queue,
                                 os_work_t * work,
                                 os_tick_t delay_time)
{
    os_ubase_t irq_key;
    os_err_t   ret;
    /* 检测工作队列、工作项、工作队列初始化,
       工作项初始化以及延时时间是否满足要求 */
    OS_ASSERT(queue);
    OS_ASSERT(work);
    OS_ASSERT(OS_KOBJ_INITED == queue->object_inited);
    OS_ASSERT(OS_KOBJ_INITED == work->object_inited);
    OS_ASSERT(delay_time < (OS_TICK_MAX / 2));
```

```
    ret = OS_EOK;
    os_spin_lock_irqsave(&queue->lock, &irq_key);
    /* 不允许一个工作提交到多个队列。限制并发运行 */
    if (work->workqueue && (queue != work->workqueue))
    {
        os_spin_unlock_irqrestore(&queue->lock, irq_key);
        /* 返回错误值 */
        ret = OS_ERROR;
    }
    else /* 提交一个工作项 */
    {
        /* 判断该工作项是否空闲 */
        if (work->flag == OS_WORK_STAGE_IDLE)
        {
            /* 工作项控制块的工作队列控制块等于创建的工作队列控制块 */
            work->workqueue = queue;
            if (delay_time) /* 是否需要延时等待 */
            {
                /* 设置工作项为等待状态 */
                work->flag = OS_WORK_STAGE_DELAY;
                /* 设置定时器超时 */
                (void)os_timer_set_timeout_ticks(&work->timer, delay_time);
                /* 启动定时器 */
                (void)os_timer_start(&work->timer);
            }
            else /* 如果不延时 */
            {
                _k_submit_work_to_queue_tail(queue,work);
            }

            ret = OS_EOK;
        }
        else
        {
            ret = OS_EBUSY;
        }
        os_spin_unlock_irqrestore(&queue->lock, irq_key);
    }
    return ret;
}
OS_INLINEvoid _k_submit_work_to_queue_tail(os_workqueue_t * queue,
                                           os_work_t * work)
{
    /* 设置该工作项为挂起态 */
    work->flag = OS_WORK_STAGE_PENDING;
    /* 尾部插入 */
    os_list_add_tail(&queue->work_list_head,&work->work_node);
    /* 判断当前正在执行的工作是否为空 */
```

```
    if (OS_NULL == queue->work_current)
    {
        /* 释放信号量 */
        (void)os_sem_post(&queue->sem);
    }
}
```

从上述源码可知，提交一个工作大概分为五部分：

① 检测工作队列、工作项、工作队列初始化、工作项初始化以及延时时间是否满足要求。

② 检测一个工作能否提交到多个工作队列中。

③ 判断工作项标志位是否空闲，如果不空闲，直接退出。

④ 执行工作是否需要延时，如果需要延时，则设置定时器超时时间，并启动定时器，该定时器就是 os_work_init()创建的定时器。

⑤ 如果提交的工作不延时，那么执行_k_submit_work_to_queue_tail()函数，该函数主要作用为设置该工作项为挂起态；然后把工作项的工作链表插入工作队列的工作链表的尾部，如图 15.11 所示。当工作队列的正在执行的工作为空时，调用函数 os_sem_post()释放信号量。

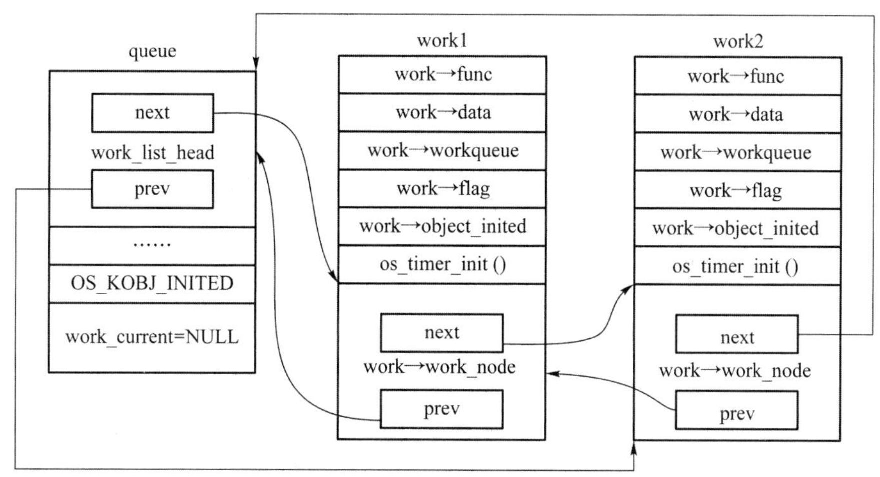

图 15.11 工作项的工作链表插入工作队列的工作链表的尾部示意图

工作队列任务的任务函数_k_workqueue_task_entry()，如以下源码所示：

```
static void _k_workqueue_task_entry(void * parameter)
{
    struct os_workqueue    * queue;
    struct os_work         * work;
    const os_list_node_t   * head;
    os_ubase_t irq_key;
```

```
    /* 获取传入的参数:工作队列控制块 */
    queue = (os_workqueue_t  *)parameter;
    /* 获取工作队列的工作链表的地址 */
    head = &queue->work_list_head;
    while (1)
    {
        /* 等待信号量 */
        (void)os_sem_wait(&queue->sem,OS_WAIT_FOREVER);
        while (1)
        {
            os_spin_lock_irqsave(&queue->lock, &irq_key);
            /* 判断工作队列的工作链表是否空,也就是说是否有工作 */
            if (! os_list_empty(head))
            {
                /* 如果有工作 */
                /* work 获取工作项的工作挂载链表的第一个工作 */
                work = os_list_first_entry(head, os_work_t, work_node);
                /* 删除该工作项的工作挂载链表的工作 */
                os_list_del(&work->work_node);
                /* 工作队列的正在执行的工作为 work */
                queue->work_current = work;
                /* 设置工作项的标志位为空闲 */
                work->flag = OS_WORK_STAGE_IDLE;
                os_spin_unlock_irqrestore(&queue->lock, irq_key);
                /* 工作处理函数 */
                work->func(work->data);
            }
            else/* 如果为空 */
            {
                /* 工作队列的正在执行的工作为 OS_NULL */
                queue->work_current = OS_NULL;
                os_spin_unlock_irqrestore(&queue->lock, irq_key);
                break;
            }

        }

    }
}
```

根据图 15.11 来分析,该图已经提交了两个工作项,首先根据上述的源码可知:os_sem_wait()为等待信号量,提交工作时会判断工作队列正在运行工作是否为空,如果不为空,则调用函数 os_sem_post()释放信号量。

其次,调用 os_list_empty()判断 head(work_list_head)是否为空。根据图 15.11 可知,该链表已经链接两个工作项,所以这里不为空,然后获取链表的第一个工作项及链表 head(work_list_head)删除该工作项。最后,(queue→work_current)工作队列的执行工作指向该工作项,并设置该工作项的标志位为空闲,调用工作处理函数执行工作。

注意：工作队列由信号量和消息队列组成，而信号量起到同步的作用，所以上述源码中 os_sem_wait()一直等待信号量释放；如果没有信号量释放，那么这个任务一直处于阻塞状态，工作项提交完成会调用 os_sem_post()释放信号量。

总结：工作队列的工作链表和多个工作项的工作链表形成一个首尾相连的链表，当工作队列任务执行某个工作项时，必须把该工作项从工作队列的工作链表删除，并执行工作项的工作。所以工作项被提交只会执行一次工作，如果想再一次执行工作，必须再一次提交该工作项，否则无法执行该工作。

注意：OS_WORK_STAGE_IDLE、OS_WORK_STAGE_PENDING 等变量并不是任务的挂起态和空闲态，而是工作项是否在工作队列提交的状态，如 OS_WORK_STAGE_PENDING 变量表示工作项已经挂在工作队列的链表节点上，等待工作队列处理。

2. os_submit_work()函数

该函数常用于第二种接口（直接把工作项提交到系统创建的工作队列上）中创建工作队列，函数的原型如下所示：

```
os_err_t os_submit_work(os_work_t * work, os_tick_t delay_time);
```

函数具有两个形参，如表 15.12 所列。

表 15.12　函数 os_submit_work()相关形参描述

参　数	描　述
work	工作项控制块
delay_time	提交工作项的延时时间，可取值范围（0，OS_TICK_MAX / 2）

返回值：成功返回 OS_EOK，失败返回 OS_EBUSY（该工作项之前已被提交，但还未执行完成）或者 OS_ERROR（同一个工作项提交到两个不同的工作队列）。

os_submit_work()函数和 os_submit_work_to_queue()函数原理类似。

15.1.5　工作队列的取消

工作队列的取消指取消工作队列中已提交的工作，分为异步取消和同步取消。异步取消只能取消未执行的工作项，同步取消则指无论工作项是否在执行都取消。此处涉及两个 API 函数，如表 15.13 所列。

1. os_cancel_work()函数

该函数用于异步取消已经提交到工作队列的任务，原型如下所示：

```
os_err_t os_cancel_work(os_work_t * work);
```

函数有一个形参,如表 15.14 所列。

表 15.13　工作队列的取消涉及的函数

API 函数名	说　明
os_cancel_work	异步取消已经提交到工作队列的工作
os_cancel_work_sync	同步取消已经提交到工作队列的工作

表 15.14　函数 os_cancel_work()相关形参

参　数	描　述
work	工作项控制块

返回值:取消成功返回 OS_EOK,取消失败返回 OS_EBUSY(取消失败,该工作项正在执行)或者 OS_ERROR(工作队列中没有已提交的工作项)。

2. os_cancel_work_sync()函数

该函数用于同步取消已经提交到工作队列的任务,原型如下所示:

```
os_err_t os_cancel_work_sync(os_work_t *work);
```

函数具有一个形参,如表 15.15 所列。

表 15.15　函数 os_cancel_work _sync()相关形参描述

参　数	描　述
work	工作项控制块

返回值:取消成功返回 OS_EOK,失败返回 OS_ERROR(工作队列中没有已提交的工作项)。

下面介绍上述两种函数在 OneOS 中是如何实现的。打开 OneOS 源码可以发现,上述两个函数其实都调用了_k_cancel_work()。_k_cancel_work()的处理过程如下:

```
static os_err_t _k_cancel_work(os_work_t      *work,
                               os_bool_t     sync)
{
    os_ubase_t key;
    os_err_t ret;
    os_workqueue_t *queue;
    os_work_t wait_work;
    os_sem_t  wait_sem;
    os_int32_t work_runing;
    /* 检查传入参数的正确性 */
    OS_ASSERT(work);
    OS_ASSERT(OS_KOBJ_INITED == work->object_inited);
    /* 变量赋初始值 */
    ret = OS_EOK;
    work_runing = 0;
    /* 若工作队列自初始化以来一直就没有提交,返回 OS_ERROR */
    if(OS_NULL == work->workqueue)
```

```
{
    ret = OS_ERROR;
}
else
{
    /* 用 queue 变量保存工作项挂载的工作队列 */
    queue = work->workqueue;
    /* 函数传入参数:sync = 1,该段会被执行,此段会初始化一个信号量以及初始化
       工作项 */
    if (sync)
    {
        (void)os_sem_init(&wait_sem, OS_NULL, 0, 1);
        os_work_init(&wait_work, _k_wait_work,&wait_sem);
    }
    /* 开启用于访问的自旋锁 */
    os_spin_lock_irqsave(&queue->lock, &key);
    /* 根据工作状态标志数值判断工作现在的状况,并根据工作的状态进行相应的删
       除操作 */
    if (OS_WORK_STAGE_IDLE == work->flag)
    {
        ;
    }
    else if (OS_WORK_STAGE_DELAY == work->flag)/* 等待状态 */
    {
        /* 停止定时器 */
        (void)os_timer_stop(&work->timer);
        /* 设置工作项为空闲 */
         work->flag = OS_WORK_STAGE_IDLE;
    }
    else if (OS_WORK_STAGE_PENDING == work->flag)/* 挂起态 */
    {
        /* 从工作队列的链表头节点删除工作项的工作挂载点 */
        os_list_del(&work->work_node);
        /* 设置工作项为空闲 */
        work->flag = OS_WORK_STAGE_IDLE;
    }
    else  /* 工作状态标志数值不是系统定义,出现了未知错误,退出自旋锁,并发出
             系统提示 */
    {
        os_spin_unlock_irqrestore(&queue->lock, key);
        OS_ASSERT(0);
    }
    /* 此处参数 sync = 1,若工作正在进行中,则先不会删除工作,此时将工作挂在链
       表头节点 */
    if (queue->work_current == work)
    {
        work_runing = 1;
        if (sync)
        {
```

```
                _k_submit_work_to_queue_head(work->workqueue, &wait_work);
            }
            else
            {
                ret = OS_EBUSY;
            }
        }
        os_spin_unlock_irqrestore(&queue->lock, key);   /* 退出自旋锁 */

        /* 由于 sync = 1,work_runing = 1,
            该段会被执行,此时等待工作完成释放的信号量,然后删除信号量 */
        if (sync)
        {
            if (work_runing)
            {
                (void)os_sem_wait(&wait_sem, OS_WAIT_FOREVER);
            }
            (void)os_sem_deinit(&wait_sem);
        }
    }
    return ret;
}
```

从上述源码可知:当工作项处于不同的状态时,OneOS 对其做出不同的处理。如工作项处于空闲,则不做任务处理;当工作项处于等待状态时,那么该工作项就立刻关闭定时器并设置该工作项为空闲状态。当工作项为挂起态,也就是说,该工作项已经挂在工作队列链表点上或者工作项的工作挂点链表已经插入工作队列的链表点上时,必须调用函数 os_list_del()把工作项从工作队列链表节点中删除并设置该工作项为空闲状态。

如果该工作项正在被工作队列执行,那么 OneOS 会释放信号量以及删除信号量。

15.1.6 工作队列配置

OneOS 的工作队列功能是可以根据用户的需求自定义裁减的,在工程目录下打开 OneOS-Cube 进行如下配置:

```
(Top) → Kernel
    ↑↑↑↑↑↑↑↑↑↑↑↑↑↑          OneOS Configuration
(100) Tick frequency(Hz)
(10) Task time slice(unit: tick)
[*] Using stack overflow checking
-*- Enable global assert
[*] Enable kernel lock check
[*] Enable kernel debug
        The global log level of kernel(Warning)   --->
```

```
[ * ]      Enable color log
[ * ]      Enable kernel log with function name and line number
(2048) The stack size of main task
(512) The stack size of idle task
(512) The stack size of recycle task
[ * ] Enable software timer with a timer task
(512)   The stack size of timer task
[ ]     Software timers in each hash bucket are sorted
[ * ]      Enable workqueue
[ * ]          Enable system workqueue
(2048)           System workqueue task stack size
(0)              System workqueue task priority level
    Inter - task communication and synchronization   --->
    Memory management --->
```

其中,Enable workqueue 选项就是开启 OneOS 中工作队列功能的选项。

15.2 工作队列实验

15.2.1 功能设计

本实验设计一个任务:workqueue_task,任务功能如表 15.16 所列。

表 15.16 各个任务实现的功能描述

任　务	任务功能
workqueue_task	按下按键 KEY_UP 提交工作项 1,按下按键 KEY1 提交工作项 2

该实验工程参考 demos/atk_driver/rtos_test/13_workqueue_test 文件夹。

15.2.2 软件设计

1. 实验流程步骤

① 按下按键 KEY_UP 时,调用函数 os_work_init()初始化工作项 1,最后调用函数 os_submit_work()提交工作项 1。注意,该工作项需要延时 100 tick。

② 按下按键 KEY1 时,调用函数 os_work_init()初始化工作项 2,最后调用函数 os_submit_work()提交工作项 2。注意,该工作项需要延时 0 tick。

2. 程序流程

根据上述的例程功能分析,得到 OneOS 工作队列实验流程图,如图 15.17 所示。

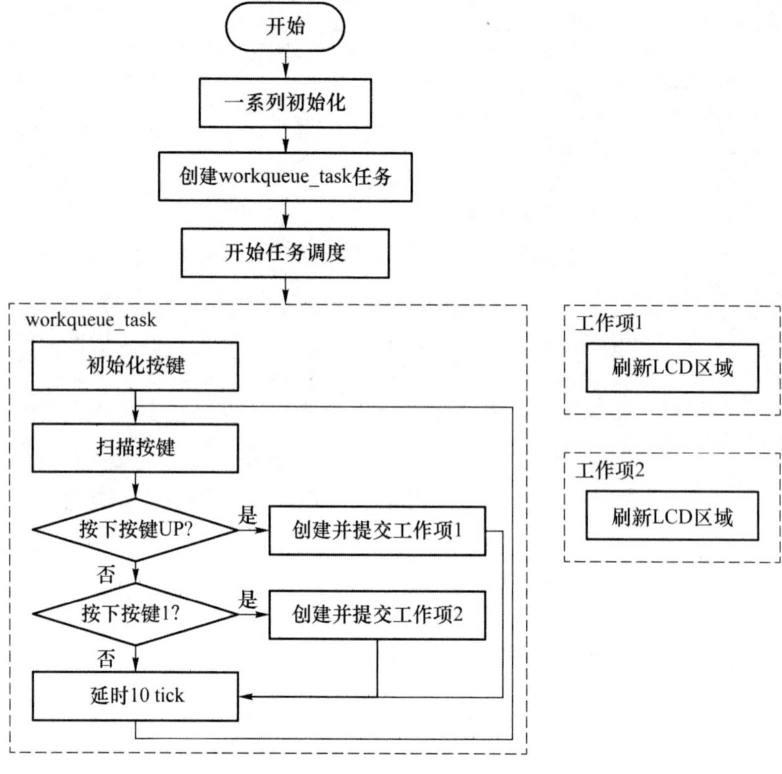

图 15.17 工作队列实验流程图

3. 程序解析

(1) 任务实现

```
/**
  * @brief       workqueue_task
  * @param       parameter : 传入参数(未用到)
  * @retval      无
  */
static void workqueue_task(void * parameter)
{
    parameter = parameter;
    os_tick_t   delay_time = 0;
    os_uint8_t i;
    os_uint8_t  key = 0;
    os_uint32_t workqueue1_num = 0;
    os_uint32_t workqueue2_num = 0;
    is_work_1_done = OS_TRUE;
    is_work_2_done = OS_TRUE;
    /* 初始化屏幕显示,代码省略 */
    /* 初始化按键,代码省略 */
    while (1)
```

```
    {
        key = key_scan(0);
        switch (key)
        {
            case WKUP_PRES:
            {
                if (OS_TRUE == is_work_1_done)
                {
                    is_work_1_done = OS_FALSE;
                    workqueue1_num++;
                    delay_time = 100;
                    /* 初始化工作项 1 */
                    os_work_init(&os_work_1, os_work1_func, &workqueue1_num);
                    os_kprintf("work 1 delay 100 ticks start\r\n");
                    if(OS_EOK != os_submit_work(&os_work_1, delay_time))
                    {
                        os_kprintf("submit work 1 ERR\r\n");
                    }
                }
                else
                    os_kprintf("Work 1 is busy now! \r\n");
                break;
            }
            case KEY1_PRES:
            {
                if (OS_TRUE == is_work_2_done)
                {
                    is_work_2_done = OS_FALSE;
                    workqueue2_num++;
                    delay_time = 0;
                    /* 初始化工作项 2 */
                    os_work_init(&os_work_2, os_work2_func, &workqueue2_num);
                    os_kprintf("work 2 delay 0 ticks start\r\n");
                    if(OS_EOK != os_submit_work(&os_work_2, delay_time))
                    {
                        os_kprintf("submit work 2 ERR\r\n");
                    }
                }
                else
                    os_kprintf("work 2 is busy now! \r\n");
                break;
            }
            default:
                break;
        }
        os_task_msleep(10);
    }
}
```

从上述源码可知：workqueue_task 任务用于获取按键值，对于 KEY_UP 的按键值的操作是初始化工作项 1 并提交工作项 1。当按下 KEY1 时，初始化工作项 2 并提交工作项 2。

(2) 工作队列任务

```
/**
 * @brief       os_work1_func
 * @param       data : 传入参数
 * @retval      无
 */
void os_work1_func(void * data)
{
    static os_uint32_t i = 0;
    os_kprintf("work1 run %d times! \r\n\r\n", ++i);
    lcd_fill(6, 131, 114, 313, lcd_discolor[*(os_uint32_t *)data % 11]);
    is_work_1_done = OS_TRUE;
}
/**
 * @brief       os_work2_func
 * @param       data : 传入参数
 * @retval      无
 */
void os_work2_func(void * data)
{
    static os_uint32_t i = 0;
    os_kprintf("work2 run %d times! \r\n\r\n", ++i);
    lcd_fill(126, 131, 233, 313, lcd_discolor[11 - *(os_uint32_t *)data % 11]);
    is_work_2_done = OS_TRUE;
}
```

上述源码表示：对于工作队列的任务，当按下 KEY_UP 时，工作项任务入口函数为 os_work1_func()；按下 KEY1 时，工作队列任务的入口函数为 os_work2_func()。

15.2.3 下载验证

编译并下载实验代码到开发板中，观察 LCD，因为从 LCD 上可以很容易看出现象，如图 15.18 所示。

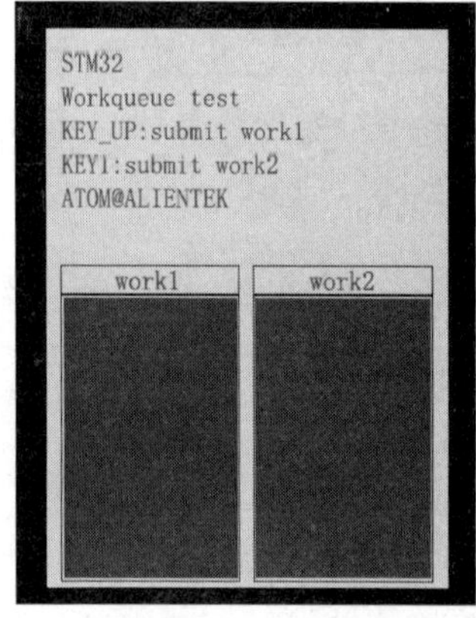

图 15.18 工作队列实验

第16章

OneOS 自旋锁

前面章节中学习了信号量、互斥锁等知识，但是随着处理器内核数量的增加，在多核多任务的背景下，前面学习的几种同步方式就不适用了，那么有没有一种方法可以解决多核环境下多任务的同步？有，那就是使用 OneOS 自旋锁功能。本章就正式学习 OneOS 自旋锁。

本章分为如下几部分：

16.1　自旋锁

16.2　自旋锁原理

16.3　OneOS 自旋锁实验

16.1　自旋锁

自旋锁(Spinlock)在内核中主要用来在多核(SMP)环境下代替全局开关中断来保护内核临界区资源使用，由于在多核环境下，内核进入临界区操作时一般无法继续沿用单核环境下的全局关中断保护方法，即同时关闭所有核心的中断响应，否则会造成系统响应效率过于低下。使用自旋锁保护临界资源时，获得锁的任务进入临界区执行，未获得锁的任务在试图获取锁的循环中"自旋"等待，直到获得锁才能再进入临界区执行。

相比于互斥锁等阻塞类型锁，自旋锁属于非阻塞类型，因此在使用过程中要注意保护区内执行时间尽量短，防止导致其他任务在自旋等待中耗时过长，另外要防止出现死锁的情况。

16.2　自旋锁原理

对于单核环境：由全局开关中断或全局开关调度实现。

对于多核环境：取决于硬件架构的内存互斥访问实现方式，因此跟架构相关，一般由原子操作命令"原子比较后交换(os_atomic_cmpxchg)"实现。任务获取锁时先判断该自旋锁是否已被获取，若已被其他任务获取，则重复执行原子操作等待锁释放。

16.2.1 自旋锁创建

OneOS 提供了两种创建自旋锁的方法。一种是使用内核提供的一个初始化宏，用于自旋锁类型变量的定义及初始化；另外一种是使用函数 os_spin_lock_init()创建，并初始化自旋锁变量。OneOS 官方推荐使用宏进行定义及初始化自旋锁。

先分析一下自旋锁结构体变量是如何定义的。自旋锁结构体的内容如下所示：

```
struct os_spinlock
{
#ifdef OS_USING_SMP
    /* 自旋锁计数值，当 OneOS 内核打开多核支持时用以获得锁、释放锁使用 */
    os_arch_spinlock_t  lock;
#endif
#ifdef OS_USING_SPINLOCK_CHECK
    /* 获得锁的 CPU id，当 OneOS 内核打开自旋锁检查选项时存放获得锁的 CPU id 号，
       单核下默认为 -1 */
    /* 获得锁的任务控制块指针，当 OneOS 内核打开自旋锁检查选项时存放获得锁的任务
       控制块指针 */
    os_int32_t            owner_cpu;
    void                  *owner;
#endif
#if !defined(OS_USING_SMP) && !defined(OS_USING_SPINLOCK_CHECK)
    /* 当内核未支持多核和自旋锁检查时，填充值防止结构体为空，默认为 0 */
    os_uint8_t            padding;
#endif
};
typedef struct os_spinlock os_spinlock_t;
```

其成员的含义如表 16.1 所列。

表 16.1　自旋锁结构体成员的含义

成员名	说　明
lock	自旋锁计数值，当 OneOS 内核打开多核支持时用以获得锁、释放锁使用
owner_cpu	获得锁的 CPU id，当 OneOS 内核打开自旋锁检查选项时，存放获得锁的 CPU id 号，单核下默认为－1
owner	获得锁的任务控制块指针，当 OneOS 内核打开自旋锁检查选项时，存放获得锁的任务控制块指针
padding	当内核未支持多核和自旋锁检查时，填充值防止结构体为空，默认为 0

我们先分析一下如何使用宏进行定义及初始化自旋锁。OneOS 创建自旋锁的宏定义如下：

```
#define OS_DEFINE_SPINLOCK(var) struct os_spinlock var =
{
```

```
    SPIN_LOCK_INIT
    SPINLOCK_DEBUG_INIT
    SPINLOCK_PADDING_INIT
}
```

不难看出，使用宏初始化自旋锁的实质就是定义了 3 个全局变量，其中，SPIN_LOCK_INIT 和 SPINLOCK_DEBUG_INIT 为空的宏定义；而 SPINLOCK_PADDING_INIT 的宏内容为.padding = 0，该宏的值将会传给自旋锁结构体的成员 padding，默认值为 0。自旋锁结构体其他成员的变量默认不赋值。

函数 os_spin_lock_init()也可以创建一个自旋锁变量，其实现的方法和使用宏初始化自旋锁大同小异，原型如下：

```
void os_spin_lock_init(os_spinlock_t * lock);
```

函数参数为要初始化的自旋锁变量指针。该函数无返回值。

16.2.2 获取自旋锁

自旋锁可以对中断功能进行关闭，也可以不对中断功能进行操作。因此，获取自旋锁有两个操作函数，其中，函数 os_spin_lock()为不带关中断的自旋锁获取，函数 os_spin_lock_irqsave()为带关中断的自旋锁获取，用户可以根据自己的开发需求选择。

1. 函数 os_spin_lock()

该函数用于获取不带关中断的自旋锁，对于单核，相当于全局关调度；对于多核，则先全局关调度再获取真正的自旋锁。该函数原型如下：

```
void os_spin_lock(os_spinlock_t * lock);
```

该函数的形参描述如表 16.2 所列。

表 16.2 函数 os_spin_lock()形参描述

函 数	描 述
lock	要获取的自旋锁变量指针

返回值：无。

2. 函数 os_spin_lock_irqsave()

函数 os_spin_lock_irqsave()用于带关中断的自旋锁获取，对于单核，相当于全局关中断；对于多核，则先关全局关中断再获取真正的自旋锁。函数原型如下：

```
void os_spin_lock_irqsave(os_spinlock_t * lock, os_ubase_t * irqsave);
```

该函数的形参描述如表 16.3 所列。

表 16.3　函数 os_spin_lock_irqsave()形参描述

函　数	描　述
lock	要获取的自旋锁变量指针
irqsave	关中断之前的中断状态，一般用于需要传入带中断恢复的自旋锁释放中

返回值：无。

下面以函数 os_spin_lock_irqsave()为例，分析一下获取自旋锁在 OneOS 如何实现的，函数的分析如下：

```
void os_spin_lock_irqsave(os_spinlock_t * lock, os_ubase_t * irq_save)
    /* 传入参数的合理性检测 */
    OS_ASSERT(lock);
    OS_ASSERT(irq_save);
    /* 关闭中断、把中断状态保存在变量 irq_save 中 */
     * irq_save = os_irq_lock();
    /* 如果没有定义 OS_USING_SPINLOCK_CHECK(默认不定义),
        则将对传入自旋锁变量的状态进行检测,
        如自旋锁被其他任务获取且没释放,将会进行等待 */
#ifdef OS_USING_SPINLOCK_CHECK
    _k_spin_lock_dbg(lock);
#endif
    /* STM32F1 系列为单核 CPU,宏 OS_USING_SMP 未被定义
        函数 os_arch_spin_lock()将会对自旋锁计数器进行上锁 */
#ifdef OS_USING_SMP
    os_arch_spin_lock(&lock->lock);
#endif
    /* 如果没有定义 OS_USING_SPINLOCK_CHECK(默认不定义),
        则将自旋锁的.owner 成员指向当前任务快 */
#ifdef OS_USING_SPINLOCK_CHECK
    _k_spin_lock_set_owner(lock);
#endif
    return;
}
```

从上面分析可以得出，os_spin_lock_irqsave()函数实际调用 os_irq_lock()，用于关闭中断请求。

16.2.3　释放自旋锁

自旋锁可以对中断功能进行关闭，也可以不对中断功能进行操作。因此，释放自旋锁有两个操作函数，函数 os_spin_unlock()为普通的自旋锁释放，函数 os_spin_lock_irqrestore()为带中断恢复的自旋锁释放。

1. 函数 os_spin_unlock()

该函数用于释放自旋锁，对于单核相当于全局关调度，对于多核先全局关调度再

获取真正的自旋锁,原型如下:

```
void os_spin_unlock(os_spinlock_t * lock);
```

该函数的形参描述如表 16.4 所列。

表 16.4 函数 os_spin_lock_irqsave()形参描述

函 数	描 述
lock	要获取的自旋锁变量指针

返回值:无。

2. 函数 os_spin_lock_irqrestore()

函数 os_spin_lock_irqrestore()用于释放带关中断的自旋锁,函数原型如下:

```
void os_spin_lock_irqrestore(os_spinlock_t * lock, os_ubase_t * irqsave);
```

该函数的形参描述如表 16.5 所列。

表 16.5 函数 os_spin_lock_irqsave()形参描述

函 数	描 述
lock	要获取的自旋锁变量指针
irqsave	关中断之前的中断状态,注意,如果之前的中断状态为关中断,则恢复后仍处于关中断状态

返回值:无。

下面以函数 os_spin_lock_irqrestore()为例,分析一下释放自旋锁在 OneOS 如何实现的。函数的分析如下:

```
void os_spin_unlock_irqrestore(os_spinlock_t * lock, os_ubase_t irq_save)
{
    /* 传入参数的合理性检测 */
    OS_ASSERT(lock);
    /* 如果没有定义 OS_USING_SPINLOCK_CHECK(默认不定义),
       则将对要释放的自旋锁变量的状态进行检测,
       然后将自旋锁结构体变量中的.owner 成员指向 OS_NULL */
#ifdef OS_USING_SPINLOCK_CHECK
    _k_spin_unlock_dbg(lock);
    _k_spin_lock_cancel_owner(lock);
#endif
    /* STM32F1 系列为单核 CPU,宏 OS_USING_SMP 未被定义
       函数 os_arch_spin_unlock()将会对自旋锁计数器进行解锁 */
#ifdef OS_USING_SMP
    os_arch_spin_unlock(&lock->lock);
#endif
    /* 恢复自旋锁上锁前中断的状态 */
```

```
    os_irq_unlock(irq_save);
    return;
}
```

同样，自旋锁的解锁主要调用函数 os_irq_unlock()来开启中断。

16.2.4 自旋锁配置选项

OneOS 的自旋锁功能是可以根据用户的需求自定义裁减的，在工程目录下打开 OneOS-Cube 进行如下配置：

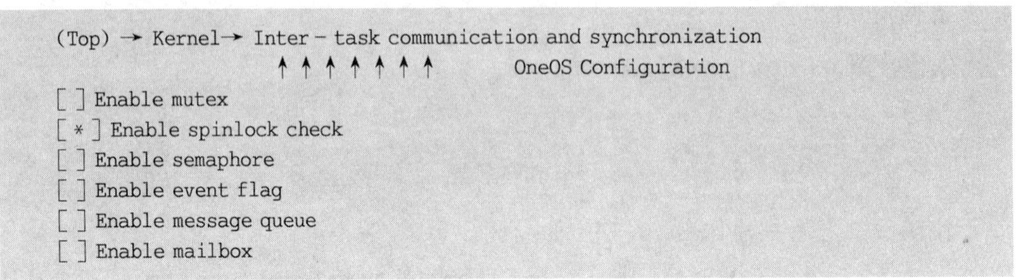

```
(Top) → Kernel→ Inter - task communication and synchronization
                    ↑ ↑ ↑ ↑ ↑ ↑ ↑          OneOS Configuration
[ ] Enable mutex
[ * ] Enable spinlock check
[ ] Enable semaphore
[ ] Enable event flag
[ ] Enable message queue
[ ] Enable mailbox
```

其中，Enable spinlock check 选项就是开启 OneOS 中自旋锁功能的选项。

16.3 OneOS 自旋锁实验

16.3.1 功能设计

本实验设计两个任务：HIGH_task、LOW_task，任务功能如表 16.6 所列。

表 16.6 各个任务实现的功能描述

任　务	任务功能
HIGH_task	访问共享资源 share_resource
LOW_task	访问共享资源 share_resource

该实验工程参考 demos/atk_driver/rtos_test/14_spinlock_test 文件夹。

16.3.2 软件设计

1. 实验流程步骤

① 调用函数 os_spin_lock_irqsave()获取带关中断的自旋锁。

② 读取共享资源区 share_resource 的数据。

③ 调用函数 os_spin_unlock_irqrestore()释放自旋锁，并恢复自旋锁上锁前中断的状态。

2. 程序流程图

根据上述例程功能分析得到流程图，如图 16.7 所示。

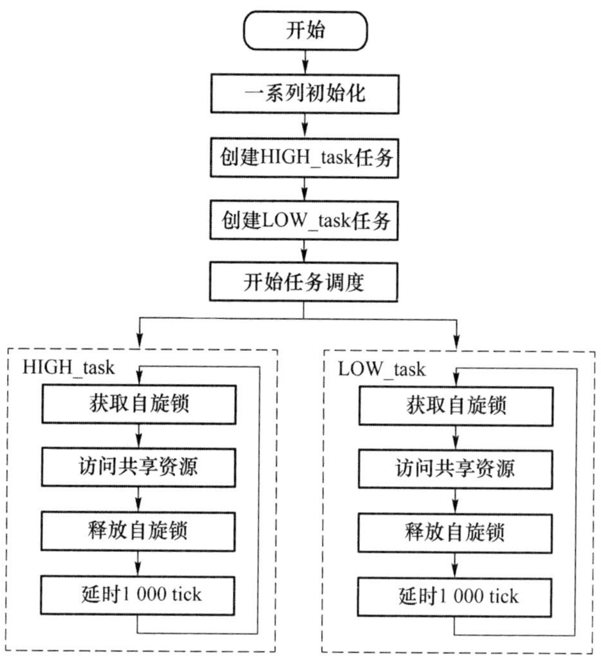

图 16.7　自旋锁测试实验流程图

3. 程序解析

```
/**
 * @brief        HIGH_task
 * @param        parameter : 传入参数(未用到)
 * @retval       无
 */
static void HIGH_task(void * parameter)
{
    parameter = parameter;
    os_ubase_t os_level_1 = 0;
    os_uint8_t task1_str[] = {"First task Running!"};
    /* 初始化屏幕显示,代码省略 */
    while (1)
    {
        os_spin_lock_irqsave(&os_spinlock_1, &os_level_1);
        /* 向共享资源区复制数据 */
        memcpy(share_resource, task1_str, sizeof(task1_str));
        /* 串口输出共享资源区数据 */
        os_kprintf("%s\r\n", share_resource);
        os_spin_unlock_irqrestore(&os_spinlock_1, os_level_1);
        os_task_msleep(1000);
    }
}
/**
```

```
  * @brief        LOW_task
  * @param        parameter : 传入参数(未用到)
  * @retval        无
  */
static void LOW_task(void * parameter)
{
    parameter = parameter;
    os_ubase_t os_level_2 = 0;
    os_uint8_t task2_str[] = {"Second task Running!"};
    while (1)
    {
        os_spin_lock_irqsave(&os_spinlock_1, &os_level_2);
        /* 向共享资源区复制数据 */
        memcpy(share_resource, task2_str, sizeof(task2_str));
        /* 串口输出共享资源区数据 */
        os_kprintf("%s\r\n", share_resource);
        os_spin_unlock_irqrestore(&os_spinlock_1, os_level_2);
        os_task_msleep(1000);
    }
}
```

16.3.3 下载验证

编译并下载代码到开发板中,打开串口调试助手,如图 16.8 所示。

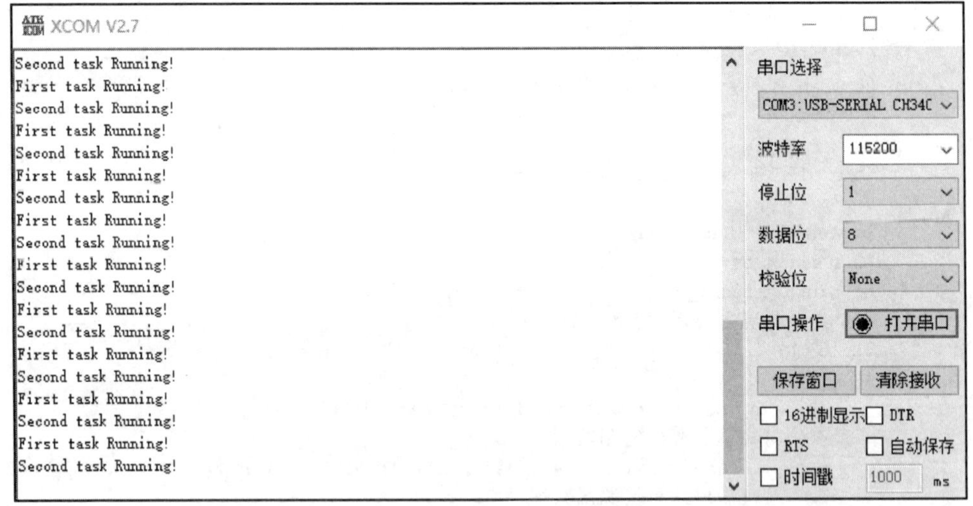

图 16.8 访问共享资源区

第 17 章

OneOS 事件

前面学习了使用信号量来完成同步,但是这种方式下任务只能与单个的事件或任务进行同步。有时候某个任务可能需要与多个事件或任务进行同步,此时信号量就无能为力了。OneOS 提供了一个可选的解决方法,那就是事件标志组。本章就来学习一下 OneOS 中事件标志组的使用。

本章分为如下几部分:

17.1 事 件

17.2 OneOS 事件实验

17.1 事 件

事件也是任务间同步的一种机制,如果任务需要等待某种特定的条件才能继续往下执行,就可以用事件实现。和信号量不同的是,事件可以通过“逻辑或”或者“逻辑与”将多个事件关联起来,形成事件集合,任务等待该事件集合满足条件之后才会被唤醒。“逻辑或”指任务等到集合中的任意一个事件即可被唤醒,而“逻辑与”需要等到集合中的所有事件才会被唤醒。事件发送无法累积,如果多次向任务发送同一事件,且任务还没有清除该事件,则该事件只被视作发送一次;而信号量释放可以累积,每次释放资源数就会加 1。

事件标志组由一个 32 位无符号整形数据表示,其中每一个 bit 代表一个事件位(或事件标志),事件位用于表明某个事件是否发生,事件位为 1 代表事件发生,事件位为 0 代表事件未发生。事件标志组也就是一组事件位的组合,每个事件位按照位顺序来排列,如图 17.1 所示,事件标志组的 bit1 位为 1,表示有某个事件发生;其他 bit 为 0,表示其他事件未发生。

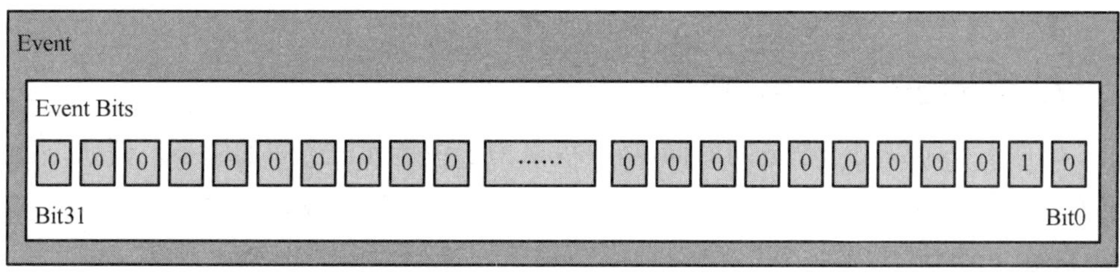

图 17.1 事件示意图

17.1.1 事件原理

1. 任务间的事件原理

事件也基于阻塞队列实现，任务接收事件，但是事件未发生，就会导致任务阻塞，并且任务被放到阻塞队列。当另一个任务发送阻塞任务需要的事件时，阻塞任务被唤醒，并放到就绪队列中，如图 17.2 所示。

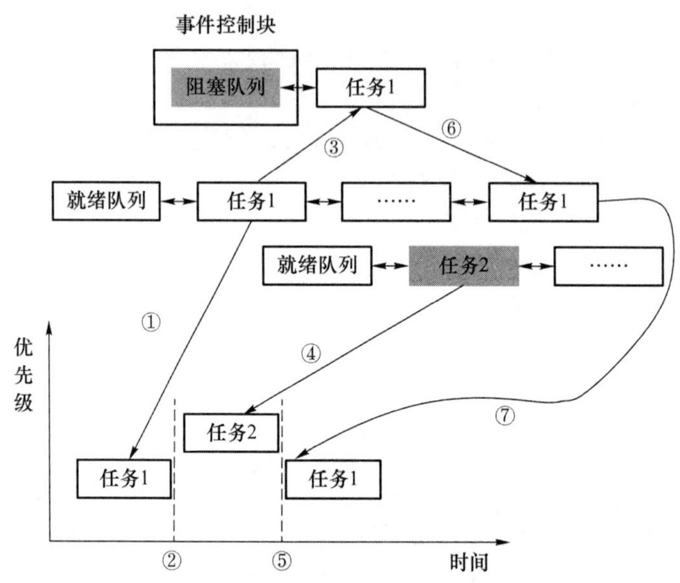

图 17.2 任务间的事件原理详解

图中①：任务 1 先运行。

图中②：任务 1 接收事件，由于事件未发生，任务阻塞。

图中③：任务 1 被放到阻塞队列。

图中④：任务 2 运行。

图中⑤：任务 2 发送事件。

图中⑥：任务 1 被唤醒，放到就绪队列。

图中⑦：任务 1 运行。

2. 中断和任务的事件原理

事件不仅可以用于任务间的同步，还可以用于中断和任务间的同步。例如，某个任务需要等待某个特定的条件，而这个条件需要中断程序触发，就可以采用事件的方法，如图 17.3 所示。

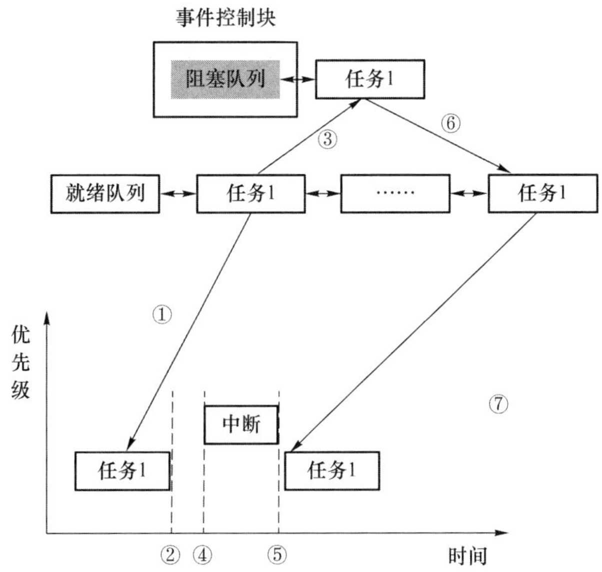

图 17.3 任务与中断的事件原理详解

图中①:任务运行。

图中②:任务接收事件,由于事件未发生,任务阻塞。

图中③:任务被放到阻塞队列。

图中④:中断程序运。

图中⑤:中断发送事件。

图中⑥:任务被唤醒,放到就绪队列。

图中⑦:任务运行。

讲解 OneOS 事件函数之前,我们首先了解 OneOS 定义事件结构体,如以下源码所示:

```
struct os_event
{
    /* 任务阻塞队列头,任务监听事件未发生时将其阻塞在该队列上 */
    os_list_node_t     task_list_head;
    /* 资源管理节点,通过该节点将创建的事件挂载到 gs_os_event_resource_list_head 上 */
    os_list_node_t     resource_node;
    /* 已发生事件集 */
    os_uint32_t        set;
    /* 初始化状态,0x55 表示已经初始化,0xAA 表示已经去初始化,其他值为未初始化 */
    os_uint8_t         object_inited;
    /* 事件类型,0 为静态事件,1 为动态事件 */
    os_uint8_t       object_alloc_type;
    /* 阻塞任务唤醒方式,0x55 表示按优先级唤醒,0xAA 表示按 FIFO 唤醒
       可以通过属性设置接口进行设置 */
```

```
    os_uint8_t       wake_type;
    /* 事件名字，名字长度不能大于 OS_NAME_MAX */
    char             name[OS_NAME_MAX + 1];

};
typedef struct os_event os_event_t;
```

可见，事件的结构体、信号量以及互斥锁都是类似的结构，如图 17.4 所示。

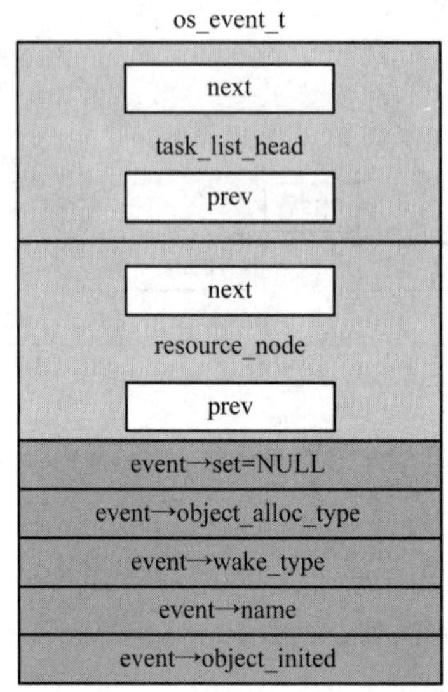

图 17.4　事件的结构体示意图

17.1.2　创建事件

OneOS 提供了两个用于创建事件标志组的函数，如表 17.5 所列。

表 17.5　事件标志组创建函数

函　数	描　述
os_event_create()	使用动态方法创建事件标志组
os_event_init()	使用静态方法创建事件标志组

1. 函数 os_event_init()函数

该函数以静态方式初始化事件，事件对象的内存空间由使用者提供，函数原型如下：

```
os_err_t os_event_init(os_event_t *event, const char *name);
```

参数：函数 os_event_init()相关形参描述如表 17.6 所列。

表 17.6　函数 os_event_init()相关形参描述

参　数	描　述
event	事件控制块,由用户提供,并指向对应的事件控制块内存地址
name	事件名字,其最大长度由 OS_NAME_MAX 宏指定,多余部分会被自动截掉

返回值:OS_EOK 表示初始化事件成功,OS_EINVAL 表示参数无效。

2. 函数 os_event_create()函数

该函数以动态方式创建并初始化事件,事件对象的内存空间采用动态申请的方式获得,函数原型如下:

```
os_event_t * os_event_create(const char * name);
```

参数:函数 os_event_create()相关形参描述如表 17.7 所列。

表 17.7　函数 os_event_create()的相关形参描述

参　数	描　述
name	事件名字,其最大长度由 OS_NAME_MAX 宏指定,多余部分会被自动截掉

返回值:OS_NULL 为事件标志组创建失败,如果是其他值则创建成功。

上述两个函数都用于创建 OneOS 事件,主要区别是一个静态创建,另一个是动态创建。下面讲解动态创建事件的函数,如以下源码所示:

```
os_event_t * os_event_create(const char * name)
{
    os_event_t * event;
    /* 上下文检查 */
    OS_ASSERT(OS_FALSE == os_is_irq_active());
    OS_ASSERT(OS_FALSE == os_is_irq_disabled());
    OS_ASSERT(OS_FALSE == os_is_schedule_locked());
    /* 为事件申请内存 */
    event = (os_event_t *)OS_KERNEL_MALLOC(sizeof(os_event_t));
    if (OS_NULL == event)
    {
        OS_KERN_LOG(KERN_ERROR, EVENT_TAG, "Malloc event memory failed");
    }
    else
    {
        os_spin_lock(&gs_os_event_resource_list_lock);
        /* 把事件插入 gs_os_event_resource_list_head 链表中 */
        os_list_add_tail(&gs_os_event_resource_list_head, &event->resource_node);
        os_spin_unlock(&gs_os_event_resource_list_lock);
        /* 初始化事件信息 */
        _k_event_init(event, name, OS_KOBJ_ALLOC_TYPE_DYNAMIC);
    }
    return event;
}
```

```
OS_INLINE void _k_event_init( os_event_t * event,
                              const char * name,
                              os_uint16_t object_alloc_type)
{
/* 初始化任务阻塞队列头 */
    os_list_init(&event->task_list_head);

    if (OS_NULL != name)
    {
        /* 设置名称 */
        (void)strncpy(&event->name[0], name, OS_NAME_MAX);
        event->name[OS_NAME_MAX] = '\0';
    }
    else
    {
        event->name[0] = '\0';
    }
    /* 设置事件集为 0 */
    event->set                 = 0U;
    /* 设置阻塞任务唤醒方式 */
    event->wake_type           = OS_EVENT_WAKE_TYPE_PRIO;
    /* 事件类型,0 为静态事件,1 为动态事件 */
    event->object_alloc_type = object_alloc_type;
    /* 初始化状态 */
    event->object_inited       = OS_KOBJ_INITED;

    return;
}
```

从上述源码可知:OneOS 把事件插入 gs_os_event_resource_list_head 链表中,然后初始化事件的成员变量,如图 17.8 所示。

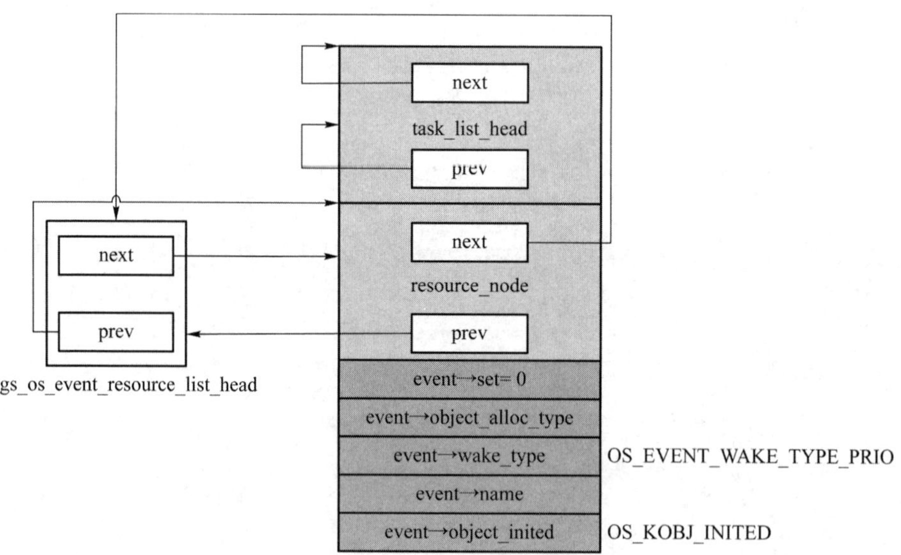

图 17.8 把事件插入事件资源链表头

17.1.3 发送事件

在 OneOS 发送事件采用函数 os_event_send()，函数原型如下：

```
os_err_t os_event_send(os_event_t * event, os_uint32_t set);
```

参数：函数 os_event_send()相关形参描述如表 17.9 所列。

表 17.9 函数 os_event_send()的相关形参描述

参 数	描 述
event	事件控制块
set	待发送的事件集，事件集不为 0

返回值：OS_EOK 表示事件发送成功，其他值则表示创建失败。

函数 os_event_send()源码如以下所示：

```
os_err_t os_event_send(os_event_t * event, os_uint32_t set)
{
    os_bool_t       need_schedule;
    os_uint32_t     recved_set_check;
    os_task_t       * block_task;
    os_task_t       * block_task_next;
    OS_ASSERT(OS_NULL != event);
    OS_ASSERT(OS_KOBJ_INITED == event->object_inited);
    OS_ASSERT(0U != set);
    need_schedule = OS_FALSE;
    OS_KERNEL_ENTER();
    /* 设置事件位 */
    event->set |= set;
    /* 搜索阻塞任务列表是否有事件接收的阻塞任务 */
    os_list_for_each_entry_safe(block_task, block_task_next,
                                &event->task_list_head, os_task_t, task_node)
    {
        /* 检测事件标志位 */
        recved_set_check = _k_event_flag_check(event, block_task->event_set,
                                               block_task->event_option);
        /* 判断阻塞任务是否包含事件标志位 */
        if (0U != recved_set_check)
        {
            /* 设置阻塞任务的事件位 */
            block_task->event_set = recved_set_check;
            /* 解除阻塞 */
            k_unblock_task(block_task);
            /* 判断阻塞任务释放为就绪态 */
            if (block_task->state & OS_TASK_STATE_READY)
            {
                need_schedule = OS_TRUE;
```

```
                }
            }
            if (0U == event->set)
            {
                break;
            }
        }
        if(OS_TRUE == need_schedule)
        {
            /* 发生任务调度 */
            OS_KERNEL_EXIT_SCHED();
        }
        else
        {
            OS_KERNEL_EXIT();
        }
        return OS_EOK;
    }
    OS_INLINE os_uint32_t _k_event_flag_check(os_event_t     *event,
                                               os_uint32_t   interested_set,
                                               os_uint32_t   option)
    {
        os_uint32_t recved_set;
        recved_set = 0;
        if (option & OS_EVENT_OPTION_AND) /* 逻辑与 */
        {
            if ((event->set & interested_set) == interested_set)
            {
                recved_set = interested_set;
            }
        }
        else if (option & OS_EVENT_OPTION_OR)/* 逻辑或 */
        {
            if (event->set & interested_set)
            {
                recved_set = interested_set & event->set;
            }
        }
        else
        {
            OS_ASSERT_EX(0,"Check event option parameter error [%s]",
                         k_task_self()->name);
        }
        if (0U != recved_set)
        {
            /* 收到事件 */
            if (option & OS_EVENT_OPTION_CLEAR)
            {
                event->set &= ~recved_set;
```

```
        }
    }

    return recved_set;
}
```

从上述源码可知：首先调用 os_list_for_each_entry_safe()遍历阻塞队列，然后调用函数_k_event_flag_check()检测该任务是否有事件接收。如果该阻塞任务有接收事件机制，则设置阻塞任务的事件标志位，并解除该阻塞任务将它从 tick 队列中删除。最后调用函数 OS_KERNEL_EXIT_SCHED()发生任务调度。

17.1.4 接收事件

在 OneOS 中接收事件采用函数 os_event_recv()实现，若暂时没有满足条件的事件，且设定了超时时间，则当前任务会阻塞。函数原型如下：

```
os_err_t os_event_recv(os_event_t        *event,
                       os_uint32_t       interested_set,
                       os_uint32_t       option,
                       os_tick_t         timeout,
                       os_uint32_t       *recved_set);
```

函数 os_event_recv()相关形参描述如表 17.10 所列。

表 17.10 函数 os_event_recv()相关形参描述

参 数	描 述
event	事件控制块
interested_set	接收感兴趣事件集合
option	选项，可取值 OS_EVENT_OPTION_AND 和 OS_EVENT_OPTION_OR；若取值 OS_EVENT_OPTION_AND，则任务在接收到所有的事件时才会被唤醒；若取值 OS_EVENT_OPTION_OR，则任务在接收到任一事件就会被唤醒；OS_EVENT_OPTION_AND 或者 OS_EVENT_OPTION_OR 可与 OS_EVENT_OPTION_CLEAR 取“逻辑或”，表明接收到事件后会清除相应事件
timeout	事件暂时获取不到时的等待超时时间。若为 OS_NO_WAIT，则等待时间为 0；若为 OS_WAIT_FOREVER，则永久等待直到获取到事件；若为其他值，则等待 timeout 时间或者获取到事件为止，并且其他值时 timeout 必须小于 OS_TICK_MAX / 2
recved_set	接收到的事件集合

返回值：函数 os_event_recv()相关返回值描述如表 17.11 所列。

表 17.11　函数 os_event_recv()相关返回值描述

参　数	描　述
OS_EOK	事件接收成功
OS_EEMPTY	不等待且未接收到事件
OS_ETIMEOUT	等待超时未接收到事件
OS_EINVAL	option 参数错误
OS_ERROR	其他错误

函数 os_event_recv()源码如以下所示：

```
os_err_t os_event_recv(os_event_t    * event,
                       os_uint32_t interested_set,
                       os_uint32_t option,
                       os_tick_t    timeout,
                       os_uint32_t  * recved_set)
{
    os_task_t * current_task;
    os_uint32_t recved_set_check;
    os_err_t     ret;
    OS_ASSERT(OS_NULL != event);
    OS_ASSERT(OS_KOBJ_INITED == event->object_inited);
    OS_ASSERT((OS_NO_WAIT == timeout) || (OS_FALSE == os_is_irq_active()));
    OS_ASSERT((OS_NO_WAIT == timeout) || (OS_FALSE == os_is_irq_disabled()));
    OS_ASSERT((OS_NO_WAIT == timeout) || (OS_FALSE == os_is_schedule_locked()));
    OS_ASSERT((timeout < (OS_TICK_MAX / 2)) || (OS_WAIT_FOREVER == timeout));
    OS_ASSERT(0U != interested_set);
    ret = OS_EOK;
    /* 检查全局参数 */
    if (((option & (OS_EVENT_OPTION_OR | OS_EVENT_OPTION_AND)) ==
       (OS_EVENT_OPTION_OR | OS_EVENT_OPTION_AND))
       || ((option & (OS_EVENT_OPTION_OR | OS_EVENT_OPTION_AND)) == 0))
    {
        OS_KERN_LOG(KERN_ERROR, EVENT_TAG,
                    "Check event option parameter error [%s]",
                    k_task_self()->name);
        ret = OS_EINVAL;
    }
    if (OS_EOK == ret)
    {
        /* 关闭中断 */
        OS_KERNEL_ENTER();
        /* 检测事件标志 */
        recved_set_check = _k_event_flag_check(event, interested_set, option);
        /* 如果事件标志不为零 */
        if (0U != recved_set_check)
```

```
        {
            /* 开启中断 */
            OS_KERNEL_EXIT();

            if (recved_set)
            {
                *recved_set = recved_set_check;
            }
        }
        else /* 如果为零 */
        {
            /* 是否超时 */
            if (OS_NO_WAIT == timeout)
            {
                /* 开启中断并返回错误值 */
                OS_KERNEL_EXIT();

                ret = OS_EEMPTY;
            }
            else
            {
                /* 获取当前运行任务 */
                current_task = k_task_self();
                /* 当前任务设置事件位 */
                current_task->event_set      = interested_set;
                /* 事件类型 */
                current_task->event_option = option;

                /* 阻塞当前任务 */
                if (OS_EVENT_WAKE_TYPE_PRIO == event->wake_type)
                {
                    k_block_task(&event->task_list_head,
                                 current_task, timeout, OS_TRUE);
                }
                else
                {
                    k_block_task(&event->task_list_head,
                                 current_task, timeout, OS_FALSE);
                }
                /* 发生任务调度 */
                OS_KERNEL_EXIT_SCHED();
                ret = current_task->switch_retval;
                if (OS_EOK == current_task->switch_retval)
                {
                    if (recved_set)
                    {
                        *recved_set = current_task->event_set;
                    }
```

```
                    }
                }
            }
        }
        return ret;
}
```

函数 os_event_recv()可以分为两个部分来解析：

① 当函数_k_event_flag_check()检测有事件标志位时，开启中断并返回 OS_EOK。

② 当没有检测到事件标志位时，首先判断是否超时，如果超时，则开启中断并返回错误码；如果没有超时，则设置当前任务的事件位和事件类型，然后把当前运行的任务（接收事件的任务）进行阻塞处理；最后调用函数 OS_KERNEL_EXIT_SCHED()发生任务调度。

17.1.5 事件其他 API 函数

1. os_event_deinit()函数

该函数用于去初始化事件，与 os_event_init()配合使用，函数原型如下：

```
os_err_t os_event_deinit(os_event_t * event)
```

函数 os_event_deinit()相关形参描述如表 17.12 所列。

返回值：OS_EOK 表示去初始化事件成功。

2. os_event_destroy()函数

该函数用于销毁事件，与 os_event_create()配合使用，函数原型如下：

```
os_err_t os_event_destroy(os_event_t * event)
```

函数 os_event_destroy()相关形参描述如表 17.13 所列。

表 17.12 函数 os_event_deinit()相关形参

参　数	描　述
event	事件控制块

表 17.13 函数 os_event_destroy()相关形参

参　数	描　述
event	事件控制块

返回值：OS_EOK 表示事件销毁成功。

3. os_event_clear()函数

该函数用于清除事件控制块中特定的事件集，函数原型如下：

```
os_err_t os_event_clear(os_event_t * event, os_uint32_t interested_clear)
```

函数 os_event_clear()相关形参描述如表 17.14 所列。

返回值：OS_EOK 表示清除事件集成功。

4. os_event_get()函数

该函数用于查询事件控制块中已发生的事件集，函数原型如下：

```
os_int32_t os_event_get(os_event_t * event)
```

函数 os_event_get()相关形参描述如表 17.15 所列。

表 17.14 函数 os_event_clear()相关形参描述

参 数	描 述
event	事件控制块
interested_clear	待清除的事件集

表 17.15 函数 os_event_get()相关形参描述

参 数	描 述
event	事件控制块

返回值：已发生的事件集。

5. os_event_set_wake_type()函数

该函数用于设置阻塞任务的唤醒类型，函数原型如下：

```
os_err_t os_event_set_wake_type(os_event_t * event, os_uint8_t wake_type);
```

函数 os_event_set_wake_type()相关形参描述如表 17.16 所列。

表 17.16 函数 os_event_set_wake_type()相关形参描述

参 数	描 述
event	事件控制块
wake_type	OS_EVENT_WAKE_TYPE_PRIO 用于设置唤醒阻塞任务的类型，这里设置为按优先级唤醒(事件创建后默认为使用此方式)；OS_EVENT_WAKE_TYPE_FIFO 用于设置唤醒阻塞任务的类型，这里设置为先进先出唤醒

返回值：OS_EOK 表示设置唤醒阻塞任务类型成功，OS_EBUSY 表示设置唤醒阻塞任务类型失败。

17.1.6 事件配置选项

OneOS 的事件功能是可以根据用户的需求自定义裁减的，在工程目录下打开 OneOS-Cube 进行如下配置：

```
(Top) → Kernel→ Inter - task communication and synchronization
                    ↑ ↑ ↑ ↑ ↑ ↑ ↑          OneOS Configuration
[ ] Enable mutex
[ ] Enable spinlock check
[ ] Enable semaphore
[ * ] Enable event flag
[ ] Enable message queue
[ ] Enable mailbox
```

其中，Enable event flag 选项就是开启 OneOS 中事件功能的选项。

17.2 OneOS 事件实验

17.2.1 功能设计

本实验设计两个任务:key_task、event_task,任务功能如表 17.17 所列。

表 17.17 各个任务实现的功能描述

任　务	任务功能
key_task	按下不同的按键发送事件标志位
event_task	获取事件

该实验工程参考 demos/atk_driver/rtos_test/15_event_test 文件夹。

17.2.2 软件设计

1. 实验流程步骤

① 调用函数 os_event_send()发送事件标志位。

② 调用函数 os_event_recv()获取事件,如果满足事件标志位,则刷新 LCD。

2. 程序流程图

根据上述例程功能分析得到流程图,如图 17.18 所示。

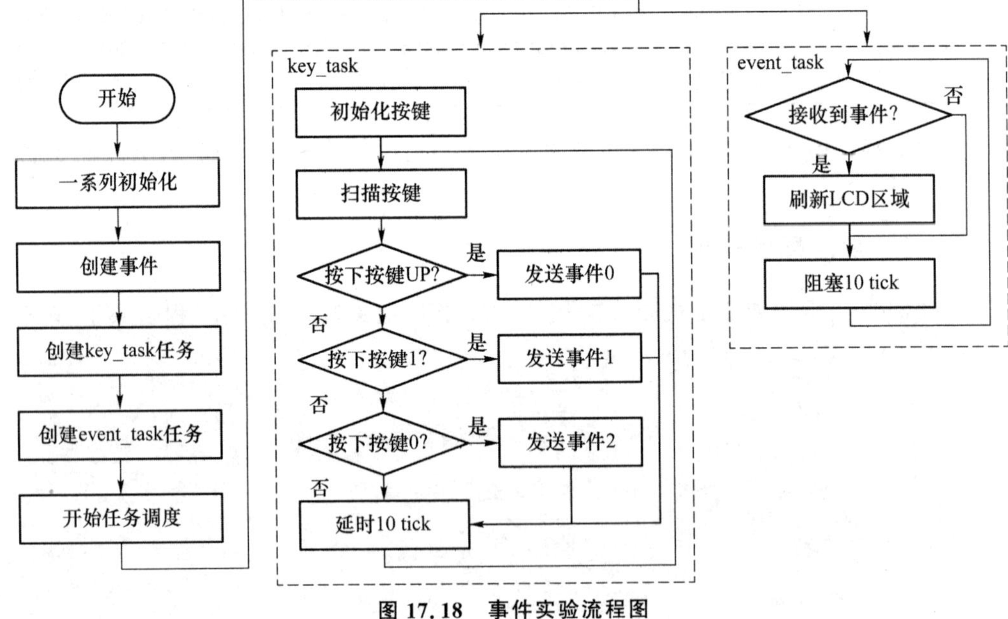

图 17.18 事件实验流程图

3. 程序解析

```
#define EVENT_FLAG_0 (1 << 0)
#define EVENT_FLAG_1 (1 << 1)
#define EVENT_FLAG_2 (1 << 2)
/**
 * @brief       key_task
 * @param       parameter : 传入参数(未用到)
 * @retval      无
 */
static void key_task(void * parameter)
{
    parameter = parameter;
    os_uint8_t key;
    /* 初始化屏幕显示,代码省略 */
    for (os_uint8_t i = 0; i < key_table_size; i++)
    {
        os_pin_mode(key_table[i].pin, key_table[i].mode);
    }
    while (1)
    {
        key = key_scan(0);
        switch (key)
        {
            case WKUP_PRES:
            {
                /* 发送事件 0 */
                os_event_send(event_dynamic, EVENT_FLAG_0);
                lcd_show_xnum(174,110,EVENT_FLAG_0,1,16,0,BLUE);
                break;
            }
            case KEY1_PRES:
            {
                /* 发送事件 1 */
                os_event_send(event_dynamic, EVENT_FLAG_1);
                lcd_show_xnum(174,110,EVENT_FLAG_1,1,16,0,BLUE);
                break;
            }
            case KEY0_PRES:
            {
                /* 发送事件 2 */
                os_event_send(event_dynamic, EVENT_FLAG_2);
                lcd_show_xnum(174,110,EVENT_FLAG_2,1,16,0,BLUE);
                break;
            }
            default:
                break;
        }
        os_task_msleep(10);
```

```
    }
}
/**
 * @brief       event_task
 * @param       parameter : 传入参数(未用到)
 * @retval      无
 */
static void event_task(void * parameter)
{
    parameter = parameter;
    os_uint8_t num = 0;
    os_uint32_t recv_event;

    while (1)
    {
        /* 接收事件 */
        if (OS_EOK == os_event_recv(event_dynamic,
                                    (EVENT_FLAG_0 | EVENT_FLAG_1 | EVENT_FLAG_2),
                                    OS_EVENT_OPTION_AND| OS_EVENT_OPTION_CLEAR,
                                    OS_WAIT_FOREVER, &recv_event))
        {
            os_kprintf("task: AND recv event:0x%x\r\n", recv_event);
            num++;
            lcd_fill(6,131,233,313,lcd_discolor[num%11]);
        }
        os_task_msleep(10);
    }
}
```

从上述源码可知,我们定义了 3 个事件位,当按下 KEY_UP 按键时,发送事件 0;当按下 KEY1 按键时,发送事件 1;当按下 KEY0 按键时,发送事件 2。

event_task()任务主要是接收这些事件,当 3 个事件满足时,进入 LCD 刷新颜色。

17.2.3 下载验证

编译并下载代码到开发板中,如图 17.19 所示。

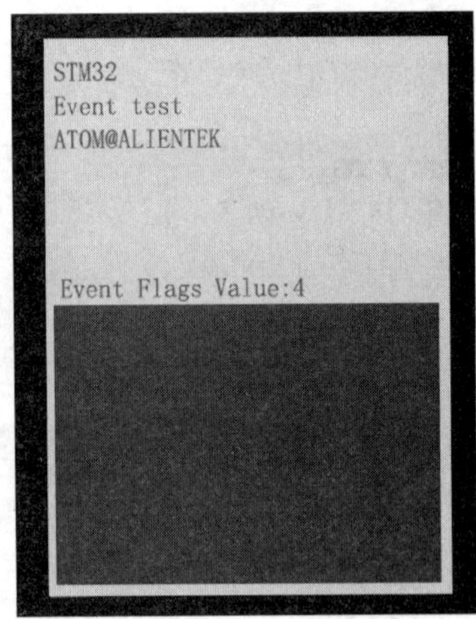

图 17.19 事件实验

第 18 章

OneOS 定时器

定时器可以说是每个 MCU 都有的外设，有的 MCU 定时器功能异常强大，比如提供 PWM、输入捕获等功能，但是最常用的还是定时器最基础的功能——定时，通过定时器来完成需要周期性处理的事务。MCU 自带的定时器属于硬件定时器，不同 MCU 的硬件定时器数量不同，因为要考虑成本的问题。OneOS 也提供了定时器功能，包括硬件定时器和软件定时器，本章来讲解软件定时器。软件定时器的精度肯定没有硬件定时器那么高，但是对于普通的、精度要求不高的、周期性处理任务来说足够了。当 MCU 的硬件定时器不够的时候，就可以考虑使用 OneOS 的软件定时器。

本章分为如下几部分：

18.1　定时器简介

18.2　OneOS 定时器实验

18.1　定时器简介

1. 软件定时器概述

软件定时器允许设置一段时间，当设置的时间到达之后就执行指定的功能函数，被定时器调用的这个功能函数叫定时器的回调函数。回调函数的两次执行间隔叫定时器的定时周期。简而言之，当定时器的定时周期到了以后就会执行回调函数。

2. 编写回调函数的注意事项

软件定时器的回调函数是在定时器服务任务中执行的，所以一定不能在回调函数中调用任何会阻塞任务的 API 函数。例如，一些访问队列或者信号量的非零阻塞时间的 API 函数就不能调用。

18.1.1　单次定时器和周期定时器

软件定时器分两种：单次定时器和周期定时器。单次定时器时，定时器回调函数就执行一次，比如定时 1 s，定时时间到了以后就会执行一次回调函数，然后定时器就会停止运行。单次定时器可以再次手动重新启动（调用相应的 API 函数即可），但是单次定时器不能自动重启。相反地,周期定时器一旦启动以后就会在执行完回调函数以后自动重新启动,这样回调函数就会周期性地执行。

18.1.2 定时器原理详解

定时器主要用于对激活状态定时器的管理,基于队列实现,如图 18.1 所示。gs_os_timer_active_list_info 用于管理所有已经启动的定时器,默认包含 16 个 slot,每个启动的定时器都挂在一个 slot 上(一个 slot 对应一个队列)。启动定时器时,定时器超时时间对 slot 个数取余得到一个数值 mod ticks,gs_os_timer_list_current 向后移动 mod ticks − 1 所在的 slot 就是定时器应该插入的 slot。当 gs_os_timer_list_current 指向 slot1 时,启动一个超时时间为 18 tick 的 timer 3,18 对 16 取余得 2,gs_os_timer_list_current 向前移动 1(即 2 − 1)个 slot(即 slot2)就是 timer 3 应该插入的 slot。每次系统时钟到达时,处理挂在 gs_os_timer_list_current 指向的 slot 上的定时器,并向后移动一个 slot,如果 gs_os_timer_list_current 已经到达 active list 最后一个 slot,则移动到 slot0。

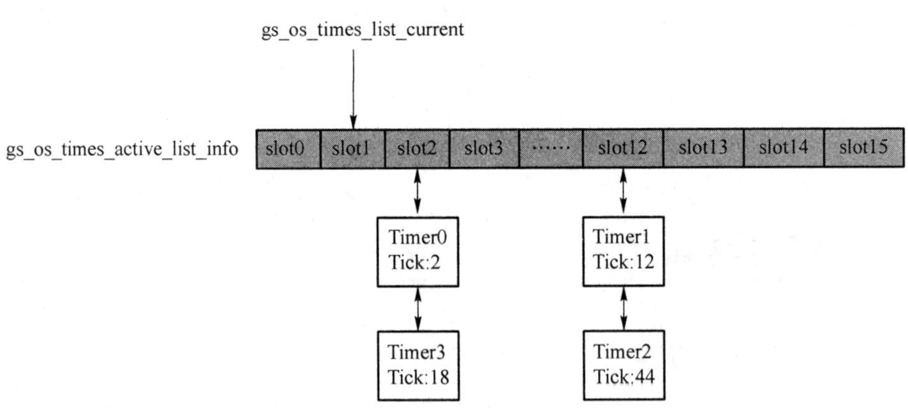

图 18.1 定时器实现原理

为了更简单地理解上面的原理,下面采用通俗的语言举一个例子。例如,设定一个定时器名字为“Tiner_SS”,设定它为一个周期定时器,超时时间为 x 个 Tick。则它会进行以下的运算:

前提:时间每过一个 Tick,gs_os_timer_list_current 都会在 gs_os_timer_active_list_info 列表中往前移动到下一个 slot;如果处于 slot15,则下一个 slot 是 slot0。

① 将 x 的值赋值给 y 保存,并计算 x%16−1 的数值,假设最终数值为 p。

② 将定时器“Tiner_SS”插入 gs_os_timer_active_list_info 列表中,位置是 gs_os_timer_list_current 前面的第 p 个位置的 slot 中。假设为 slot K。

③ gs_os_timer_list_current 到达当前的 slot K,如果 y<16,则调用触发函数,然后重复第①步,否则 y=y−16。

④ 等待 gs_os_timer_list_current 到达当前的 slot K 后执行第③步。

18.1.3 定时器结构体详解

定时器控制块结构体 os_timer 源码如下所示：

```
struct os_timer
{
    /* 定时器超时处理函数 */
    void                                    (*timeout_func)(void *timeout_param);
    /* 定时器超时处理函数的参数 */
    void                                    *parameter;
    /* 定时器初始超时 ticks */
    os_tick_t                               init_ticks;
    /* 定时器剩余 ticks */      os_tick_t round_ticks;
    /* 定时器在激活定时器链表中的位置 */
    os_uint32_t                             index;
    /* 资源管理节点 */
    os_list_node_t                          list;
    /* 激活定时器管理节点 */
    os_timer_active_node_t active_node;
    /* 定时器名字 */
    char    name[OS_NAME_MAX + 1];

};
```

注意，成员变量 list 为定时器的资源管理节点，是系统用来管理多个定时器链表上的一个节点。对于系统中的多个定时器来说，每一个定时器中的成员变量 list 都是首尾相连的，它们组成一个链表，便于系统管理多个定时器。

18.1.4 创建定时器

使用定时器之前要先创建软件定时器，定时器创建函数如表 18.2 所列。

表 18.2 创建定时器

函 数	描 述
os_timer_init()	使用静态方法创建定时器
os_timer_create()	使用动态方法创建定时器

1. 函数 os_timer_init()

该函数用于以静态方式初始化定时器，即定时器对象需要由使用者来提供，其函数原型如下：

```
void os_timer_init(os_timer_t     *timer,
                   const char     *name,
```

```
                    void          ( * function)(void * parameter),
                    void           * parameter,
                    os_tick_t     timeout,
                    os_uint8_t    flag);
```

参数：函数 os_timer_init()相关形参如表 18.3 所列。

表 18.3　函数 os_timer_init()相关形参描述

参　数	描　述
timer	定时器控制块，由用户提供，并指向对应的定时器控制块内存地址
name	定时器名字，其最大长度由 OS_NAME_MAX 宏指定，多余部分会被自动截掉
function	超时函数，时间达到时此函数被调用
parameter	超时函数的参数
timeout	超时时间
flag	参数，可配置定时器属性：单次定时器 OS_TIMER_FLAG_ONE_SHOT 或周期定时器 OS_TIMER_FLAG_PERIODIC

返回值：无。

2. 函数 os_timer_create()

该函数用于以动态方式创建定时器，为定时器控制块分配内存并初始化，与 os_timer_init()达到的效果一样。函数原型如下：

```
os_timer_t * os_timer_create(const char          * name,
                             void                ( * function)(void * parameter),
                             void                * parameter,
                             os_tick_t           timeout,
                             os_uint8_t          flag);
```

参数：函数 os_timer_create()相关形参如表 18.4 所列。

表 18.4　函数 os_timer_create()相关形参描述

参　数	描　述
name	定时器名字，其最大长度由 OS_NAME_MAX 宏指定，多余部分会被自动截掉
function	超时函数，时间达到时此函数被调用
parameter	超时函数的参数
timeout	超时时间
flag	参数，可配置定时器属性：单次定时器 OS_TIMER_FLAG_ONE_SHOT 或周期定时器 OS_TIMER_FLAG_PERIODIC

返回值：OS_NULL 表示软件定时器创建失败，其他值则表示创建成功。

上述两个函数都是定时器创建函数，这里就以常用 os_timer_create()函数来讲解定时器创建过程。os_timer_create()在文件 os_time.c 文件定义，如以下源码所示：

```
os_timer_t * os_timer_create(const char    * name,
                             void          (* function)(void * parameter),
                             void          * parameter,
                             os_tick_t     timeout,
                             os_uint8_t    flag)
{
    os_timer_t * timer;
    OS_ASSERT(OS_FALSE == os_is_irq_active());
    /* 申请内存 */
    timer = (os_timer_t *)OS_KERNEL_MALLOC(sizeof(os_timer_t));
    if (OS_NULL == timer)
    {
        /* 申请内存失败 */
        OS_KERN_LOG(KERN_ERROR, TIMER_TAG, "malloc timer fail");
    }
    else
    {
        /* 初始化定时器成员变量 */
        _k_timer_do_init(timer, name, function,
                        parameter, timeout, flag | OS_TIMER_FLAG_DYNAMIC);

        OS_KERNEL_ENTER();
        /* 添加定时器链表 */
        _k_timer_add_to_list(timer);
        OS_KERNEL_EXIT();
    }
return timer;
}

static void _k_timer_do_init(os_timer_t    * timer,
                             const char    * name,
                             void          (* function)(void * parameter),
                             void          * parameter,
                             os_uint32_t   timeout,
                             os_uint8_t    flag)
{
    timer->active_node.flag   = (flag & (~OS_TIMER_FLAG_ACTIVATED))
                                | OS_TIMER_FLAG_INITED;
    timer->timeout_func       = function; /* 超时函数 */
    timer->parameter          = parameter;/* 传入参数 */
    timer->init_ticks         = ((0 == timeout) ? 1 : timeout); /* 超时时间 */
    timer->round_ticks        = timer->init_ticks;
    timer->index              = OS_TIMER_INDEX_INVALID; /* 索引无效 */
    if (OS_NULL != name)
    {
        /* 定时器名称 */
```

```
        strncpy(&timer->name[0], name, OS_NAME_MAX);
        timer->name[OS_NAME_MAX] = '\0';
    }
    else
    {
        timer->name[0] = '\0';
    }

    /* 激活定时器管理节点初始化 */
    os_list_init(&timer->active_node.active_list);

#ifdef OS_TIMER_SORT
    _k_timer_clear_head(&timer->active_node);
#endif
}
OS_INLINEvoid _k_timer_add_to_list(os_timer_t *timer)
{
    /* 尾部插入定时器链表 */
    os_list_add_tail(&gs_os_timer_list, &timer->list);
}
```

上述源码可知：首先初始化定时器，然后调用函数 os_list_add_tail()把定时器资源管理节点插入定时器链表当中。

18.1.5 启动定时器

启动定时器使用函数 os_timer_start()，该函数的原型如下：

```
os_err_t os_timer_start(os_timer_t *timer);
```

该函数的形参描述如表 18.5 所列。

返回值：OS_EOK 表示定时器启动成功。

18.1.6 停止定时器

停止定时器使用函数 os_timer_stop()，该函数的原型如下：

```
os_err_t os_timer_stop(os_timer_t *timer);
```

该函数的形参描述如表 18.6 所列。

表 18.5 函数 os_timer_start()形参描述

参 数	描 述
timer	定时器控制块

表 18.6 函数 os_timer_stop()形参描述

参 数	描 述
timer	定时器控制块

返回值：OS_EOK 表示定时器成功停止，OS_ERROR 表示定时器停止失败。

18.1.7 删除定时器

删除软件定时器的函数也有两种，对应着两种创建定时器的函数。删除定时器的函数如表 18.7 所列。

表 18.7 删除定时器函数

函　数	描　述
os_timer_deinit()	去初始化静态定时器，和 os_timer_init()配套使用
os_timer_destroy()	销毁动态创建的定时器，并释放定时器控制块的内存，和 os_timer_create()配套使用

1. 函数 os_timer_deinit()

该函数用于去初始化静态定时器，其函数原型如下：

```
void os_timer_deinit(os_timer_t * timer);
```

该函数的形参描述如表 18.8 所列。

返回值：无。

2. 函数 os_timer_destroy()

该函数用于销毁动态创建的定时器，并释放定时器控制块的内存，其函数原型如下：

```
os_err_t os_timer_destroy(os_timer_t * timer);
```

该函数的形参描述如表 18.9 所列。

表 18.8 函数 os_timer_deinit()形参描述

参　数	描　述
timer	表示要去初始化的 timer

表 18.9 函数 os_timer_destroy()形参描述

参　数	描　述
timer	表示要销毁的 timer

返回值：OS_EOK 表示定时器销毁成功。

18.1.8 定时器其他 API 函数详解

1. os_timer_set_timeout_ticks()函数

重新设置定时器超时时间，其函数原型如下：

```
os_err_t os_timer_set_timeout_ticks(os_timer_t * timer, os_tick_t timeout);
```

该函数的形参描述如表 18.10 所列。

返回值：OS_EOK 设置定时器超时时间成功。

2. os_timer_get_timeout_ticks()函数

获取定时器超时时间，其函数原型如下：

```
os_err_t os_timer_get_timeout_ticks(os_timer_t *timer);
```

该函数的形参描述如表 18.11 所列。

表 18.10　函数 os_timer_set_timeout_ticks()形参

参　数	描　述
timer	定时器控制块
timeout	定时器超时时间

表 18.11　函数 os_timer_get_timeout_ticks()形参

参　数	描　述
timer	定时器控制块

返回值:定时器超时时间,以 tick 为单位。

3. os_timer_is_active()函数

获取定时器是否处于激活状态,其函数原型如下:

```
os_bool_t os_timer_is_active(os_timer_t *timer);
```

该函数的形参描述如表 18.12 所列。

返回值:OS_TRUE 表示定时器处于激活状态,OS_FALSE 表示定时器处于非激活状态。

4. os_timer_set_oneshot()函数

设置定时器为 oneshot 类型,其函数原型如下:

```
os_err_t os_timer_set_oneshot(os_timer_t *timer);
```

该函数的形参描述如表 18.13 所列。

表 18.12　函数 os_timer_is_active()形参

参　数	描　述
timer	定时器控制块

表 18.13　函数 os_timer_set_oneshot()形参

参　数	描　述
timer	定时器控制块

返回值:OS_TRUE 表示设置定时器为 oneshot 类型成功。

5. os_timer_set_periodic()函数

设置定时器为 periodic 类型,其函数原型如下:

```
os_err_t os_timer_set_periodic(os_timer_t *timer);
```

该函数的形参描述如表 18.14 所列。

返回值:OS_TRUE 表示设置定时器为 periodic 类型成功。

6. os_timer_is_periodic()函数

获取定时器是否是 periodic 类型,其函数原型如下:

```
os_bool_t os_timer_is_periodic(os_timer_t *timer);
```

该函数的形参描述如表 18.15 所列。

表 18.14 函数 os_timer_set_periodic()形参

参 数	描 述
timer	定时器控制块

表 18.15 函数 os_timer_set_periodic()形参

参 数	描 述
timer	定时器控制块

返回值:OS_TRUE 表示定时器是 periodic 类型,OS_FALSE 表示定时器不是 periodic 类型。

18.1.9 定时器配置

OneOS 的定时器功能是可以根据用户的需求自定义裁减的,在工程目录下打开 OneOS-Cube 进行如下配置:

```
(Top) → Kernel
    ↑ ↑ ↑ ↑ ↑ ↑ ↑ ↑ ↑ ↑ ↑ ↑ ↑ ↑        OneOS Configuration
(100) Tick frequency(Hz)
(10) Task time slice(unit: tick)
[*] Using stack overflow checking
-*- Enable global assert
[*] Enable kernel lock check
[*] Enable kernel debug
        The global log level of kernel(Warning)   --->
[*]      Enable color log
[*]      Enable kernel log with function name and line number
(2048) The stack size of main task
(512) The stack size of idle task
(512) The stack size of recycle task
[*] Enable software timer with a timer task
(512)    The stack size of timer task
[]       Software timers in each hash bucket are sorted
[*]      Enable workqueue
[*]           Enable system workqueue
(2048)            System workqueue task stack size
(0)               System workqueue task priority level
    Inter-task communication and synchronization   --->
    Memory management --->
```

其中,Enable software timer with a timer task 选项就是开启 OneOS 中定时器功能的选项。

18.2 OneOS 定时器实验

18.2.1 功能设计

本实验设计任务:key_task,任务功能如表 18.16 所列。

表 18.16　任务实现的功能描述

任　务	任务功能
key_task	按下 KEY_UP 按键，启动定时器 1；按下 KEY1 按键，启动定时器 2；按下 KEY0，关闭定时器 1 和定时器 2

该实验工程参考 demos/atk_driver/rtos_test/16_timer_test 文件夹。

18.2.2　软件设计

1. 实验流程步骤

① 按下 KEY_UP 按键，调用函数 os_timer_start()启动定时器 1。

② 按下 KEY1 按键，调用函数 os_timer_start()启动定时器 2。

③ 按下 KEY0 按键，调用函数 os_timer_stop()关闭定时器 1 和定时器 2。

2. 程序流程图

根据上述例程功能分析得到以下流程图，如图 18.17 所示。

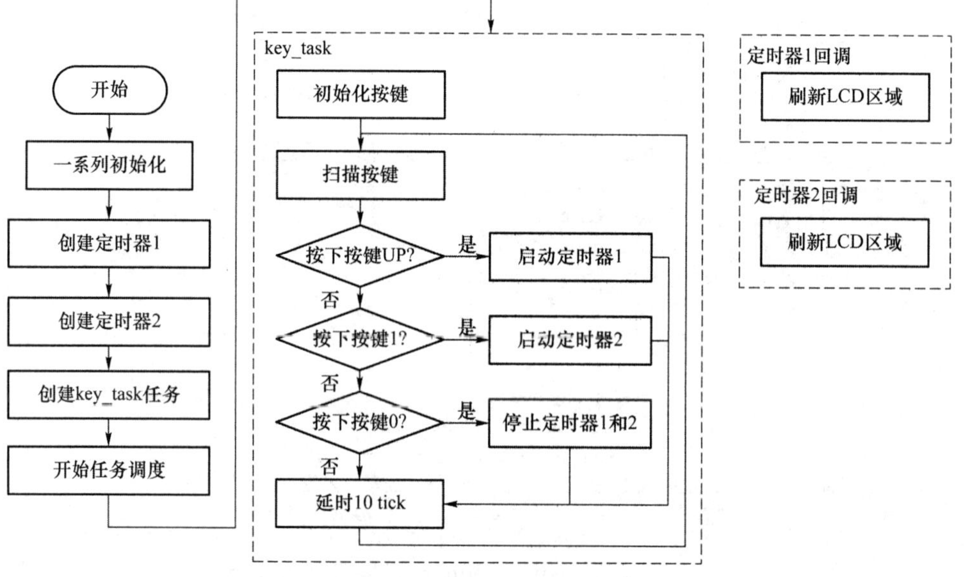

图 18.17　定时器实验流程图

3. 程序解析

(1) 任务参数设置

```
/* KEY_TASK 任务 配置
 * 包括：任务句柄 任务优先级 堆栈大小 创建任务
```

```
 */
#define KEY_TASK_PRIO        5        /* 任务优先级 */
#define KEY_STK_SIZE         512      /* 任务堆栈大小 */
os_task_t * KEY_Handler;              /* 任务控制块 */
void key_task(void * parameter);      /* 任务函数 */
```

(2) 任务实现

```
/**
 * @brief       key_task
 * @param       parameter : 传入参数(未用到)
 * @retval      无
 */
static void key_task(void * parameter)
{
    parameter = parameter;
    os_uint8_t key;
    /* 初始化屏幕显示,代码省略 */
    /* 初始化按键,代码省略 */
    while (1)
    {
        key = key_scan(0);
        switch (key)
        {
            case WKUP_PRES:
            {
                if (OS_FALSE == os_timer_is_active(TIMER_PERIODIC))
                {
                    os_timer_start(TIMER_PERIODIC);
                    os_kprintf("Enable timer1\r\n");
                }
                break;
            }
            case KEY1_PRES:
            {
                if (OS_FALSE == os_timer_is_active(TIMER_ONE))
                {
                    os_timer_start(TIMER_ONE);
                    os_kprintf("Enable timer2\r\n");
                }
                break;
            }
            case KEY0_PRES:
            {
                os_timer_stop(TIMER_PERIODIC);
                os_timer_stop(TIMER_ONE);
```

```
                os_kprintf("Disable timer1&2\r\n");
                break;
            }
            default:
                break;
        }
        os_task_msleep(10);
    }
}
```

上述源码可知:按下 KEY_UP 按键时,调用函数 os_timer_start()启动定时器1;而按下 KEY1 时,启动定时器 2;按下 KEY0 按键,则会把定时器 1 和定时器 2 都停止。

(3) 定时器实现

```
void timer_periodic_timeout(void * parameter)
{
    parameter = parameter;
    tmr1_num ++ ;
    os_kprintf("timer 1 run %d timers\r\n", tmr1_num);
    /* 显示单次定时器执行次数 */
    lcd_show_xnum(70, 111, tmr1_num, 3, 16, 0x80, BLUE);
    /* 填充区域 */
    lcd_fill(6, 131, 114, 313, lcd_discolor[tmr1_num % 11]);
}
void timer_one_timeout(void * parameter)
{
    parameter = parameter;

    tmr2_num ++ ;
    os_kprintf("timer 2 run %d timers\r\n", tmr2_num);
    /* 显示单次定时器执行次数 */
    lcd_show_xnum(190, 111, tmr2_num, 3, 16, 0x80, BLUE);
    /* 填充区域 */
    lcd_fill(126, 131, 233, 313, lcd_discolor[tmr2_num % 11]);
}
```

上述源码可知:timer_periodic_timeout()为周期定时器,而 timer_one_timeout()为单次定时器。

18.2.3 下载验证

编译并下载代码到开发板中,如图 18.18 所示。

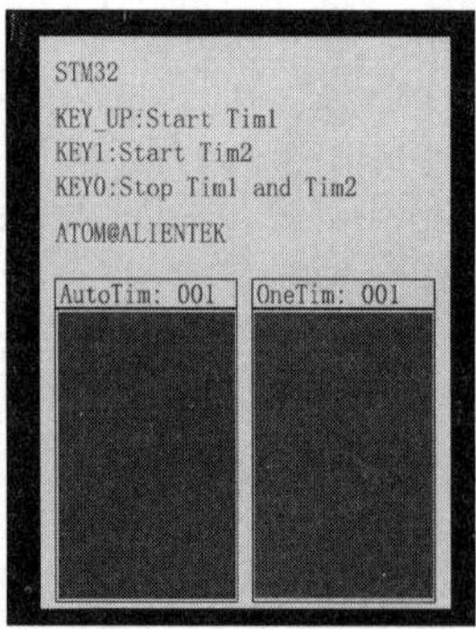

图 18.18 定时器实验

第19章

OneOS 原子操作

在运行操作系统的设备中，由于任务的调度，CPU 在以极快的速度不停地切换运行程序，这样的好处就是可以“同时”运行多个任务，但同时也会带来一些问题。例如，当任务一在打开并读取一个文件的过程中，任务调度器将 CPU 的使用权切换给了任务二，而任务二打开文件并往文件中写入了一些内容后退出，那么这时候任务一再来读取文件的时候，读取到的内容就不是原来想要的内容了。出现这种情况的原因是任务一的一系列操作不是一个整体，而是可以被打断的。针对这种问题，OneOS 操作系统提供了一系列的原子操作 API，在调用这些 API 的时候不用考虑因系统任务调度而带来的影响。

本章分为如下几部分：

19.1 原子操作

19.2 原子操作 API 函数

19.3 原子操作实验

19.1 原子操作

原子操作是指在操作系统层面看，不能被分割或者不会因为任务调度等原因被打断从而影响执行结果的操作命令。原子操作也就像原子的不可再分一样，是一个独立而不可分割的操作。

接下来通过 OneOS 操作系统提供的原子加操作 API 函数 os_atomic_add()对原子操作的原理进行解析。

函数 os_atomic_add()为原子加操作，函数原型如下：

```
__asmvoid os_atomic_add(os_atomic_t * mem, os_int32_t value)
{
Loop_add
    /* 读取寄存器 R0 指向的 4 字节内存的值，将其保存到 R2 寄存器中，
       并标记对该段内存的独占访问。*/
```

```
    LDREX R2, [R0]
    /* 将 R2 寄存器中的值加上 R1 寄存器中的值,结果保存到 R2 寄存器中。*/
    /* 相当于 R2 += value */
    ADD   R2, R2, R1
    /* 如果寄存器 R0 指向的 4 字节内存的值已经被标记为独占访问,
       则将寄存器 R2 中的值更新到寄存器 R0 所指向的内存,并将寄存器 R3 设置成 0,反
       之则设置成 1。
              指令执行成功后,会将独占访问标记清除。*/
    STREX R3, R2, [R0]
    /* 如果寄存器 R3 的值为 0 则跳转到 Loop_add_exit,反之不跳转。*/
    CBZ   R3, Loop_add_exit
    /* 跳转到 Loop_add */
    B     Loop_add
Loop_add_exit
    /* 跳转到 LR 中保存的子程序返回地址。*/
    BX    LR
}
```

函数 os_atomic_add()的相关形参如表 19.1 所列。

表 19.1　函数 os_atomic_add()的相关形参描述

参　数	描　述
mem	被加操作原子类型变量的指针
value	加的数值

返回值:无。

函数 os_atomic_add()实际上是一段汇编代码,其中使用到的几个汇编命令如下:

① Loop_add 和 Loop_add_exit 为标号,放置标号可以让程序方便地跳转到标号的位置。

② ADD Ra,Rb,Rc　用来将寄存器 Rc 中的值与寄存器 Rb 中的值相加,相加的结果存入到寄存器 Ra 中。

③ CBZ Ra,lable　用来判断寄存器 Ra 中的值是否为 0,如果为 0,则程序跳转到标号 lable 的位置。

④ B lable　用来使程序跳转到标号 lable 的位置。

⑤ BX LR　用来使程序跳转到寄存器 LR 中保存的子程序返回地址。

⑥ LDREX Ra,[Rb]和 STREX Ra,Rb,[Rc]　这两条命令就是实现原子操作的关键。前者用来读取内存中的值并标记对该段内存的独占访问,即读取寄存器 Rb 指向的 4 字节内存的值并将其保存到寄存器 Ra 中,同时标记对寄存器 Rb 指向的内存区域的独占访问。而 STREX Ra,Rb,[Rc]用来更新内存中的值,同时检查该段内存是否已经被标记为独占访问,并以此来决定是否更新内存中的值。即如果执行这

条命令的时候发现寄存器 Rc 指向的内存区域被标记为独占访问，则将寄存器 Rb 中的值更新到寄存器 Rc 指向的内存中，并将寄存器 Ra 设置成 0，同时将寄存器 Rc 指向的内存区域的独占访问标记清除。如果执行这条命令的时候发现寄存器 Rc 指向的内存区域没有被标记为独占访问，则不会更新寄存器 Rc 指向的内存的值，并且会将 Ra 的值设置成 1。为了更形象地描述 LDREX 和 STREX 的作用，下面举一个 LDREX 和 STREX 的应用实例，如图 19.2 所示。

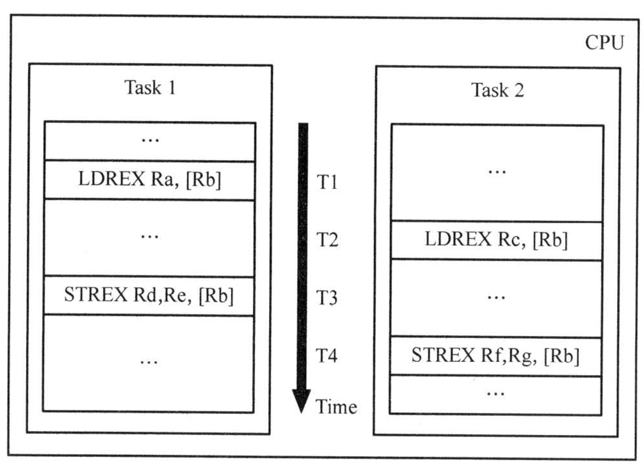

图 19.2 LDREX 和 STREX 示例

如图 19.2 所示，一个单核 CPU 上运行了两个任务，分别为 Task 1 和 Task 2，CPU 使用权由任务调度器分时轮流交给 Task 1 和 Task 2，这两个任务中的命令分别从上到下顺序执行。下面根据时间顺序逐一分析整个执行过程：

在 T1 时刻，Task 1 执行了 LDREX Ra，[Rb]命令，将寄存器 Rb 指向的内存的值保存到寄存器 Ra 中，并标记对寄存器 Rb 指向的内存区域的独占访问。

在 T2 时刻，Task 2 执行了 LDREX Rc，[Rb]命令，且发现寄存器 Rb 指向的内存区域已经被标记了独占访问，但这并不影响这条命令的操作，于是依然将寄存器 Rb 指向的内存的值保存到寄存器 Rc 中，并标记对寄存器 Rb 指向的内存区域的独占访问。

在 T3 时刻，Task 1 执行了 STREX Rd，Re，[Rb]命令，且发现寄存器 Rb 指向的内存区域已经被标记了独占访问，于是将寄存器 Re 中的值更新到寄存器 Rb 指向的内存区域，并将寄存器 Rd 设置为 0。

在 T4 时刻，Task 2 执行了 STREX Rf，Rg，[Rb]命令，且发现寄存器 Rb 指向的内存区域没有被标记独占访问（在 T3 时刻已经被清除了），于是不更新寄存器 Rb 指向的内存的值，并将寄存器 Rf 设置为 1。

可以看出 LDREX 和 STREX 命令配合使用的作用，无论操作系统中有多少个任务对同一个内存区域同时操作，都只保证最早更新这段内存区域的操作可以成功，之后的更新操作都会失败,更新操作失败说明对该段内存区域的访问有冲突。在实际应用中,如果更新操作失败,可以再次使用 LDREX 读取该段内存的值,重新处理后,再次尝试使用 STREX 重新更新该段内存的值,直到成功为止。

在函数 os_atomic_add()中命令 CBZ R3, Loop_add_exit 就是用来判断函数 os_atomic_add()中的 STREX 操作是否成功更新寄存器 R0 指向的内存区域的值。如果成功,则跳转到标号 Loop_add_exit 的位置执行命令 BX LR 跳转到 LR 中保存的子程序返回地址;如果失败,则执行命令 B Loop_add 跳转到标号 Loop_add 的位置重新执行,这样就保证了最终更新内存的值不受任务调度等其他影响。

19.2 原子操作 API 函数

OneOS 的原子操作无须在 OneOS-Cube 软件中使用 menuconfig 配置,只要在需要使用的时候,通过#include <arch_atomic.h>将 arch_atomic.h 头文件包含到工程,即可使用 OneOS 提供的原子操作相关的 API 函数。

首先了解一下 OneOS 操作系统中原子类型的定义,在头文件 arch_atomic.h 中,OneOS 通过结构体定义的原子类型如下:

```
struct os_atomic
{
    volatile os_int32_t counter;
};
typedef struct os_atomic os_atomic_t;
```

所有原子操作对象都需要定义为原子类型。

接下来通过表 19.3 了解原子操作的相关 API 函数。

表 19.3 原子操作相关函数

函 数	描 述
OS_ATOMIC_INIT()	初始化原子类型变量
os_atomic_read()	原子读操作
os_atomic_set()	原子写操作
os_atomic_add()	原子加操作
os_atomic_sub()	原子减操作
os_atomic_inc()	原子加 1 操作
os_atomic_dec()	原子减 1 操作
os_atomic_add_return()	带返回的原子加操作
os_atomic_sub_return()	带返回的原子减操作
os_atomic_inc_return()	带返回的原子加 1 操作

续表 19.3

函　数	描　述
os_atomic_dec_return()	带返回的原子减 1 操作
os_atomic_xchg()	原子交换操作
os_atomic_cmpxchg()	原子比较后交换操作
os_atomic_and()	原子与操作
os_atomic_or()	原子或操作
os_atomic_nand()	原子与非操作
os_atomic_xor()	原子异或操作
os_atomic_test_bit()	原子位测试操作
os_atomic_set_bit()	原子位设置操作
os_atomic_clear_bit()	原子位清除操作
os_atomic_change_bit()	原子位反转操作

1. 函数 OS_ATOMIC_INIT()

此函数由宏定义实现，用于原子类型变量的初始化，建议用户使用该宏初始化原子类型变量。宏定义如下：

```
#define OS_ATOMIC_INIT(val) {(val)}
```

函数 OS_ATOMIC_INIT()的相关形参如表 19.4 所列。

返回值：返回原子类型变量的初始化值。

2. 函数 os_atomic_read()

此函数由宏定义实现，用于读取原子类型变量的数值。宏定义如下：

```
#define os_atomic_read(ptr) ((ptr)->counter)
```

函数 os_atomic_read()的相关形参如表 19.5 所列。

表 19.4　函数 OS_ATOMIC_INIT()相关参数

参　数	描　述
val	原子类型变量初始化的值

表 19.5　函数 os_atomic_read()相关参数

参　数	描　述
ptr	要读取的原子类型变量的指针

返回值：原子类型变量的值。

3. 函数 os_atomic_set()

此函数由宏定义实现，用于写入原子类型变量的数值。宏定义如下：

```
#define os_atomic_set(ptr, value) (((ptr)->counter) = (value))
```

函数 os_atomic_set()的相关形参如表 19.6 所列。

返回值:无。

4. 函数 os_atomic_add()

此函数用于实现原子类型变量的加法操作,函数原型如下:

```
__asmvoid os_atomic_add(os_atomic_t * mem, os_int32_t value)
{
Loop_add
    /* 读取寄存器 R0 指向的 4 字节内存的值,将其保存到 R2 寄存器中,
       并标记对该段内存的独占访问。*/
    LDREX R2, [R0]
    /* 将 R2 寄存器中的值加上 R1 寄存器中的值,结果保存到 R2 寄存器中,相当于 R2 +=
       value */
    ADD   R2, R2, R1
    /* 如果寄存器 R0 指向的 4 字节内存的值已经被标记为独占访问,
       则将寄存器 R2 中的值更新到寄存器 R0 所指向的内存,并将寄存器 R3 设置成 0,反
       之则设置成 1。
       指令执行成功后,会将独占访问标记清除。*/
    STREX R3, R2, [R0]
    /* 如果寄存器 R3 的值为 0 则跳转到 Loop_add_exit,反之不跳转。*/
    CBZ   R3, Loop_add_exit
    /* 跳转到 Loop_add */
    B     Loop_add
Loop_add_exit
    /* 跳转到 LR 中保存的子程序返回地址。*/
    BX    LR
}
```

函数 os_atomic_add()的相关形参如表 19.7 所列。

表 19.6　函数 os_atomic_set()相关参数

参　数	描　述
ptr	要写入的原子类型变量的指针
value	写入值

表 19.7　函数 os_atomic_add()相关参数

参　数	描　述
mem	被加操作原子类型变量的指针
value	加的数值

返回值:无。

5. 函数 os_atomic_sub()

此函数用于实现原子类型变量的减法操作,函数原型如下:

```
__asmvoid os_atomic_sub(os_atomic_t * mem, os_int32_t value)
{
Loop_sub
    /* 读取寄存器 R0 指向的 4 字节内存的值,将其保存到 R2 寄存器中,
       并标记对该段内存的独占访问。*/
    LDREX R2, [R0]
    /* 将 R2 寄存器中的值减 R1 寄存器中的值,结果保存到 R2 寄存器中。*/
    /* 相当于 R2 += value */
    SUB   R2, R2, R1
```

```
    /* 如果寄存器 R0 指向的 4 字节内存的值已经被标记为独占访问，
       则将寄存器 R2 中的值更新到寄存器 R0 所指向的内存，并将寄存器 R3 设置成 0，反
       之则设置成 1。
       指令执行成功后，会将独占访问标记清除。*/
    STREX R3, R2, [R0]
    /* 如果寄存器 R3 的值为 0 则跳转到 Loop_sub_exit，反之不跳转。*/
    CBZ   R3, Loop_sub_exit
    /* 跳转到 Loop_sub */
    B     Loop_sub
Loop_sub_exit
    /* 跳转到 LR 中保存的子程序返回地址。*/
    BX    LR
}
```

函数 os_atomic_sub()的相关形参如表 19.8 所列。

返回值：无。

6. 函数 os_atomic_inc()

此函数用于实现原子类型变量的加 1 操作，函数原型如下：

```
__asmvoid os_atomic_inc(os_atomic_t * mem)
{
Loop_inc
    /* 读取寄存器 R0 指向的 4 字节内存的值，将其保存到 R2 寄存器中，
       并标记对该段内存的独占访问。*/
LDREX R2, [R0]
    /* 将 R2 寄存器中的值加上 1，结果保存到 R2 寄存器中。*/
    ADD   R2, R2, #1
    /* 如果寄存器 R0 指向的 4 字节内存的值已经被标记为独占访问，
       则将寄存器 R2 中的值更新到寄存器 R0 所指向的内存，并将寄存器 R3 设置成 0，反
       之则设置成 1。
       指令执行成功后，会将独占访问标记清除。*/
    STREX R3, R2, [R0]
    /* 如果寄存器 R3 的值为 0 则跳转到 Loop_inc_exit，反之不跳转。*/
    CBZ   R3, Loop_inc_exit
    /* 跳转到 Loop_inc */
    B     Loop_inc
    Loop_inc_exit
    /* 跳转到 LR 中保存的子程序返回地址。*/
    BX    LR
}
```

函数 os_atomic_inc()的相关形参如表 19.9 所列。

表 19.8　函数 os_atomic_sub()相关参数

参　数	描　述
mem	被减操作原子类型变量的指针
value	减的数值

表 19.9　函数 os_atomic_inc()相关参数

参　数	描　述
mem	被加 1 操作原子类型变量的指针

返回值:无。

7. 函数 os_atomic_dec()

此函数用于实现原子类型变量的减 1 操作,函数原型如下:

```
__asmvoid os_atomic_dec(os_atomic_t *mem)
{
Loop_dec
    /* 读取寄存器 R0 指向的 4 字节内存的值,将其保存到 R2 寄存器中,
       并标记对该段内存的独占访问。*/
    LDREX R2, [R0]
    /* 将 R2 寄存器中的值减 1,结果保存到 R2 寄存器中。*/
    SUB   R2, R2, #1
    /* 如果寄存器 R0 指向的 4 字节内存的值已经被标记为独占访问,
       则将寄存器 R2 中的值更新到寄存器 R0 所指向的内存,并将寄存器 R3 设置成 0,反
       之则设置成 1。
       指令执行成功后,会将独占访问标记清除。*/
    STREX R3, R2, [R0]
    /* 如果寄存器 R3 的值为 0 则跳转到 Loop_dec_exit,反之不跳转。*/
    CBZ   R3, Loop_dec_exit
    /* 跳转到 Loop_dec */
    B     Loop_dec
Loop_dec_exit
    /* 跳转到 LR 中保存的子程序返回地址。*/
    BX    LR
}
```

函数 os_atomic_dec()的相关形参如表 19.10 所列。

返回值:无。

8. 函数 os_atomic_add_return()

此函数用于实现原子类型变量的加法操作并返回结果,函数原型如下:

```
__asm os_int32_t os_atomic_add_return(os_atomic_t *mem, os_int32_t value)
{
Loop_add_ret
    /* 读取寄存器 R0 指向的 4 字节内存的值,将其保存到 R2 寄存器中,
       并标记对该段内存的独占访问。*/
    LDREX R2, [R0]
    /* 将 R2 寄存器中的值加上 R1 寄存器中的值,结果保存到 R2 寄存器中。*/
    /* 相当于 R2 += value */
    ADD   R2, R2, R1
    /* 如果寄存器 R0 指向的 4 字节内存的值已经被标记为独占访问,
       则将寄存器 R2 中的值更新到寄存器 R0 所指向的内存,并将寄存器 R3 设置成 0,反
       之则设置成 1。
       指令执行成功后,会将独占访问标记清除。*/
    STREX R3, R2, [R0]
    /* 如果寄存器 R3 的值为 0 则跳转到 Loop_add_ret_exit,反之不跳转。*/
    CBZ   R3, Loop_add_ret_exit
```

```
    /* 跳转到 Loop_add_ret */
    B      Loop_add_ret
Loop_add_ret_exit
    /* 以下这两句相当于 return R2 */
    /* 将寄存器 R2 中的值传送到寄存器 R0 中 */
    MOV    R0, R2
    /* 跳转到 LR 中保存的子程序返回地址。*/
    BX     LR
}
```

函数 os_atomic_add_return()的相关形参如表 19.11 所列。

表 19.10　函数 os_atomic_dec()相关参数

参　数	描　述
mem	被减 1 操作原子类型变量的指针

表 19.11　函数 os_atomic_add_return()相关参数

参　数	描　述
mem	被加操作原子类型变量的指针
value	加的数值

返回值:加运算后的结果。

9. 函数 os_atomic_sub_return()

此函数用于实现原子类型变量的减法操作并返回结果,函数原型如下:

```
__asm os_int32_t os_atomic_sub_return(os_atomic_t *mem, os_int32_t value)
{
Loop_sub_ret
    /* 读取寄存器 R0 指向的 4 字节内存的值,将其保存到 R2 寄存器中,
       并标记对该段内存的独占访问。*/
    LDREX R2, [R0]
    /* 将 R2 寄存器中的值减 R1 寄存器中的值,结果保存到 R2 寄存器中。*/
    /* 相当于 R2 += value */
    SUB    R2, R2, R1
    /* 如果寄存器 R0 指向的 4 字节内存的值已经被标记为独占访问,
       则将寄存器 R2 中的值更新到寄存器 R0 所指向的内存,并将寄存器 R3 设置成 0,反
       之则设置成 1。
       指令执行成功后,会将独占访问标记清除。*/
    STREX R3, R2, [R0]
    /* 如果寄存器 R3 的值为 0 则跳转到 Loop_sub_ret_exit,反之不跳转。*/
    CBZ    R3, Loop_sub_ret_exit
    /* 跳转到 Loop_sub_ret */
    B      Loop_sub_ret
Loop_sub_ret_exit
    /* 以下这两句相当于 return R2 */
    /* 将寄存器 R2 中的值传送到寄存器 R0 中 */
    MOV    R0, R2
    /* 跳转到 LR 中保存的子程序返回地址。*/
    BX     LR
}
```

函数 os_atomic_sub_return()的相关形参如表 19.12 所列。

返回值：减运算后的结果。

10. 函数 os_atomic_inc_return()

此函数用于实现原子类型变量的加 1 操作并返回结果，函数原型如下：

```
__asm os_int32_t os_atomic_inc_return(os_atomic_t * mem)
{
Loop_inc_ret
/ * 读取寄存器 R0 指向的 4 字节内存的值，将其保存到 R2 寄存器中，
    并标记对该段内存的独占访问。* /
    LDREX R2, [R0]
    / * 将 R2 寄存器中的值加上 1，结果保存到 R2 寄存器中。* /
    ADD   R2, R2, #1
    / * 如果寄存器 R0 指向的 4 字节内存的值已经被标记为独占访问，
        则将寄存器 R2 中的值更新到寄存器 R0 所指向的内存，并将寄存器 R3 设置成 0，反
        之则设置成 1。
        指令执行成功后，会将独占访问标记清除。* /
    STREX R3, R2, [R0]
    / * 如果寄存器 R3 的值为 0 则跳转到 Loop_inc_ret_exit，反之不跳转。* /
    CBZ   R3, Loop_inc_ret_exit
    / * 跳转到 Loop_inc_ret * /
    B      Loop_inc_ret
Loop_inc_ret_exit
    / * 以下这两句相当于 return R2  * /
    / * 将寄存器 R2 中的值传送到寄存器 R0 中  * /
    MOV   R0, R2
    / * 跳转到 LR 中保存的子程序返回地址。* /
    BX     LR
}
```

函数 os_atomic_inc_return()的相关形参如表 19.13 所列。

表 19.12　函数 os_atomic_sub_return()相关参数

参　数	描　述
mem	被减操作原子类型变量的指针
value	减的数值

表 19.13　函数 os_atomic_ inc_return()相关参数

参　数	描　述
mem	被加 1 操作原子类型变量的指针

返回值：加 1 运算后的结果。

11. 函数 os_atomic_dec_return()

此函数用于实现原子类型变量的减 1 操作并返回结果，函数原型如下：

```
__asm os_int32_t os_atomic_dec_return(os_atomic_t * mem)
{
Loop_dec_ret
```

```
    /* 读取寄存器 R0 指向的 4 字节内存的值,将其保存到 R2 寄存器中,
       并标记对该段内存的独占访问。*/
    LDREX R2, [R0]
    /* 将 R2 寄存器中的值减 1,结果保存到 R2 寄存器中。*/
    SUB   R2, R2, #1
    /* 如果寄存器 R0 指向的 4 字节内存的值已经被标记为独占访问,
       则将寄存器 R2 中的值更新到寄存器 R0 所指向的内存,并将寄存器 R3 设置成 0,反
       之则设置成 1。
       指令执行成功后,会将独占访问标记清除。*/
    STREX R3, R2, [R0]
    /* 如果寄存器 R3 的值为 0 则跳转到 Loop_dec_ret_exit,反之不跳转。*/
    CBZ   R3, Loop_dec_ret_exit
    /* 跳转到 Loop_dec_ret */
    B     Loop_dec_ret
Loop_dec_ret_exit
    /* 以下这两句相当于 return R2 */
    /* 将寄存器 R2 中的值传送到寄存器 R0 中 */
    MOV   R0, R2
    /* 跳转到 LR 中保存的子程序返回地址。*/
    BX    LR
}
```

函数 os_atomic_ dec_return()的相关形参如表 19.14 所列。

表 19.14　函数 os_atomic_ dec_return()的相关参数描述

参　数	描　述
mem	被减 1 操作原子类型变量的指针

返回值:减 1 运算后的结果。

12. 函数 os_atomic_xchg()

此函数用于实现原子类型变量的交换操作并返回换出值,函数原型如下:

```
__asm os_int32_t os_atomic_xchg(os_atomic_t * mem, os_int32_t value)
{
Loop_xchg
    /* 读取寄存器 R0 指向的 4 字节内存的值,将其保存到 R2 寄存器中,
       并标记对该段内存的独占访问。*/
    LDREX R2, [R0]
    /* 如果寄存器 R0 指向的 4 字节内存的值已经被标记为独占访问,
       则将寄存器 R1 中的值更新到寄存器 R0 所指向的内存,并将寄存器 R3 设置成 0,反
       之则设置成 1。
       指令执行成功后,会将独占访问标记清除。*/
    STREX R3, R1, [R0]
    /* 如果寄存器 R3 的值为 0 则跳转到 Loop_xchg_exit,反之不跳转。*/
    CBZ   R3, Loop_xchg_exit
    /* 跳转到 Loop_xchg */
```

```
    B       Loop_xchg
Loop_xchg_exit
    /* 以下这两句相当于 return R2 */
    /* 将寄存器 R2 中的值传送到寄存器 R0 中 */
    MOV   R0, R2
    /* 跳转到 LR 中保存的子程序返回地址。*/
    BX     LR
}
```

函数 os_atomic_xchg()的相关形参如表 19.15 所列。

表 19.15　函数 os_atomic_xchg()的相关参数描述

参　数	描　述
mem	被交换操作原子类型变量的指针
value	换入值

返回值：换出值。

13. 函数 os_atomic_cmpxchg()

此函数用于实现原子类型变量的比较后交换操作，如与指定值相同则交换，如不同则不交换，并返回执行结果，函数原型如下：

```
__asm os_bool_t os_atomic_cmpxchg( os_atomic_t * mem,
                                   os_int32_t old,
                                   os_int32_t new)
{
    /* 将寄存器 R4 中的数据入栈 */
    PUSH{R4}
Loop_cmpxchg
    /* 读取寄存器 R0 指向的 4 字节内存的值，将其保存到 R3 寄存器中，
       并标记对该段内存的独占访问。*/
    LDREX R3, [R0]
    /* 将寄存器 R4 中的值设置为 0 */
    MOV   R4, #0
    /* 判断寄存器 R3 与寄存器 R1 的值是否相等，即判断 mem == old?
       如果不相等则跳转到 Loop_cmpxchg_exit，反之不跳转。*/
    TEQ   R3, R1
    BNE   Loop_cmpxchg_exit
    /* 如果寄存器 R0 指向的 4 字节内存的值已经被标记为独占访问，
       则将寄存器 R2 中的值更新到寄存器 R0 所指向的内存，并将寄存器 R3 设置成 0，反
       之则设置成 1。
       指令执行成功后，会将独占访问标记清除。*/
    STREX R3, R2, [R0]
    /* 将寄存器 R4 中的值设置为 1 */
    MOV   R4, #1
    /* 如果寄存器 R3 的值为 0 则跳转到 Loop_cmpxchg_exit，反之不跳转。*/
    CBZ   R3, Loop_cmpxchg_exit
```

```
    /* 跳转到 Loop_cmpxchg */
    B       Loop_cmpxchg
Loop_cmpxchg_exit
    /* 以下这三句相当于 return R4 */
    /* 将寄存器 R4 中的值传送到寄存器 R0 中 */
    MOV     R0, R4
    /* 将寄存器 R4 原本入栈的数据出栈 */
    POP{R4}
    /* 跳转到 LR 中保存的子程序返回地址。*/
    BX      LR
}
```

函数 os_atomic_cmpxchg()的相关形参如表 19.16 所列。

表 19.16　函数 os_atomic_cmpxchg()的相关参数描述

参　数	描　述
mem	被比较交换操作原子类型变量的指针
old	比较值
new	换入值

返回值:0 表示交换不成功,1 表示交换成功。

14. 函数 os_atomic_and()

此函数用于实现原子类型变量的按位与操作,函数原型如下:

```
__asmvoid os_atomic_and(os_atomic_t * mem, os_int32_t value)
{
Loop_and
    /* 读取寄存器 R0 指向的 4 字节内存的值,将其保存到 R2 寄存器中,
       并标记对该段内存的独占访问。*/
    LDREX R2, [R0]
    /* 将寄存器 R1 的值与寄存器 R2 的值进行按位与操作,结果保存在寄存器 R2 中 */
    AND     R2, R1
    /* 如果寄存器 R0 指向的 4 字节内存的值已经被标记为独占访问,
       则将寄存器 R2 中的值更新到寄存器 R0 所指向的内存,并将寄存器 R3 设置成 0,反
       之则设置成 1。
       指令执行成功后,会将独占访问标记清除。*/
    STREX R3, R2, [R0]
    /* 如果寄存器 R3 的值为 0 则跳转到 Loop_and_exit,反之不跳转。*/
    CBZ     R3, Loop_and_exit
    /* 跳转到 Loop_and */
    B       Loop_and
Loop_and_exit
    /* 跳转到 LR 中保存的子程序返回地址。*/
    BX      LR
}
```

函数 os_atomic_and()的相关形参如表 19.17 所列。

返回值:无。

15. 函数 os_atomic_or()

此函数用于实现原子类型变量的按位或操作,函数原型如下:

```
__asmvoid os_atomic_or(os_atomic_t * mem, os_int32_t value)
{
Loop_or
    /* 读取寄存器 R0 指向的 4 字节内存的值,将其保存到 R2 寄存器中,
       并标记对该段内存的独占访问。*/
    LDREX R2, [R0]
    /* 将寄存器 R1 的值与寄存器 R2 的值进行按位或操作,结果保存在寄存器 R2 中 */
    ORR   R2, R1
    /* 如果寄存器 R0 指向的 4 字节内存的值已经被标记为独占访问,
       则将寄存器 R2 中的值更新到寄存器 R0 所指向的内存,并将寄存器 R3 设置成 0,反
       之则设置成 1。
       指令执行成功后,会将独占访问标记清除。*/
    STREX R3, R2, [R0]
    /* 如果寄存器 R3 的值为 0 则跳转到 Loop_or_exit,反之不跳转。*/
    CBZ   R3, Loop_or_exit
    /* 跳转到 Loop_or */
    B      Loop_or
Loop_or_exit
    /* 跳转到 LR 中保存的子程序返回地址。*/
    BX     LR
    }
```

函数 os_atomic_or()的相关形参如表 19.18 所列。

表 19.17 函数 os_atomic_and()相关参数

参 数	描 述
mem	被与操作原子类型变量的指针
value	与值

表 19.18 函数 os_atomic_or()相关参数

参 数	描 述
mem	被或操作原子类型变量的指针
value	或值

返回值:无。

16. 函数 os_atomic_nand()

此函数用于实现原子类型变量的按与非操作,函数原型如下:

```
__asmvoid os_atomic_nand(os_atomic_t * mem, os_int32_t value)
{
Loop_nand
    /* 读取寄存器 R0 指向的 4 字节内存的值,将其保存到 R2 寄存器中,
       并标记对该段内存的独占访问。*/
    LDREX R2, [R0]
    /* 将寄存器 R1 的值与寄存器 R2 的值进行按位与操作,结果保存在寄存器 R2 中 */
```

```
    AND   R2, R1     /* 将寄存器 R2 中的值取反后存入寄存器 R2 中 */
    MVN   R2, R2
    /* 如果寄存器 R0 指向的 4 字节内存的值已经被标记为独占访问,
       则将寄存器 R2 中的值更新到寄存器 R0 所指向的内存,并将寄存器 R3 设置成 0,反
       之则设置成 1。
       指令执行成功后,会将独占访问标记清除。*/
    STREX R3, R2, [R0]
    /* 如果寄存器 R3 的值为 0 则跳转到 Loop_nand_exit,反之不跳转。*/
    CBZ   R3, Loop_nand_exit
    /* 跳转到 Loop_nand */
    B     Loop_nand
    Loop_nand_exit
    /* 跳转到 LR 中保存的子程序返回地址。*/
    BX    LR
}
```

函数 os_atomic_nand()的相关形参如表 19.19 所列。

表 19.19　函数 os_atomic_nand()的相关参数描述

参　数	描　述
mem	被与非操作原子类型变量的指针
value	与非值

返回值:无。

17. 函数 os_atomic_xor()

此函数用于实现原子类型变量的按位异或操作,函数原型如下:

```
__asmvoid os_atomic_xor(os_atomic_t * mem, os_int32_t value)
{
Loop_xor
    /* 读取寄存器 R0 指向的 4 字节内存的值,将其保存到 R2 寄存器中,
       并标记对该段内存的独占访问。*/
    LDREX R2, [R0]
    /* 将寄存器 R1 的值与寄存器 R2 的值进行按位异或操作,结果保存在寄存器 R2 中 */
    EOR   R2, R1
    /* 如果寄存器 R0 指向的 4 字节内存的值已经被标记为独占访问,
       则将寄存器 R2 中的值更新到寄存器 R0 所指向的内存,并将寄存器 R3 设置成 0,反
       之则设置成 1。
       指令执行成功后,会将独占访问标记清除。*/
    STREX R3, R2, [R0]
    /* 如果寄存器 R3 的值为 0 则跳转到 Loop_xor_exit,反之不跳转。*/
    CBZ   R3, Loop_xor_exit
    /* 跳转到 Loop_xor */
    B     Loop_xor
Loop_xor_exit
    /* 跳转到 LR 中保存的子程序返回地址。*/
```

```
    BX      LR
}
```

函数 os_atomic_xor()的相关形参如表 19.20 所列。

表 19.20　函数 os_atomic_xor()的相关参数描述

参　数	描　述
mem	被异或操作原子类型变量的指针
value	异或值

返回值:无。

18. 函数 os_atomic_test_bit()

此函数用于实现原子类型变量的位测试操作,函数原型如下:

```
__asm os_bool_t os_atomic_test_bit(os_atomic_t * mem, os_int32_t nr)
{
    /* 将寄存器 R4、R5 中的数据入栈 */
    PUSH{R4, R5}
    /* 将寄存器 R4 中的值设置为 1 */
    MOV   R4, #1
    /* 将寄存器 R4 的值左移寄存器 R1 的值位 */
    LSL   R4, R1
Loop_test
    /* 读取寄存器 R0 指向的 4 字节内存的值,将其保存到 R2 寄存器中,
       并标记对该段内存的独占访问。*/
    LDREX R2, [R0]
    /* 将寄存器 R2 的值与寄存器 R4 的值进行按位与操作,结果保存在寄存器 R5 中 */
    AND   R5, R2, R4
    /* 将寄存器 R5 的值右移寄存器 R1 的值位 */
    LSR   R5, R1
    /* 如果寄存器 R0 指向的 4 字节内存的值已经被标记为独占访问,
       则将寄存器 R2 中的值更新到寄存器 R0 所指向的内存,并将寄存器 R3 设置成 0,反
       之则设置成 1。
       指令执行成功后,会将独占访问标记清除。*/
    STREX R3, R2, [R0]
    /* 如果寄存器 R3 的值为 0 则跳转到 Loop_test_exit,反之不跳转。*/
    CBZ   R3, Loop_test_exit
    /* 跳转到 Loop_test */
    B     Loop_test
Loop_test_exit
    /* 以下这三句相当于 return R5 */
    /* 将寄存器 R5 中的值传送到寄存器 R0 中 */
    MOV   R0, R5
    /* 将寄存器 R4、R5 原本入栈的数据出栈 */
    POP  {R4, R5}
    /* 跳转到 LR 中保存的子程序返回地址。*/
    BX     LR
}
```

函数 os_atomic_test_bit()的相关形参如表 19.21 所列。

返回值： nr 位对应的值。

19. 函数 os_atomic_set_bit()

此函数用于实现原子类型变量的位设置操作，函数原型如下：

```
__asmvoid os_atomic_set_bit(os_atomic_t * mem, os_int32_t nr)
{
    /* 将寄存器 R4 中的数据入栈 */
    PUSH{R4}
    /* 将寄存器 R4 中的值设置为 1 */
    MOV   R4, #1
    /* 将寄存器 R4 的值左移寄存器 R1 的值位 */
    LSL   R4, R1
Loop_set
    /* 读取寄存器 R0 指向的 4 字节内存的值,将其保存到 R2 寄存器中,
       并标记对该段内存的独占访问。*/
    LDREX R2, [R0]
    /* 将寄存器 R4 的值与寄存器 R2 的值进行按位或操作,结果保存在寄存器 R2 中 */
    ORR   R2, R4
    /* 如果寄存器 R0 指向的 4 字节内存的值已经被标记为独占访问,
       则将寄存器 R2 中的值更新到寄存器 R0 所指向的内存,并将寄存器 R3 设置成 0,反
       之则设置成 1。
       指令执行成功后,会将独占访问标记清除。*/
    STREX R3, R2, [R0]
    /* 如果寄存器 R3 的值为 0 则跳转到 Loop_set_exit,反之不跳转。*/
    CBZ   R3, Loop_set_exit
    /* 跳转到 Loop_set */
    B     Loop_set
Loop_set_exit
    /* 将寄存器 R4 原本入栈的数据出栈 */
    POP  {R4}
    /* 跳转到 LR 中保存的子程序返回地址。*/
    BX    LR
}
```

函数 os_atomic_set_bit()的相关形参如表 19.22 所列。

表 19.21 函数 os_atomic_test_bit()相关参数

参 数	描 述
mem	被测试操作原子类型变量的指针
nr	"mem"须测试的位，取值范围为 0～31

表 19.22 函数 os_atomic_set_bit()相关参数

参 数	描 述
mem	被设置操作原子类型变量的指针
nr	"mem"中须设置的位，取值范围为 0～31

返回值： 无。

20. 函数 os_atomic_clear_bit()

此函数用于实现原子类型变量的位清除操作，函数原型如下：

```
__asmvoid os_atomic_clear_bit(os_atomic_t * mem, os_int32_t nr)
{
    /* 将寄存器 R4 中的数据入栈 */
    PUSH   {R4}
    /* 将寄存器 R4 中的值设置为 1 */
    MOV   R4, #1
    /* 将寄存器 R4 的值左移寄存器 R1 的值位 */
    LSL   R4, R1
Loop_clear
    /* 读取寄存器 R0 指向的 4 字节内存的值,将其保存到 R2 寄存器中,
       并标记对该段内存的独占访问。*/
    LDREX R2, [R0]
    /* 将寄存器 R2 的值对应寄存器 R4 中为 1 的位清零 */
    BIC   R2, R4
    /* 如果寄存器 R0 指向的 4 字节内存的值已经被标记为独占访问,
       则将寄存器 R2 中的值更新到寄存器 R0 所指向的内存,并将寄存器 R3 设置成 0,反
       之则设置成 1。
       指令执行成功后,会将独占访问标记清除。*/
    STREX R3, R2, [R0]
    /* 如果寄存器 R3 的值为 0 则跳转到 Loop_clear_exit,反之不跳转。*/
    CBZ   R3, Loop_clear_exit
    /* 跳转到 Loop_clear */
    B     Loop_clear
Loop_clear_exit
    /* 将寄存器 R4 原本入栈的数据出栈 */
    POP   {R4}
    /* 跳转到 LR 中保存的子程序返回地址。*/
    BX    LR
}
```

函数 os_atomic_clear_bit()的相关形参如表 19.23 所列。

表 19.23 函数 os_atomic_clear_bit()的相关参数描述

参 数	描 述
mem	被清除操作原子类型变量的指针
nr	“mem”中须清除的位,取值范围为 0～31

返回值: 无。

21. 函数 os_atomic_change_bit()

此函数用于实现原子类型变量的位反转操作,函数原型如下:

```
__asmvoid os_atomic_change_bit(os_atomic_t * mem, os_int32_t nr)
{
    /* 将寄存器 R4 中的数据入栈 */
    PUSH   {R4}
    /* 将寄存器 R4 中的值设置为 1 */
```

```
    MOV   R4, #1
    /* 将寄存器 R4 的值左移寄存器 R1 的值位 */
    LSL   R4, R1
Loop_change
    /* 读取寄存器 R0 指向的 4 字节内存的值,将其保存到 R2 寄存器中,
       并标记对该段内存的独占访问。*/
    LDREX R2, [R0]
    /* 将寄存器 R4 的值与寄存器 R2 的值进行按位异或操作,结果保存在寄存器 R2 中 */
    EOR   R2, R4
    /* 如果寄存器 R0 指向的 4 字节内存的值已经被标记为独占访问,
       则将寄存器 R2 中的值更新到寄存器 R0 所指向的内存,并将寄存器 R3 设置成 0,反
       之则设置成 1。
       指令执行成功后,会将独占访问标记清除。*/
    STREX R3, R2, [R0]
    /* 如果寄存器 R3 的值为 0 则跳转到 Loop_change_exit,反之不跳转。*/
    CBZ   R3, Loop_change_exit
    /* 跳转到 Loop_change */
    B     Loop_change
Loop_change_exit
    /* 将寄存器 R4 原本入栈的数据出栈 */
    POP   {R4}
    /* 跳转到 LR 中保存的子程序返回地址 */
    BX    LR
}
```

函数 os_atomic_change_bit()的相关形参如表 19.24 所列。

表 19.24 函数 os_atomic_change_bit()的相关参数描述

参 数	描 述
mem	被反转操作原子类型变量的指针
nr	"mem"中须反转的位,如该位旧值为 0 则操作后为 1,如旧值为 1 则操作后为 0,取值范围为 0~31

返回值: 无。

19.3 原子操作实验

19.3.1 功能设计

调用原子操作函数来实现运算。该实验工程参考 demos/atk_driver/rtos_test/17_atomic_test 文件夹。

19.3.2 软件设计

1. 程序流程图

根据上述的例程功能分析,得到 OneOS 原子操作实验流程图,如图 19.25 所示。

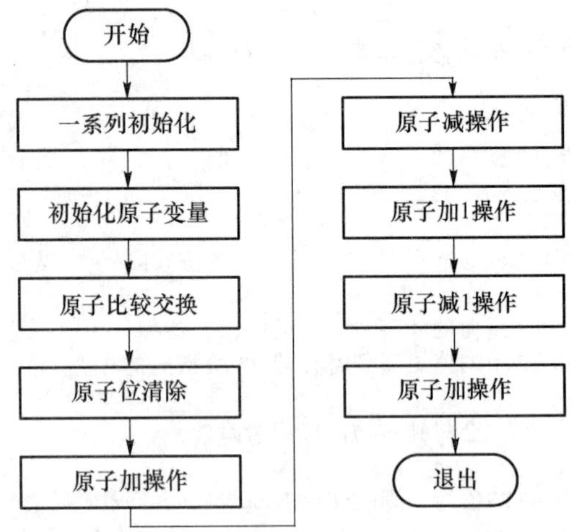

图 19.25　原子操作实验流程图

2. 程序解析

OneOS 程序主要在 main 函数定义，如以下源码所示：

```
int main(void)
{
    os_task_msleep(200);
    /* 初始化屏幕显示，代码省略 */
    os_atomic_t mem = OS_ATOMIC_INIT(0);          /* 初始化原子类型变量 0 */
    os_int32_t  old_value = 0x0;                  /* 旧值为 0 */
    os_int32_t  new_value = 0xFF;                 /* 新值为 0xFF */
    os_bool_t   ret = OS_FALSE;                   /* 获取比较值 */
    os_int32_t    return_v = 0;
    /* 比较交换 */
    ret = os_atomic_cmpxchg(&mem, old_value, new_value);
    os_kprintf("\r\nCompare the exchange: %d, mem = 0x%x\r\n",
        ret, (os_atomic_read(&mem)));
    /* 0xFF 清除 1 = 0xFD */
    os_atomic_clear_bit(&mem,1);
    os_kprintf("bit clear:mem = 0x%x\r\n",(os_atomic_read(&mem)));
    /* 0xFD 转成十进制 253,253 + 5 = 258 */
    os_atomic_add(&mem,5);
    /* 换成十六进制 0x102 */
    os_kprintf("addition:mem = 0x%x\r\n",(os_atomic_read(&mem)));
    /* 258 - 5 = 253, */
    os_atomic_sub(&mem,5);
    /* 换成十六进制 0xFD */
    os_kprintf("subtraction:mem = 0x%x\r\n",(os_atomic_read(&mem)));
    /* 加 1 操作 */
```

```
    os_atomic_inc(&mem);
    /* 换成十六进制 0xFE */
    os_kprintf("Unary Plus Operator:mem = 0x%x\r\n",(os_atomic_read(&mem)));
    /* 减 1 操作 */
    os_atomic_dec(&mem);
    /* 换成十六进制 0xFD */
    os_kprintf("Unary Minus OPerator:mem = 0x%x\r\n",(os_atomic_read(&mem)));
    return_v = os_atomic_add_return(&mem,5);
    /* 换成十六进制 0xFD */
    os_kprintf("atomic type variable:mem = 0x%x\r\n",return_v);
    return 0;
}
```

19.3.3 下载验证

编译并下载实验代码到开发板中，打开串口调试助手，串口输出如图 19.26 所示。

```
Compare the exchange:1, mem = 0xff
bit clear:mem = 0xfd
addition:mem = 0x102
subtraction:mem = 0xfd
Unary Plus Operator:mem = 0xfe
Unary Minus OPerator:mem = 0xfd
atomic type variable:mem = 0x102
```

图 19.26 串口调试助手

第 20 章

OneOS 邮箱

邮箱是实时操作系统中一种经典的任务间通信方法。相比消息队列和信号量，邮箱的开销更少、效率更高，因此经常使用邮箱来进行任务与任务之间的通信。本章讲解 OneOS 的邮箱。

本章分为如下几部分：

20.1 邮箱简介

20.2 邮箱 API 函数

20.3 邮箱实验

20.1 邮箱简介

在多任务操作系统中，任务与任务之间的通信是必须的，例如，系统中有两个任务，一个任务负责采集数据，另一个任务负责处理采集的数据，这时数据就需要从一个任务传递到另一个任务，而邮箱就可以起到任务与任务之间通信的功能。在 OneOS 操作系统中，邮箱中每一封邮件的大小为固定的 4 字节，所以在 32 位系统上可以直接发送通信内容的指针，因为 32 位系统中一个指针的大小也正好是 4 字节。邮箱就相当于一个缓冲区，可以缓存一定数量的邮件。当邮箱没满时，任务可以一直往邮箱里发送邮件；当邮箱已经满了的时候，往邮箱发送邮件的任务可以选择超时等待。当邮箱中有邮件时，任务可以接收邮箱中的邮件；如果邮箱中没有邮件，接收邮件的任务可以选择超时等待。

1. 任务间邮箱实现原理

邮箱有两个任务阻塞队列，因为邮箱发送和接收都有可能导致阻塞。当邮箱内没有邮件时，就会导致接收邮件任务阻塞，任务被放到阻塞队列，等待另一个任务发送邮件，阻塞任务被唤醒，并放到就绪队列；当邮箱内邮件满了，就会导致发送邮件任务阻塞，后续的处理过程和接收邮件类似。图 20.1 描述了任务接收邮件被阻塞，然后等待另一个任务发送邮件的处理过程。

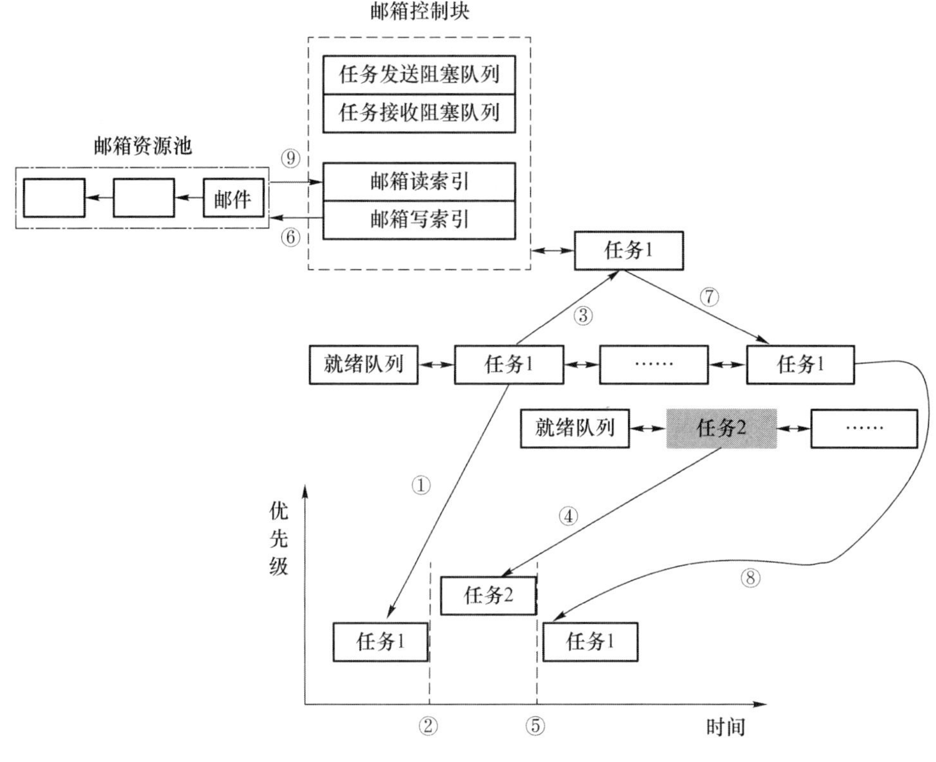

图 20.1 邮箱实现原理

图中①:任务 1 先运行。

图中②:任务 1 获取邮件,由于此时没有邮件,获取失败。

图中③:任务 1 被放到阻塞队。

图中④:任务 2 运行。

图中⑤:任务 2 发送邮件。

图中⑥:任务 2 发送的邮件,通过写索引放到了邮箱资源池。

图中⑦:任务 1 被放到就绪队列。

图中⑧:任务 1 运行。

图中⑨:任务 1 通过读索引取走邮件。

2. 任务与中断邮箱实现原理

邮箱也可以用于中断和任务间的通信。例如,任务接收邮件,而中断程序发送邮件,但是需要注意的是中断中只能用非阻塞式的方式,即 timeout 参数需要设置为 0;因为不为 0 的话,在邮件满了的情况下就会导致阻塞。中断上下文不允许阻塞方式的,具体过程和信号量类似,如图 20.2 所示。

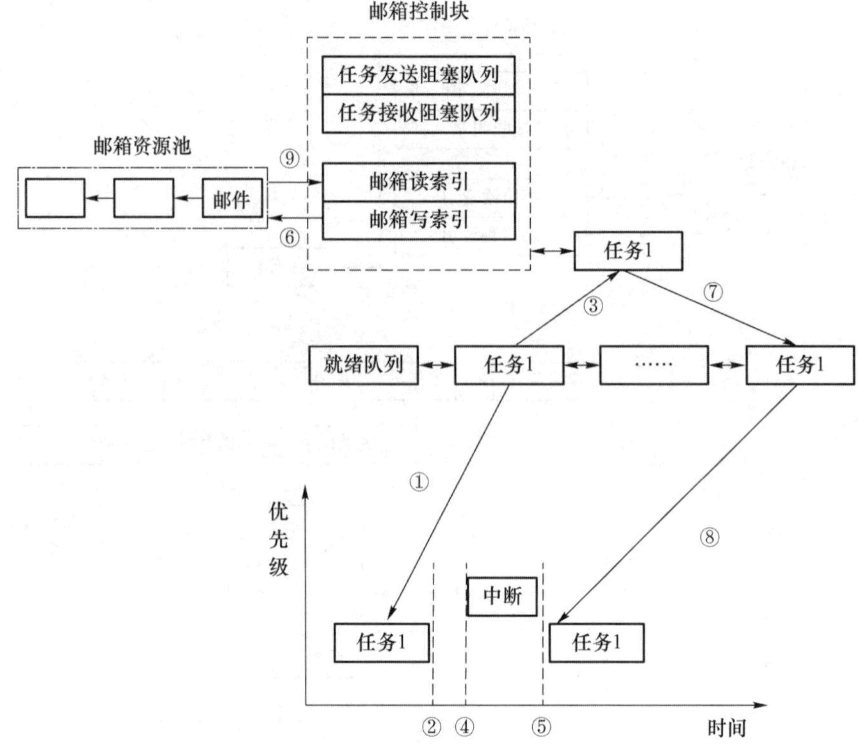

图 20.2　中断邮箱实现原理

图中①：任务 1 先运行。

图中②：任务 1 获取邮件，由于此时没有邮件，获取失败。

图中③：任务 1 被放到阻塞队。

图中④：中断服务函数运行。

图中⑤：中断服务函数发送邮件。

图中⑥：中断服务函数发送的邮件，通过写索引放到了邮箱资源池。

图中⑦：任务 1 被放到就绪队列。

图中⑧：任务 1 运行。

图中⑨：任务 1 通过读索引取走邮件。

20.1.1　邮箱的重要定义和数据结构

创建邮箱时会创建一个邮箱结构体，OneOS 中的邮箱结构体如下所示：

```
struct os_mb
{
    /* 邮箱资源池指针，指向邮箱资源池起始地址 */
    void             *mail_pool;
    /* 邮箱资源池指针，指向邮箱资源池对齐后的起始地址 */
```

```
    void            * mail_pool_align;
    /* 邮件发送任务阻塞队列头,发送邮件时,邮箱没有空闲消息块则将发送任务阻塞在
       该队列上 */
    os_list_node_t send_task_list_head;
    /* 邮件接收任务阻塞队列头,接收邮件时,邮箱没有邮件则将接收任务阻塞在该队列
       上 */
    os_list_node_t recv_task_list_head;
    /* 资源管理节点,通过该节点将创建的邮箱挂载到 gs_os_mb_resource_list_head 上 */
    os_list_node_t resource_node;
    /* 邮件支持的最大邮件数量 */
    os_uint16_t     capacity;
    /* 邮箱中的邮件数量 */
    os_uint16_t     entry_count;
    /* 邮件读索引,指示下次读取邮件时读取位置 */
    os_uint16_t     read_index;
    /* 邮件写索引,指示下次发送邮件时写入位置 */
    os_uint16_t     write_index;
    /* 初始化状态,0x55 表示已经初始化,0xAA 表示已经去初始化,其他值为未初始化 */
    os_uint8_t      object_inited;
    /* 邮箱类型,0 为静态邮箱,1 为动态邮箱 */
    os_uint8_t      object_alloc_type;
    /* 阻塞任务唤醒方式,0x55 表示按优先级唤醒,0xAA 表示按 FIFO 唤醒。 */
    os_uint8_t      wake_type;
    /* 邮箱名字,名字长度不能大于 OS_NAME_MAX */
    char            name[OS_NAME_MAX + 1];
};
typedef struct os_mb os_mb_t;
```

其中,阻塞任务的唤醒方式由宏定义表示,宏定义如下:

```
/* 按优先级唤醒 */
#define OS_MB_WAKE_TYPE_PRIO    0x55
/* 按 FIFO 唤醒 */
#define OS_MB_WAKE_TYPE_FIFO    0xAA
```

20.2 邮箱 API 函数

20.2.1 邮箱创建

函数 os_mb_create()实现了以动态方式创建并初始化邮箱,其邮箱对象的内存空间和邮箱缓存区都通过动态申请内存获得,函数原型如下:

```
os_mb_t * os_mb_create(const char * name, os_size_t max_mails)
{
    os_mb_t   * mb;
    void      * mail_pool;
    os_size_tmail_pool_size;
```

```
os_err_t   ret;
/* 检查邮箱最大邮件数设置 */
OS_ASSERT(max_mails > 0U);
/* 检查当前是否有中断正在执行 */
OS_ASSERT(OS_FALSE == os_is_irq_active());
/* 检查当前中断是否为关闭状态 */
OS_ASSERT(OS_FALSE == os_is_irq_disabled());
/* 检查调度锁是否上锁 */
OS_ASSERT(OS_FALSE == os_is_schedule_locked());
ret = OS_EOK;
/* 计算分配给邮箱的内存大小,为最大邮件数量与 4 字节的乘积 */
mail_pool_size = max_mails * sizeof(os_ubase_t);
/* 为邮箱控制块申请内存空间 */
mb = (os_mb_t *)OS_KERNEL_MALLOC(sizeof(os_mb_t));
/* 为邮箱申请内存空间,
   从系统内存堆中分配一块大小为 mail_pool_size 内存块,
   该内存块的地址与 4 字节对齐 */
mail_pool = OS_KERNEL_MALLOC_ALIGN(sizeof(os_ubase_t), mail_pool_size);
/* 如果内存申请失败 */
if ((OS_NULL == mb) || (OS_NULL == mail_pool))
{
    /* 打印错误信息,释放已申请的内存,并返回内存不足的错误信息 */
    OS_KERN_LOG(KERN_ERROR, MB_TAG,
                "Malloc failed, mb(%p), mail_pool(%p)",
                mb, mail_pool);

    if (OS_NULL != mb)
    {
        OS_KERNEL_FREE(mb);
        mb = OS_NULL;
    }
    if (OS_NULL != mail_pool)
    {
        OS_KERNEL_FREE(mail_pool);
        mail_pool = OS_NULL;
    }
    ret = OS_ENOMEM;
}
/* 内存申请成功 */
if (OS_EOK == ret)
{
    /* 初始化邮箱 */
    ret = _k_mb_init(   mb, name, mail_pool,
                        mail_pool_size,
                        OS_KOBJ_ALLOC_TYPE_DYNAMIC);
    if (OS_EOK == ret)
    {
        /* 邮箱初始化成功 */
        /* 挂载资源管理节点 */
```

```
            /* 标记邮箱为已初始化状态 */
            os_spin_lock(&gs_os_mb_resource_list_lock);
            os_list_add_tail(&gs_os_mb_resource_list_head, &mb->resource_node);
            os_spin_unlock(&gs_os_mb_resource_list_lock);

            mb->object_inited = OS_KOBJ_INITED;
        }
        else
        {
            /* 邮箱初始化失败 */
            /* 释放已申请的内存 */
            OS_KERNEL_FREE(mb);
            OS_KERNEL_FREE(mail_pool);

            mb = OS_NULL;
            mail_pool = OS_NULL;
        }
    }

    return mb;
}
```

函数 os_mb_create()的相关形参如表 20.3 所列。

表 20.3 函数 os_mb_create()的相关形参描述

参 数	描 述
name	邮箱名字,其最大长度由 OS_NAME_MAX 宏指定,多余部分会被自动截掉
max_mails	此邮箱支持的最大邮件个数

返回值:成功返回邮箱地址,失败返回 OS_NULL。

函数_k_mb_init()的原型如下:

```
static os_err_t _k_mb_init(os_mb_t       *mb,
                           const char    *name,
                           void          *mail_pool,
                           os_size_t     mail_pool_size,
                           os_uint16_t   object_alloc_type)
{
    void        *pool_align_begin;
    void        *pool_end;
    os_err_t    ret;
    ret = OS_EOK;
    /* 将邮箱内存池按照 4 字节对齐 */
    pool_align_begin = (void *)OS_ALIGN_UP((os_ubase_t)mail_pool,
                                           sizeof(os_ubase_t));
    /* 通过邮箱内存池的起始地址加上邮箱内存池的大小,找到邮箱内存池的结束地址 */
    pool_end = (void *)((os_uint8_t *)mail_pool + mail_pool_size);
    /* 计算邮箱最多能存放邮件 */
```

```
    mb->capacity = (os_uint16_t)((  (os_ubase_t)pool_end -
                                    (os_ubase_t)pool_align_begin) /
                                    sizeof(os_ubase_t));
    /* 判断邮箱容量是否大于 0 */
    if (mb->capacity > 0U)
    {
        /* 邮箱容量大于 0,才进行初始化 */
        /* 邮箱结构体赋初值 */
        mb->mail_pool           = mail_pool;
        mb->mail_pool_align     = pool_align_begin;
        mb->entry_count         = 0U;
        mb->read_index          = 0U;
        mb->write_index         = 0U;
        mb->object_alloc_type   = object_alloc_type;
        mb->wake_type           = OS_MB_WAKE_TYPE_PRIO;
        /* 否给邮箱设置名称 */
        if (OS_NULL != name)
        {
            (void)strncpy(&mb->name[0], name, OS_NAME_MAX);
            mb->name[OS_NAME_MAX] = '\0';
        }
        else
        {
            mb->name[0] = '\0';
        }
        /* 初始化邮箱的发送、接收邮件阻塞任务队列 */
        os_list_init(&mb->send_task_list_head);
        os_list_init(&mb->recv_task_list_head);
    }
    else
    {
        /* 邮箱容量小于 1,返回内存不足的错误信息 */
        OS_KERN_LOG(KERN_ERROR, MB_TAG,
        "The count of calculated mail entry is less than 1.");
        ret = OS_ENOMEM;
    }

    return ret;
}
```

函数_k_mb_init()的相关形参如表 20.4 所列。

表 20.4　函数_k_mb_init()的相关形参描述

参　数	描　述
mb	邮箱结构体
name	邮箱名字,其最大长度由 OS_NAME_MAX 宏指定,多余部分会被自动截掉
mail_pool	指向邮箱分配的内存
mail_pool_size	邮箱内存的大小
object_alloc_type	邮箱类型,0 为静态邮箱,1 为动态邮箱

返回值:OS_ENOMEM 表示邮箱创建失败,其他表示邮箱创建成功。

20.2.2 邮箱发送

函数 os_mb_send()用于发送邮件,若邮箱已满且设定了等待时间,则当前发送任务阻塞。函数原型如下:

```
os_err_t os_mb_send(os_mb_t *mb, os_ubase_t value, os_tick_t timeout)
{
    os_task_t *current_task;
    os_task_t *block_task;
    os_bool_t need_schedule;
    os_err_t  ret;
    /* 检查指定邮箱是否非空 */
    OS_ASSERT(OS_NULL != mb);
    /* 检查指定邮箱是否已经初始化 */
    OS_ASSERT(OS_KOBJ_INITED == mb->object_inited);
    /* 检查中断状态是否满足条件 */
    OS_ASSERT((OS_FALSE == os_is_irq_active()) || (OS_NO_WAIT == timeout));
    OS_ASSERT((OS_FALSE == os_is_irq_disabled()) || (OS_NO_WAIT == timeout));
    /* 检查调度锁是否满足状态 */
    OS_ASSERT((OS_FALSE == os_is_schedule_locked()) || (OS_NO_WAIT == timeout));
    /* 检查超时时间参数是否满足状态 */
    OS_ASSERT((timeout < (OS_TICK_MAX / 2)) || (OS_WAIT_FOREVER == timeout));
    ret = OS_EOK;
    need_schedule = OS_FALSE;
    /* 保存当前中断状态,并关闭中断 */
    OS_KERNEL_ENTER();
    /* 判断是否有任务正在阻塞等待接收邮件 */
    if (!os_list_empty(&mb->recv_task_list_head))
    {
        /* 有任务正在阻塞等待接收邮件 */
        /* 获取接收阻塞队列中的第一个任务 */
        block_task = os_list_first_entry( &mb->recv_task_list_head,
                                          os_task_t,
                                          task_node);

        /* 取消任务的阻塞状态 */
        k_unblock_task(block_task);
        /* 将当前邮件邮递给接收邮件的任务 */
        block_task->swap_data = value;

        /* 判断接收邮件的任务状态是否为就绪态 */
        if (block_task->state & OS_TASK_STATE_READY)
        {
            /* 如果接收邮件的任务为就绪态,就触发任务调度 */
            need_schedule = OS_TRUE;
        }
    }
    else
```

```
{
    /* 没有任务正在阻塞等待接收邮件 */
    /* 判断当前邮箱是否已经满了 */
    if (mb->entry_count == mb->capacity)
    {
        /* 如果邮箱已满 */
        /* 根据是否需要超时等待进行处理 */
        if (OS_NO_WAIT == timeout)
        {
            /* 如果此邮件不需要超时等待 */
            /* 返回资源满的错误信息 */
            ret = OS_EFULL;
        }
        else
        {
            /* 如果邮箱满了,并且邮件需要超时等待 */
            /* 获取当前发送邮件的任务的任务句柄 */
            current_task = k_task_self();
            /* 将邮件保存到发送邮件的任务的交换数据 swap_data 中进行缓存 */
            current_task->swap_data = value;

            /* 根据邮箱的阻塞任务唤醒方式,对当前发送邮件的任务进行阻塞 */
            if (OS_MB_WAKE_TYPE_PRIO == mb->wake_type)
            {
                /* 根据优先级进行唤醒 */
                k_block_task(  &mb->send_task_list_head,
                               current_task,
                               timeout,
                               OS_TRUE);
            }
            else
            {
                /* 根据 FIFO 进行唤醒 */
                k_block_task(  &mb->send_task_list_head,
                               current_task,
                               timeout,
                               OS_FALSE);
            }

            /* 触发任务调度,并恢复中断状态 */
            OS_KERNEL_EXIT_SCHED();

            /* 如果等待超时、邮箱被销毁获取其他异常唤醒,ret 将不为 OS_EOK,
               否则发送任务将邮件发送到邮箱 */
            ret = current_task->switch_retval;
            /* 保存当前中断状态,并关闭中断 */
            OS_KERNEL_ENTER();
        }
    }
```

```
        else
        {
            /* 如果邮箱未满 */
            /* 将邮件放入邮箱对其后并偏移邮件写入索引的地址中 */
            *((os_ubase_t *)mb->mail_pool_align + mb->write_index) = value;
            /* 更新邮箱的邮件写入索引 */
            _k_mb_modify_write_index(mb);
        }
    }

    /* 判断是否需要触发任务调度 */
    if (OS_TRUE == need_schedule)
    {
        /* 触发任务调度,并恢复中断状态 */
        OS_KERNEL_EXIT_SCHED();
    }
    else
    {
        /* 恢复中断状态 */
        OS_KERNEL_EXIT();
    }

    return ret;
}
```

函数 os_mb_send()的相关形参如表 20.5 所列。

表 20.5 函数 os_mb_send()的相关形参描述

参 数	描 述
mb	邮箱控制块
value	邮件内容
timeout	邮件暂时不能发送的等待超时时间。若为 OS_NO_WAIT,则等待时间为 0;若为 OS_WAIT_FOREVER,则永久等待直到邮件发送;若为其他值,则等待 timeout 时间或者邮件发送为止,并且其他值时 timeout 必须小于 OS_TICK_MAX / 2

返回值:OS_EOK 为邮件发送成功,其他为邮件发送失败。

20.2.3 邮箱接收

函数 os_mb_recv()用于接收邮件,若邮箱已空且设定了等待时间,则当前接收任务阻塞。函数原型如下:

```
os_err_t os_mb_recv(os_mb_t *mb, os_ubase_t *value, os_tick_t timeout)
{
    os_task_t *current_task;
```

```
os_task_t * block_task;
os_bool_t  need_schedule;
os_bool_t  modify_read_index;
os_err_t   ret;
/* 检查指定邮箱是否非空 */
OS_ASSERT(OS_NULL != mb);
/* 检查邮件是否为空 */
OS_ASSERT(OS_NULL != value);
/* 检查邮箱是否已经被初始化 */
/* 检查中断状态是否满足条件 */
OS_ASSERT((OS_FALSE == os_is_irq_active()) || (OS_NO_WAIT == timeout));
OS_ASSERT((OS_FALSE == os_is_irq_disabled()) || (OS_NO_WAIT == timeout));
/* 检查调度锁是否满足状态 */
OS_ASSERT((OS_FALSE == os_is_schedule_locked()) || (OS_NO_WAIT == timeout));
/* 检查超时时间参数是否满足状态 */
OS_ASSERT((timeout < (OS_TICK_MAX / 2)) || (OS_WAIT_FOREVER == timeout));
ret = OS_EOK;
need_schedule = OS_FALSE;
modify_read_index = OS_TRUE;
/* 保存当前中断状态,并关闭中断 */
OS_KERNEL_ENTER();
/* 判断邮箱中是否有邮件 */
if (0U != mb->entry_count)
{
    /* 如果邮箱中有邮件 */
    /* 从邮箱对其后偏移邮件读取索引地址中读取邮件 */
    *value = *((os_ubase_t *)mb->mail_pool_align + mb->read_index);
}
else
{
    /* 如果邮箱中没有邮件 */
    /* 根据是否需要超时等待进行处理 */
    if (OS_NO_WAIT == timeout)
    {
        /* 如果不需要超时等待处理 */
        /* 返回资源空错误 */
        ret = OS_EEMPTY;
    }
    else
    {
        /* 如果需要超时等待处理 */
        /* 获取当前接收邮件任务的任务句柄 */
        current_task = k_task_self();

        /* 根据邮箱的阻塞任务唤醒方式,对当前接收邮件的任务进行阻塞 */
        if (OS_MB_WAKE_TYPE_PRIO == mb->wake_type)
        {
            /* 根据优先级进行唤醒 */
```

```
                k_block_task( &mb->recv_task_list_head,
                              current_task,
                              timeout,
                              OS_TRUE);
            }
            else
            {
                /* 根据 FIFO 进行唤醒 */
                k_block_task( &mb->recv_task_list_head,
                              current_task,
                              timeout,
                              OS_FALSE);
            }
            /* 触发任务调度,并恢复中断状态 */
            OS_KERNEL_EXIT_SCHED();
            /* 保存当前中断状态,并关闭中断 */
            OS_KERNEL_ENTER();
            /* 如果等待超时、邮箱被销毁获取其他异常唤醒,ret 将不为 OS_EOK,
               否则接收任务将从邮箱中接收邮件 */
            ret = current_task->switch_retval;
            if (OS_EOK == ret)
            {
                /* 读取接收邮件任务的交换数据 swap_data 缓存 */
                *value = current_task->swap_data;
                /* 不更新邮箱的读取邮件索引 */
                modify_read_index = OS_FALSE;
            }
        }
    }
    /* 需要更新邮箱的读取邮件索引 */
    if ((OS_EOK == ret) && (OS_TRUE == modify_read_index))
    {
        /* 更新邮箱的读取邮件索引 */
        _k_mb_modify_read_index(mb);
        /* 判断邮箱中是否有阻塞的读取邮件任务 */
        if (! os_list_empty(&mb->send_task_list_head))
        {
            /* 如果邮箱中存在阻塞的读取邮件任务 */
            /* 获取邮箱中读取邮件阻塞任务队列中的第一个任务 */
            block_task = os_list_first_entry(  &mb->send_task_list_head,
                                               os_task_t,
                                               task_node);
            /* 取消阻塞该任务 */
            k_unblock_task(block_task);

            /* 如果发送邮件的任务被阻塞,发送任务将把邮件存入 swap_data,
               所以接收邮件的任务只需要从 swap_data 中读取邮件
               因此接收邮件的任务只需要在这个时候收取邮件,
               而不需要将邮件放入邮箱 */
```

```
                *((os_ubase_t *)mb->mail_pool_align + mb->write_index) =
                                                    block_task->swap_data;
                /* 更新邮箱的写邮件索引 */
                _k_mb_modify_write_index(mb);

                /* 如果发送邮件的任务为就绪态,则触发任务调度 */
                if (block_task->state & OS_TASK_STATE_READY)
                {
                    need_schedule = OS_TRUE;
                }
            }
        }
        /* 根据需要选择是否触发任务调度 */
        if (OS_TRUE == need_schedule)
        {
            /* 触发任务调度,并恢复中断状态 */
            OS_KERNEL_EXIT_SCHED();
        }
        else
        {
            /* 恢复中断状态 */
            OS_KERNEL_EXIT();
        }

        return ret;
    }
```

函数 os_mb_recv()的相关形参如表 20.6 所列。

表 20.6　函数 os_mb_recv()的相关形参描述

参　数	描　述
mb	邮箱控制块
value	接收的邮件内容
timeout	消息暂时接收不到时的等待超时时间。若为 OS_NO_WAIT,则等待时间为 0;若为 OS_WAIT_FOREVER,则永久等待直到接收到消息;若为其他值,则等待 timeout 时间或者接收到消息为止,并且其他值时 timeout 必须小于 OS_TICK_MAX / 2

返回值:OS_EOK 为邮件接收成功,其他为邮件发送失败。

20.2.4　邮箱其他 API 函数

1. os_mb_init()函数

该函数以静态的方式初始化邮箱,邮箱对象的内存空间和邮箱缓冲区都由使用者提供,原型如下:

```
os_err_t os_mb_init(os_mb_t * mb,
                    const char * name,
                    void * mail_pool,
                    os_size_t mail_pool_size);
```

该函数的形参描述如表 20.7 所列。

表 20.7　函数 os_mb_init()描述

函　数	描　述
mb	邮箱控制块，由用户提供，并指向对应的邮箱控制块内存地址
name	邮箱名字，其最大长度由 OS_NAME_MAX 宏指定，多余部分会被自动截掉
mail_pool	邮箱缓冲区的起始地址
mail_pool_size	邮箱缓冲区的大小，以字节为单位

返回值：OS_EOK 表示初始化邮箱成功，OS_EINVAL 表示无效参数。

2. os_mb_deinit()函数

该函数用于去初始化邮箱，与 os_mb_init()匹配使用，函数原型如下：

```
os_err_t os_mb_deinit(os_mb_t * mb);
```

该函数的形参描述如表 20.8 所列。

返回值：OS_EOK 表示去初始化邮箱成功。

3. os_mb_destroy()函数

该函数用于销毁邮箱，并释放邮箱对象的内存空间和邮箱缓冲区的空间，函数原型如下：

```
os_err_t os_mb_destroy(os_mb_t * mb);
```

该函数的形参描述如表 20.9 所列。

表 20.8　函数 os_mb_deinit()描述

函　数	描　述
mb	邮箱控制块

表 20.9　函数 os_mb_destroy()描述

函　数	描　述
mb	邮箱控制块

返回值：OS_EOK 表示销毁邮箱成功。

4. os_mb_set_wake_type()函数

该函数用于设置唤醒阻塞任务的类型，函数原型如下：

```
os_err_t os_mb_set_wake_type(os_mb_t * mb, os_uint8_t wake_type);
```

该函数的形参描述如表 20.10 所列。

表 20.10　函数 os_mb_set_wake_type()描述

函　数	描　述
mb	邮箱控制块
wake_type	OS_MB_WAKE_TYPE_PRIO 设置唤醒阻塞任务的类型为按优先级唤醒(邮箱创建后默认为使用此方式),OS_MB_WAKE_TYPE_FIFO 设置唤醒阻塞任务的类型为先进先出唤醒

返回值:OS_EOK 表示设置唤醒阻塞任务类型成功,OS_EBUSY 表示设置唤醒阻塞任务类型失败。

5. os_mb_reset()函数

该函数用于复位邮箱,使邮箱达到初始状态,函数原型如下:

```
void os_mb_reset(os_mb_t * mb);
```

该函数的形参描述如表 20.11 所列。

返回值:无。

6. os_mb_is_empty()函数

该函数用于查询邮箱是否为空,函数原型如下:

```
os_bool_t os_mb_is_empty(os_mb_t * mb);
```

该函数的形参描述如表 20.12 所列。

表 20.11　函数 os_mb_reset()描述

函　数	描　述
mb	邮箱控制块

表 20.12　函数 os_mb_is_empty()描述

函　数	描　述
mb	邮箱控制块

返回值:OS_TRUE 表示邮箱为空,OS_FALSE 表示邮箱不为空。

7. os_mb_is_full()函数

该函数用于查询邮箱是否为满,函数原型如下:

```
os_bool_t os_mb_is_full(os_mb_t * mb);
```

该函数的形参描述如表 20.13 所列。

返回值:OS_TRUE 表示邮箱为满,OS_FALSE 表示邮箱不为满。

8. os_mb_get_capacity()函数

该函数用于获取邮箱容量,函数原型如下:

```
os_uint16_t os_mb_get_capacity(os_mb_t * mb);
```

该函数的形参描述如表 20.14 所列。

表 20.13 函数 os_mb_is_full()描述

函　数	描　述
mb	邮箱控制块

表 20.14 函数 os_mb_get_capacity()描述

函　数	描　述
mb	邮箱控制块

返回值:邮箱容量。

9. os_mb_get_used_entry_count()函数

该函数用于获取邮箱中邮件数量,函数原型如下:

```
os_uint16_t os_mb_get_used_entry_count(os_mb_t *mb);
```

该函数的形参描述如表 20.15 所列。

返回值:邮箱中的邮件数量。

10. os_mb_get_unused_entry_count()函数

该函数用于获取邮箱中空闲资源数量,函数原型如下:

```
os_uint16_t os_mb_get_unused_entry_count(os_mb_t *mb);
```

该函数的形参描述如表 20.16 所列。

表 20.15 函数 os_mb_get_used_entry_count()

函　数	描　述
mb	邮箱控制块

表 20.16 函数 os_mb_get_unused_entry_count()

函　数	描　述
mb	邮箱控制块

返回值:邮箱中空闲资源数量。

20.2.5 邮箱配置选项

OneOS 的邮箱功能是可以根据用户的需求自定义裁减的,在工程目录下打开 OneOS-Cube 进行如下配置:

```
(Top) → Kernel→ Inter - task communication and synchronization
                    ↑ ↑ ↑ ↑ ↑ ↑ ↑          OneOS Configuration
[ ] Enable mutex
[ ] Enable spinlock check
[ ] Enable semaphore
[ ] Enable event flag
[ ] Enable message queue
[*] Enable mailbox
```

其中,Enable mailbox 选项就是开启 OneOS 中邮箱功能的选项。

20.3 邮箱实验

20.3.1 功能设计

本实验设计两个任务:mb_task、key_task,任务功能如表 20.17 所列。

表 20.17 各个任务实现的功能描述

任 务	任务功能
mb_task	按键处理任务,读取邮箱 mb_dynamic 中的邮件,根据不同的邮件做相应的处理
key_task	取按键的键值,然后将键值发送到邮箱 mb_dynamic 中

该实验工程参考 demos/atk_driver/rtos_test/18_mb_test 文件夹。

20.3.2 软件设计

1. 实验实现步骤

① key_task 任务按下某个按键时,调用函数 os_mb_send()发送该按键值。

② mb_task 任务调用函数 os_mb_recv()获取邮箱,最后根据邮件进行不同操作。

2. 程序流程图

根据上述的例程功能分析得到 OneOS 邮箱实验流程图,如图 20.3 所示。

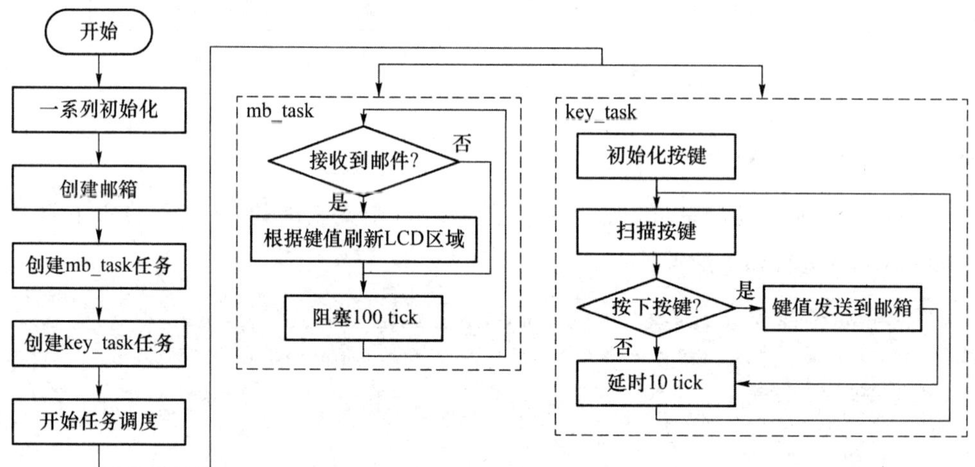

图 20.3 邮箱实验流程图

3. 程序解析

(1) 任务参数设置

```
/* MB_TASK 任务 配置
 * 包括：任务句柄 任务优先级 堆栈大小 创建任务
 */
#define MB_TASK_PRIO      3              /* 任务优先级 */
#define MB_STK_SIZE       512            /* 任务堆栈大小 */
os_task_t *MB_Handler;                   /* 任务控制块 */
void mb_task(void *parameter);           /* 任务函数 */
/* KEY_TASK 任务 配置
 * 包括：任务句柄 任务优先级 堆栈大小 创建任务
 */
#define KEY_TASK_PRIO     5              /* 任务优先级 */
#define KEY_STK_SIZE      512            /* 任务堆栈大小 */
os_task_t *KEY_Handler;                  /* 任务控制块 */
void key_task(void *parameter);          /* 任务函数 */
```

(2) 任务实现

```
/**
 * @brief       mb_task
 * @param       parameter : 传入参数(未用到)
 * @retval      无
 */
static void mb_task(void *parameter)
{
    parameter = parameter;
    os_ubase_t recv_key = 0;
    os_uint8_t key_num = 0;
    /* 初始化屏幕显示,代码省略 */
    while (1)
    {
        if (OS_EOK ==  os_mb_recv(mb_dynamic, &recv_key, OS_WAIT_FOREVER))
        {
            os_kprintf("user recv_key: %d\r\n", recv_key);
            key_num++;
            if (KEY0_PRES == recv_key)
            {
                lcd_fill_circle(30,110,20,lcd_discolor[key_num % 11]);
            }
            else if (KEY1_PRES == recv_key)
            {
                lcd_fill_circle(30,150,20,lcd_discolor[key_num % 11]);
            }
            else if (WKUP_PRES == recv_key)
            {
                lcd_fill_circle(30,190,20,lcd_discolor[key_num % 11]);
            }
```

```
        }
        os_task_msleep(100);
    }
}
/**
  * @brief       key_task
  * @param       parameter : 传入参数(未用到)
  * @retval      无
  */
static void key_task(void * parameter)
{
    parameter = parameter;
    os_uint8_t i;
    os_uint8_t key = 0;
    for (i = 0; i < key_table_size; i++)
    {
        os_pin_mode(key_table[i].pin, key_table[i].mode);
    }
    while (1)
    {
        key = key_scan(0);
        if (0 != key)
        {
            os_mb_send(mb_dynamic, (os_uint32_t)key, OS_WAIT_FOREVER);
        }
        os_task_msleep(10);
    }
}
```

从上述源码可知：key_task 任务用来发送按键值，mb_task 任务用来获取邮箱的邮件，不同的邮件做不一样的处理。

20.3.3 下载验证

编译并下载实验代码到开发板中，打开串口调试助手，从 LCD 上很容易看出现象，如图 20.4 所示。

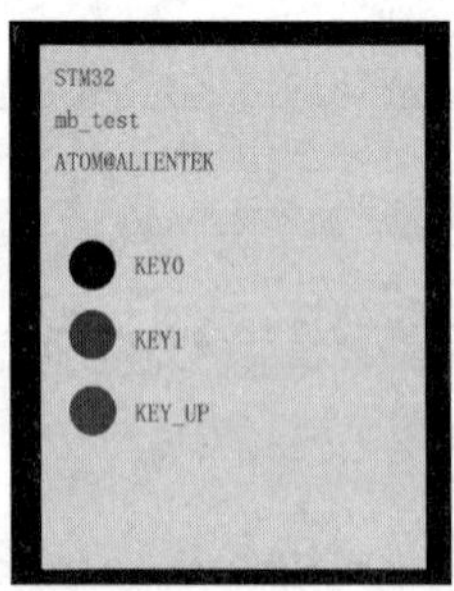

图 20.4　邮箱实验

内核管理篇

第 21 章　OneOS 内存管理

第 21 章

OneOS 内存管理

内存管理是一个系统的基本组成部分，OneOS 中大量使用到了内存管理，比如创建任务、信号量、队列等会自动从堆中申请内存。用户应用层代码也可以使用 OneOS 提供的内存管理函数来申请和释放内存，在计算机系统中，应用程序需要的内存大小需要在程序运行过程中根据实际情况确定，因此系统需要提供对内存空间进行动态管理的能力。OneOS 提供了内存堆和内存池两种方式管理内存。

内存堆管理主要实现动态内存的管理，包括内存的申请和释放操作。用户可以根据实际需求申请不同大小的内存，当用户不再使用时，可以将申请的内存释放回内存堆中。

内存池适用于分配大量大小相同的内存块的场景，它能够快速地分配和释放内存，且能够避免内存碎片化问题。本章就来学习一下 OneOS 自带的内存管理。

本章分为如下几部分：

21.1 内存堆管理

21.2 First-fit 内存堆管理算法

21.3 First-fit 内存堆管理算法函数

21.4 Buddy 内存堆管理算法

21.5 Buddy 内存堆管理算法函数

21.6 OneOS 内存堆

21.7 内存池管理

21.8 内存池管理函数

21.9 内存堆管理实验

21.10 内存池管理实验

21.1 内存堆管理

OneOS 内存堆管理包含以下功能：系统堆功能、应用程序单独创建自己的内存堆、每个内存堆支持管理多个内存区域和支持多种内存算法。

OneOS 内存堆管理也叫可变长分配方式，可用于很多系统。系统本身就是一个很大的内存堆，随着系统的运行，不断地申请释放内存造成了系统内存块的大小和数量随之改变。

1. 系统堆功能

OneOS 把程序链接后剩余的内存空间放置于系统堆中，应用程序可以直接使用 os_malloc/os_free 来申请内存和释放内存；对于链接了标准的 C 库的系统，则可以直接使用 malloc/free 实现内存堆管理。

创建系统堆主要包含以下步骤：

① 使用 os_sys_heap_init 初始化系统堆管理对象。

② 通过 os_sys_heap_add 指定管理内存的起始地址、长度和算法。

③ 如果还有另外一段内存(和之前的添加的空间不连续)，用户可以再次使用 os_sys_heap_add 把这段内存加入到系统内存堆中，这样实现了管理不连续内存空间。

注意：第一次添加的内存区域和第二次添加的内存可以使用不同的内存堆管理算法。用户申请内存时总是先从第一个内存区域查找，如果没有可用内存区域，再从第二个内存区域查找。多个内存区域的系统堆如图 21.1 所示。

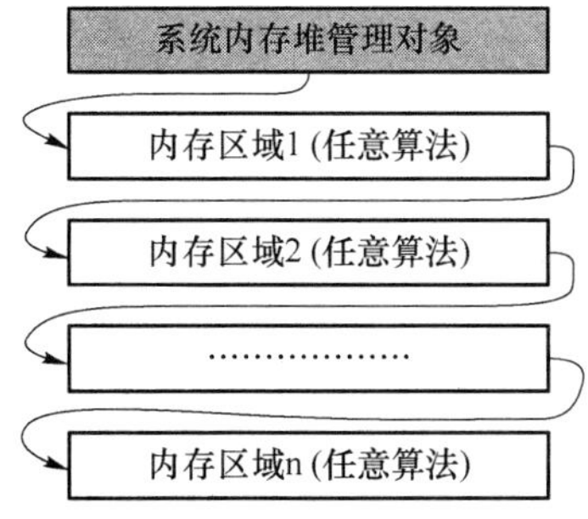

图 21.1　系统内存堆管理示意图

内存区域是通过内存区域控制块来管理的。内存区域控制块是一个结构体，源码如下所示：

```
struct heap_mem
{
    void      *( *k_alloc)           (struct heap_mem *h_mem, os_size_t size);
    void      *( *k_aligned_alloc)   (struct heap_mem *h_mem,
                                      os_size_t align,
                                      os_size_t size);
    void      ( *k_free)             (struct heap_mem *h_mem, void *mem);
    void      *( *k_realloc)         (struct heap_mem *h_mem,
                                      void *mem, os_size_t newsize);
    void      ( *k_deinit)           (struct heap_mem *h_mem);
    os_err_t( *k_mem_check)          (struct heap_mem *h_mem);
#ifdef OS_USING_MEM_TRACE
    os_err_t( *k_mem_trace)      (struct heap_mem *h_mem);
```

```
#endif
    os_size_t( * k_ptr_to_size)    (struct heap_mem * h_mem, void * mem);
    void                            * header;
    struct heap_mem                 * next;
    os_size_t                      mem_total;
    os_size_t                      mem_used;
    os_size_t                      mem_maxused;
    struct os_semaphore            sem;
    enum os_mem_alg                alg;
};
```

内存区域控制块结构体的描述如表 21.1 所列。

表 21.1　内存区域控制块成员变量描述

成员变量	描　述
k_alloc	内存申请函数指针，受管理算法影响
k_aligned_alloc	按指定对齐大小方式的内存申请函数指针，受管理算法影响
k_free	内存释放函数指针，受管理算法影响
k_realloc	内存重新申请函数指针，受管理算法影响
k_deinit	内存反初始化函数指针，受管理算法影响
k_mem_check	内存校验函数指针，受管理算法影响
k_mem_trace	内存追踪函数指针，受管理算法影响
k_ptr_to_size	获取内存区域大小函数指针，受管理算法影响
header	指向当前内存区域的起始地址
next	指向下一个内存区域控制块
mem_total	内存区域总空间的大小
mem_used	内存区域已分配的空间大小
mem_maxused	内存区域最大分配的空间大小
sem	内存区域信号量，用于内存申请、释放等
alg	内存区域所指定的管理算法

内存区域控制块中的 k_alloc、k_aligned_alloc、k_free、k_realloc、k_deinit、k_mem_check、k_trace、k_ptr_to_size 函数指针都是与该内存区域指定的内存管理算法相关的，在向内存堆添加内存区域的函数 os_memheap_add()时，根据指定的内存区域管理算法将这些函数指针指向对应管理算法的实现函数。

2. 应用程序创建自己的堆

应用程序在某些场景下需要有自己的堆（后续简称用户堆），通过以下步骤实现用户堆的创建：

① 使用 os_memheap_init 初始化用户堆管理对象。

② 找一块没有使用的内存区域。内存区域的来源有以下几种：

- 静态区域(如一个全局数组)；
- 使用动态分配(使用 os_malloc 申请一片内存区域)；
- 程序链接后未使用的内存区域。

③ 通过 os_memheap_add 指定管理内存的起始地址、长度和算法。

通过以上操作后可以直接使用 os_memheap_alloc/os_memheap_free 来申请内存和释放内存。如果用户堆需要管理不连续的内存区域，再次调用 os_memheap_add 即可完成内存区域的添加。

3. 内存堆管理算法

OneOS 提供了两种内存堆管理算法，包括 First-fit 管理算法、Buddy 管理算法。在图 21.1 中，内存区域可以是任意的内存堆算法，而 OneOS 提供了两种算法，即 First-fit 管理算法和 Buddy 算法，这两种算法可以根据需求分别使用宏定义 OS_USING_ALG_FIRSTFIT 和 OS_USING_ALG_BUDDY 选择开启或者关闭。OneOS 操作系统源码的文件 os_malloc.h 中定义了内存管理算法的枚举型列表 os_mem_alg，如以下源码所示：

```
enum os_mem_alg
{
#ifdef OS_USING_ALG_FIRSTFIT
    /* first-fit 管理算法 */
    OS_MEM_ALG_FIRSTFIT,
#endif
#ifdef OS_USING_ALG_BUDDY
    /* buddy 管理算法 */
    OS_MEM_ALG_BUDDY,
#endif
    /* 默认算法,系统支持的第一个算法 */
    OS_MEM_ALG_DEFAULT
};
```

21.2 First-fit 内存堆管理算法

1. First-fit 内存堆管理算法的特点

- 将内存以 chunk(块)的形式管理，而块的基本单位是 8 字节；
- 申请内存的最小单位为 8 字节，有效地减少内存碎片问题；
- 基于位图和哈希桶算法内部查找空闲内存区，有效地提高空闲内存区的查找速度；

• 适用于各类场景，由于此算法浪费的空间比较少，适用于内存资源匮乏的系统。

2. 背景知识

在介绍 OneOS 操作系统中的 First-fit 内存堆管理算法之前，需要先了解在 OneOS 操作系统 First-fit 内存堆管理算法中查找空闲内存区时使用的位图和哈希桶算法。

(1) 哈希桶算法

准确地讲，应该叫哈希表或者散列表算法，哈希桶是哈希表中的元素。这里先给出哈希表的概念：哈希表(Hash table)是根据关键码值(Key)而直接进行访问的数据结构，即通过把关键码值映射到哈希表中的位置来访问记录，以加快查找的速度。这个映射函数叫哈希函数，存放记录的数组叫哈希表，数组中的元素就是哈希桶，如图 21.2 所示。

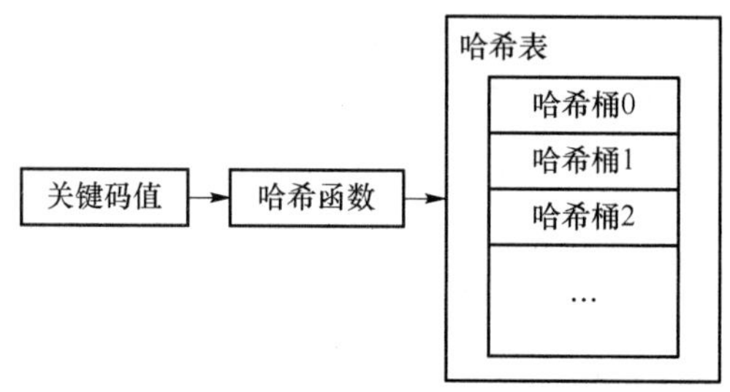

图 21.2 哈希桶算法示意图

下面举个例子，假设现有关键码值 37、25、14、36、49、68、57、11，哈希表的大小为 6，哈希函数为 HashFunc(key)＝key%11，那么可以得出关键码值对应哈希表中的哈希桶号分别为 4、3、3、3、5、2、2、0，如表 21.2 所列。

表 21.2 哈希桶算法举例示意表

哈希桶 0	哈希桶 1	哈希桶 2	哈希桶 3	哈希桶 4	哈希桶 5
11		68	25	37	49
		57	14		
			36		

可以看出，一个哈希桶中可能有多个关键码值，而一个关键码值只对应一个哈希桶。在一个哈希桶中出现多个关键码值的情况叫冲突，发生冲突的关键码值互称为近义词。

以哈希桶 3 为例，哈希桶 3 中存放的是关键码值 25 的地址，接着关键码值 25 中又包含了关键码值 14 的地址，关键码值 14 中也包含了关键码值 36 的地址。也就是说，这实际上是一个单向链表，而哈希桶就是这个单向链表的链表头，如图 21.3 所示。

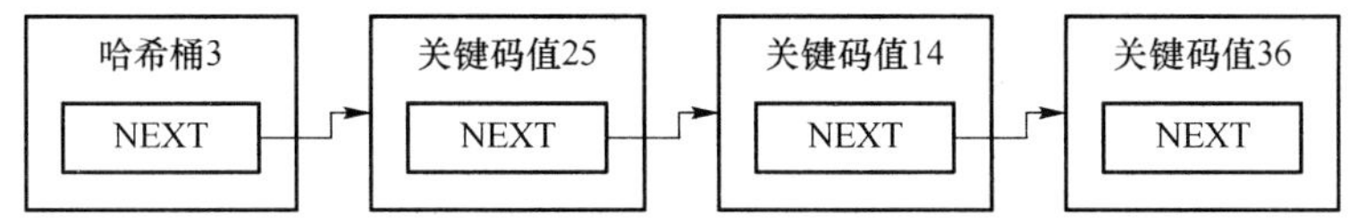

图 21.3　哈希桶算法举例示意图

(2) 位图算法

位图(bitmap)，就是用寄存器中的每一个位来存放对应的某种状态，适用于数据规模大但数据状态又不是很多的情况，通常用来判断某个数据存不存在。实际上就是将位图寄存器的某一个比特位置 1 或者清 0，从而表示对应的某元素存在与否。

位图的优点是可以用较少的空间存放大规模数量的数据，并且可以快速找出某个数据在不在这个大规模数据中。

下面举一个例子，假设要存储 5 个不重复的数据，它们分别为 1、5、16、25、30。在 C 语言中通常可以使用数组来存储这些数据：

```
unsigned char data_array = {1, 5, 16, 25, 30};
```

使用数组来存储数据当然可行，但是如果数据量特别大或者要查询数据中是否包含某个数据时，这种方法就不太适合了。此时便可以采用位图的方法来处理这些数据：

```
unsigned int data_bitmap = 0x42010022;
```

data_bitmap 的值为 0x42010022，相应的二进制就是 0b01000010000000010000000000100010，也就是将 32 bit 的 data_bitmap 中的 bit1、bit5、bit16、bit25、bit30 置 1，以此来存储这 5 个数据，如图 21.4 所示。

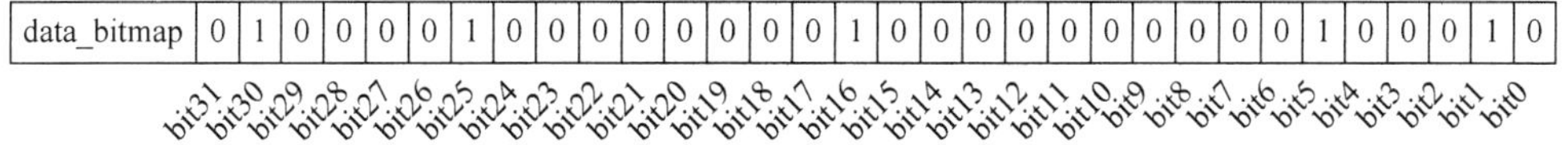

图 21.4　位图算法举例示意图

原本存储的 5 个数据占用了 5 字节，使用位图算法后只用 4 字节，数据量大的时候这个差距将会更加明显。原本要判断某一个数据是否存在时需要遍历整个数组，这将十分耗时，位图算法中，只需要判断位图寄存器中对应位是否为 1 就能判断这个数据是否存在，大大提高了查找地效率。

3. First-fit 内存堆管理算法下的内存结构

First-fit 内存堆管理算法下的内存结构如图 21.5 所示，可以看出，First-fit 内存堆管理算法将内存堆分成了不可分配和可分配两大部分，其中不可分配的部分也是整个内存结构的内存区 0。接下来介绍内存结构中的不可分配部分。

<table>
<tr><td rowspan="12">不可分配</td><td rowspan="11">内存区0</td><td rowspan="8">内存堆控制块</td><td rowspan="4">内存区标记头</td><td>LEFT_SIZE</td><td>[15:0]</td></tr>
<tr><td>SIZE_AND_USED</td><td>[15:0]</td></tr>
<tr><td>FREE_PREV</td><td>[15:0]</td></tr>
<tr><td>FREE_NEXT</td><td>[15:0]</td></tr>
<tr><td colspan="2">len</td><td>[31:0]</td></tr>
<tr><td colspan="2">avail_buckets</td><td>[31:0]</td></tr>
<tr><td colspan="2">buckets</td><td>[31:0]</td></tr>
<tr><td colspan="2">未使用</td><td>[31:0]</td></tr>
<tr><td rowspan="3">哈希表</td><td colspan="2">哈希桶0</td><td>[31:0]</td></tr>
<tr><td colspan="3">……</td></tr>
<tr><td colspan="2">哈希桶n</td><td>[31:0]</td></tr>
<tr><td colspan="3">未使用</td><td>[31:0]</td></tr>
<tr><td rowspan="13">可分配</td><td rowspan="7">内存区</td><td rowspan="7">未分配</td><td rowspan="4">内存区标记头</td><td>LEFT_SIZE</td><td>[15:0]</td></tr>
<tr><td>SIZE_AND_USED</td><td>[15:0]</td></tr>
<tr><td>FREE_PREV</td><td>[15:0]</td></tr>
<tr><td>FREE_NEXT</td><td>[15:0]</td></tr>
<tr><td rowspan="3">空闲块</td><td>块0</td><td>[63:0]</td></tr>
<tr><td colspan="2">……</td></tr>
<tr><td>块n</td><td>[63:0]</td></tr>
<tr><td rowspan="5">内存区</td><td rowspan="5">已分配</td><td rowspan="2">内存区标记头</td><td>LEFT_SIZE</td><td>[15:0]</td></tr>
<tr><td>SIZE_AND_USED</td><td>[15:0]</td></tr>
<tr><td rowspan="3">使用块</td><td>块0</td><td>[31:0]</td></tr>
<tr><td colspan="2">……</td></tr>
<tr><td>块n</td><td>[64:0]</td></tr>
<tr><td colspan="5">内存区……（未分配/已分配）</td></tr>
<tr><td colspan="4" rowspan="2">最后一块
内存区标记头</td><td>LEFT_SIZE</td><td>[15:0]</td></tr>
<tr><td>SIZE_AND_USED</td><td>[15:0]</td></tr>
</table>

图 21.5 First-fit 管理算法下的内存结构示意图

内存区 0 是整个内存堆的开始，包含了该 First-fit 管理的内存堆的控制块和哈希表。内存堆控制块包含了以下几个内容：

① 内存区标记头：每一个内存区都有一个内存区标记头，内存区标记头包含了 4 种标记。其中，LEFT_SIZE 表示上一块内存区的大小(单位：块)，由于内存区 0 是第一块内存区，因此这个值总是为 0。SIZE_AND_USED 分为两部分，bit0 为当前内存区的使用标记，当内存区被使用时此值为 1，当内存区未被使用时，此值为 0，bit1 之后表示当前内存区的大小(单位：块)。FREE_PREV 和 FREE_NEXT 为空闲块列表的标记，在内存区 0 中都不被使用，因此这两个值总为 0。内存区标记头的大小跟内存堆的大小有关系，对于 STM32 这种 32 位系统，当内存堆的大小小于 2^{15} 个块时，SIZE_AND_USED 只需要 16 bit 就能表示当前内存区的大小和是否被使用。如果内存堆的大小大于 2^{15} 个块，就需要用 32 bit 来表示。因此，标记头的大小根据内存堆的大小分为 16 bit×4＝8 字节和 32 bit×4＝16 字节两种情况。为了方便介绍，接下来都只以内存标记头为 8 字节的情况介绍，内存区标记头为 16 字节的情况是类似的。

② len：表示当前内存堆的大小(单位：块)。

③ avail_buckets：用来表示最多 32 个哈希桶，是哈希桶的位图寄存器。当哈希表中某个哈希桶有效的时候，则将 avail_buckets 对应的位置 1，反之清 0。由此可以用来查询哈希表中有效的哈希桶。

④ buckets：buckets 是一个地址指针，指向了哈希表中第 0 个哈希桶的首地址。

⑤ 未使用：由于 First-fit 内存堆管理算法是将内存以 8 字节为一块来管理的，当一个块未被使用完的时候就会产生未使用的内存。

哈希表中就包含了哈希桶，一个哈希桶占用固定的 4 字节，哈希桶中的值用来表示对应大小需求的连续块数量的最小起始块的块 ID。为了方便理解，举个例子：如果 3 号哈希桶中的值为 15，则表示在第 15 个块的位置有至少连续的 2^3 个空闲块。哈希桶的数量是由内存堆的大小来决定的，也就是 len 的大小，哈希桶的数量 nb_buckets 为 $\{nb\_buckets \mid (2^{nb\_buckets} > len, nb\_buckets \in R)_{min}\}$。

以上是内存结构中不可分配部分，接下来介绍内存结构中可分配的部分。

由图 21.5 可知，First-fit 内存管理算法下内存结构中的可分配部分也是由一个内存区构成的，分为未分配和已分配两部分。已分配和未分配的内存区在可分配部分的位置和大小是由 Fitsr-fit 内存堆管理算法在分配释放内存时决定的，下面先来看看未分配的内存区。

① 内存区标记头：跟内存区 0 一样，每一个内存区都有一个内存区标记头，并且标记头中标记的作用都是类似的，下面介绍未分配内存区的内存区标记头与内存区 0 的不同之处。未分配内存区的 LEFT_SIZE 标志，表示的是上一块可分配部分中内存区的大小(单位：块)；由于未分配内存区还未被使用，因此 SIZE_AND_USED 中标志内存区使用情况的 bit0 总是为 0；FREE_PRCV 和 FREE_NEXT 标志都是与哈

希桶算法相关的，在 OneOS 操作系统实现 First-fit 内存堆管理算法中使用的哈希桶算法发生冲突的近义词之间是通过双向链表链接的，FREE_PRCV 和 FREE_NEXT 存放了属于一个哈希桶的双向链表中链表项的上一个近义词和指向下一个近义词的起始块 ID。

② 空闲块：空闲块是由一个一个块组成的，块的数量和内存区标记头占用的块数量共同决定了该未分配内存区的大小。

下面再来看看可分配部分中已分配的内存区。

① 内存区标记头：与以上介绍的内存区一样，已分配的内存区也有内存区域标记头，但不同点是，已分配内存区的内存区标记头只有 LEFT_SIZE 和 SIZE_AND_USED 标志，但标志的作用都是一样的。LEFT_SIZE 标志：表示的是上一块可分配部分中内存区的大小（单位：块）；由于是已分配的内存区，因此 SIZE_AND_USED 中标志内存区使用情况的 bit0 总是为 1。

② 使用块：由于已分配内存区的内存区标记头只占用了 4 字节也就是半个块，因此使用块会继续使用内存标记头中剩余的半个块，然后按照内存申请的大小占用不同数量的块。值得一提的是，使用块中的最后一块也是根据内存申请的大小来使用的，多余的块空间将不被使用，这也是内存碎片产生的原因之一。但是 First-fit 内存堆管理算法中是以 8 字节为一个块来管理内存的，因此一个已分配内存区最多浪费的内存为 7 字节。

从图 21.7 中可以看到，在可分配部分后面还有最后一块内存区标记头，这个也是不可分配的，是用来标记可分配部分最后一块内存区信息的。最后一块内存区标记头中的 LEFT_SIZE 标记了上一个内存区，也就是可分配部分的最后一块内存区的大小（单位：块）。最后一块内存区标记头占用的块数量为 0，但被标记为已使用，因此最后一块内存区标记头中的 SIZE_AND_USED 总是为 1。

以上就是 OneOS 操作系统中 Fitst-fit 内存堆管理算法下的内存结构，了解之后就能比较容易理解 First-fit 内存堆管理算法。

21.3 First-fit 内存堆管理算法函数

First-fit 内存堆管理算法中的部分函数如表 21.3 所列。

表 21.3 First-fit 内存堆管理算法中的部分函数

函　数	描　述
_k_firstfit_mem_init()	初始化由 First-fit 内存堆管理算法管理的内存区域
_k_firstfit_mem_alloc()	First-fit 内存堆管理算法的内存分配函数
_k_firstfit_mem_aligned_alloc()	First-fit 内存堆管理算法的内存指定大小对齐分配函数
_k_firstfit_mem_free()	First-fit 内存堆管理算法的内存释放函数

续表 21.3

函　数	描　述
_k_firstfit_mem_realloc()	First-fit 内存堆管理算法的内存重新分配函数
_k_firstfit_mem_ptr_to_size()	First-fit 内存堆管理算法的获取指定内存的字节大小
_k_firstfit_mem_deinit()	First-fit 内存堆管理算法的内存区域反初始化函数
_k_firstfit_mem_check()	First-fit 内存堆管理算法的内存区域校验函数

1. 函数_k_firstfit_mem_init()

此函数实现初始化由 First-fit 内存堆管理算法管理的内存堆，函数原型如下：

```
static void _k_firstfit_mem_init(struct heap_mem
                                 * h_mem, void * mem,
                                 os_size_t bytes)
{
    os_ubase_t      addr;
    os_ubase_t      end;
    os_size_t       buf_sz;
    struct z_heap * h;
    os_int32_t      nb_buckets;
    os_int32_t      i;
    os_size_t       chunk0_size;
    /* 初始化 First-fit 管理的内存堆 h 的信号量 */
    os_sem_init(&h_mem->sem, "mem_f_sem", 1, 1);
    /* 内存区域的字节大小所对应的块数量不能超过 32 位寄存器的存储容量 */
    OS_ASSERT_EX(bytes / CHUNK_UNIT <= 0xffffffffU, "mem size is too big");
    /* 内存区域的字节大小需要至少能够容纳最后一块标记头 */
    OS_ASSERT_EX(bytes > _k_heap_footer_bytes(bytes), "mem size is too small");
    /* 内存区域的字节大小扣除最后一块标记头占用的字节大小 */
    bytes -= _k_heap_footer_bytes(bytes);
    /* 起始地址按照 8 字节向上对齐 */
    addr = ROUND_UP(mem, CHUNK_UNIT);
    /* 结束地址按照 8 字节向下对齐 */
    end = ROUND_DOWN((os_uint8_t *)mem + bytes, CHUNK_UNIT);
    /* 获取地址对齐后块的总量 */
    buf_sz = (end - addr) / CHUNK_UNIT;
    /* 结束地址必须大于起始地址 */
    CHECK(end > addr);
    /* 初始化内存堆的信息 */
    FIRSTFIT_MEM_INFO_INIT(h_mem, buf_sz * CHUNK_UNIT);
    /* 内存区域的块总量需要至少能够容纳 First-fit 管理的内存堆控制块 */
    OS_ASSERT_EX(buf_sz > _k_chunksz(  sizeof(struct z_heap)),
                                   "mem size is too small");
    /* 以 First-fit 管理的内存堆控制块形式获取该内存区域的起始地址
     * 因此 First-fit 管理的内存堆是以 First-fit 管理的内存堆控制块开始的
     */
    h = (struct z_heap *)addr;
```

```
/* 初始化该内存区标记头 */
h->chunk0_hdr_area = 0;
/* 初始化该 First-fit 管理的内存堆块的总量标记 */
h->len = buf_sz;
/* 初始化有效哈希桶的位图寄存器 */
h->avail_buckets = 0;
/* 初始化指向哈希表的指针指向存放哈希桶的地址 */
h->buckets = (void *)(  addr +
                        CHUNK_UNIT * _k_chunksz(sizeof(struct z_heap)));
/* 初始化内存堆控制块中指向内存堆起始地址的指针,因为地址对齐后可能与原来的
   不一样 */
h_mem->header = h;
/* 根据 First-fit 管理的内存堆块的总量和标记头的大小计算需要的哈希桶数量
 * 对于 32 位系统,哈希桶的数量为能够容纳块总量的 2 幂次的最小值
 * 例:块总量为 30,哈希桶的数量就要为 5 个,因为 2^5 = 32>30
 */
nb_buckets = _k_bucket_idx(h, buf_sz) + 1;
/* 计算当前 First-fit 管理的内存堆中不可分配的块数量
 * 不可分配的块包括 First-fit 管理的内存堆控制块占用的块和所有哈希桶占用的块
 * 也叫内存区 0
 */
chunk0_size = _k_chunksz(  sizeof(struct z_heap) +
                           nb_buckets * sizeof(struct z_heap_bucket));
/* 不可分配的块加上至少一个可分配占用的最小块数量要小于总的块数量 */
OS_ASSERT_EX(  chunk0_size + _k_min_chunk_size(h) < buf_sz,
               "mem size is too small");
/* 初始化每个哈希桶 */
for (i = 0; i < nb_buckets; i++)
{
    /* 将哈希桶中存放的起始块 ID 清零 */
    h->buckets[i].next = 0;
}
/* 设置偏移块 ID 为 0 的内存区
 * 也就是内存区 0 的标记头的 SIZE 标记为内存区 0 的大小(单位:块)
 */
_k_set_chunk_size(h, 0, chunk0_size);
/* 更新内存区 0 占用后的内存堆信息 */
FIRSTFIT_MEM_USED_INC(h_mem, chunk0_size * CHUNK_UNIT);
/* 设置偏移块 ID 为 0 的内存区,也就是内存区 0 的 USED 标记为已使用 */
_k_set_chunk_used(h, 0, OS_TRUE);
/* 设置偏移块 ID 为 chunk0_size 的内存区
 * 也就是可分配内存区的一整个未分配内存区的 SIZE 标记为未分配内存区的大小
   (单位:块)
 */
_k_set_chunk_size(h, chunk0_size, buf_sz - chunk0_size);
/* 设置偏移块 ID 为 chunk0_size 的内存区
 * 也就是可分配内存区的一整个未分配内存区的 LEFT_SIZE 标记为内存区 0 的大小
   (单位:块)
```

```
     */
    _k_set_left_chunk_size(h, chunk0_size, chunk0_size);
    /* 设置偏移块 ID 为 buf_sz 的内存区
     * 也就是最后一块标记头的 SIZE 标记为 0(单位:块)
     */
    _k_set_chunk_size(h, buf_sz, 0);
    /* 设置偏移块 ID 为 buf_sz 的内存区
     * 也就是最后一块标记头的 LEFT_SIZE 标记为未分配内存区的大小(单位:块)
     */
    _k_set_left_chunk_size(h, buf_sz, buf_sz - chunk0_size);
    /* 设置偏移块 ID 为 buf_sz 的内存区
     * 也就是最后一块标记头的 USED 为已使用
     */
    _k_set_chunk_used(h, buf_sz, OS_TRUE);
    /* 将可分配内存区添加到对应的哈希桶中 */
    _k_free_list_add(h, chunk0_size);
}
```

函数_k_firstfit_mem_init()的相关形参如表 21.4 所列。

表 21.4　函数_k_firstfit_mem_init()的相关形参描述

参　数	描　述
heap_mem	待初始化内存堆的内存区域控制块
mem	内存区域的首地址
bytes	内存区域的大小

返回值:无。

2. 函数_k_firstfit_mem_alloc()

此函数实现 First-fit 内存堆管理算法的内存分配,函数原型如下:

```
static void * _k_firstfit_mem_alloc(struct heap_mem * h_mem, os_size_t bytes)
{
    struct z_heap     * h;
    os_size_t         chunk_sz;
    chunkid_t         c;
    void              * mem;
    mem = OS_NULL;
    /* 申请的内存字节数应不为 0 */
    if (0U != bytes)
    {
        /* 获取内存堆 h 的 First-fit 内存堆控制块 */
        h = h_mem->header;
        /* 计算申请内存的字节数加上内存区标记头后占用的块数量 */
        chunk_sz = _k_bytes_to_chunksz(h, bytes);
        /* 获取该内存堆的信号量 */
        (void)os_sem_wait(&h_mem->sem, OS_WAIT_FOREVER);
```

```
        /* 根据需要的块数量寻找合适的空闲内存区,并获取该内存区的起始块 ID */
        c = _k_alloc_chunk(h, chunk_sz);
        if (0U == c)
        {
            /* 如果返回的块 ID 为 0,即表示没有找到合适的空闲内存区 */
            /* 释放该内存堆的信号量 */
            (void)os_sem_post(&h_mem->sem);
        }
        else
        {
            /* 如果返回的块 ID 不为 0,即表示找到了合适的内存区 */
            /* 判断找到的内存区的块总量是否大于需要的块数量 */
            if (_k_chunk_size(h, c) > chunk_sz)
            {
                /* 如果找到的内存区的块总量大于需要的块数量,则需要分割出多余的
                   部分 */
                /* 将起始块 ID 为 c 的内存区以需要的块数量为分裂点
                 * 分裂成正好符合块数量需求的内存区和多余的内存区
                 */
                _k_split_chunks(h, c, c + chunk_sz);
                /* 将多余的内存区添加到对应的哈希桶中 */
                _k_free_list_add(h, c + chunk_sz);
            }
            /* 内存分配后,更新内存堆的信息 */
            FIRSTFIT_MEM_USED_INC(h_mem, _k_chunk_size(h, c) * CHUNK_UNIT);
#ifdef OS_USING_MEM_TRACE
            _k_set_chunk_task(h, c, (os_uint32_t)os_task_self());
#endif
            /* 设置分配后的内存区的 USED 标志为已使用 */
            _k_set_chunk_used(h, c, OS_TRUE);
            /* 释放该内存堆的信号量 */
            (void)os_sem_post(&h_mem->sem);
            /* 获取指定内存区首地址偏移内存区标记头后的地址,也就是可用内存的首
               地址 */
            mem = _k_chunk_mem(h, c);
        }
    }
    /* 返回内存区的首地址 */
    return mem;
}
```

函数_k_firstfit_mem_alloc()的相关形参如表 21.5 所列。

表 21.5　函数_k_firstfit_mem_alloc()的相关形参描述

参　数	描　述
h_mem	First-fit 内存堆管理算法管理的内存堆
bytes	申请内存的大小

返回值：分配成功则返回分配内存的首地址，否则分配失败。

函数_k_firstfit_mem_alloc()操作过程如下所示：

① 由于每一个内存区都需要一个内存区标记头，因此申请的字节数还要加上内存标记头所占用的字节数，得到总的字节数；

② 将总的字节数转换为对应的块数量；

③ 根据需要的块数量找到对应哈希桶中存放的空闲内存区；

④ 如果找到的空闲内存区中块的总量比需要的块数量多，就先将找到的空闲内存区分裂成两个内存区，一个为正好适合需要的块数量的内存区，另一个为剩余块数量的空闲内存区，然后还要将剩余的空闲内存区添加到指定的哈希桶中；

⑤ 有了合适块数量的内存区时，就将该内存区标记为已使用并更新内存堆的信息；

⑥ 返回内存区的首地址。

3. 函数_k_firstfit_mem_aligned_alloc()

此函数实现 First-fit 内存堆管理算法的内存指定字节大小对齐分配，函数原型如下：

```
static void * _k_firstfit_mem_aligned_alloc(struct heap_mem * h_mem,
                                            os_size_t align,
                                            os_size_t bytes)
{
    struct z_heap     * h;
    os_size_t         alloc_sz;
    os_size_t         padded_sz;
    chunkid_t         c0;
    chunkid_t         c;
    void              * mem;
    void              * mem_bound;
    /* 获取内存堆 h 的 First-fit 内存堆控制块 */
    h = h_mem->header;
    /* 检查指定的对齐字节大小是否合法 */
    OS_ASSERT_EX(  (align & (align - 1)) == 0,
                 "unexpected align: %lu (should be the power of 2)", align);
    mem = OS_NULL;
    /* 申请的内存字节数应不为 0 */
    if (0U != bytes)
    {
        /* 如果指定的对齐大小小于 8 字节
         * 则直接调用_k_firstfit_mem_alloc()函数
         */
        if (align <= OS_ALIGN_SIZE)
        {
            mem = _k_firstfit_mem_alloc(h_mem, bytes);
        }
```

```
        else
        {
            /* 计算块数量 */
            alloc_sz = _k_bytes_to_chunksz(h, bytes);
            padded_sz = _k_bytes_to_chunksz(h, bytes + align - 1);
            /* 获取该内存堆的信号量 */
            (void)os_sem_wait(&h_mem->sem, OS_WAIT_FOREVER);
            /* 根据需要的块数量寻找合适的空闲内存区,并获取该内存区的起始块 ID */
            c0 = _k_alloc_chunk(h, padded_sz);
            /* 如果返回的块 ID 不为 0,即表示找到了合适的内存区 */
            if (0U != c0)
            {
                /* 获取该空闲内存区的使用块的首地址 */
                mem = _k_chunk_mem(h, c0);
                /* 将使用块的首地址按指定字节大小向上对齐 */
                mem = (void *) ROUND_UP(mem, align);
                /* 获取距离对齐后的起始地址最近的块 ID */
                c = _k_mem_to_chunkid(h, mem);
                CHECK(c >= c0 && c < c0 + padded_sz);
                /* 如果内存区的前面有不使用的部分
                 * 则将不使用的部分分裂出来并添加到空闲内存区
                 */
                if (c > c0)
                {
                    _k_split_chunks(h, c0, c);
                    _k_free_list_add(h, c0);
                }
                /* 如果没有与 8 字节对齐,则需要多保留一个块 */
                mem_bound = _k_chunk_mem(h, c);
                if (mem_bound != mem)
                {
                    alloc_sz++;
                }
                /* 对不适用的部分进行分裂并添加到空闲内存区 */
                if (_k_chunk_size(h, c) > alloc_sz)
                {
                    _k_split_chunks(h, c, c + alloc_sz);
                    _k_free_list_add(h, c + alloc_sz);
                }
                /* 内存分配后,更新内存堆的信息 */
                FIRSTFIT_MEM_USED_INC(h_mem, _k_chunk_size(h, c) * CHUNK_UNIT);
#ifdef OS_USING_MEM_TRACE
                _k_set_chunk_task(h, c, (os_uint32_t)os_task_self());
#endif
                /* 设置分配后的内存区的 USED 标志位已使用 */
                _k_set_chunk_used(h, c, OS_TRUE);
            }
            /* 释放该内存堆的信号量 */
            (void)os_sem_post(&h_mem->sem);
```

```
        }
    }
    /* 返回内存区的首地址 */
    return mem;
}
```

函数_k_firstfit_mem_aligned_alloc()的相关形参如表 21.6 所列。

表 21.6 函数_k_firstfit_mem_aligned_alloc()的相关形参描述

参 数	描 述
h_mem	First-fit 内存堆管理算法管理的内存堆
align	指定的对齐大小
bytes	申请内存的大小

返回值:分配成功则返回分配内存的首地址,否则分配失败。

函数_k_firstfit_mem_aligned_alloc()操作过程如下所示:

① 如果指定的对齐字节大小不大于 8 字节,则调用_k_firstfit_mem_alloc()函数进行内存申请,并返回申请的内存的首地址;

② 判断指定的对齐字节大小是否大于 8 字节;

③ 根据需要的块数量找到对应的哈希桶中存放的空闲内存区;

④ 如果找到的空闲内存区中块的总量比需要的块数量多,就先将找到的空闲内存区分裂成两个内存区,一个为正好适合需要的块数量的内存区,另一个为剩余块数量的空闲内存区,然后还要将剩余的空闲内存区添加到指定的哈希桶中;

⑤ 有了合适块数量的内存区之后,就将该内存区标记为已使用,并更新对应内存堆的信息;

⑥ 返回内存区的首地址。

4. 函数_k_firstfit_mem_free()

此函数实现 First-fit 内存堆管理算法的内存释放,函数原型如下:

```
static void _k_firstfit_mem_free(struct heap_mem * h_mem, void * mem)
{
    struct z_heap * h;
    chunkid_t    c;
    /* 释放的内存需占有一定的内存空间 */
    if (mem)
    {
        /* 释放的内存需是指定内存堆中的内存 */
        OS_ASSERT_EX((mem >= h_mem->header) &&
        (((os_ubase_t)mem - (os_ubase_t)h_mem->header) <= h_mem->mem_total),
        "unexpected mem addr (invalid addr?) for memory at %p",mem);
        /* 获取内存堆 h 的 First-fit 内存堆控制块 */
```

```
        h = h_mem->header;
        /* 根据地址获取内存堆中对应的块 ID */
        c = _k_mem_to_chunkid(h, mem);
        /* 获取该内存堆的信号量 */
        (void)os_sem_wait(&h_mem->sem, OS_WAIT_FOREVER);
        /* 释放内存对应的内存区应被标记为已使用 */
        OS_ASSERT_EX(_k_chunk_used(h, c),
        "unexpected mem state (double-free? or invalid addr?) for memory at %p", mem);
        /* 被释放的内存区的上一个内存区的下一个内存区需要是被释放的内存区 */
        OS_ASSERT_EX(_k_left_chunk(h, _k_right_chunk(h, c)) == c,
        "corrupted mem bounds (buffer overflow?) for memory at %p",mem);
        /* 内存释放时更新内存堆的信息 */
        FIRSTFIT_MEM_USED_DEC(h_mem, _k_chunk_size(h, c) * CHUNK_UNIT);
        /* 将需要释放的内存区的 USED 表示设置为未使用 */
        _k_set_chunk_used(h, c, OS_FALSE);
        /* 将需要释放的内存区添加到对应的哈希桶中 */
        _k_free_chunk(h, c);
        /* 释放该内存堆的信号量 */
        (void)os_sem_post(&h_mem->sem);
    }
}
```

函数_k_firstfit_mem_free()的相关形参如表 21.7 所列。

表 21.7　函数_k_firstfit_mem_free()的相关形参描述

参　数	描　述
h_mem	First-fit 内存堆管理算法管理的内存堆
mem	需要释放的内存

返回值：无。

函数_k_firstfit_mem_free()操作过程如下：

① 判断待释放内存为指定内存堆中的内存；

② 获取待释放内存在指定内存堆中内存区的起始块 ID；

③ 根据待释放内存区的大小，更新指定内存堆的信息；

④ 将待释放内存区标记为未使用；

⑤ 将带释放内存区添加到对应的哈希桶中。

5. 函数_k_firstfit_mem_realloc()

此函数实现 First-fit 内存堆管理算法的内存重新申请，函数原型如下：

```
static void *_k_firstfit_mem_realloc(   struct heap_mem *h_mem,
                                        void *mem,
                                        os_size_t bytes)
{
    struct z_heap *h;
```

```
os_size_t chunk_sz_new;
os_size_t chunk_sz;
os_size_t r_chunk_sz;
chunkid_t c;
chunkid_t rc;
chunkid_t split_size;
chunkid_t newsz;
void * mem_new;
mem_new = OS_NULL;
/* 如果旧的内存为空
 * 则直接调用_k_firstfit_mem_alloc()函数申请内存
 */
if (OS_NULL == mem)
{
    mem_new = _k_firstfit_mem_alloc(h_mem, bytes);
}
/* 如果重新分配后的内存大小为 0 字节
 * 则直接释放内存
 */
else if (0U == bytes)
{
    _k_firstfit_mem_free(h_mem, mem);
}
/* 如果旧内存不为空,并且重新分配的内存大小不为 0 */
else
{
    /* 重新分配的内存需是定内存堆中的内存 */
    OS_ASSERT_EX((mem >= h_mem->header) &&
    (((os_ubase_t)mem - (os_ubase_t)h_mem->header) <= h_mem->mem_total),
    "unexpected mem addr (invalid addr?) for memory at %p", mem);
    /* 获取内存堆 h 的 First-fit 内存堆控制块 */
    h = h_mem->header;
    /* 计算重新分配后的内存占用的块数量 */
    chunk_sz_new = _k_bytes_to_chunksz(h, bytes);
    /* 获取旧内存的起始块 ID */
    c = _k_mem_to_chunkid(h, mem);
    /* 获取该内存堆的信号量 */
    (void)os_sem_wait(&h_mem->sem, OS_WAIT_FOREVER);
    /* 被重新分配的内存区需被标记为已使用 */
    OS_ASSERT_EX(_k_chunk_used(h, c),
    "unexpected heap state (already free? or invalid addr?)
    for memory at %p", mem);
    /* 被重新分配的内存区的上一块内存区的下一块内存区需要被重新分配的内存
       区 */
    OS_ASSERT_EX(_k_left_chunk(h, _k_right_chunk(h, c)) == c,
    "corrupted heap bounds (buffer overflow?) for memory at %p", mem);
    /* 获取旧内存区占用块的数量 */
    chunk_sz = _k_chunk_size(h, c);
    CHECK(chunk_sz > 0);
```

```
        /* 如果旧内存区的大小大于新内存区的大小 */
        if (chunk_sz > chunk_sz_new)
        {
            /* 将旧内存中多余的块分裂出来 */
            _k_split_chunks(h, c, c + chunk_sz_new);
            FIRSTFIT_MEM_USED_DEC(h_mem, (chunk_sz - chunk_sz_new) * CHUNK_UNIT);
#ifdef OS_USING_MEM_TRACE
            _k_set_chunk_task(h, c, (os_uint32_t)os_task_self());
#endif
            /* 将需要的内存区标记为已使用 */
            _k_set_chunk_used(h, c, OS_TRUE);
            /* 将多余的块添加到对应的哈希桶中 */
            _k_free_chunk(h, c + chunk_sz_new);
            /* 释放该内存堆的信号量 */
            (void)os_sem_post(&h_mem->sem);
            /* 获取重新分配后的内存首地址 */
            mem_new = _k_chunk_mem(h, c);
        }
        /* 如果旧内存区的大小小于新内存区的大小 */
        else if (chunk_sz < chunk_sz_new)
        {
            /* 获取下一个内存区的起始块 ID */
            rc = _k_right_chunk(h, c);
            /* 获取下一个内存区占用的块的数量 */
            r_chunk_sz = _k_chunk_size(h, rc);
            /* 下一块内存区需要未使用并且旧内存区的大小加上下一个内存区的大小
             * 需要大于新内存区的大小
             */
            if (!_k_chunk_used(h, rc) && (chunk_sz + r_chunk_sz >= chunk_sz_new))
            {
                /* 计算需要从下一个内存区分裂出来的块的数量 */
                split_size = chunk_sz_new - chunk_sz;
                /* 将下一个内存区从哈希桶中移除 */
                _k_free_list_remove(h, rc);
                /* 分裂的块数量需小于下一个内存区的块数量 */
                if (split_size < r_chunk_sz)
                {
                    /* 分裂出需要的块
                     * 并将多余的块添加到对应的哈希桶中
                     */
                    _k_split_chunks(h, rc, rc + split_size);
                    _k_free_list_add(h, rc + split_size);
                }
                /* 计算分配给新内存区多少个块 */
                newsz = chunk_sz + split_size;
                /* 设置新内存区的 SIZE 标志为新内存区的块数量 */
                _k_set_chunk_size(h, c, newsz);
                /* 内存分配后更新内存堆的信息 */
                FIRSTFIT_MEM_USED_INC(h_mem, split_size * CHUNK_UNIT);
#ifdef OS_USING_MEM_TRACE
```

```
                _k_set_chunk_task(h, c, (os_uint32_t)os_task_self());
#endif
                /* 标记新内存区的 USED 标志为已使用 */
                _k_set_chunk_used(h, c, OS_TRUE);
                /* 设置分裂后剩余的内存区的 LEFT_SIZE 标志位新内存区的大小 */
                _k_set_left_chunk_size(h, c + newsz, newsz);
                /* 释放该内存堆的信号量 */
                (void)os_sem_post(&h_mem->sem);
                /* 获取新内存区的首地址 */
                mem_new = _k_chunk_mem(h, c);
            }
            /* 如果下一块内存区已被使用
             * 或者旧内存区的大小加上下一块内存区的大小小于新内存区的大小
             */
            else
            {
                /* 释放该内存堆的信号量 */
                (void)os_sem_post(&h_mem->sem);
                /* 直接重新申请指定字节的内存,
                 * 并将旧内存区中的数据复制到新内存区中
                 */
                mem_new = _k_firstfit_mem_alloc(h_mem, bytes);
                if (mem_new)
                {
                    (void)memcpy(mem_new, mem, _k_chunksz_to_bytes(h, chunk_sz));
                    _k_firstfit_mem_free(h_mem, mem);
                }
            }
        }
        /* 如果旧内存区的大小大于新内存区的大小 */
        else
        {
            /* 释放该内存堆的信号量 */
            (void)os_sem_post(&h_mem->sem);
            /* 直接让新内存区等于旧内存区 */
            mem_new = mem;
        }
    }
    /* 返回新内存区的首地址 */
    return mem_new;
}
```

函数_k_firstfit_mem_realloc()的相关形参如表 21.8 所列。

表 21.8　函数_k_firstfit_mem_ realloc()的相关形参描述

参　数	描　述
h_mem	First-fit 内存堆管理算法管理的内存堆
mem	需要重新分配的内存
bytes	内存重新分配后的大小

返回值:返回内存重新分配后的首地址。

函数_k_firstfit_mem_realloc()操作过程如下:

① 如果旧内存为空,则调用_k_firstfit_mem_alloc()函数直接申请新内存,否则执行以下步骤;

② 如果重新申请的内存大小为 0,则直接调用_k_firstfit_mem_free()函数释放旧内存,否则执行以下步骤;

③ 计算新内存需要占用的块数量;

④ 获取旧内存已占用的块数量;

⑤ 如果旧内存的块数量满足旧内存的块数量,则将旧内存区分裂成作为新内存区的部分和添加到对应哈希桶的空闲内存部分,并标记新内存为已使用,否则执行以下步骤;

⑥ 如果旧内存区的下一个内存区已经被使用或者这两个内存区加起来还不够新内存区所需要的块数量,则调用_k_firstfit_mem_alloc()函数直接申请新内存,否则执行以下步骤;

⑦ 将两个内存区合并,并按需要像步骤⑤一样进行分裂然后分配;

⑧ 将旧内存中的内容赋值到新内存中后,释放旧内存。

6. 函数_k_firstfit_mem_ptr_to_size()

此函数实现 First-fit 内存堆管理算法获取指定内存的字节大小,函数原型如下:

```
static os_size_t _k_firstfit_mem_ptr_to_size(struct heap_mem * h_mem, void * mem)
{
    struct z_heap * h;
    chunkid_t     c;
    os_size_t     chunk_sz;
    /* 获取内存堆 h 的 First-fit 内存堆控制块 */
    h = h_mem->header;
    /* 获取指定内存在内存堆 h 中的起始块 ID */
    c = _k_mem_to_chunkid(h, mem);
    /* 获取获取内存区的块数量 */
    chunk_sz = _k_chunk_size(h, c);
    /* 返回内存区的使用块数量 */
    return _k_chunksz_to_bytes(h, chunk_sz);
    }
```

函数_k_firstfit_mem_ptr_to_size()的相关形参如表 21.9 所列。

表 21.9　函数_k_firstfit_mem_ ptr_to_size()的相关形参描述

参　数	描　述
h_mem	First-fit 内存堆管理算法管理的内存堆
mem	指定的内存

返回值：返回指定内存的字节大小。

7. 函数_k_firstfit_mem_deinit()

此函数实现 First-fit 内存堆管理算法反初始化指定内存堆，函数原型如下：

```
static void _k_firstfit_mem_deinit(struct heap_mem * h_mem)
{
    /* 反初始化该内存堆的信号量 */
    os_sem_deinit(&h_mem->sem);
}
```

函数_k_firstfit_mem_deinit()的相关形参如表 21.10 所列。

表 21.10　函数_k_firstfit_mem_ deinit()的相关形参描述

参　数	描　述
h_mem	First-fit 内存堆管理算法管理的内存堆

返回值：无。

从_k_firstfit_mem_deinit()函数对内存堆进行反初始化，实际上就是反初始化该内存堆的信号量。

8. 函数_k_firstfit_mem_check()

此函数实现 First-fit 内存堆管理算法指定内存区的校验，函数原型如下：

```
static os_err_t _k_firstfit_mem_check(struct heap_mem * h_mem)
{
    struct z_heap * h;
    chunkid_t     c;
    chunkid_t     rc;
    chunkid_t     rc_lc;
    os_size_t     chunksize;
    os_size_t     chunksize_used;
    os_size_t     chunksize_total;
    void          * c_addr;
    void          * rc_addr;
    os_err_t      ret;
    os_int32_t    i;
    os_int32_t    nb_buckets;
    /* 获取内存堆 h 的 First-fit 内存堆控制块 */
    h = h_mem->header;
    c = 0;
    chunksize = 0;
    chunksize_used = 0;
    chunksize_total = 0;
    ret = OS_EOK;
```

```
os_kprintf("mem_check for memory addr: 0x%8x ~ 0x%8x\r\n",
    (os_size_t)h_mem->header, (os_size_t)h_mem->header + h_mem->mem_total);
/* 获取该内存堆的信号量 */
(void)os_sem_wait(&h_mem->sem, OS_WAIT_FOREVER);
/* 获取该内存堆块的总量 */
chunksize = _k_chunk_size(h, c);
while (chunksize > 0)
{
    /* 记录内存堆中所有已使用内存区的块总量 */
    if (_k_chunk_used(h, c))
    {
        chunksize_used += chunksize;
    }
    /* 记录内存堆中所有内存区的块总量 */
        chunksize_total += chunksize;
    /* 获取下一个内存区的起始块 ID */
    rc = _k_right_chunk(h, c);
    /* 获取下一个内存区的上一个内存区的起始块 ID */
    rc_lc = _k_left_chunk(h, rc);
    /* 如果下一个内存区的上一个内存区不是当前内存区 */
    if (rc_lc != c)
    {
        /* 校验结果为校验失败 */
        c_addr = ((os_uint8_t *)_k_chunk_mem(h, c) -
                  _k_chunk_header_bytes(h));
        rc_addr = ((os_uint8_t *)_k_chunk_mem(h, rc) -
                  _k_chunk_header_bytes(h));
        os_kprintf("mem_check err:chunk: %lu,
                  r_chunk: %lu,
                  r_chunk's left: %lu\r\n",
                  c, rc, rc_lc);
        os_kprintf("the addr:0x%x or 0x%x maybe overwrited!
                  please check.\r\n",
                  rc_addr, c_addr);
        ret = OS_ERROR;
        break;
    }

    /* 获取下一个内存区 */
    c = _k_right_chunk(h, c);
    /* 获取下一个内存区占用的块数量 */
    chunksize = _k_chunk_size(h, c);
}

if (OS_EOK == ret)
{
    os_kprintf("free block info:\r\n");
```

```
    os_kprintf("bucketid   chunkid   chunk_size    mem_size\r\n");
    /* 计算该内存堆需要的哈希桶数量 */
    nb_buckets = _k_bucket_idx(h, h->len) + 1;
    /* 遍历所有哈希桶 */
    for (i = 0; i < nb_buckets; i++)
    {
        chunkid_t first;
        /* 获取哈希桶中对应的空闲内存区的起始块 ID */
        first = h->buckets[i].next;
        /* 如果遍历到的哈希桶中有值 */
        if (first)
        {
            os_size_t c_size;
            os_size_t mem_size;
            chunkid_t curr;
            curr = first;
            /* 遍历哈希桶中的所有空闲内存区 */
            do {
                /* 获取空闲内存区占用的块数量 */
                c_size = _k_chunk_size(h, curr);
                /* 计算空闲内存区可用的字节数 */
                mem_size = (c_size * CHUNK_UNIT - _k_chunk_header_bytes(h));
                os_kprintf("  %2d    %8lu    %8lu     0x%08lx\r\n",
                           i, curr, c_size, mem_size);
                /* 获取哈希桶中的下一个空闲内存区 */
                curr = _k_next_free_chunk(h, curr);
            } while (curr != first);
        }
    }

    /* 如果内存堆中块总量对应的字节数不等于该内存堆的字节总量或者
     * 内存堆中块使用量量对应的字节数不等于该内存堆的字节使用量
     */
    if (((chunksize_total * CHUNK_UNIT) != h_mem->mem_total) ||
      ((chunksize_used * CHUNK_UNIT) != h_mem->mem_used))
    {
        /* 校验结果为校验失败 */
        os_kprintf("mem_check err:size_total: %lu,
                                mem_total: %lu,
                                size_used: %lu
                                mem_used: %lu\r\n",
                                (os_size_t)(chunksize_total * CHUNK_UNIT),
                                h_mem->mem_total,
                                (os_size_t)(chunksize_used * CHUNK_UNIT),
                                h_mem->mem_used);
        ret = OS_ERROR;
    }
    else
```

```
        {
            /* 校验结果为校验成功 */
            os_kprintf("memory addr      : 0x%8x\r\n", h_mem->header);
            os_kprintf("memory total     : %lu\r\n", h_mem->mem_total);
            os_kprintf("memory used      : %lu\r\n", h_mem->mem_used);
            os_kprintf("memory max used   : %lu\r\n", h_mem->mem_maxused);
            os_kprintf("mem_check ok! \r\n");
        }
    }
    /* 释放该内存堆的信号量 */
    (void)os_sem_post(&h_mem->sem);
    return ret;
}
```

函数_k_firstfit_mem_check()的相关形参如表 21.11 所列。

表 21.11　函数_k_firstfit_mem_check()的相关形参描述

参　数	描　述
h_mem	待校验的内存堆

返回值:OS_EOK 表示校验成功,OS_ERROR 表示校验失败。

从函数_k_firstfit_mem_check()的代码中可以看出,函数_k_firstfit_mem_check()校验内存堆主要校验以下两部分:

- 校验内存堆中内存区的连续性;
- 校验内存堆中的内存总量和内存已使用量。

21.4　Buddy 内存堆管理算法

1. Buddy 内存堆管理算法的特点

- Buddy 算法是按 2 的幂次方大小进行分配内存块,避免把大的内存块拆得太碎,更重要的是使分配和释放过程迅速;
- 分配的内存(包含内存块的头信息)总是为 2 的幂次方,会有部分页面浪费;
- 适用于不太在意内存浪费而又对内存申请释放效率敏感的内存较大的系统。

2. Buddy 内存堆管理算法下的内存结构

Buddy 内存堆管理算法下的内存结构如图 21.6 所示,可以看出,Buddy 内存堆管理算法将内存堆分成了不可分配和可分配两大部分。其中,不可分配部分是 Buddy 内存堆管理算法下内存堆控制块,接下来介绍内存结构的不可分配部分。

Buddy 内存堆管理算法下内存结构中不可分配的部分就是 Buddy 内存堆管理算法下的内存堆控制块,这个内存堆控制块的定义代码如下:

不可分配	内存堆控制块		heap_size	4字节
			level_num	4字节
			level_size	64字节
			level_blkid_max	64字节
			freelist	128字节
			blk_start	4 字节
			blk_end	4字节
可分配	空闲块	块头信息	level	1字节
			used	1字节
			duplicate	1字节
			magic_tag	1字节
			list_node	8字节
		块空间		
	使用块	块头信息	level	1字节
			used	1字节
			duplicate	1字节
			magic_tag	1字节
		块空间		

图 21.6　Buddy 管理算法下的内存结构示意图

```
struct buddy_heap {
    /* 该内存堆的总大小(单位:字节) */
    os_size_t        heap_size;
    /* 该内存堆划分等级的数量 */
    os_size_t        level_num;
    /* 该内存堆的所有划分等级 */
    os_size_t        level_size[MAX_BUDDY_LEVEL];
    /* 若内存堆全部按照对应的划分等级进行划分,能划分的块数量 */
    os_size_t        level_blkid_max[MAX_BUDDY_LEVEL];
    /* 该内存堆中每个划分等级对应的空闲块链表 */
    os_list_node_t   freelist[MAX_BUDDY_LEVEL];
```

```
    /* 该内存堆块的起始地址 */
    void            *blk_start;
    /* 该内存堆块的结束地址 */
    void            *blk_end;
};
```

由代码可知,内存堆控制块包含以下部分内容:

- heap_size:该内存堆总的大小,单位是字节;
- level_num:该内存堆中划分等级的数量;
- level_size:该内存堆中的所有划分等级,数组中的每一个元素对应一种划分等级,宏 MAX_BUDDY_LEVEL 表示系统支持的最低划分等级(划分等级的数字越小,划分等级越高),定义了数组的大小;
- level_blkid_max:该内存堆中划分等级的最大块 ID,即若将内存堆的可分配部分完全按照对应的划分等级划分,最多能划分的块数量减一(块 ID 从 0 开始);
- freelist:该内存堆的空闲块链表,Buddy 内存堆管理算法将内存堆的空闲块按照块的划分等级将空闲块挂到对应划分等级的空闲块链表上;
- blk_start:该内存堆块的起始地址,即内存堆可分配部分的起始地址;
- blk_end:该内存堆块的结束地址,即内存堆可分配部分的结束地址。

接下来介绍 Buddy 内存堆管理算法下内存堆中可分配的部分。

从图 21.6 中可以看出,Buddy 内存堆管理算法下内存堆的可分配部分有两种块,分别为空闲块和使用块,其中,空闲块就是还未被分配或者已经被释放的块,使用块就是已经被分配的块。实际的 Buddy 内存堆管理算法下的内存结构并不是和图 21.6 中的一样的,实际上空闲块和使用块的数量、大小、前后顺序,都是和实际的内存分配、释放以及 Buddy 的管理算法相关的,图 21.6 只是为了方便讲理解的示意图。下面就先来看看可分配部分中空闲块。

空闲块以块头信息开始,块头信息的结构体定义如以下代码所示:

```
struct buddy_block {
    /* 当前块的划分等级 */
    os_uint8_t      level;
    /* 当前块的使用情况 */
    os_uint8_t      used;
    /* 标记当前块是否为复制块 */
    os_uint8_t      duplicate;
    /* 块头信息标记 */
    os_uint8_t      magic_tag;
    /* 空闲块在空闲块链表中的链表项 */
    os_list_node_t  list_node;
};
```

由代码可知,块头信息包含以下内容:

- level:当前块的划分等级,从划分等级就可以得到当前块的大小;

- used：记录当前块的使用情况，当 used 等于 0 时，为空闲块；当 used 等于 1 时，为使用块；
- duplicate：标记当前块是否为复制块，这用在分配按指定字节大小对齐的内存；
- magic_tag：块头信息标记，目的是校验块头信息是否被误写入；
- list_node：空闲块在空闲链表中的链表项，空闲块需要被添加到对应划分等级的空闲块链表中。

对于空闲块，在块头信息之后就是未分配的块空间。

接下来看看 Buddy 内存堆管理算法中的使用块。

使用块也是由块头信息开始的，大部分跟空闲块一致，不同之处在于，使用块时不需要被添加到空闲块链表，因此使用块的块头信息中没有 list_node 这项。对于使用块，在块头信息之后就是已分配的块空间。

了解了内存结构之后就能够比较容易理解 Buddy 内存堆管理算法。

21.5 Buddy 内存堆管理算法函数

Buddy 内存堆管理算法中的部分函数如表 21.12 所列。

表 21.12 Buddy 内存堆管理算法中的部分函数

函　数	描　述
_k_buddy_mem_init()	初始化由 Buddy 内存堆管理算法管理的内存区域
_k_buddy_mem_alloc()	Buddy 内存堆管理算法的内存分配函数
_k_buddy_mem_aligned_alloc()	Buddy 内存堆管理算法的内存指定大小对齐分配函数
_k_buddy_mem_free()	Buddy 内存堆管理算法的内存释放函数
_k_buddy_mem_realloc()	Buddy 内存堆管理算法的内存重新分配函数
_k_buddy_mem_ptr_to_size()	Buddy 内存堆管理算法的获取指定内存的字节大小
_k_buddy_mem_deinit()	Buddy 内存堆管理算法的内存区域反初始化函数
_k_buddy_mem_check()	Buddy 内存堆管理算法的内存区域校验函数

1. 函数_k_buddy_mem_init()

此函数实现初始化由 Buddy 内存堆管理算法管理的内存堆，函数原型如下：

```
static void _k_buddy_mem_init(  struct heap_mem * h_mem,
                                void * mem,
                                os_size_t bytes)
{
    os_size_t start;
    os_size_t size;
    struct buddy_heap * h;
```

```
    /* 初始化该内存堆的信号量 */
    os_sem_init(&h_mem->sem, "mem_b_sem", 1, 1);
    /* 内存堆的大小需大于 Buddy 内存堆控制块 */
    OS_ASSERT_EX(bytes > sizeof(struct buddy_heap), "heap size is too small");
    /* 内存堆的大小需大于 CPU 体系结构数据访问的对齐大小 */
    OS_ASSERT(bytes > OS_ALIGN_SIZE);
    /* 将内存堆的起始地址按照 CPU 体系结构数据访问的对齐大小向上对齐 */
    start = OS_ALIGN_UP((os_size_t)mem, OS_ALIGN_SIZE);
    /* 将内存堆的大小按照 CPU 体系结构数据访问的对齐大小向下对齐 */
    size = OS_ALIGN_DOWN((os_size_t)mem + bytes - start, OS_ALIGN_SIZE);
    /* 对齐后的内存堆大小需大于
     * Buddy 内存堆控制块加上最小块大小按 CPU 体系结构数据访问的对齐大小
     * 向上对齐后的大小
     */
    OS_ASSERT(size >= (OS_ALIGN_UP(sizeof(struct buddy_heap) + MIN_BLOCK_SIZE,
                       OS_ALIGN_SIZE)));

    /* 以 Buddy 内存堆控制块的方式获取内存堆的起始地址
     * 因此 Buddy 管理的内存堆是以 Buddy 内存堆控制块开始的
     */
    h          = (struct buddy_heap *)start;
    /* 初始化 Buddy 内存堆控制块中的 heap_size
     * heap_size 的值就是当前内存堆的大小
     */
    h->heap_size  = size;
    /* 初始化 Buddy 内存堆控制中的块起始地址 */
    h->blk_start  = (void *)(start + OS_ALIGN_UP(  sizeof(struct buddy_heap),
                                                    OS_ALIGN_SIZE));
    /* 更新内存堆的首地址为对齐后的地址 */
    h_mem->header = h;
    /* 获取内存堆中可分配部分的大小 */
    size -= OS_ALIGN_UP(sizeof(struct buddy_heap), OS_ALIGN_SIZE);
    /* 更新 Buddy 内存堆控制块的划分信息 */
    _k_buddy_init_level_size(h, size);
    /* 初始化 Buddy 内存堆控制块中各个划分等级的空闲块链表 */
    _k_buddy_init_free_list(h, size);
    /* 初始化内存堆的信息 */
    BUDDY_MEM_INFO_INIT(h_mem, h->heap_size);
    /* 因为 Buddy 内存堆控制块占用了一部分空间,因此更新内存堆的信息 */
    BUDDY_MEM_USED_INC(h_mem, OS_ALIGN_UP(  sizeof(struct buddy_heap),
                                             OS_ALIGN_SIZE));
}
```

函数_k_buddy_mem_init()的相关形参如表 21.13 所列。

表 21.13　函数_k_buddy_mem_init()的相关形参描述

参　数	描　述
heap_mem	待初始化内存堆的内存区域控制块
mem	内存区域的首地址
bytes	内存区域的大小

返回值:无。

2. 函数_k_buddy_mem_alloc()

此函数实现 Buddy 内存堆管理算法的内存分配,函数原型如下:

```
static void * _k_buddy_mem_alloc(struct heap_mem * h_mem, os_size_t bytes)
{
    struct buddy_heap   * h;
    struct buddy_block  * block;
    os_size_t size;
    os_size_t level_req;
    void * mem;
    mem = OS_NULL;
    /* 获取内存堆的 Buddy 内存堆控制块 */
    h = h_mem->header;
    /* 为申请的字节数加上块头信息占用的大小 */
    size = SIZE_WITH_HEAD(bytes);
    /* 根据需要的块大小计算相应的划分等级 */
    level_req = _k_size_to_level(h, size);
    /* 检查划分等级是否合法 */
    if (INVALID_BUDDY_LEVEL != level_req)
    {
        /* 获取内存堆的信号量 */
        (void)os_sem_wait(&h_mem->sem, OS_WAIT_FOREVER);
        /* 根据划分等级获取对应的空闲块 */
        block = _k_alloc_block(h, level_req);
        /* 如果获取到了相应的空闲块 */
        if (block)
        {
            /* 如果获取的空闲块的划分等级比需要的划分等级高
             * 也就是说获取到的空闲块比需要的块大
             */
            if (block->level < level_req)
            {
                /* 将获取到的空闲块进行划分 */
                _k_split_block(h, block, level_req);
            }
            /* 更新块的信息 */
            block->level = level_req;
            block->used = BLK_STAT_USED;
            block->duplicate = BLK_TAG_NOT_DUPLICATE;
            block->magic_tag = BLK_MAGIC_TAG;
#ifdef OS_USING_MEM_TRACE
            SET_MEM_TASK(block);
#endif
            /* 获取指定块加上块头后的地址 */
            mem = BLK_TO_MEM(block);
            /* 申请内存后更新内存堆的信息 */
            BUDDY_MEM_USED_INC(h_mem, h->level_size[level_req]);
```

```
        }

        /* 释放该内存堆的信号量 */
        (void)os_sem_post(&h_mem->sem);
    }

    return mem;
}
```

函数_k_buddy_mem_alloc()的相关形参如表 21.14 所列。

表 21.14　函数_k_buddy_mem_alloc()的相关形参描述

参　数	描　述
h_mem	Buddy 内存堆管理算法管理的内存堆
bytes	申请内存的大小

返回值：分配成功则返回分配内存的首地址，否则分配失败。

函数_k_buddy_mem_alloc()操作过程如下所示：

① 因为 Buddy 内存堆管理算法管理的块都需要块头信息，因此申请的内存大小需要加上块头信息的大小；

② 计算需要的内存大小对应什么样的划分等级；

③ 根据需要的划分等级调用函数_k_alloc_block()获取相应的块。函数_k_alloc_block()的源代码如下：

```
static void * _k_alloc_block(struct buddy_heap * h, os_size_t level)
{
    os_list_node_t * node;
    struct buddy_block * block;
    block = OS_NULL;
    while (1)
    {
        /* 获取指定划分等级空闲块链表的第一个链表项 */
        node = os_list_first(&h->freelist[level]);
        /* 如果获取到了链表项 */
        if (node)
        {
            /* 将链表项从所在链表中删除 */
            os_list_del(node);
            /* 获取链表项所在的块 */
            block = os_container_of(node, struct buddy_block, list_node);
            /* 检查获取块的划分等级是否为指定的划分等级 */
            OS_ASSERT(block->level == level);
            break;
        }
        /* 如果当前划分等级的空闲块链表中没有空闲的块
         * 将从更高划分等级的空闲块链表中获取
```

```
         */
        if (level-- == 0)
        {
            break;
        }
    }
    return block;
}
```

④ 因为存在当前内存堆中没有需要划分等级的空闲块,但存在更高划分等级的空闲块,因此当获取到更到划分等级的空闲块时,需要对这个空闲块进行分裂,以此减少内存碎片;

⑤ 如果得到与需要的划分等级一致的块,就将该块作为分配内存。

3. 函数_k_buddy_mem_aligned_alloc()

此函数实现 Buddy 内存堆管理算法的指定字节大小对齐的内存分配,函数原型如下:

```
static void * _k_buddy_mem_aligned_alloc(  struct heap_mem * h_mem,
                                           os_size_t align,
                                           os_size_t bytes)
{
    struct buddy_heap   * h;
    struct buddy_block  * block;
    struct buddy_block  * block_duplicate;
    os_size_t size_before;
    os_size_t size_after;
    void * mem;
    /* 获取 Buddy 内存堆控制块 */
    h = h_mem->header;
    /* 检查指定的对齐大小是否为 2 的幂次方 */
    OS_ASSERT_EX((align & (align - 1)) == 0,
        "unexpected align: %lu (should be the power of 2)", align);
    mem = OS_NULL;
    if (0U != bytes)
    {
        /* 如果指定的对齐大小小于当前的对齐大小,则直接申请 */
        if (align <= OS_ALIGN_SIZE)
        {
            mem = _k_buddy_mem_alloc(h_mem, bytes);
        }
        else
        {
            /* 申请比需要的内存空间大指定对齐大小减一的内存空间 */
            mem = _k_buddy_mem_alloc(h_mem, (bytes + align - 1));

            /* 如果申请到了内存 */
```

```
        if (mem)
        {
            /* 获取该内存堆的信号量 */
            (void)os_sem_wait(&h_mem->sem, OS_WAIT_FOREVER);

            /* 获取申请到的内存的块头地址 */
            block = MEM_TO_BLK(mem);
            /* 根据块的划分等级获取块的大小 */
            size_before = h->level_size[block->level];
            /* 将块按指定的字节大小对齐后,将多余的块分裂并添加到对应的空闲
               块链表中 */
            block = _k_split_block_aligned(h, block, align, bytes);
            /* 获取对齐后块的大小 */
            size_after = h->level_size[block->level];
            /* 如果对齐后块的大小变小了 */
            if (size_before > size_after)
            {
                /* 释放内存后更新内存堆的信息 */
                BUDDY_MEM_USED_DEC(h_mem, size_before - size_after);
            }

            /* 在实际块中获取对齐后的复制块的块空间首地址 */
            mem = (void *)OS_ALIGN_UP((os_size_t)BLK_TO_MEM(block), align);
            OS_ASSERT(mem >= BLK_TO_MEM(block));
            OS_ASSERT((os_size_t)mem + bytes <=
                (os_size_t)block + h->level_size[block->level]);
            /* 获取复制的块 */
            block_duplicate = MEM_TO_BLK(mem);
            OS_ASSERT(block_duplicate >= block);
            if (block_duplicate > block)
            {
                /* 设置复制块信息 */
                block_duplicate->level = block->level;
                block_duplicate->used = block->used;
                block_duplicate->magic_tag = BLK_MAGIC_TAG;
#ifdef OS_USING_MEM_TRACE
                block_duplicate->duplicate =
                    ((os_ubase_t)block_duplicate >= \
                    ((os_ubase_t)block + BLK_HEAD_SIZE)) ? \
                    BLK_TAG_DUPLICATE: BLK_TAG_ADJACENT;
#else
                /* 将复制块作复制标记 */
                block_duplicate->duplicate = BLK_TAG_DUPLICATE;
#endif
                /* 将实际块作复制标记 */
                block->duplicate = block_duplicate->duplicate;
            }

#ifdef OS_USING_MEM_TRACE
```

```
                SET_MEM_TASK(block_duplicate);
                if (block->duplicate == BLK_TAG_DUPLICATE)
                {
                    SET_MEM_TASK(block);
                }
#endif
                /* 释放该内存堆的信息 */
                (void)os_sem_post(&h_mem->sem);
            }
        }
    }

    return mem;
}
```

函数_k_buddy_mem_aligned_alloc()的相关形参如表 21.15 所列。

表 21.15　函数_k_buddy_mem_aligned_alloc()的相关形参描述

参　数	描　述
h_mem	Buddy 内存堆管理算法管理的内存堆
align	指定的对齐大小
bytes	申请内存的大小

返回值:分配成功则返回分配内存的首地址,否则分配失败。

函数_k_buddy_mem_aligned_alloc()操作过程如下所示:

① 如果对齐大小小于当前内存堆的对齐大小,则直接申请内存,因为大的对齐方式适用于小的对齐要求,否则执行以下步骤;

② 申请一块比要求多对齐大小减一的内存空间;

③ 将申请的内存空间进行对齐,如果对齐后有多余的内存空间,则需要进行分裂,并更新内存堆信息;

④ 因为实际块可能是不符合对齐要求的,因此在实际块中找到符合对齐要求的块作为复制块,并将实际块和复制块都作复制标记。

4. 函数_k_buddy_mem_free()

此函数实现 Buddy 内存堆管理算法的内存释放,函数原型如下:

```
static void _k_buddy_mem_free(struct heap_mem *h_mem, void *mem)
{
    struct buddy_heap   *h;
    struct buddy_block  *block;
    struct buddy_block  *block_tmp;
    os_size_t level;
    os_size_t blkid;
```

```
    if (mem)
    {
        /* 获取内存堆的 Buddy 内存堆控制块 */
        h = h_mem->header;
        /* 待释放内存的起始地址需要在该内存堆的块起始地址和结束地址之间 */
        OS_ASSERT_EX((mem >= h->blk_start) && (mem <= h->blk_end),
            "unexpected mem addr (invalid addr?) for memory at %p", mem);
        /* 获取待释放的内存所在的块 */
        block = MEM_TO_BLK(mem);
        /* 获取内存堆的信号量 */
        (void)os_sem_wait(&h_mem->sem, OS_WAIT_FOREVER);
        /* 待释放内存所在块需是已使用的块 */
        OS_ASSERT_EX(block->used == BLK_STAT_USED,
            "unexpected mem state (double-free? or invalid addr?) \
            for memory at %p",
            mem);
        /* 校验待释放块的块头信息是否被非法写入 */
        OS_ASSERT_EX(block->magic_tag == BLK_MAGIC_TAG,
            "unexpected header info (been write illegal?) \
            for memory at %p",
            mem);
        /* 判断待释放块是否为字节对齐申请的复制块 */
        if ((block->duplicate == BLK_TAG_DUPLICATE) ||
           (block->duplicate == BLK_TAG_ADJACENT))
        {
            /* 获取实际块的块 ID */
            blkid = BLK_PTR_TO_ID(h, block, block->level);
            /* 获取实际的块 */
            block_tmp = BLK_ID_TO_PTR(h, blkid, block->level);
            /* 检查获取到的实际块的块头信息是否合法 */
            OS_ASSERT(block >= block_tmp);
            OS_ASSERT(block_tmp->level == block->level);
            OS_ASSERT(block_tmp->used == block->used);
            OS_ASSERT(block_tmp->magic_tag == block->magic_tag);
            /* 更新待释放的块为实际块 */
            block = block_tmp;
        }
        /* 获取待释放块的划分等级 */
        level = block->level;
        /* 释放释放时更新内存堆信息 */
        BUDDY_MEM_USED_DEC(h_mem, h->level_size[level]);
        /* 如果释放的块存在伙伴块,则需要将两个块进行合并 */
        _k_merge_block(h, block);

        /* 释放该内存堆的信号量 */
        (void)os_sem_post(&h_mem->sem);
    }
}
```

函数_k_buddy_mem_free()的相关形参如表 21.16 所列。

表 21.16 函数_k_buddy_mem_free()的相关形参描述

参　数	描　述
h_mem	Buddy 内存堆管理算法管理的内存堆
mem	需要释放的内存

返回值:无。

函数_k_buddy_mem_free()操作过程如下所示:

① 判断待释放的内存是否在指定的内存堆里面,这是释放内存的前提;

② 获取带释放内存的块头信息,通过块头信息判断带释放内存是否合法;

③ 判断待释放内存所在的块是否为指定字节大小申请时产生的复制块,如果是,则需要通过复制块获取实际的块;

④ 获取待释放块的划分等级,通过划分等级可以知道释放了多少内存,以此来更新内存堆的信息;

⑤ 判断待释放块是否有伙伴块存在,如果存在伙伴块,则需要对两个块进行合并。

5. 函数_k_buddy_mem_realloc()

此函数实现 Buddy 内存堆管理算法的内存重新申请,函数原型如下:

```
static void * _k_buddy_mem_realloc(  struct heap_mem * h_mem,
                                     void * mem,
                                     os_size_t bytes)
{
    struct buddy_heap * h;
    struct buddy_block * block;
    struct buddy_block * block_tmp;
    os_size_t level_new;
    os_size_t size_new;
    os_size_t blkid;
    void * mem_new;
    /* 获取内存堆的 Buddy 内存堆控制块 */
    h = h_mem->header;
    /* 如果就内存不存在,则直接申请指定大小的内存 */
    if (OS_NULL == mem)
    {
        mem_new = _k_buddy_mem_alloc(h_mem, bytes);
    }
    else
    {
        mem_new = OS_NULL;

        /* 如果指定的内存大小为 0,则直接释放内存 */
        if (0U == bytes)
```

```
{
    _k_buddy_mem_free(h_mem, mem);
    /* 将划分等级设置为非法值 */
    level_new = INVALID_BUDDY_LEVEL;
}
else
{
    /* 将指定大小内存大小加上块头占用的字节,作为新块的需要字节大小 */
    size_new = SIZE_WITH_HEAD(bytes);
    /* 根据需要的字节大小获取对应的划分等级 */
    level_new = _k_size_to_level(h, size_new);
}
/* 如果划分等级不为非法值 */
if (INVALID_BUDDY_LEVEL != level_new)
{
    /* 内存须在内存堆的块起始地址与块结束地址之间 */
    OS_ASSERT_EX((mem >= h->blk_start) && (mem <= h->blk_end),
        "unexpected mem addr (invalid addr?) for memory at %p", mem);
    /* 获取指定内存所在的块 */
    block = MEM_TO_BLK(mem);
    /* 获取该内存堆的信号量 */
    (void)os_sem_wait(&h_mem->sem, OS_WAIT_FOREVER);
    /* 旧块须被标记为已使用 */
    OS_ASSERT_EX(block->used == BLK_STAT_USED,
        "unexpected mem state (already free? or invalid addr?)\
        for memory at %p",
        mem);
    /* 旧块须被标记为 BLK_MAGIC_TAG */
    OS_ASSERT_EX(block->magic_tag == BLK_MAGIC_TAG,
        "unexpected header info (been write illegal?)\
        for memory at %p",
        mem);
    /* 如果旧块为复制块,则需要获取复制块的实际块 */
    if ((block->duplicate == BLK_TAG_DUPLICATE) ||
      (block->duplicate == BLK_TAG_ADJACENT))
    {
        blkid = BLK_PTR_TO_ID(h, block, block->level);
        block_tmp = BLK_ID_TO_PTR(h, blkid, block->level);
        OS_ASSERT(block >= block_tmp);
        OS_ASSERT(block_tmp->level == block->level);
        OS_ASSERT(block_tmp->used == block->used);
        OS_ASSERT(block_tmp->magic_tag == block->magic_tag);
        /* 更新旧块为实际块 */
        block = block_tmp;
    }

    /* 如果旧块的划分等级比新块的划分等级高 */
    if (block->level < level_new)
```

```
        {
            /* 分裂旧块使适合新块的大小 */
            _k_split_blk(h, block, level_new);
            /* 分裂出空闲块后,更新内存堆信息 */
            BUDDY_MEM_USED_DEC(h_mem, h->level_size[block->level] -
                               h->level_size[level_new]);
                                                   /* 设置新块的块头信息 */
            block->level = level_new;
            block->used = BLK_STAT_USED;
            block->duplicate = BLK_TAG_NOT_DUPLICATE;
            block->magic_tag = BLK_MAGIC_TAG;
#ifdef OS_USING_MEM_TRACE
            SET_MEM_TASK(block);
#endif

            /* 释放该内存堆的信号量 */
            (void)os_sem_post(&h_mem->sem);

            /* 获取新块的块空间首地址 */
            mem_new = BLK_TO_MEM(block);
        }
        /* 如果旧块的划分等级比新块的划分等级低 */
        else if (block->level > level_new)
        {
            /* 释放该内存堆的信号量 */
            (void)os_sem_post(&h_mem->sem);

            /* 另外申请新的内存空间 */
            mem_new = _k_buddy_mem_alloc(h_mem, bytes);
            if (mem_new)
            {
                /* 将旧内存空间的数据复制到新内存空间中 */
                memcpy(mem_new, mem, (os_size_t) block +
                                     h->level_size[block->
                                     level] -
                                     (os_size_t)mem);
                /* 释放旧的内存空间 */
                _k_buddy_mem_free(h_mem, mem);
            }
        }
        /* 如果旧块的划分等级与新块的划分等级一致 */
        else
        {
            /* 释放该内存堆的信号量 */
            (void)os_sem_post(&h_mem->sem);

            /* 直接返回旧的内存空间 */
            mem_new = mem;
        }
```

```
        }
    }
    return mem_new;
}
```

函数_k_buddy_mem_realloc()的相关形参如表 21.17 所列。

表 21.17　函数_k_buddy_mem_ realloc()的相关形参描述

参　数	描　述
h_mem	Buddy 内存堆管理算法管理的内存堆
mem	需要重新分配的内存
bytes	内存重新分配后的大小

返回值:返回内存重新分配后的首地址。

函数_k_buddy_mem_realloc()操作过程如下所示:

① 如果旧的内存空间不存在,则直接申请新的内存空间;

② 如果新内存空间大小为 0,则直接释放旧的内存空间;

③ 如果不存在以上两种情况,则根据新内存空间的大小计算需要的划分等级;

④ 根据旧的内存空间找到旧的块,且旧的块为复制块,则还需要获取复制块的实际块;

⑤ 如果旧块的划分等级大于新块的划分等级,也就是说旧块的大小大于新块的大小,则需要对旧块进行分裂得到合适的新块;

⑥ 如果旧块的划分等级小于新块的划分等级,也就是说旧块的大小小于新块的大小,则另外申请新的内存空间,并将旧的内存空间中的数据复制到新内存空间后,将旧内存空间释放;

⑦ 如果旧块的划分等级等于新块的划分等级,也就是说旧块的大小等于新块的大小,则直接返回旧的内存空间即可。

6. 函数_k_buddy_mem_ptr_to_size()

此函数实现 Buddy 内存堆管理算法获取指定内存的字节大小,函数原型如下:

```
static os_size_t _k_buddy_mem_ptr_to_size(struct heap_mem *h_mem, void *mem)
{
    struct buddy_heap   *h = h_mem->header;
    struct buddy_block  *block;
    os_size_t size;
    /* 获取指定内存所在的块 */
    block = MEM_TO_BLK(mem);
    /* 根据该块的划分等级获取该块的大小,并减去块头的大小得到内存的大小 */
    size = h->level_size[block->level] - BLK_HEAD_SIZE;
```

```
    return size;
}
```

函数_k_buddy_mem_ptr_to_size()的相关形参如表 21.18 所列。

表 21.18　函数_k_buddy _mem_ ptr_to_size()相关形参

参　数	描　述
h_mem	Buddy 内存堆管理算法管理的内存堆
mem	指定的内存

返回值:返回指定内存的字节大小。

7. 函数_k_buddy_mem_deinit()

此函数实现 Buddy 内存堆管理算法反初始化指定内存堆,函数原型如下:

```
static void _k_buddy_mem_deinit(struct heap_mem * h_mem)
{
    /* 反初始化该内存堆的信号量 */
    os_sem_deinit(&h_mem->sem);
}
```

函数_k_buddy_mem_deinit()的相关形参如表 21.19 所列。

表 21.19　函数_k_buddy_mem_ deinit()相关形参

参　数	描　述
h_mem	Buddy 内存堆管理算法管理的内存堆

返回值:无。

从_k_buddy_mem_deinit()函数对内存堆进行反初始化,实际上就是反初始化该内存堆的信号量。

8. 函数_k_buddy_mem_check()

此函数实现 Buddy 内存堆管理算法指定内存区的校验,函数原型如下:

```
static os_err_t _k_buddy_mem_check(struct heap_mem * h_mem)
{
    struct buddy_heap   * h = h_mem->header;
    struct buddy_block  * block;
    struct buddy_block  * block_buddy;
    os_size_t block_buddy_id;
    os_size_t block_size = 0;
    os_size_t block_id = 0;
    os_size_t size_used = 0;
    os_size_t size_total = 0;
    os_size_t level = 0;
```

```
os_size_t i = 0;
os_err_t  ret;
os_kprintf("mem_check for memory addr: 0x%8x ~ 0x%8x\r\n",
           (os_size_t)h_mem->header,
           (os_size_t)h_mem->header + h_mem->mem_total);
/* 检查内存堆控制块的参数是否合法 */
OS_ASSERT_EX(
    (os_size_t)h_mem->header + OS_ALIGN_UP(sizeof(struct buddy_heap),
    OS_ALIGN_SIZE)
     == (os_size_t)h->blk_start,
    "mem has been damaged? mem header:0x%x blk_start:0x%x",
    h_mem->header,
    h->blk_start);
OS_ASSERT_EX((os_size_t)h_mem->header + h->heap_size ==
    (os_size_t)h->blk_end,
    "mem has been damaged? mem header:0x%x blk_start:0x%x heap_size:0x%x",
    h_mem->header, h->blk_end, h->heap_size);
OS_ASSERT_EX(h->level_num <= MAX_BUDDY_LEVEL,
    "heap has been damaged? level_num: %lu MAX_BUDDY_LEVEL: %d",
    h->level_num,
    MAX_BUDDY_LEVEL);
/* 遍历内存堆的所有划分等级 */
for (i = 0; i < h->level_num - 1; i++)
{
    /* 当前划分等级的大小需等于下一个划分等级大小的两倍 */
    OS_ASSERT_EX(h->level_size[i] == (h->level_size[i + 1] << 1),
        "heap has been damaged? level[%d]:0x%x level[%d]:0x%x",
        i, h->level_size[i], i + 1, h->level_size[i + 1]);

}
/* 遍历内存堆的所有划分等级 */
for (i = 0; i < h->level_num; i++)
{
    /* 块的起始地址加上
     * 每个划分等级的大小乘上每个划分等级对应的最大划分块数量
     * 需小于块的结束地址
     */
    OS_ASSERT_EX((os_size_t)h->blk_start +
        h->level_size[i] * h->level_blkid_max[i] <=
        (os_size_t)h->blk_end,
        "heap has been damaged? blk_start:0x%x blk_end:0x%x\
        level[%d] size:0x%x blkid_max[%lu]:0x%x",
        h->blk_start, h->blk_end, i,
        h->level_size[i], h->level_blkid_max[i]);
}
/* 获取第一个块头信息 */
block = (struct buddy_block *)h->blk_start;
/* 记录当前内存堆的使用量 */
size_used = ((os_size_t)h->blk_start - (os_size_t)h);
```

```
/* 记录当前内存堆的总量 */
size_total = size_used;

/* 获取该内存堆的信号量 */
(void)os_sem_wait(&h_mem->sem, OS_WAIT_FOREVER);
ret = OS_EOK;
/* 遍历所有的块 */
/* 检验是否存在可合并的伙伴块
 * 若存在伙伴块则返回检验失败
 */
while ((void *)block < h->blk_end)
{
    /* 每一个块头信息的标记都应为 BLK_MAGIC_TAG */
    OS_ASSERT_EX(block->magic_tag == BLK_MAGIC_TAG,
        "unexpected header info (been write illegal?) for memory at %p",
        BLK_TO_MEM(block));

    /* 根据当前块的划分等级获取当前块的大小 */
    block_size = h->level_size[block->level];
    /* 如果当前块是已使用的块 */
    if (block->used)
    {
        /* 记录当前内存堆的使用量 */
        size_used += block_size;
    }
    /* 记录当前内存堆的总量 */
    size_total += block_size;

    /* 获取块 ID */
    block_id = BLK_PTR_TO_ID(h, block, block->level);
    /* 如果当前块有可合并的伙伴块 */
    if (BLK_HAS_BUDDY(h, block->level, block_id))
    {
        /* 获取伙伴块的 ID */
        block_buddy_id = BLK_ID_TO_BUDDY_ID(block_id);
        /* 获取伙伴块 */
        block_buddy = BLK_ID_TO_PTR(h, block_buddy_id, block->level);
    }
    else
    {
        block_buddy = OS_NULL;
    }

    /* 如果存在可以合并的伙伴块,但是却没有合并,则返回校验失败 */
    if (block_buddy &&
        (block->used == BLK_STAT_FREE) &&
        (block_buddy->used == BLK_STAT_FREE) &&
        (block->level == block_buddy->level) &&
        (block->level != 0))
```

```
        {
            os_kprintf("mem_check ERR!!! (blk_lvl: %d) buddy block 0x%8x\
            and 0x%8x both free? \r\n",
            block->level, block, block_buddy);

            ret = OS_ERROR;
            break;
        }
        /* 获取下一个块 */
        block = (struct buddy_block *)((os_uint8_t *)block + block_size);
    }
    if (OS_EOK == ret)
    {
        os_kprintf("free block info:\r\n");
        os_kprintf("-blk_addr    blk_size    mem_size\r\n");

        for (level = 0; level < h->level_num; level++)
        {
            os_list_for_each_entry(  block,
                                     &h->freelist[level],
                                     struct buddy_block,
                                     list_node)
            {
                block_size = h->level_size[block->level];
                os_kprintf(  "0x%08x   0x%08x   0x%08x\r\n",
                             block, block_size, block_size - BLK_HEAD_SIZE);
            }
        }

        /* 校验计算的内存堆使用量与总量是否与记录的内存堆使用量与总量相等
         * 若不相等返回校验失败
         */
        if ((size_total != h_mem->mem_total) || (size_used != h_mem->mem_used))
        {
            os_kprintf("mem_check ERR!!! size_total: %lu, mem_total: %lu,\
                    size_used: %lu mem_used: %lu\r\n",
                    size_total, h_mem->mem_total, size_used, h_mem->mem_used);

            ret = OS_ERROR;
        }
        else
        {
            os_kprintf("memory addr       : 0x%8x\r\n", h_mem->header);
            os_kprintf("memory total      : %lu\r\n", h_mem->mem_total);
            os_kprintf("memory used       : %lu\r\n", h_mem->mem_used);
            os_kprintf("memory max used   : %lu\r\n", h_mem->mem_maxused);
            os_kprintf("mem_check ok! \r\n");
        }
    }
```

```
    /* 释放该内存堆的信号量 */
    (void)os_sem_post(&h_mem->sem);

    return ret;
}
```

函数_k_buddy_mem_check()的相关形参如表 21.20 所列。

表 21.20 函数_k_buddy_mem_check()的相关形参描述

参　数	描　述
h_mem	待校验的内存堆

返回值:OS_EOK 表示校验成功,OS_ERROR 表示校验失败。

从函数_k_buddy_mem_check()的代码中可以看出,函数_k_buddy_mem_check()校验内存堆主要校验以下部分:

- 校验内存堆中内存区的连续性;
- 校验内存堆中是否存在未合并的伙伴块;
- 校验内存堆中的内存总量和内存已使用量。

21.6 OneOS 内存堆

本节来介绍内存堆创建、申请、删除等操作,首先学习两个内存堆相关结构体,分别为内存堆对象结构体和内存堆对象信息结构体。

内存堆对象结构体如以下源码所示:

```
struct os_memheap
{
    /* 该内存堆的第一个内存区域控制块的指针 */
    struct heap_mem         *h_mem;
    /* 标记该内存堆对象是否已初始化 */
    os_uint8_t              object_inited;
    /* 内存堆的名字,最大字符长度不超过 OS_NAME_MAX */
    char                    name[OS_NAME_MAX + 1];
    /* 资源节点,用于将该内存堆对象挂到内存堆的全局资源链表 */
    os_list_node_t          resource_node;
};
```

由内存堆对象结构体源码可知,内存堆对象中的资源节点将内存堆对象挂到内存堆的全局资源链表中,且该资源节点被定义为一个双向链表项。内存堆对象的示意图如图 21.7 所示。

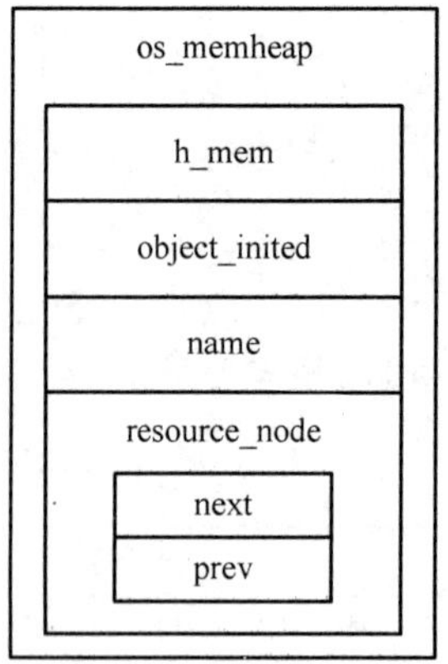

图 21.7　内存堆对象示意图

内存堆对象信息结构体如以下源码所示：

```
struct os_meminfo
{
    /* 内存堆对象总空间大小 */
    os_size_t                    mem_total;
    /* 内存堆对象已分配空间大小 */
    os_size_t                    mem_used;
    /* 内存堆对象最大分配空间大小 */
    os_size_t                    mem_maxused;
};
```

可知，内存堆对象信息结构体由 3 个成员变量，它们分别为内存堆对象总空间大小、内存堆对象已分配空间大小和内存堆对象最大分配空间大小的信息。

1. os_sys_heap_init()函数解析

该函数实现初始化系统堆，必须在系统初始化时调用，函数原型如下：

```
void os_sys_heap_init(void)
{
    os_err_t ret;
    /* 将系统堆的内存堆对象清零 */
    (void)memset(&gs_sys_heap, 0, sizeof(os_memheap_t));
    /* 初始化系统堆 */
    ret = os_memheap_init(&gs_sys_heap, "SYS_HEAP");
    if (OS_EOK != ret)
    {
        OS_KERN_LOG(KERN_ERROR, MEM_TAG, "system memory heap init failed!");
    }
}
```

函数 os_sys_heap_init()的相关形参如表 21.21 所列。

返回值：无。

由以上代码可知，系统堆的初始化是调用函数 os_memheap_init()实现的。

2. os_sys_heap_add()函数解析

该函数实现添加一个内存区域到系统堆，系统初始化时调用，函数原型如下：

```
os_err_t os_sys_heap_add(void * start_addr, os_size_t size, enum os_mem_alg alg)
{
    return os_memheap_add(&gs_sys_heap, start_addr, size, alg);
}
```

函数 os_sys_heap_add()的相关形参如表 21.22 所列。

表 21.21　函数 os_sys_heap_add()形参描述

参　数	描　述
无	无

表 21.22　函数 os_sys_heap_add()形参描述

参　数	描　述
start_addr	内存区域首地址
os_size_t size	内存区域空间大小
alg	此内存区域管理算法

返回值：OS_EOK 表示添加成功；OS_EINVAL 表示指定的内存区域和其他内存堆管理的区域重叠；OS_ENOMEM 表示指定的内存区域太小，不能满足内存堆使用最小空间。

由以上代码可知，将内存区域添加到系统堆中是调用函数 os_memheap_add()实现的。

3. os_malloc()函数解析

该函数实现从系统堆上分配指定大小的内存，函数原型如下：

```
void * os_malloc(os_size_t size)
{
    return os_memheap_alloc(&gs_sys_heap, size);
}
```

函数 os_malloc()的相关形参如表 21.23 所列。

返回值：非 OS_NULL 表示分配成功，返回分配的内存地址；OS_NULL 表示分配失败。

由以上代码可知，从系统堆上分配指定大小的内存是调用函数 os_memheap_alloc()实现的。

4. os_aligned_malloc()函数解析

该函数实现分配由 allign 指定的字节对齐的内存，allign 的大小为 2 的幂，函数原型如下：

```
void * os_aligned_malloc(os_size_t align, os_size_t size)
{
    return os_memheap_aligned_alloc(&gs_sys_heap, align, size);
}
```

函数 os_aligned_malloc()的相关形参如表 21.24 所列。

表 21.23　函数 os_malloc()形参描述

参　数	描　述
size	分配内存的大小

表 21.24　函数 os_aligned_malloc()形参描述

参　数	描　述
align	对齐的大小，allign 的大小必须为 2 的幂
size	分配内存的大小

返回值：非 OS_NULL 表示分配成功，返回分配的内存地址；OS_NULL 表示分配失败。

由以上代码可知，分配由 allign 指定的字节对齐的内存，allign 的大小为 2 的幂是调用函数 os_memheap_aligned_alloc()实现的。

5. os_realloc()函数解析

该函数实现重新分配内存，并保留原有数据(若缩小内存，会截断数据)，函数原型如下：

```
void *os_realloc(void *ptr, os_size_t size)
{
    return os_memheap_realloc(&gs_sys_heap, ptr, size);
}
```

函数 os_realloc()的相关形参如表 21.25 所列。

返回值：非 OS_NULL 表示重新分配成功，返回调整之后的内存地址，此地址可能与原有地址不同；OS_NULL 表示重新分配失败。

由以上代码可知，重新分配内存，并保留原有数据是调用函数 os_memheap_realloc()实现的。

6. os_calloc()函数解析

该函数分配连续的多个内存块，并初始化为 0，函数原型如下：

```
void *os_calloc(os_size_t count, os_size_t size)
{
    void *ptr;
    /* 从系统堆上分配指定大小的内存 */
    ptr = os_memheap_alloc(&gs_sys_heap, count * size);
    if (ptr)
    {
        /* 如果分配成功，将内存数据清零 */
        (void)memset(ptr, 0, count * size);
    }
    return ptr;
}
```

函数 os_calloc()的相关形参如表 21.26 所列。

表 21.25 函数 os_realloc()形参描述

参 数	描 述
ptr	原有已分配内存的地址
size	新内存大小

表 21.26 函数 os_calloc()形参描述

参 数	描 述
count	元素的个数
size	每个元素的字节数

返回值：非 OS_NULL 表示分配成功，且内存区域初始化为 0；OS_NULL 表示分配失败。

由以上代码可知，分配连续的多个内存块并初始化为 0 是调用函数 os_memheap_alloc()实现的。函数 os_calloc()申请的内存是连续且等大的，示意图如图 21.8 所示。

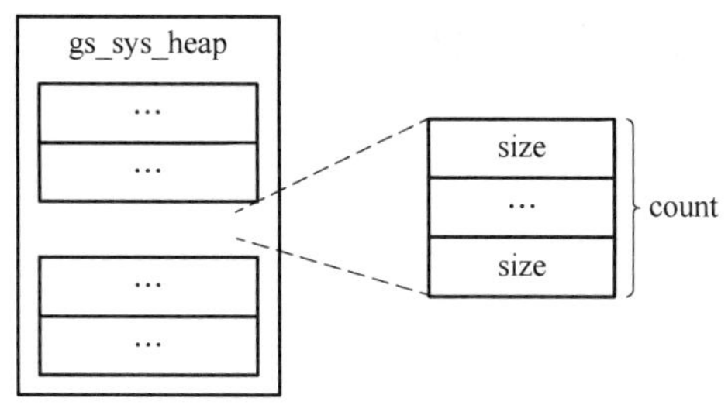

图 21.8 函数 os_calloc 操作示意图

7. os_free()函数解析

该函数实现释放由 os_malloc/os_realloc/os_calloc 等分配的内存，函数原型如下：

```
void os_free(void * ptr)
{
    os_memheap_free(&gs_sys_heap, ptr);
}
```

函数 os_free()的相关形参如表 21.27 所列。

返回值：无。

由以上代码可知，释放由 os_malloc/os_realloc/os_calloc 等分配的内存是调用函数 os_memheap_free()实现的。

8. os_memory_info()函数解析

该函数实现返回系统堆对象信息，包括内存大小、内存使用大小、最大使用大小，函数原型如下：

```
void os_memory_info(os_meminfo_t * info)
{
    OS_ASSERT(info);
```

```
    os_memheap_info(&gs_sys_heap, info);
}
```

函数 os_memory_info()的相关形参如表 21.28 所列。

表 21.27　函数 os_free()形参描述

参　数	描　述
ptr	待释放内存的地址

表 21.28　函数 os_memory_info()形参描述

参　数	描　述
info	返回系统堆对象信息

返回值:无。

由以上代码可知,返回系统堆对象信息,包括内存大小、内存使用大小、最大使用大小是调用函数 os_memheap_info()实现的。

9. os_memory_check()函数解析

该函数实现校验系统堆对象,主要校验已分配内存和空闲内存的组织关系时候正确,函数原型如下:

```
os_err_t os_memory_check(void)
{
    return os_memheap_check(&gs_sys_heap);
}
```

函数 os_memory_check()的相关形参如表 21.29 所列。

返回值:OS_EOK 表示校验成功,OS_ERROR 表示校验失败。

由以上代码可知,校验系统堆对象是调用函数 os_memheap_check()实现的。

10. os_memory_trace()函数解析

该函数实现追踪系统堆被每个任务分配的内存的情况,提示的信息包括任务名称、任务分配的内存起始地址和大小,函数原型如下:

```
os_err_t os_memory_trace(void)
{
return os_memheap_trace(&gs_sys_heap);
}
```

函数 os_memory_trace()的相关形参如表 21.30 所列。

表 21.29　函数 os_memory_check()形参描述

参　数	描　述
无	无

表 21.30　函数 os_memory_trace()形参描述

参　数	描　述
无	无

返回值:OS_EOK 表示追踪成功,OS_ERROR 表示追踪失败。

由以上代码可知,追踪系统堆被每个任务分配的内存的情况是调用函数 os_memheap_trace()实现的。

11. os_memheap_init()函数解析

该函数实现初始化一个内存堆对象,函数原型如下:

```
os_err_t os_memheap_init(os_memheap_t * heap, const char * name)
{
    os_list_node_t   * pos;
    os_memheap_t     * item_heap;
    os_err_t         ret;
    OS_ASSERT(heap);
    ret = OS_EOK;
    /* 获取内存堆资源自旋锁 */
    os_spin_lock(&gs_os_heap_resource_list_lock);
    /* 遍历内存堆全局资源链表 */
    os_list_for_each(pos, &gs_os_heap_resource_list_head)
    {
        /* 获取内存堆全局资源链表中的内存堆结构体指针 */
        item_heap = os_list_entry(pos, os_memheap_t, resource_node);
        /* 如果待初始化的内存堆对象已经在内存堆全局资源链表中 */
        if (item_heap == heap)
        {
            /* 释放内存堆资源自旋锁 */
            os_spin_unlock(&gs_os_heap_resource_list_lock);
            OS_KERN_LOG(KERN_ERROR, MEM_TAG,
            "The heap(addr: %p) already exist", item_heap);
            ret = OS_EINVAL;
            break;
        }
    }
    if (OS_EOK == ret)
    {
        /* 将待初始化的内存堆对象的资源节点添加到内存堆全局资源链表尾部 */
        os_list_add_tail(&gs_os_heap_resource_list_head, &heap->resource_node);
        /* 释放内存堆资源自旋锁 */
        os_spin_unlock(&gs_os_heap_resource_list_lock);
        /* 设置待初始化内存对象的名称 */
        if (OS_NULL != name)
        {
            strncpy(&heap->name[0], name, OS_NAME_MAX);
            heap->name[OS_NAME_MAX] = '\0';
        }
        else
        {
            heap->name[0] = '\0';
        }
        /* 初始化内存堆控制块 */
        heap->h_mem = OS_NULL;
        /* 标记该内存堆已经完成初始化 */
```

```
        heap->object_inited = OS_KOBJ_INITED;
    }
    return ret;
}
```

函数 os_memheap_init()的相关形参如表 21.31 所列。

表 21.31　函数 os_memheap_init()形参描述

参　数	描　述
heap	内存堆对象句柄
name	名字

返回值:OS_EOK 表示初始化成功,OS_EINVAL 表示内存对象重复初始化。

由以上代码可知,函数 os_memheap_init()在初始化内存堆时,先判断待初始化内存堆的资源节点是否已经被添加到全局内存堆资源链表;如不存在,再将待初始化内存堆的资源节点添加到全局内存堆资源链表的尾部。函数 os_memheap_init()的操作过程如图 21.9 所示。

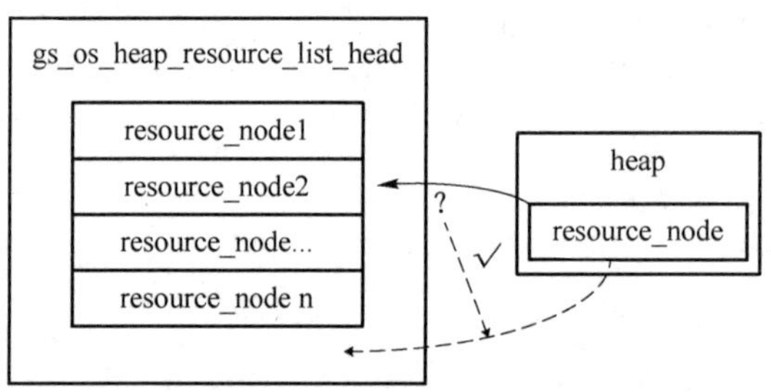

图 21.9　函数 os_memheap_init()示意图

12. os_memheap_add()函数解析

该函数实现添加一个内存区域到一个已经被初始化的内存堆对象中,添加的内存区域需要指定管理算法,函数原型如下:

```
os_err_t os_memheap_add(    os_memheap_t * heap,
                            void * start_addr,
                            os_size_t size,
                            enum os_mem_alg alg)
{
    os_size_t           start;
    struct heap_mem     * h_mem;
    struct heap_mem     * h_mem_new;
    os_size_t           i;
    os_list_node_t      * pos;
    os_memheap_t        * item_heap;
```

```
struct heap_mem      *h_mem_temp;
os_size_t            h_mem_temp_start;
os_size_t            h_mem_temp_end;
os_err_t             ret;
/* 检查输入参数是否合法 */
OS_ASSERT(heap);
OS_ASSERT(OS_KOBJ_INITED == heap->object_inited);
OS_ASSERT(alg <= OS_MEM_ALG_DEFAULT);
/* 默认算法为 os_mem_alg 中的第一种算法 */
if (OS_MEM_ALG_DEFAULT == alg)
{
    alg = ((enum os_mem_alg)0);
}
ret = OS_EOK;
/* 对内存区域首地址按 4 字节向上对齐 */
start = OS_ALIGN_UP((os_size_t)start_addr, 4);
OS_ASSERT((os_size_t)start_addr + size > start);
/* 对内存区域大小按 4 字节下个下对齐 */
size = OS_ALIGN_DOWN((os_size_t)start_addr + size - start, 4);
/* 获取内存堆资源自旋锁 */
os_spin_lock(&gs_os_heap_resource_list_lock);
/* 判断对齐后的内存区域大小是否足够存放内存堆控制块 */
if (size > sizeof(struct heap_mem))
{
    /* 遍历内存堆全局资源链表 */
    os_list_for_each(pos, &gs_os_heap_resource_list_head)
    {
        /* 获取内存堆全局资源链表中的内存堆结构体指针 */
        item_heap = os_list_entry(pos, os_memheap_t, resource_node);
        /* 获取内存堆对象的内存区域控制块 */
        h_mem_temp = item_heap->h_mem;
        /* 当内存区域控制块不为空,循环 */
        while(h_mem_temp)
        {
            /* 获取内存区域控制块的起始地址 */
            h_mem_temp_start = (os_size_t)h_mem_temp;
            /* 获取内存区域的结束地址 */
            /* 当前内存区域的起始地址 + 内存区域的总空间大小 */
            h_mem_temp_end = (os_size_t)  h_mem_temp->header +
                                          h_mem_temp->mem_total;
            OS_ASSERT(h_mem_temp_start < h_mem_temp_end);
            /* 指定的内存区域和其他内存堆管理的区域是否重叠 */
            if (  ((h_mem_temp_start > start) &&
              (h_mem_temp_start < (start + size)))
              ||  ((h_mem_temp_end > start) &&
                  (h_mem_temp_end < (start + size))))
            {
                OS_KERN_LOG(  KERN_ERROR, MEM_TAG,
                              "memory is overlaped, please check !");
```

```
                ret = OS_EINVAL;
                break;
            }
            /* 获取下一个内存堆对象的内存区域控制块 */
            h_mem_temp = h_mem_temp->next;
        }
    }
}
else
{
    /* 内存区域对齐后,太小 */
    OS_KERN_LOG(KERN_ERROR, MEM_TAG, "memory is too small !");
    ret = OS_ENOMEM;
}
if (OS_EOK == ret)
{
    /* 内存区域控制块的起始地址指向内存区域对齐后的首地址 */
    h_mem_new = (struct heap_mem *)start;
    /* 将内存区域控制块所占的空间清零 */
    (void)memset((void *)h_mem_new, 0, sizeof(struct heap_mem));
    /* 内存区域的起始地址接在内存控制块后面 */
    /* 计算内存区域除去内存区域控制块后的起始地址 */
    start += sizeof(struct heap_mem);
    /* 内存区域的大小减掉内存区域控制块的大小 */
    size -= sizeof(struct heap_mem);

    /* 遍历所有内存管理算法 */
    for(i = 0;
        i< sizeof(alg_init_table)/sizeof(struct alg_init_func);
        i++)
    {
        /* 如果输入的内存区域管理算法参数在所有内存区域管理算法中 */
            if (alg == alg_init_table[i].mem_alg)
        {
            /* 使用对应的内存区域管理算法初始化函数,对内存区域进行初始化 */
            alg_init_table[i].mem_init(h_mem_new, (void *)start, size);
            break;
        }
    }
    /* 将内存区域控制块,添加到内存堆中所有区域控制块的尾部 */
    if (heap->h_mem)
    {
        h_mem = heap->h_mem;
        while (h_mem->next)
        {
            h_mem = h_mem->next;
        }
        h_mem->next = h_mem_new;
    }
```

```
        else
        {
            heap->h_mem = h_mem_new;
        }
    }
    /* 释放内存堆资源自旋锁 */
    os_spin_unlock(&gs_os_heap_resource_list_lock);

    return ret;
}
```

函数 os_memheap_add()的相关形参如表 21.32 所列。

表 21.32　函数 os_memheap_add()形参描述

参　数	描　述
heap	内存堆对象句柄
start_addr	内存区域首地址
size	内存区域空间大小
alg	此内存区域管理算法，可选 OS_MEM_ALG_FIRSTFIT(first-fit 管理算法)、OS_MEM_ALG_BUDDY(buddy 管理算法)

返回值：OS_EOK 表示添加成功，OS_EINVAL 表示指定的内存区域和其他内存堆管理的区域重叠，OS_ENOMEM 表示指定的内存区域太小，不能满足内存堆使用最小空间。

由以上代码可知，函数 os_memheap_add()在将内存区域添加到内存堆时，先判断内存区域是否太小或者与其他内存堆管理的内存区域重叠，再将内存区域进行初始化，最后将内存区域添加到内存堆的内存区域单向链表尾部。函数 os_memheap_add()的操作过程如图 21.10 所示。

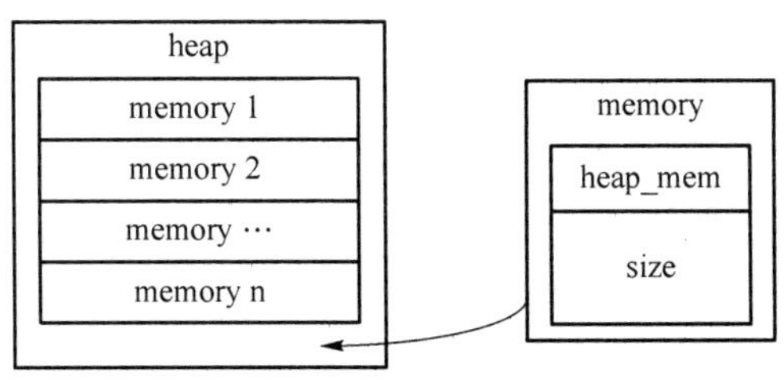

图 21.10　函数 os_memheap_add()示意图

内存区域初始化的时候，将根据输入的内存区域管理算法参数对内存区域进行初始化。OneOS 内存区域管理算法一共有两种，分别为 First-fit 和 Buddy。两种管理算法对应的内存区域初始化函数定义在 alg_init_func 结构体类型的数组 alg_init_table[]中，代码如下所示：

```
struct alg_init_func {
    /* 内存区域管理算法 */
    enum os_mem_alg      mem_alg;
    /* 内存区域管理算法对应的内存区域初始化函数 */
    void ( * mem_init) (struct heap_mem * h_mem, void * start_addr, os_size_t size);
};

static struct alg_init_func alg_init_table[] = {
#ifdef OS_USING_ALG_FIRSTFIT
    /* First-fit 内存区域管理算法 */
    {OS_MEM_ALG_FIRSTFIT, k_firstfit_mem_init},
#endif
#ifdef OS_USING_ALG_BUDDY
    /* Buddy 内存区域管理算法 */
    {OS_MEM_ALG_BUDDY,     k_buddy_mem_init},
#endif
    {OS_MEM_ALG_DEFAULT,  OS_NULL}
};
```

由以上代码可知，First-fit 内存区域管理算法的初始化函数为函数 k_firstfit_mem_init()，Buddy 内存区域管理算法的初始化函数为函数 k_buddy_mem_init()。

(1) 函数 k_firstfit_mem_init()

该函数实现由 First-fit 内存区域管理算法管理的内存区域的初始化，函数原型如下：

```
void k_firstfit_mem_init(  struct heap_mem * h_mem,
                           void * start_addr,
                           os_size_t size)
{
    /* 初始化由 First-fit 内存区域管理算法管理的内存区域 */
    _k_firstfit_mem_init(h_mem, start_addr, size);
    /* 设置内存区域控制方法 */
    /* 内存申请方法 */
    h_mem->k_alloc            = _k_firstfit_mem_alloc;
    /* 按指定大小对齐的内存申请方法 */
    h_mem->k_aligned_alloc   = _k_firstfit_mem_aligned_alloc;
    /* 内存释放方法 */
    h_mem->k_free             = _k_firstfit_mem_free;
    /* 内存重新分配方法 */
    h_mem->k_realloc          = _k_firstfit_mem_realloc;
    /* 获取指定内存的字节大小 */
    h_mem->k_ptr_to_size     = _k_firstfit_mem_ptr_to_size;
    /* 内存区域反初始化方法 */
    h_mem->k_deinit           = _k_firstfit_mem_deinit;
    /* 内存区域校验方法 */
    h_mem->k_mem_check        = _k_firstfit_mem_check;
#ifdef OS_USING_MEM_TRACE
```

```
    /* 内存区域追踪方法 */
    h_mem->k_mem_trace      = _k_firstfit_mem_trace;
#endif
}
```

函数 k_firstfit_mem_init()的相关形参如表 21.33 所列。

表 21.33 函数 k_firstfit_mem_init()形参描述

参 数	描 述
h_mem	内存区域的内存控制块
start_addr	内存区域首地址
size	内存区域空间大小

返回值:无。

由以上代码可知,函数 k_firstfit_mem_init()初始化内存区域的顺序为调用函数_k_firstfit_mem_init()对内存区域进行初始化,再设置内存区域的各种操作方法。

(2) 函数 k_buddy_mem_init()

该函数实现由 Buddy 内存区域管理算法管理的内存区域的初始化,函数原型如下:

```
void k_buddy_mem_init(  struct heap_mem * h_mem,
                        void * start_addr,
                        os_size_t size)
{
    /* 初始化由 Buddy 内存区域管理算法管理的内存区域 */
    _k_buddy_mem_init(h_mem, start_addr, size);
    /* 设置内存区域控制方法 */
    /* 内存申请方法 */
    h_mem->k_alloc          = _k_buddy_mem_alloc;
    /* 按指定大小对齐的内存申请方法 */
    h_mem->k_aligned_alloc  = _k_buddy_mem_aligned_alloc;
    /* 内存释放方法 */
    h_mem->k_free           = _k_buddy_mem_free;
    /* 内存重新分配方法 */
    h_mem->k_realloc        = _k_buddy_mem_realloc;
    /* 获取内存区域大小方法 */
    h_mem->k_ptr_to_size    = _k_buddy_mem_ptr_to_size;
    /* 内存区域反初始化方法 */
    h_mem->k_deinit         = _k_buddy_mem_deinit;
    /* 内存区域校验方法 */
    h_mem->k_mem_check      = _k_buddy_mem_check;
#ifdef OS_USING_MEM_TRACE
    /* 内存区域追踪方法 */
    h_mem->k_mem_trace      = _k_buddy_mem_trace;
#endif
}
```

函数 k_buddy_mem_init()的相关形参如表 21.34 所列。

表 21.34　函数 k_buddy_mem_init()形参描述

参　数	描　述
h_mem	内存区域的内存控制块
start_addr	内存区域首地址
size	内存区域空间大小

返回值：无。

由以上代码可知，函数 k_buddy_mem_init()初始化内存区域的顺序为调用函数_k_buddy_mem_init()对内存区域进行初始化，再设置内存区域的各种操作方法。

13. os_memheap_alloc()函数解析

该函数在指定内存对象上分配内存，函数原型如下：

```
void * os_memheap_alloc(os_memheap_t * heap, os_size_t size)
{
    struct heap_mem * h_mem;
    void            * ptr;
    /* 检查输入参数是否合法 */
    OS_ASSERT(heap);
    OS_ASSERT(OS_KOBJ_INITED == heap->object_inited);
    ptr = OS_NULL;
    /* 获取内存堆的内存控制块 */
    h_mem = heap->h_mem;
    /* 使用内存堆的内存申请函数申请内存 */
    while (h_mem && h_mem->k_alloc)
    {
        ptr = h_mem->k_alloc(h_mem, size);
        if (ptr)
        {
            break;
        }
        h_mem = h_mem->next;
    }
    return ptr;
}
```

函数 os_memheap_alloc()的相关形参如表 21.35 所列。

表 21.35　函数 os_memheap_alloc()形参描述

参　数	描　述
heap	内存堆对象句柄
size	内存区域空间大小

返回值:非 OS_NULL 表示分配成功,返回分配的内存地址;OS_NULL 表示分配失败。

从代码可知,os_memheap_alloc()函数在申请内存时,主要根据指定内存堆的管理算法,调用对应管理算法的内存申请函数。

14. os_memheap_aligned_alloc()函数

该函数在指定内存对象上分配由 allign 指定的字节对齐的内存,allign 的大小为 2 的幂,函数原型如下:

```
void * os_memheap_aligned_alloc(os_memheap_t * heap,
                               os_size_t align,
                               os_size_t size)
{
    struct heap_mem * h_mem;
    void            * ptr;
    /* 检查传入参数是否合法 */
    OS_ASSERT(heap);
    OS_ASSERT(OS_KOBJ_INITED == heap->object_inited);
    ptr = OS_NULL;
    /* 获取内存堆的内存控制块 */
    h_mem = heap->h_mem;
    /* 使用内存堆的指定字节对齐的内存申请函数申请内存 */
    while (h_mem && h_mem->k_aligned_alloc)
    {
        ptr = h_mem->k_aligned_alloc(h_mem, align, size);
        if (ptr)
        {
            break;
        }

        h_mem = h_mem->next;
    }
    return ptr;
}
```

函数 os_memheap_aligned_alloc()的相关形参如表 21.36 所列。

表 21.36 函数 os_memheap_aligned_alloc()形参描述

参 数	描 述
heap	内存堆对象句柄
align	对齐的大小,allign 的大小必须为 2 的幂
size	内存区域空间大小

返回值:非 OS_NULL 表示分配成功,返回分配的内存地址;OS_NULL 表示分配失败。

从代码可知，os_memheap_aligned_alloc()函数在按指定字节大小申请内存时，主要根据指定内存堆的管理算法，调用对应管理算法的内存申请函数。

15. os_memheap_realloc()函数解析

该函数在指定内存对象上重新分配内存，并保留原有数据(若缩小内存则截断数据)，函数原型如下：

```
void *os_memheap_realloc(os_memheap_t *heap, void *ptr, os_size_t size)
{
    struct heap_mem *h_mem;
    struct heap_mem *h_mem_new;
    os_size_t       oldsize;
    void            *ptr_new;
    /* 检查传入参数是否合法 */
    OS_ASSERT(heap);
    OS_ASSERT(OS_KOBJ_INITED == heap->object_inited);
    ptr_new = OS_NULL;
    /* 如果原已分配的内存不存在，则重新分配 */
    if (! ptr)
    {
        ptr_new = os_memheap_alloc(heap, size);
    }
    else
    {
        /* 获取内存堆的内存控制块 */
        h_mem = heap->h_mem;
        /* 寻找合适的内存区域 */
        while(h_mem)
        {
            if ((ptr >= h_mem->header) &&
              (((os_size_t)ptr - (os_size_t)h_mem->header)<= h_mem->mem_total))
            {
                break;
            }
            h_mem = h_mem->next;
        }

        /* 使用内存堆的指定字节对齐的内存申请函数申请内存 */
        if (h_mem && h_mem->k_realloc)
        {
            ptr_new = h_mem->k_realloc(h_mem, ptr, size);
        }
    }
    /* 如果分配失败 */
    if (! ptr_new)
    {
        /* 从另外的内存区域分配内存 */
        h_mem_new = heap->h_mem;
```

```
            /* 寻找合适的内存区域 */
            while (h_mem_new)
            {
                if ((h_mem_new != h_mem) && (h_mem_new->k_alloc))
                {
                    /* 使用内存堆的指定字节对齐的内存申请函数申请内存 */
                    ptr_new = h_mem_new->k_alloc(h_mem_new, size);
                    if (ptr_new)
                    {
                        /* 如果分配成功,则赋值原来内存区域的数据 */
                        oldsize = h_mem->k_ptr_to_size(h_mem, ptr);
                        memcpy(ptr_new, ptr, oldsize > size ? size : oldsize);
                        h_mem->k_free(h_mem, ptr);
                        break;
                    }
                }
                h_mem_new = h_mem_new->next;
            }
        }

    return ptr_new;
}
```

函数 os_memheap_realloc()的相关形参如表 21.37 所列。

表 21.37　函数 os_memheap_realloc()形参描述

参　数	描　述
heap	内存堆对象句柄
ptr	原有已分配内存的地址
size	内存区域空间大小

返回值:非 OS_NULL 表示重新分配成功,返回调整之后的内存地址,此地址可能与原有地址不同;OS_NULL 表示重新分配失败。

从代码可知,os_memheap_realloc()函数在重新分配内存时,主要根据指定内存堆的管理算法,调用对应管理算法的内存申请函数。

16. os_memheap_free()函数解析

该函数释放由 os_memheap_alloc()或 os_memheap_realloc()申请的内存,函数原型如下:

```
void os_memheap_free(os_memheap_t *heap, void *ptr)
{
    struct heap_mem *h_mem;
    /* 检查传入参数是否合法 */
    OS_ASSERT(heap);
```

```
    OS_ASSERT(OS_KOBJ_INITED == heap->object_inited);
    OS_ASSERT(ptr);
    /* 获取内存堆的内存控制块 */
    h_mem = heap->h_mem;
    /* 使用内存堆的内存释放函数释放内存 */
    while(h_mem)
    {
        if ((ptr >= h_mem->header) &&
          ((os_size_t)ptr < = ((os_size_t)h_mem->header + h_mem->mem_
          total)))
        {
            if (h_mem->k_free)
            {
                h_mem->k_free(h_mem, ptr);
            }
            break;
        }
        h_mem = h_mem->next;
    }
    OS_ASSERT_EX(h_mem, "unexpected heap or mem addr (invalid addr: %p ?)", ptr);
}
```

函数 os_memheap_free()的相关形参如表 21.38 所列。

表 21.38　函数 os_memheap_free()形参描述

参　数	描　述
heap	内存堆对象句柄
ptr	待释放内存的地址

返回值:无。

从代码可知,os_memheap_free()函数在释放内存时,主要根据指定内存堆的管理算法,调用对应管理算法的内存申请函数。

17. os_memheap_info()函数解析

该函数返回内存堆对象信息,函数原型如下:

```
void os_memheap_info(os_memheap_t *heap, os_meminfo_t *info)
{
    struct heap_mem *h_mem;
    /* 检查传入参数是否合法 */
    OS_ASSERT(heap);
    OS_ASSERT(OS_KOBJ_INITED == heap->object_inited);
    (void)memset(info, 0, sizeof(os_meminfo_t));
    /* 获取内存堆的内存控制块 */
    h_mem = heap->h_mem;
    /* 获取内存堆对象信息 */
    while (h_mem)
```

```
    {
        info->mem_total      += h_mem->mem_total;
        info->mem_used       += h_mem->mem_used;
        info->mem_maxused    += h_mem->mem_maxused;
        h_mem = h_mem->next;
    }
}
```

函数 os_memheap_info()的相关形参如表 21.39 所列。

表 21.39　函数 os_memheap_info()形参描述

参　数	描　述
heap	内存堆对象句柄
info	返回系统堆对象信息

返回值:无。

18. os_memheap_check()函数解析

该函数校验内存堆对象,主要校验已分配内存和空闲内存是否正确,函数原型如下:

```
os_err_t os_memheap_check(os_memheap_t *heap)
{
    struct heap_mem *h_mem;
    os_err_t        ret;
    /* 检查传入参数是否合法 */
    OS_ASSERT(heap);
    OS_ASSERT(OS_KOBJ_INITED == heap->object_inited);
    ret = OS_EOK;
    /* 获取内存堆的内存控制块 */
    h_mem = heap->h_mem;
    /* 使用内存堆的校验函数校验内存 */
    while (h_mem)
    {
        if (h_mem->k_mem_check)
        {
            ret = h_mem->k_mem_check(h_mem);
            if (ret != OS_EOK)
            {
                break;
            }
        }
        h_mem = h_mem->next;
    }

    return ret;
}
```

函数 os_memheap_check()的相关形参如表 21.40 所列。

表 21.40　函数 os_memheap_check()形参描述

参　数	描　述
heap	内存堆对象句柄

返回值:OS_EOK 表示校验成功,OS_ERROR 表示校验失败。

从代码可知,os_memheap_check()函数在校验内存时,主要根据指定内存堆的管理算法,调用对应管理算法的内存申请函数。

21.7　内存池管理

虽然 OneOS 的内存堆管理可以分配任意大小的内存空间,非常灵活和方便。但是也有不足的地方:一是内存堆管理的内存空间分配效率不高,每一次分配内存空间的时候,都需要根据条件在内存堆中查找相应的空闲内存空间;二是在内存堆管理下容易产生内存碎片。为了提高内存分配的效率并避免内存碎片的产生,OneOS 操作系统提供了内存池的内存管理方法。

1. 内存池简介

内存池适用于分配大量大小相同的内存空间的场景,且能够快速地分配和释放内存,并且能够尽量避免内存碎片的产生。如图 21.11 所示,内存池在创建时需要一个大内存块,并将大内存块划分成多个大小相等的小内存块,用链表连接起来。用户可以根据实际需要创建多个内存池,不同内存池中的内存块大小可以不同。

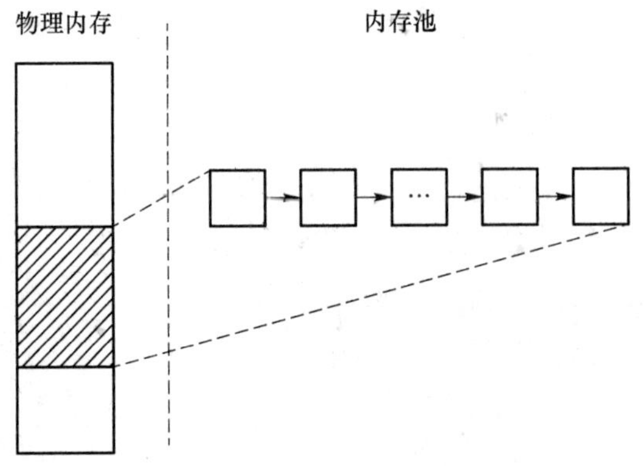

图 21.11　内存池管理示意图

内存池还支持任务阻塞功能,即当内存池中无空闲内存块时,申请内存的任务会被阻塞,直到内存池有可用的内存块,任务才会被唤醒。这个特性适用于需要通过内存资源同步的场景。

2. 重要定义以数据接口

内存池相关的宏定义如下所示：

```
#ifdef OS_USING_MP_CHECK_TAG
#define OS_MEMPOOL_BLK_HEAD_SIZE                    4
#else
#define OS_MEMPOOL_BLK_HEAD_SIZE                    0
#endif
#define OS_MEMPOOL_SIZE(block_count, block_size)\
        ((OS_ALIGN_UP(block_size + OS_MEMPOOL_BLK_HEAD_SIZE, OS_ALIGN_SIZE))\
          * block_count)
```

内存池相关宏定义的描述如表 21.41 所列。

表 21.41　内存池宏定义描述

内存池宏定义	描　述
OS_MEMPOOL_BLK_HEAD_SIZE	内存池每个内存块头信息大小
OS_MEMPOOL_SIZE(block_count, block_size)	根据内存池块个数和内存池块大小计算内存池的总内存空间大小

内存池对象结构体的定义如下所示：

```
struct os_mempool
{
    void                  *start_addr;
    void                  *free_list;
    os_size_t             size;
    os_size_t             blk_size;
    os_size_t             blk_total_num;
    os_size_t             blk_free_num;
    os_list_node_t        task_list_head;
    os_list_node_t        resource_node;
    os_uint8_t            object_alloc_type;
    os_uint8_t            object_inited;
    char                  name[OS_NAME_MAX + 1];
};
```

内存池对象结构体成员的相关描述如表 21.42 所列。

表 21.42　内存池对象结构体成员描述

结构体成员	描　述
start_addr	内存池的起始地址
free_list	空闲块链表头，所有的空闲块都挂在该链表上
size	总内存大小
block_size	每个内存块的大小
block_list	内存块的链表，指向下一个空闲内存块

续表 21.42

block_total_num	总内存块个数
block_free_num	空闲内存块个数
task_list_head	任务阻塞队列头,任务获取内存块失败时将其阻塞在该队列上
resource_node	资源管理节点,通过该节点将创建的内存池挂载到 gs_os_mp_resource_list_head 上
object_alloc_type	标记该内存池是静态内存池还是动态内存池
object_inited	初始化状态,标记是否已经初始化
name	名字,名字长度不能大于 OS_NAME_MAX

内存池信息结构体的定义如下所示:

```
struct os_mpinfo
{
    os_size_t                    blk_size;
    os_size_t                    blk_total_num;
    os_size_t                    blk_free_num;
};
```

内存池信息结构体成员的相关描述如表 21.43 所列。

表 21.43　内存池信息结构体成员描述

结构体成员	描　述
blk_size	每个内存块的大小
blk_total_num	总内存块个数
blk_free_num	空闲内存块个数

21.8　内存池管理函数

内存池管理方法的函数如表 21.44 所列。

表 21.44　内存池管理算法函数

函　数	描　述
os_mp_init	使用静态的方式初始化内存池,内存池对象及内存池空间由使用者提供
os_mp_deinit	反初始化内存池,与 os_mp_init()匹配使用
os_mp_create	动态创建并初始化内存池,内存池对象的空间及内存池空间通过动态申请获取
os_mp_destroy	销毁内存池,与 os_mp_create()匹配使用
os_mp_alloc	从内存池中申请一块内存
os_mp_free	释放内存到内存池中,与 os_mp_alloc()匹配使用
os_mp_info	返回内存池对象信息

1. 函数 os_mp_init()

此函数实现使用静态的方式初始化内存池，内存池对象及内存池空间由使用者提供。函数原型如下：

```
os_err_t os_mp_init(os_mp_t * mp,
                    const char * name,
                    void   * start,
                    os_size_t size,
                    os_size_t blk_size)
{
    void * start_addr;
    os_err_t ret;
    /* 检查中断状态和传入参数是否合法 */
    OS_ASSERT(OS_FALSE == os_is_irq_active());
    OS_ASSERT(mp);
    OS_ASSERT(start);
    OS_ASSERT(size >= OS_ALIGN_SIZE);
    OS_ASSERT(blk_size > 0);
    ret = OS_EOK;
    /* 将内存池起始地址按 CPU 架构(4 字节)向上对齐 */
    start_addr = (void *)OS_ALIGN_UP((os_ubase_t)start, OS_ALIGN_SIZE);
    /* 将内存池大小按 CPU 架构(4 字节)向下对齐 */
    size = OS_ALIGN_DOWN(  (os_ubase_t)start + size - (os_ubase_t)start_addr,
                           OS_ALIGN_SIZE);
    /* 将内存池中内存块的大小按 CPU 架构(4 字节)向上对齐 */
    blk_size = MP_GET_ALIGN_BLK_SIZE(blk_size);
    /* 内存池的大小需要大于内存块的大小 */
    if (0 != (size / blk_size))
    {
        /* 将内存池以静态内存池的方式放入内存池全局资源链表的末尾 */
        ret = _k_mp_add_resourcelist(mp, OS_KOBJ_ALLOC_TYPE_STATIC);

        if (OS_EOK == ret)
        {
            /* 初始化内存池的对象结构体信息 */
            _k_mp_init(mp, name, start_addr,
                       size, blk_size,
                       OS_KOBJ_ALLOC_TYPE_STATIC);
        }
    }
    else
    {
        ret =   OS_EINVAL;
    }
    return ret;
}
```

函数 os_mp_init()的相关形参如表 21.45 所列。

表 21.45　函数 os_mp_init()的相关形参描述

参　数	描　述
mp	内存池句柄
name	内存池名字
start	内存池起始地址
size	内存池大小
blk_size	每个内存块的大小

返回值：OS_EOK 表示初始化成功，其他则表示初始化失败。

函数_k_mp_add_resourcelist()用于将内存池以指定的动静态方式添加到全局内存池资源链表中，函数原型如下：

```
static os_err_t _k_mp_add_resourcelist(os_mp_t * mp,
                                      os_uint8_t object_alloc_type)
{
    os_list_node_t   * pos;
    os_mp_t          * item_mp;
    os_err_t         ret;
    ret = OS_EOK;
    /* 判断为静态内存池 */
    if (OS_KOBJ_ALLOC_TYPE_STATIC == object_alloc_type)
    {
        /* 获取内存池全局资源自旋锁 */
        os_spin_lock(&gs_os_mp_resource_list_lock);
        /* 遍历内存池全局资源链表 */
        os_list_for_each(pos, &gs_os_mp_resource_list_head)
        {
            /* 获取链表中的链表项 */
            item_mp = os_list_entry(pos, os_mp_t, resource_node);
            /* 如果待加入资源链表的内存池已经在链表中 */
            if (item_mp == mp)
            {
                /* 释放内存池全局资源链表 */
                os_spin_unlock(&gs_os_mp_resource_list_lock);

                OS_KERN_LOG(  KERN_ERROR,
                              MP_TAG,
                              "The mp(addr: %p) already exist",
                              item_mp);
                /* 返回非法请求 */
                ret = OS_EINVAL;
                break;
            }
        }
```

```
        /* 如果待加入资源链表的内存池不在链表中 */
        if (OS_EOK == ret)
        {
            /* 将指定内存池加入内存池全局资源链表的末尾 */
            os_list_add_tail(&gs_os_mp_resource_list_head, &mp->resource_node);
            /* 释放内存池全局资源链表 */
            os_spin_unlock(&gs_os_mp_resource_list_lock);
        }
    }
    /* 判断为动态内存池 */
    else
    {
        /* 获取内存池全局资源自旋锁 */
        os_spin_lock(&gs_os_mp_resource_list_lock);
        /* 将指定内存池加入内存池全局资源链表的末尾 */
        os_list_add_tail(&gs_os_mp_resource_list_head, &mp->resource_node);
        /* 释放内存池全局资源链表 */
        os_spin_unlock(&gs_os_mp_resource_list_lock);
    }
    return ret;
}
```

函数_k_mp_init()用于初始化内存池的对象结构体信息，函数原型如下：

```
static void _k_mp_init( os_mp_t       *mp,
                        const char    *name,
                        void          *start,
                        os_size_t     size,
                        os_size_t     blk_size,
                        os_uint16_t object_alloc_type)
{
    /* 设置内存池的名字 */
    if (OS_NULL != name)
    {
        strncpy(&mp->name[0], name, OS_NAME_MAX);
        mp->name[OS_NAME_MAX] = '\0';
    }
    else
    {
        mp->name[0] = '\0';
    }

    /* 初始化内存池的起始地址 */
    mp->start_addr      = start;
    /* 初始化内存池的大小 */
    mp->size            = size;
    /* 初始化内存池中内存块的大小 */
    mp->blk_size        = blk_size;
    /* 初始化内存池中内存块的数量 */
```

```
    mp->blk_total_num = (size / blk_size);
    /* 初始化内存池中空闲内存块的数量 */
    mp->blk_free_num   = mp->blk_total_num;
    /* 初始化内存池的空闲块链表 */
    _k_mp_init_free_list(mp);
    /* 初始化内存池的任务阻塞队列 */
    os_list_init(&mp->task_list_head);
    /* 初始化内存池的动静态标志 */
    mp->object_alloc_type = object_alloc_type;
    /* 设置内存池的初始化状态标志 */
    mp->object_inited      = OS_KOBJ_INITED;
}
```

2. 函数 os_mp_deinit()

此函数用于实现反初始化内存池，唤醒被阻塞任务，与 os_mp_init()匹配使用，函数原型如下：

```
os_err_t os_mp_deinit(os_mp_t *mp)
{
    /* 检查指定内存池是否存在 */
    OS_ASSERT(mp);
    /* 检查内存池是否已经初始化 */
    OS_ASSERT(OS_KOBJ_INITED == mp->object_inited);
    /* 检查指定内存池是否为静态内存池 */
    OS_ASSERT(OS_KOBJ_ALLOC_TYPE_STATIC == mp->object_alloc_type);
    /* 检查当前的中断状态 */
    OS_ASSERT(OS_FALSE == os_is_irq_active());
    /* 获取内存池全局资源自旋锁 */
    os_spin_lock(&gs_os_mp_resource_list_lock);
    /* 将指定内存池从内存池资源链表中移除 */
    os_list_del(&mp->resource_node);
    /* 释放内存池全局资源自旋锁 */
    os_spin_unlock(&gs_os_mp_resource_list_lock);
    /* 保存当前中断状态,并关闭中断 */
    OS_KERNEL_ENTER();
    /* 清除内存池的初始化标志 */
    mp->object_inited = OS_KOBJ_DEINITED;
    /* 唤醒因当前内存池无空闲内存块而阻塞的任务 */
    k_cancle_all_blocked_task(&mp->task_list_head);
    /* 恢复中断状态,并触发任务调度 */
    OS_KERNEL_EXIT_SCHED();

    return OS_EOK;
}
```

函数 os_mp_deinit()的相关形参如表 21.46 所列。

表 21.46 函数 os_mp_deinit()的相关形参描述

参 数	描 述
mp	内存池句柄

返回值:OS_EOK 表示反初始化成功,其他则表示反初始化失败。

函数 k_cancle_all_blocked_task()用于唤醒因当前内存池无空闲内存块而阻塞的任务,函数原型如下:

```
void k_cancle_all_blocked_task(os_list_node_t * head)
{
    os_task_t * task;
    /* 如果阻塞任务队列非空 */
    while (! os_list_empty(head))
    {
        /* 获取阻塞任务队列中的第一个任务 */
        task = os_list_first_entry(head, os_task_t, task_node);
        /* 取消任务的阻塞状态 */
        k_unblock_task(task);
        /* 任务的切换返回值设为 OS_ERROR */
        task->switch_retval = OS_ERROR;
    }
    return;
}
```

3. 函数 os_mp_create()

此函数用于实现动态创建并初始化内存池,内存池对象的空间及内存池空间都通过动态申请内存的方式获取,函数原型如下:

```
os_mp_t * os_mp_create(const char * name,
                       os_size_t blk_count,
                       os_size_t blk_size)
{
    os_mp_t     * mp;
    os_size_t   size;
    void        * start_addr;
    os_err_t    ret;
    /* 检查当前的中断状态 */
    OS_ASSERT(OS_FALSE == os_is_irq_active());
    /* 检查当前中断是否失能 */
    OS_ASSERT(OS_FALSE == os_is_irq_disabled());
    /* 检查任务调度器是否解锁 */
    OS_ASSERT(OS_FALSE == os_is_schedule_locked());
    /* 内存块的数量需大于 1,并且内存块的大小需大于 0 */
    OS_ASSERT((blk_count > 1) && (blk_size > 0));
    ret = OS_EOK;
    /* 为内存池的对象结构体申请内存 */
```

```
    mp = (os_mp_t *)OS_KERNEL_MALLOC(sizeof(os_mp_t));
    if (mp)
    {
        /* 将内存块的大小按 CPU 架构(4 字节)向下对齐 */
        blk_size = MP_GET_ALIGN_BLK_SIZE(blk_size);
        /* 获取内存池的大小 */
        size = blk_size * blk_count;
        /* 为内存池申请内存 */
        start_addr = OS_KERNEL_MALLOC(size);
        /* 如果为内存池申请到内存空间 */
        if (start_addr)
        {
            /* 将内存池以动态内存池的方式放入内存池全局资源链表的末尾 */
            ret = _k_mp_add_resourcelist(mp, OS_KOBJ_ALLOC_TYPE_DYNAMIC);
            /* 如果添加成功 */
            if (OS_EOK == ret)
            {
                /* 初始化内存池的对象结构体信息 */
                _k_mp_init(mp, name, start_addr, size, blk_size,
                           OS_KOBJ_ALLOC_TYPE_DYNAMIC);
            }
            /* 如果添加失败 */
            else
            {
                /* 释放内存池的内存 */
                OS_KERNEL_FREE(start_addr);
                /* 释放内存池对象结构体的内存 */
                OS_KERNEL_FREE(mp);
                mp = OS_NULL;
            }
        }
        /* 如果为内存池申请内存空间失败 */
        else
        {
            /* 释放内存池对象结构体的内存 */
            OS_KERNEL_FREE(mp);
            mp = OS_NULL;
        }
    }
    return mp;
}
```

函数 os_mp_create()的相关形参如表 21.47 所列。

表 21.47　函数 os_mp_create()的相关形参描述

参　数	描　述
name	内存池名字
blk_count	内存块的个数
blk_size	每个内存块的大小

返回值：非 OS_NULL 表示创建成功，返回内存池句柄；OS_NULL 表示创建失败。

4. 函数 os_mp_destroy()

此函数用于实现销毁内存池、唤醒被阻塞的任务、释放内存池空间和内存池对象的空间，与 os_mp_create()匹配使用，函数原型如下：

```
os_err_t os_mp_destroy(os_mp_t * mp)
{
    /* 检查指定内存池是否为空 */
    OS_ASSERT(OS_NULL != mp);
    /* 检查指定内存池是否已经初始化 */
    OS_ASSERT(OS_KOBJ_INITED == mp->object_inited);
    /* 检查指定内存池是否为动态内存池 */
    OS_ASSERT(OS_KOBJ_ALLOC_TYPE_DYNAMIC == mp->object_alloc_type);
    /* 检查当前中断状态 */
    OS_ASSERT(OS_FALSE == os_is_irq_active());
    /* 检查当前中断是否失能 */
    OS_ASSERT(OS_FALSE == os_is_irq_disabled());
    /* 检查任务调度器是否解锁 */
    OS_ASSERT(OS_FALSE == os_is_schedule_locked());
    /* 获取内存池全局资源自旋锁 */
    os_spin_lock(&gs_os_mp_resource_list_lock);
    /* 将指定内存池从全局内存池资源链表中移除 */
    os_list_del(&mp->resource_node);
    /* 释放内存池全局资源自旋锁 */
    os_spin_unlock(&gs_os_mp_resource_list_lock);
    /* 保存当前中断状态,并关闭中断 */
    OS_KERNEL_ENTER();
    /* 清除内存池的初始化标志 */
    mp->object_inited = OS_KOBJ_DEINITED;
    /* 唤醒因当前内存池无空闲内存块而阻塞的任务 */
    k_cancle_all_blocked_task(&mp->task_list_head);
    /* 恢复中断状态,并触发任务调度 */
    OS_KERNEL_EXIT_SCHED();
    /* 释放内存池的内存 */
    OS_KERNEL_FREE(mp->start_addr);
    /* 释放内存池对象结构的内存 */
    OS_KERNEL_FREE(mp);
    return OS_EOK;
}
```

函数 os_mp_destroy()的相关形参如表 21.48 所列。

表 21.48　函数 os_mp_destroy()的相关形参描述

参　数	描　述
mp	内存池句柄

返回值:OS_EOK 表示摧毁。

5. 函数 os_mp_alloc()

此函数用于实现从内存池中申请一块内存,若暂时无法获取且设置了等待时间,则当前任务会阻塞。函数原型如下:

```
void *os_mp_alloc(os_mp_t *mp, os_tick_t timeout)
{
    void        *mem;
    os_task_t  *current_task;
    os_tick_t tick_before;
    os_tick_t tick_elapse;
    os_err_t  ret;
    /* 检查输入参数和中断状态等是否合法 */
    OS_ASSERT(mp);
    OS_ASSERT(OS_KOBJ_INITED == mp->object_inited);
    OS_ASSERT((OS_NO_WAIT == timeout) || (OS_FALSE == os_is_irq_active()));
    OS_ASSERT((OS_NO_WAIT == timeout) || (OS_FALSE == os_is_irq_disabled()));
    OS_ASSERT((OS_NO_WAIT == timeout) || (OS_FALSE == os_is_schedule_locked()));
    OS_ASSERT((timeout < (OS_TICK_MAX / 2)) || (OS_WAIT_FOREVER == timeout));
    mem = OS_NULL;
    ret = OS_EOK;
    /* 保存当前中断状态,并关闭中断 */
    OS_KERNEL_ENTER();
    /* 获取当前任务 */
    current_task = k_task_self();
    /* 如果指定内存池的空闲块链表为空 */
    while(! mp->free_list)
    {
        /* 如果不等待 */
        if (OS_NO_WAIT == timeout)
        {
            /* 恢复中断状态 */
            OS_KERNEL_EXIT();
            /* 返回错误 */
            ret = OS_ENOMEM;
            break;
        }
        /* 获取 tick 计数值 */
        tick_before = os_tick_get();
        /* 将当前任务添加到阻塞队列中 */
        k_block_task(&mp->task_list_head, current_task, timeout, OS_TRUE);
        /* 恢复中断状态,并触发任务调度 */
        OS_KERNEL_EXIT_SCHED();

        /* 如果任务被唤醒时,还是没有空闲内存块 */
        if (OS_EOK != current_task->switch_retval)
        {
            /* 返回错误 */
            ret = OS_ERROR;
```

```
            break;
        }
        /* 保存当前中断状态,并关闭中断 */
        OS_KERNEL_ENTER();
        /* 如果超时时间不为永远等待 */
        if (OS_WAIT_FOREVER != timeout)
        {
            /* 计算等待了多少个 tick */
            tick_elapse = os_tick_get() - tick_before;
            /* 判断是否已经超时,若未超时则更新剩余的等待时间 */
            timeout = (tick_elapse >= timeout) ? \
                        OS_NO_WAIT: (timeout - tick_elapse);
        }
    }
    /* 如果内存池中有空闲的内存块 */
    if (OS_EOK == ret)
    {
        /* 获取空闲块链表中的第一个内存块 */
        mem = mp->free_list;
        /* 更新空闲块链表 */
        mp->free_list = ((struct blk_head *)mem)->next;
        /* 空闲块数量减一 */
        mp->blk_free_num--;

        /* 恢复中断状态 */
        OS_KERNEL_EXIT();
#ifdef OS_USING_MP_CHECK_TAG
        MP_SET_BLK_TAG(mem);
        mem = MP_PTR_WITHOUT_TAG(mem);
#endif
    }
    return mem;
}
```

函数 os_mp_alloc()的相关形参如表 21.49 所列。

表 21.49 函数 os_mp_alloc()的相关形参描述

参数	描述
mp	内存池句柄
timeout	超时等待时间

返回值:非 OS_NULL 表示分配成功,返回内存块的地址;OS_NULL 表示分配失败。

6. 函数 os_mp_free()

此函数实现释放由 os_mp_alloc()申请的内存块,函数原型如下:

```
void os_mp_free(os_mp_t * mp, void * mem)
{
    os_task_t * task;
    /* 检查输入参数是否合法 */
    OS_ASSERT(mp);
    OS_ASSERT(OS_KOBJ_INITED == mp->object_inited);
    OS_ASSERT(mem);
    OS_ASSERT((mem >= mp->start_addr) &&
        ((char *)mem < ((char *)mp->start_addr + mp->size)));
#ifdef OS_USING_MP_CHECK_TAG
    mem = MP_PTR_WITH_TAG(mem);
    OS_ASSERT(MP_BLK_TAG_OK(mem));
#endif
    /* 检查指定的内存空间是否与指定内存池中的内存块对齐 */
    OS_ASSERT((((char *)mem - (char *)mp->start_addr) % mp->blk_size) == 0);
    /* 保存当前中断状态,并关闭中断 */
    OS_KERNEL_ENTER();
    /* 将指定内存空间的内存块添加到空闲内存块链表中的第一个 */
    ((struct blk_head *)mem)->next = mp->free_list;
    mp->free_list = mem;
    /* 空闲块数量加一 */
    mp->blk_free_num++;
    /* 如果任务阻塞队列非空 */
    if (!os_list_empty(&mp->task_list_head))
    {
        /* 获取任务阻塞队列中的第一个任务 */
        task = os_list_first_entry(&mp->task_list_head, os_task_t, task_node);
        /* 取消任务的阻塞状态 */
        k_unblock_task(task);
        /* 判断任务是否为就绪态 */
        if (task->state & OS_TASK_STATE_READY)
        {
            /* 恢复中断状态,并触发任务调度 */
            OS_KERNEL_EXIT_SCHED();
        }
        else
        {
            /* 恢复中断状态 */
            OS_KERNEL_EXIT();
        }
    }
    /* 如果任务阻塞队列为空 */
    else
    {
        /* 恢复中断状态 */
        OS_KERNEL_EXIT();
    }
}
```

函数 os_mp_free()的相关形参如表 21.50 所列。

表 21.50　函数 os_mp_free()的相关形参描述

参　数	描　述
mp	内存池句柄
mem	待释放的内存块地址

返回值：无。

7. 函数 os_mp_info()

此函数用于实现返回内存池对象信息，包括内存池块大小、内存池块总个数、内存池块空闲个数，函数原型如下：

```
void os_mp_info(os_mp_t * mp, os_mpinfo_t * info)
{
    /* 检查输入参数是否合法 */
    OS_ASSERT(mp);
    OS_ASSERT(info);
    /* 保存当前中断状态,并关闭中断 */
    OS_KERNEL_ENTER();
    /* 获取内存块大小 */
    info->blk_size = mp->blk_size - MP_TAG_SIZE;
    /* 获取内存块总量 */
    info->blk_total_num = mp->blk_total_num;
    /* 获取空闲内存块数量 */
    info->blk_free_num = mp->blk_free_num;
    /* 恢复中断状态 */
    OS_KERNEL_EXIT();
}
```

函数 os_mp_info()的相关形参如表 21.51 所列。

表 21.51　函数 os_mp_info()的相关形参描述

参　数	描　述
heap	内存池句柄
info	返回系统池对象信息

返回值：无。

21.9　内存堆管理实验

21.9.1　功能设计

本实验设计了一个任务：user_task，任务功能如表 21.52 所列。

表 21.52　各个任务实现的功能描述

任　务	任务功能
user_task	按键 KEY_UP 按键为申请内存堆，KEY1 按键为释放内存堆

该实验工程参考 demos/atk_driver/rtos_test/19_os_memheap_test 文件夹。

21.9.2　软件设计

1. 程序流程图

根据上述的例程功能分析得到 OneOS 内存堆实验流程图，如图 21.12 所示。

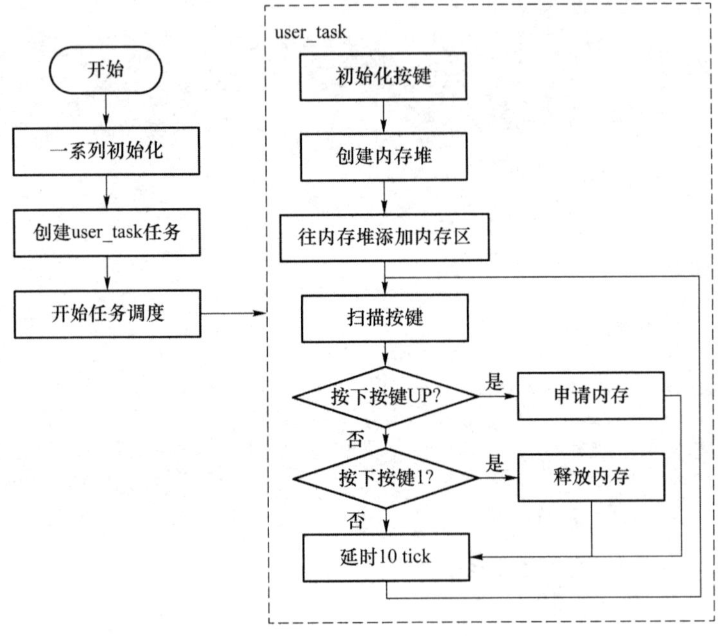

图 21.12　内存堆实验流程图

2. 程序解析

(1) 设置任务参数

```
/* USER_TASK 任务 配置
 * 包括：任务句柄 任务优先级 堆栈大小 创建任务
 */
#define USER_TASK_PRIO     3        /* 任务优先级 */
#define USER_STK_SIZE      512      /* 任务堆栈大小 */
os_task_t * USER_Handler;           /* 任务控制块 */
void user_task(void * parameter);   /* 任务函数 */
```

从上述源码可知：定义了一个任务参数，为 USER。

(2) 任务实现

```
/**
 * @brief        user_task
 * @param        parameter : 传入参数(未用到)
 * @retval       无
 */
static void user_task(void * parameter)
{
    parameter = parameter;
    os_err_t err;
    os_uint8_t key;
    void * start_addr;
    void * os_memheap_ptr[MEMHEAP_SIZE_NUM + 1];  /* 申请得内堆指针 */
    os_uint8_t memheap_index = 0;
    /* 初始化屏幕显示,代码省略 */
    /* 按键初始化,代码省略 */
    memset(os_memheap_ptr, 0, sizeof(os_memheap_ptr));
    start_addr = os_malloc(total_memheap_size);
    OS_ASSERT_EX(OS_NULL != start_addr,"start_addr apply memory failed! \r\n");
    os_kprintf("start_addr apply memory success! \r\n");
    err = os_memheap_init(&os_memheap_test, "memheap");
    OS_ASSERT_EX(OS_EOK == err, "Failed to init memheap_test\r\n");
    os_kprintf("Success to init memheap_test\r\n");
    err = os_memheap_add(&os_memheap_test,
        start_addr,
        total_memheap_size,
        OS_MEM_ALG_FIRSTFIT);
    OS_ASSERT_EX(OS_EOK == err, "Failed to add memory zone! \r\n");
    os_kprintf("Add memory zone to memheap_test, start_addr: %p size: %d",
        start_addr, total_memheap_size);
    while (1)
    {
        key = key_scan(0);
        switch (key)
        {
            case WKUP_PRES:
            {
                os_memheap_ptr[memheap_index] =
                    os_memheap_alloc(&os_memheap_test, EACH_MEMHEAP_SIZE);
                lcd_fill(0,170,lcddev.width,lcddev.height,WHITE);
                /* 内存申请成功 */
                if (OS_NULL != os_memheap_ptr[memheap_index])
                {
                    os_kprintf("os_memheap_ptr(%d) address: %#x\r\n",
                      memheap_index, (uint32_t)(os_memheap_ptr[memheap_index]));
                    lcd_show_string(30, 180, 200, 16, 16,
```

```
                "Memory Get Success!    ", BLUE);
            memheap_index++;
        }
        else /* 内存块不足 */
        {
            lcd_show_string(30, 180, 200, 16, 16,
                "os_memheap_test  Is Full! ", BLUE);
        }
        break;
    }
    case KEY1_PRES:
    {
        if (OS_NULL != os_memheap_ptr[memheap_index - 1])
        {
            for (os_uint8_t i = 0; i < MEMHEAP_SIZE_NUM + 1; i++)
            {
                if (os_memheap_ptr[i])
                {
                    os_kprintf("free(%d) : %p\r\n",i, os_memheap_ptr[i]);
                    os_memheap_free(&os_memheap_test, os_memheap_ptr[i]);
                    /* 内存堆索引为 0 */
                    memheap_index = 0;
                    lcd_show_string(30, 180, 200, 16, 16,
                        "os_memheap free success!    ", BLUE);
                }
            }
            /* 清零 */
            memset(&os_memheap_ptr[0], 0, sizeof(os_memheap_ptr));
        }

        break;
    }

    default:
        break;
    }

    os_task_msleep(10);
  }
}
```

首先调用函数 os_memheap_init()初始化内存堆,然后调用函数 os_memheap_add()添加内存堆;当按下按键 KEY_UP 时,则调用 os_memheap_alloc()申请内存堆;当按下按键 KEY1 时,则调用函数 os_memheap_free()释放内存堆。

21.9.3 下载验证

编译并下载实验代码到开发板中,打开串口调试助手,因为从串口调试助手容易看出现象，如图 21.13 所示。

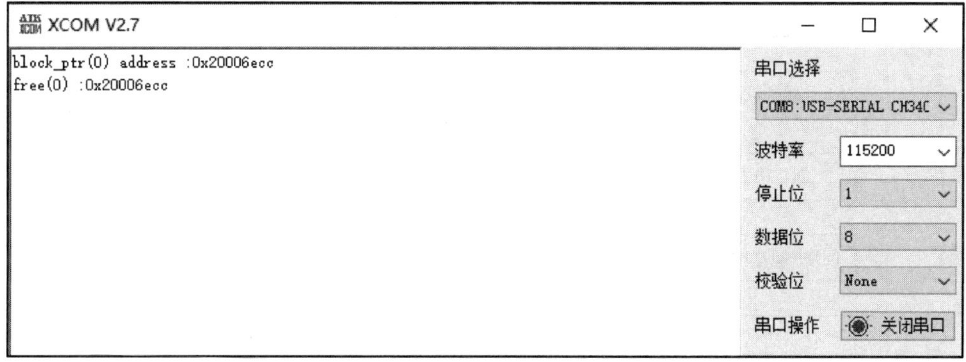

图 21.13　串口调试助手显示

21.10　内存池管理实验

21.10.1　功能设计

本实验设计了一个任务：user_task，任务功能如表 21.53 所列。

表 21.53　各个任务实现的功能描述

任　务	任务功能
user_task	KEY_UP 按键为申请内存池，KEY1 按键为释放内存池

该实验工程参考 demos/atk_driver/rtos_test/20_mempool_test 文件夹。

21.10.2　软件设计

1. 程序流程图

根据上述的例程功能分析，得到 OneOS 内存池实验流程图，如图 21.14 所示。

2. 程序解析

(1) 设置任务参数

```
/* USER_TASK 任务 配置
 * 包括：任务句柄 任务优先级 堆栈大小 创建任务
 */
#define USER_TASK_PRIO   3              /* 任务优先级 */
#define USER_STK_SIZE    1024           /* 任务堆栈大小 */
os_task_t * USER_Handler;               /* 任务控制块 */
void user_task(void * parameter);       /* 任务函数 */
```

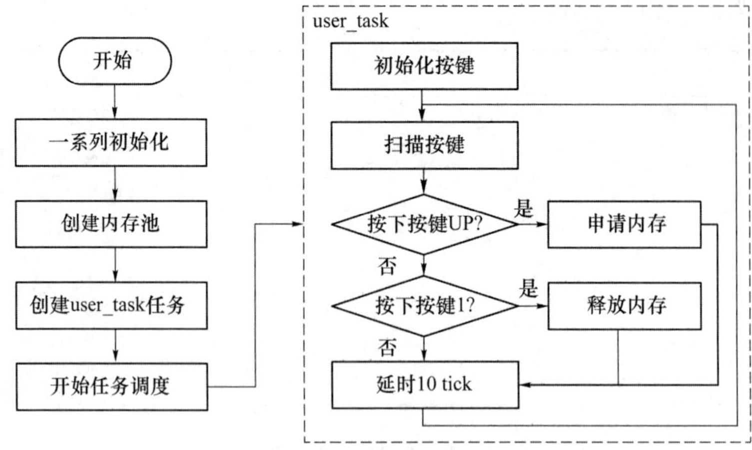

图 21.14　内存池实验流程图

(2) 任务实现

```
/**
  * @brief       user_task
  * @param       parameter : 传入参数(未用到)
  * @retval      无
  */
static void user_task(void * parameter)
{
    parameter = parameter;
    os_uint8_t key;
    os_uint8_t block_index = 0;
    /* 初始化屏幕显示,代码省略 */
    /* 按键初始化,代码省略 */
    while (1)
    {
        key = key_scan(0);
        switch (key)
        {
            case WKUP_PRES:
            {
                block_ptr[block_index] = os_mp_alloc(mp_dynamic, OS_NO_WAIT);
                lcd_fill(0,170,lcddev.width,lcddev.height,WHITE);
                /* 内存申请成功 */
                if (OS_NULL != block_ptr[block_index])
                {
                    os_kprintf("block_ptr(%d) address : %#x\r\n",
                        block_index,(uint32_t)block_ptr[block_index]);
                    lcd_show_string(30, 180, 200, 16, 16,
                        "Memory Get success!    ", BLUE);
                    /* 申请内存池索引加 1 */
```

```
                block_index++;
                /* 剩余的内存池减 1 */
                remaining_memory_pool--;
                lcd_show_xnum(180, 110,remaining_memory_pool,6,16,0,BLUE);
            }
            else /* 内存块不足 */
            {
                lcd_show_string(30, 180, 200, 16, 16,
                    "mp_dynamic Is Full!    ", BLUE);
            }

            break;
        }
        case KEY1_PRES:
        {
            if (block_index >= 1 && OS_NULL != block_ptr[block_index - 1])
            {
                for (os_uint8_t i = 0; i < BLOCK_CNT + 1; i++)
                {
                    if (block_ptr[i])
                    {
                        os_kprintf("free( %d) : %#x\r\n",i, block_ptr[i]);
                        /* 释放内存池 */
                        os_mp_free(mp_dynamic, block_ptr[i]);
                        /* 内存池索引为 0 */
                        block_index = 0;
                        /* 剩余内存池得数量加 1 */
                        remaining_memory_pool++;
                        lcd_show_xnum(180, 110,
                            remaining_memory_pool,6,16,0,BLUE);
                        lcd_show_string(30, 180, 200, 16, 16,
                            "mp_dynamic free success!    ", BLUE);
                    }
                }
                /* 清零 */
                memset(&block_ptr[0], 0, sizeof(block_ptr));
            }
          break;
        }

        default:
            break;
    }
    os_task_msleep(10);
  }
}
```

当按下按键 KEY_UP 时，则调用 os_mp_alloc() 申请内存池；当按下按键 KEY1，则调用函数 os_mp_free() 释放内存池。

21.10.3 下载验证

编译并下载实验代码到开发板中，打开串口调试助手，从串口调试助手很容易看出现象，如图 21.15 所示。

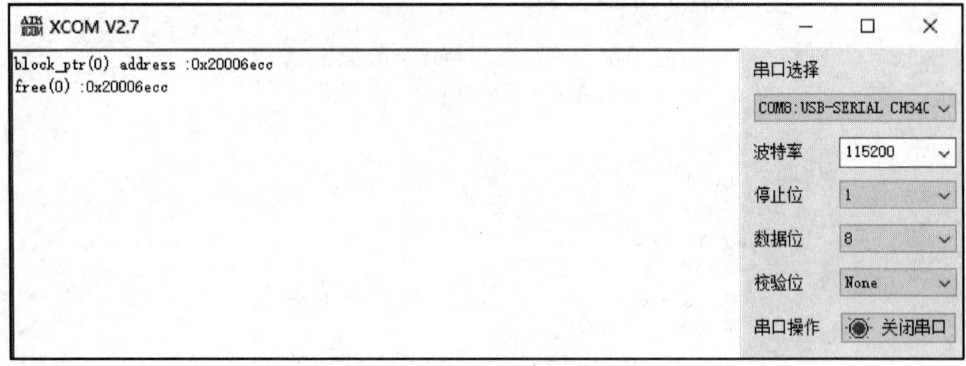

图 21.15 串口调试助手显示

附录

万耦天工 STM32F103 开发板

1.1 资源初探

万耦天工 STM32F103 开发板的资源图如附图 1.1 所示。

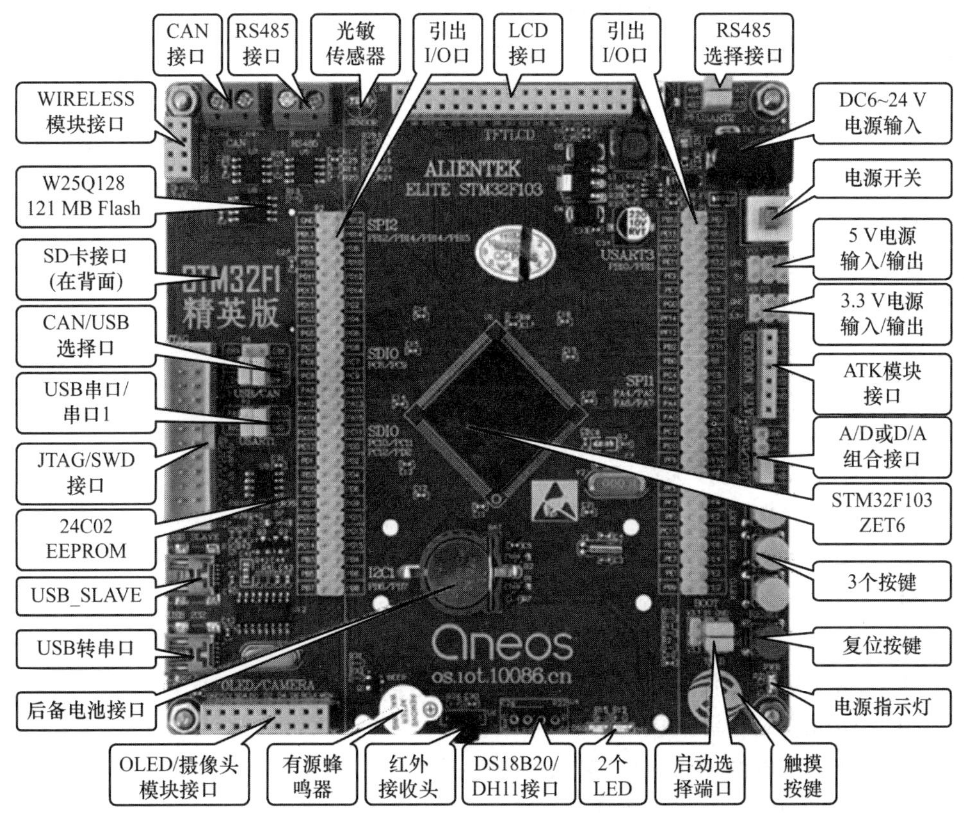

附图 1.1　万耦天工 STM32F103 开发板资源图

可以看出，万耦天工 STM32F103 开发板的资源非常丰富，并充分利用了 STM32F103 的内部资源，基本所有 STM32F103 的内部资源都可以在此开发板上验证；同时，扩充了丰富的接口和功能模块，且整个开发板小巧精致。

开发板的外形尺寸为 115 mm×117 mm，充分考虑了人性化设计，将可能用不到的资源进行了裁减，经过多次改进，最终确定了这样的设计。

万耦天工 STM32F103 开发板的板载资源如下：

- ◆ CPU：STM32F103ZET6，LQFP144，Flash：512 KB，SRAM：64 KB；
- ◆ 外扩 SPI Flash：W25Q128，16 MB；
- ◆ 一个电源指示灯（蓝色）；
- ◆ 2 个状态指示灯（DS0：红色，DS1：绿色）；
- ◆ 一个红外接收头，并配备一款小巧的红外遥控器；
- ◆ 一个 EEPROM 芯片，24C02，容量 256 字节；
- ◆ 一个光敏传感器；
- ◆ 一个无线模块接口（可接 NRF24L01/RFID 模块等）；
- ◆ 一路 CAN 接口，采用 TJA1050 芯片；
- ◆ 一路 RS485 接口，采用 SP3485 芯片；
- ◆ 一路数字温湿度传感器接口，支持 DS18B20/DHT11 等；
- ◆ 一个 ATK 模块接口，支持 ALIENTEK 蓝牙/GPS 模块/MPU6050 模块等；
- ◆ 一个标准的 2.4/2.8/3.5/4.3/7 寸 LCD 接口，支持触摸屏；
- ◆ 一个摄像头模块接口；
- ◆ 一个 OLED 模块接口（与摄像头接口共用）；
- ◆ 一个 USB 串口，可用于程序下载和代码调试（USMART 调试）；
- ◆ 一个 USB SLAVE 接口，用于 USB 通信；
- ◆ 一个有源蜂鸣器；
- ◆ 一个 RS485 选择接口；
- ◆ 一个 CAN/USB 选择接口；
- ◆ 一个串口选择接口；
- ◆ 一个 SD 卡接口（在板子背面，SDIO 接口）；
- ◆ 一个标准的 JTAG/SWD 调试下载口；
- ◆ 一组 AD/DA 组合接口（DAC/ADC/TPAD）；
- ◆ 一组 5 V 电源供应/接入口；
- ◆ 一组 3.3 V 电源供应/接入口；
- ◆ 一个直流电源输入接口（输入电压范围：6～24 V）；
- ◆ 一个启动模式选择配置接口；
- ◆ 一个 RTC 后备电池座，并带电池；
- ◆ 一个复位按钮，可用于复位 MCU 和 LCD；
- ◆ 3 个功能按钮，其中 KEY_UP 兼具唤醒功能；
- ◆ 一个电容触摸按键；

◆ 一个电源开关，控制整个板的电源；

◆ 独创的一键下载功能；

◆ 除晶振占用的 I/O 口外，其余所有 I/O 口全部引出。

1.2　硬件资源说明

1）WIRELESS 模块接口

这是开发板板载的无线模块接口（U2），可以外接 NRF24L01、RFID 等无线模块，从而实现无线通信等功能。注意，接 NRF24L01 模块进行无线通信的时候，必须同时有 2 个模块和 2 个板子才可以测试，单个模块/板子例程是不能测试的。

2）W25Q128 128 MB Flash

这是开发板外扩的 SPI Flash 芯片（U8），容量为 128 Mbit，也就是 16 MB，可用于存储字库和其他用户数据，满足大容量数据存储要求。如果觉得 16 MB 还不够用，则可以把数据存放在外部 SD 卡。

3）SD 卡接口

这是开发板板载的一个标准 SD 卡接口（SD_CARD），在开发板的背面，采用大 SD 卡接口（即相机卡，也可以是 TF 卡＋卡套的形式），SDIO 方式驱动。有了这个 SD 卡接口，就可以满足海量数据存储的需求。

4）CAN/USB 选择口

这是一个 CAN/USB 的选择接口（P6），因为 STM32 的 USB 和 CAN 共用一组 I/O（PA11 和 PA12），所以可以通过跳线帽来选择不同的功能，以实现 USB/CAN 的实验。

5）USB 串口/串口 1

这是 USB 串口同 STM32F103ZET6 的串口 1 进行连接的接口（P3），标号 RXD 和 TXD 是 USB 转串口的 2 个数据口（对 CH340G 来说），而 PA9（TXD）和 PA10（RXD）则是 STM32 串口 1 的两个数据口（复用功能下）。它们通过跳线帽对接就可以和连接在一起了，从而实现 STM32 的程序下载以及串口通信。设计成 USB 串口是由于现在计算机上串口正在消失，尤其是笔记本，几乎清一色没有串口，所以板载了 USB 串口可以方便大家下载代码和调试。而板子上并没有直接连接在一起，则是出于使用方便的考虑。可以把万耦天工 STM32F103 开发板当成一个 USB 转 TTL 串口来和其他板子通信，而其他板子的串口也可以方便地接到万耦天工 STM32F103 开发板上。

6）JTAG/SWD 接口

这是万耦天工 STM32F103 开发板板载的 20 针标准 JTAG 调试口（JTAG），可以直接和 ULINK、JLINK 或者 STLINK 等调试器（仿真器）连接；同时，由于 STM32 支持 SWD 调试，这个 JTAG 口也可以用 SWD 模式来连接。用标准的 JTAG 调试需要占用 5 个 I/O 口，有些时候可能造成 I/O 口不够用，而用 SWD 则只需要 2 个 I/O 口，大大节约了 I/O 数量，但达到的效果是一样的，所以强烈建议仿真器使用 SWD 模式。

7) 24C02 EEPROM

这是开发板板载的 EEPROM 芯片（U9），容量为 2 kbit，也就是 256 字节，用于存储一些掉电不能丢失的重要数据，比如系统设置的一些参数/触摸屏校准数据等。有了这个就可以方便地实现掉电数据保存。

8) USB_SLAVE

这是开发板板载的一个 MiniUSB 头（USB_SLAVE），用于 USB 从机（SLAVE）通信，一般用于 STM32 与计算机的 USB 通信。通过此 MiniUSB 头，开发板就可以和计算机进行 USB 通信了。开发板总共板载了 2 个 MiniUSB 头，一个（USB_232）用于 USB 转串口，连接 CH340G 芯片；另外一个（USB_SLAVE）用于 STM32 内带的 USB。同时，开发板可以通过此 MiniUSB 头供电，板载 2 个 MiniUSB 头（不共用），主要是考虑了使用的方便性以及可以给板子提供更大的电流（2 个 USB 都接上）这 2 个因素。

9) USB 转串口

这是开发板板载的另外一个 MiniUSB 头（USB_232），用于 USB 连接 CH340G 芯片，从而实现 USB 转 TTL 串口。同时，此 MiniUSB 接头也是开发板电源的主要提供口。

10) 后备电池接口

这是 STM32 后备区域的供电接口（BAT），可安装 CR1220 电池（默认安装了），可以用来给 STM32 的后备区域提供能量；在外部电源断电的时候，可以维持后备区域数据的存储以及 RTC 的运行。

11) OLED/摄像头模块接口

这是开发板板载的一个 OLED/摄像头模块接口（P4），如果是 OLED 模块，靠左插即可（右边两个孔位悬空）。如果是摄像头模块（ALIENTEK 提供），则刚好插满。通过这个接口，可以分别连接 2 种外部模块，从而实现相关实验。

12) 有源蜂鸣器

这是开发板的板载蜂鸣器（BEEP），可以实现简单的报警/闹铃等功能。

13) 红外接收头

这是开发板的红外接收头（U6），可以实现红外遥控功能，通过这个接收头可以接收市面常见的各种遥控器的红外信号，甚至可以自己实现万能红外解码。当然，如果应用得当，该接收头也可以用来传输数据。

14) DS18B20/DHT11 接口

这是开发板的一个复用接口（U4），由 4 个镀金排孔组成，可以用来接 DS18B20、DS1820 等数字温度传感器或 DHT11 这样的数字温湿度传感器，从而实现一个接口

2 个功能。不用的时候可以拆下上面的传感器，放到其他地方去用，使用上是十分方便灵活的。

15）2 个 LED

这是开发板板载的 2 个 LED 灯(DS0 和 DS1)，DS0 是红色的，DS1 是绿色的，方便识别。这里提醒读者不要停留在 51 跑马灯的思维，太多灯除了浪费 I/O 口没有任何好处。一般的应用 2 个 LED 足够了，在调试代码的时候，使用 LED 来指示程序状态是非常不错的一个辅助调试方法。万耦天工 STM32F103 开发板几乎每个实例都使用了 LED 来指示程序的运行状态。

16）启动选择端口

这是开发板板载的启动模式选择端口(BOOT)，STM32 有 BOOT0(B0)和 BOOT1(B1)共 2 个启动选择引脚，用于选择复位后 STM32 的启动模式；作为开发板，这 2 个是必需的，在开发板上通过跳线帽选择 STM32 的启动模式。

17）触摸按钮

这是开发板板载的一个电容触摸输入按键(TPAD)，利用电容充放电原理实现触摸按键检测。

18）电源指示灯

这是开发板板载的一颗蓝色的 LED 灯(PWR)，用于指示电源状态。电源开启的时候(通过板上的电源开关控制)，该灯会亮，否则不亮。通过这个 LED 可以判断开发板的上电情况。

19）复位按钮

这是开发板板载的复位按键(RESET)，用于复位 STM32，还具有复位液晶的功能。因为液晶模块的复位引脚和 STM32 的复位引脚是连接在一起的，当按下该键的时候，STM32 和液晶一并被复位。

20）3 个按键

这是开发板板载的 3 个机械式输入按键(KEY0、KEY1 和 KEY_UP)，其中，KEY_UP 具有唤醒功能，连接到 STM32 的 WAKE_UP(PA0)引脚，可用于待机模式下的唤醒；在不使用唤醒功能的时候，也可以作为普通按键输入使用。其他 2 个是普通按键，可以用于人机交互的输入，直接连接在 STM32 的 I/O 口上。注意，KEY_UP 是高电平有效，而 KEY0 和 KEY1 是低电平有效。

21）STM32F103ZET6

这是开发板的核心芯片(U1)，型号为 STM32F103ZET6。该芯片具有 64 KB SRAM、512 KB Flash、2 个基本定时器、4 个通用定时器、2 个高级定时器、2 个 DMA 控制器(共 12 个通道)、3 个 SPI、2 个 IIC、5 个串口、一个 USB、一个 CAN、3 个 12 位 ADC、一个 12 位 DAC、一个 SDIO 接口、一个 FSMC 接口以及 112 个通用 I/O 口。

22）A/D 或 D/A 组合接口

这是由 4 个排针组成的组合接口(P7)，可以实现 A/D 采集、D/A 输出和板载电

容触摸按键(TPAD)检测的功能。

23) ATK 模块接口

这是开发板板载的一个 ALIENTEK 通用模块接口(U3),目前可以支持 ALIENTEK 开发的 GPS 模块、蓝牙模块和 MPU6050 模块等,直接插上对应的模块就可以进行开发。

24) 3.3 V 电源输入/输出

这是开发板板载的一组 3.3 V 电源输入/输出排针(2×3)(VOUT1),用于给外部提供 3.3 V 的电源,也可以用于从外部接 3.3 V 的电源给板子供电。USB 供电的时候,最大电流不能超过 500 mA;外部供电的时候,最大可达 1 000 mA。

25) 5 V 电源输入/输出

这是开发板板载的一组 5 V 电源输入/输出排针(2×3)(VOUT2),用于给外部提供 5 V 的电源,也可以用于从外部接 5 V 的电源给板子供电。USB 供电的时候,最大电流不能超过 500 mA;外部供电的时候,最大可达 1 000 mA。

26) 电源开关

这是开发板板载的电源开关(K1)。该开关用于控制整个开发板的供电,如果切断,则整个开发板都将断电,电源指示灯(PWR)会随着此开关的状态而亮灭。

27) DC6～24 V 电源输入

这是开发板板载的一个外部电源输入口(DC_IN),采用标准的直流电源插座。开发板板载了 DC - DC 芯片(MP2359),用于给开发板提供高效、稳定的 5 V 电源。由于采用了 DC - DC 芯片,所以开发板的供电范围十分宽,读者可以很方便地找到合适的电源(只要输出范围在 DC6～24 V 的基本都可以)来给开发板供电。在耗电比较大的情况下,比如用到 4.3 寸屏或 7 寸屏的时候,建议使用外部电源供电,可以提供足够的电流给开发板使用。

28) RS485 选择接口

这是开发板板载的 RS485 选择接口(P5),MAX3485 通过这个接口来决定是否连接到 STM32 的串口 2(USART2)。当这里断开的时候,串口 2 可以用作普通串口,而 RS485 则可以用来实现 RS485 转 TTL 的功能;当这里接上时,串口 2 连接 MAX3485 就可以实现 RS485 通信。

29) 引出 I/O 口(共 2 组)

这是开发板 I/O 引出端口,总共有 2 组主 I/O 引出口:P1 和 P2。它们采用 2×27 排针引出,总共引出 106 个 I/O 口。而 STM32F103ZET6 总共只有 112 个 I/O,除去 RTC 晶振占用的 2 个 I/O,还剩下 110 个,这 2 组排针总共引出 106 个 I/O,剩下的 4 个 I/O 分别通过 P3 和 P5 引出。

30) LCD 接口

这是开发板板载的 LCD 模块接口,该接口兼容 ALIENTEK 全系列 TFTLCD 模块,包括 2.4 寸、2.8 寸、3.5 寸、4.3 寸和 7 寸等 TFTLCD 模块,并且支持电阻/电容触摸功能。

31）光敏传感器

这是开发板板载的一个光敏传感器（LS1），通过该传感器，开发板可以感知周围环境光线的变化，从而可以实现类似自动背光控制的应用。

32）RS485 接口

这是开发板板载的 RS485 总线接口（RS485），通过 2 个端口和外部 RS485 设备连接。这里提醒大家，RS485 通信的时候必须 A 接 A、B 接 B，否则可能通信不正常。另外，开发板自带了终端电阻（120 Ω）。

33）CAN 接口

这是开发板板载的 CAN 总线接口（CAN），通过 2 个端口和外部 CAN 总线连接，即 CANH 和 CANL。注意，CAN 通信的时候必须 CANH 接 CANH、CANL 接 CANL，否则可能通信不正常。

参 考 文 献

[1] Joseph Yiu. ARM Cortex-M3 权威指南[M]. 宋岩，译. 北京：北京航空航天大学出版社，2009.

[2] Joseph Yiu. ARM Cortex-M3 与 Cortex-M4 权威指南[M]. 吴常玉，曹孟娟，王丽红，译. 3 版. 北京：清华大学出版社，2015.

[3] 左忠凯，刘军，张洋. FreeRTOS 源码详解与应用开发：基于 STM32[M]. 北京：北京航空航天大学出版社，2017.

[4] Jean J. Labrosse. 嵌入式实时操作系统 C/OS-III. 宫辉，译. 3 版. 北京：北京航空航天大学出版社，2012.

[5] 倪奕文. 嵌入式系统设计师 5 天修炼[M]. 北京：水利水电出版社，2019.